高等职业教育计算机类课程
新形态一体化教材
职业教育国家在线精品课程配套教材

信息技术

（WPS Office）

XINXI JISHU
（WPS Office）

主　编　杨顺韬　陈正振　肖　英
副主编　阮兰娟　姜志强　王联森　卢　澔　周　巍
编　者　罗宜春　蒙　飚　王菊娇　覃冬华　毛正标　廖志远
　　　　韦　伟　张　舜　洪　东　高伟锋　周　虹　成世龙
　　　　郑金明　宁武新　韦永龙　郑欣悦

中国教育出版传媒集团
高等教育出版社·北京

内容简介

　　本书以 2021 年 4 月教育部颁布的《高等职业教育专科信息技术课程标准（2021 年版）》为纲，在充分贯彻其要求的基础上，与国内多家知名的企业合作精心组织教材内容的编写。本书是"十四五"广西壮族自治区职业教育规划教材建设项目，同时也是广西职业教育教学改革研究重点项目"'岗课赛证'综合育人背景下高职信息技术课程群的构建与实践研究"（项目编号：GXGZJG2022A016）成果之一。

　　本书内容分为基础模块和拓展模块两篇：基础模块包括 WPS 文档处理、WPS 表格处理、演示文稿制作、信息检索、新一代信息技术概述和信息素养与社会责任 6 个项目；拓展模块包括信息安全、项目管理、机器人流程自动化、程序设计基础、大数据、人工智能、云计算、现代通信技术、物联网、数字媒体技术、虚拟现实和区块链 12 个项目。本书采用"项目导向、任务驱动"的教学模式进行设计，各项目、任务优选适应我国经济发展需要、技术先进、应用广泛、自主可控的软件平台和项目案例，围绕立德树人根本任务，精心选择教学内容、科学设计教学形式，旨在培养高等职业教育专科学生的综合信息素养，增强信息意识，提升计算思维，促进数字化创新与发展能力，促进专业技术与信息技术的融合，并树立正确的信息社会价值观和责任感。

　　本书配套有微课视频、动画、授课用 PPT、电子教案、习题答案等数字化资源。与本书配套的数字课程"信息技术（WPS Office）"在"智慧职教"平台（www.icve.com.cn）上线，学习者可以登录平台进行在线开放课程的学习，授课教师可以调用本课程构建符合自身教学特色的 SPOC 课程，详见"智慧职教"服务指南。读者也可发送电子邮件至编辑邮箱 1548103297@qq.com 获取相关资源。

　　本书紧跟信息社会发展动态，内容新颖、结构清晰、配套教学资源丰富，具有很强的趣味性和实用性。本书可作为高等职业教育专科信息技术课程的教学用书，同时也可作为全国计算机等级考试一级的教学指导书，还可作为信息技术爱好者的自学用书。

图书在版编目（CIP）数据

信息技术．WPS Office / 杨顺韬，陈正振，肖英主编．-- 北京：高等教育出版社，2023.10
　　ISBN 978-7-04-060502-0

　　Ⅰ．①信… 　Ⅱ．①杨… ②陈… ③肖… 　Ⅲ．①办公自动化 – 应用软件 – 高等职业教育 – 教材 　Ⅳ．① TP3

中国国家版本馆 CIP 数据核字（2023）第 087838 号

Xinxi Jishu (WPS Office)

策划编辑	傅　波	责任编辑	傅　波	封面设计	张　楠　马天驰	版式设计	杨　树
责任绘图	黄云燕	责任校对	刁丽丽	责任印制	朱　琦		

出版发行	高等教育出版社		网　　址	http://www.hep.edu.cn
社　　址	北京市西城区德外大街4号			http://www.hep.com.cn
邮政编码	100120		网上订购	http://www.hepmall.com.cn
印　　刷	天津鑫丰华印务有限公司			http://www.hepmall.com
开　　本	850mm×1168mm　1/16			http://www.hepmall.cn
印　　张	22			
字　　数	640 千字		版　　次	2023 年 10 月第 1 版
购书热线	010-58581118		印　　次	2023 年 10 月第 1 次印刷
咨询电话	400-810-0598		定　　价	55.00 元

‖"智慧职教"服务指南

"智慧职教"（www.icve.com.cn）是由高等教育出版社建设和运营的职业教育数字教学资源共建共享平台和在线课程教学服务平台，与教材配套课程相关的部分包括资源库平台、职教云平台和App 等。用户通过平台注册，登录即可使用该平台。

● 资源库平台：为学习者提供本教材配套课程及资源的浏览服务。

登录"智慧职教"平台，在首页搜索框中搜索"信息技术（WPS Office）"，找到对应作者主持的课程，加入课程参加学习，即可浏览课程资源。

● 职教云平台：帮助任课教师对本教材配套课程进行引用、修改，再发布为个性化课程（SPOC）。

1. 登录职教云平台，在首页单击"新增课程"按钮，根据提示设置要构建的个性化课程的基本信息。

2. 进入课程编辑页面设置教学班级后，在"教学管理"的"教学设计"中"导入"教材配套课程，可根据教学需要进行修改，再发布为个性化课程。

● App：帮助任课教师和学生基于新构建的个性化课程开展线上线下混合式、智能化教与学。

1. 在应用市场搜索"智慧职教 icve" App，下载安装。

2. 登录 App，任课教师指导学生加入个性化课程，并利用 App 提供的各类功能，开展课前、课中、课后的教学互动，构建智慧课堂。

"智慧职教"使用帮助及常见问题解答请访问 help.icve.com.cn。

▥ 前　言

信息技术（Information Technology，IT）涵盖信息的获取、表示、传输、存储、加工、应用等内容，是管理和处理信息的各种技术的总称。进入 21 世纪，人类社会全面迈入信息化时代，信息技术已经成为驱动经济社会发展和产业转型升级的主要动力。因此，建设创新型国家和技能型社会，打造制造强国、科技强国、教育强国、人才强国、网络强国、版权强国等，迫切需要大量具备良好信息素养的技术技能人才。

在此背景下，为贯彻落实《国家职业教育改革实施方案》，进一步完善职业教育国家教学标准体系，指导高等职业教育专科公共基础课程改革和课程建设，教育部于 2021 年颁布《高等职业教育专科信息技术课程标准（2021 年）》（以下简称"课程标准"）。通过该课程教学，能使学生增强信息意识，提升计算思维，促进数字化创新与发展能力，树立正确的信息社会价值观和责任感，为职业发展、终身学习和服务社会奠定基础，对于提升国民信息素养，增强个体在信息社会的适应力与创造力，全面建设社会主义现代化国家具有重大意义。

本书是高等职业教育专科信息技术新课标教材，以首届全国教材建设先进集体为班底，依托国家级教师教学创新团队、虚拟仿真实训基地以及省级专业教学资源库、精品在线开放课程、课程思政示范课等职业教育教学改革重大项目，由广西电子信息行业职业教育教学指导委员会和广西交通职业技术学院组织，广西壮族自治区教学名师陈正振教授牵头，联合 3 个省（自治区）10 所高等职业院校和 6 家国内知名 IT 企业共同编写。

本书以习近平新时代中国特色社会主义思想为指导，坚决贯彻党的教育方针，落实立德树人的根本任务，以新课标为纲领，有机融入职业标准，突出创新精神和实践能力的培养，反映科学技术发展新动态、新知识、新技术、新工艺和新规范，把版权强国建设融入中国式现代化新征程，用好自主可控软件平台，助推国产软件产业高质量发展。第一篇基础模块有 6 个项目，第二篇拓展模块有 12 个项目。基础模块围绕课程核心素养，落实课程标准要求，有机融入专业精神、职业精神、工匠精神等课程思政元素，突出实践能力和创新精神的培养，提升职业院校学生的信息技术基本技能和素养。拓展模块以项目教学形式对课程标准中拓展模块各个主题内容进行简要介绍，达到开阔学生视野，起到引导学习者入门的作用。

为加快推进党的二十大精神进教材、进课堂、进头脑，本书结合职业教育国家在线精品课程、最新的课程教学改革成果，注重项目目标和任务内容的思想意识引领作用，如在项目 1 的任务拓展环节中，设置了编写"关于参观湘江战役纪念馆的活动通知"、对"脱贫攻坚助力乡村振兴"文档进行排版等任务，引发学生的情感共鸣；将中国量子信息技术的发展成就融入新一代信息技术的介绍中，激发学生的民族自豪感；将我国企业自主研发的平台，如华为云，融入教学案例，激发学生的自主创新意识，从而贯彻"科技是第一生产力、人才是第一资源、创新是第一动力"的理念。

本书由杨顺韬、陈正振、肖英担任主编，阮兰娟、姜志强、王联森、卢澔、周巍担任副主编，罗宜春、蒙飚、王菊娇、覃冬华、毛正标、廖志远、韦伟、张舜、洪东、高伟锋、周虹、成世龙、郑金明、宁武新、韦永龙、郑欣悦参加编写。其中，项目 1 由肖英和姜志强编写，项目 2 由陈正振和王联森编写，项目 3 由阮兰娟和杨顺韬编写，项目 4 由周巍、王菊娇和覃冬华编写，项目 5 由杨顺韬和陈正振编写，项目 6 由肖英和罗宜春编写，项目 7 由毛正标编写，项目 8 由廖志远编写，项目 9 由韦伟编写，项目 10 由张舜编写，项目 11 由洪东编写，项目 12 由高伟锋编写，项目 13 由周虹编写，项目 14 由罗宜春和郑欣悦编写，项目 15 由成世龙和陈正振编写，项目 16 由郑金明编写，项目 17 由韦永龙编写，项目 18 由卢澔编写。全书由杨顺韬、陈正振、肖英、罗宜春、蒙飚、宁武新完成统稿、审稿和定稿工作。

本书配套有微课视频、动画、授课用 PPT、电子教案、习题答案等数字化教学资源，与本书配套的数字课程"信息技术（WPS Office）"在"智慧职教"平台上线。学习者可以登录平台进行线上课程学习，授课教师可以根据自身需要量身定制地调用课程资源，构建小规模限制性在线课程（Small Private Online Course，SPOC）和大规模在线开放课程（Massive Open Online Courses，MOOC），为广大教师和学生开展线上线下混合式教学改革提供有力支撑。

编写团队为高质量地完成信息技术新课标教材的编写，先后深入广西、广东、浙江、江苏、山东、河北、贵州、云南等地，面向高职院校和 IT 行业企业开展调研，得到了多家企事业单位的大力支持；同时，在编写过程中，也参考了大量的相关文献和资料，受益匪浅，在此一并表示衷心感谢！

虽然编写团队做出了许多努力，但由于水平有限，书中难免还存在一些不足之处，敬请各位专家学者、广大师生读者不吝赐教，以便我们及时修订和完善。

编　者
2023 年 8 月

▥ 目 录

第一篇 基 础 模 块

第二篇 拓 展 模 块

第一篇

基 础 模 块

项目 1　WPS 文档处理

项目概述 >>>

　　孙小美是 A 科技有限公司行政部的行政专员，日常工作中经常要处理很多通知、报告和长文档等文稿。本项目将围绕行政专员在日常办公中对文档处理进行任务布置，包括编写通知文档、编辑工作总结文档，制作表格及美化文档等工作。除此之外，行政专员通过使用文档处理工具，可以解决一些烦琐的文档处理，提升工作效率，如批量制作邀请函、与公司各部门协同编制完成《员工手册》。

　　WPS 文字是北京金山软件公司开发的 WPS 办公组件之一，也是日常办公的常用文档处理软件。下面，请认真学习 WPS 文字使用方法，更好地完成文档处理工作吧！

项目目标 >>>

　　本项目主要围绕 WPS 文字工具的使用方法及应用案例展开，项目目标如下。

　　1. 知识目标

　　① 掌握文档的基本操作，如打开、复制、保存等，熟悉自动保存文档、联机文档、保护文档、检查文档、将文档发布为 PDF 格式、加密发布 PDF 格式文档等操作。

　　② 掌握文本编辑、文本查找和替换、段落的格式设置等操作。

　　③ 掌握图片、图形、艺术字等对象的插入、编辑和美化等操作。

　　④ 掌握在文档中插入和编辑表格、对表格进行美化、灵活应用公式对表格中数据进行处理等操作。

　　⑤ 熟悉分页符和分节符的插入，掌握页眉、页脚、页码的插入和编辑等操作。

　　⑥ 掌握样式与模板的创建和使用，掌握目录的制作和编辑操作。

　　⑦ 熟悉文档不同视图和导航任务窗格的使用，掌握页面设置操作。

　　⑧ 掌握打印预览和打印操作的相关设置。

　　⑨ 掌握多人协同编辑文档的方法和技巧。

　　2. 能力目标

　　① 具备在信息化环境下，使用文档编辑工具的能力。

　　② 具备在不同职业场景中，利用 WPS 文字工具编辑各种文档的能力。

　　③ 具备在团队合作的工作环境下，利用文档编辑工具开展协同办公的能力。

　　3. 素质目标

　　① 具有精益求精的职业精神，善于运用所学知识提高工作效率和质量。

　　② 具有爱国主义精神和民族团结的意识，了解世情、国情、民情及民族团结的要义。

课件：
编写通知
文档

任务 1.1 编写通知文档

建议学时：2 学时

任务描述

孙小美作为行政专员，在年末需要收集公司各部门的年度工作总结报告。现在她将提交年度工作总结报告的相关事宜以"通知"的形式下发，并附上"提纲"供各部门参考，请代她完成这项任务吧！

任务目的

● 掌握文档的基本操作，如打开、复制、保存等；熟悉自动保存文档、联机文档、保护文档、检查文档、将文档发布为 PDF 格式、加密发布 PDF 格式文档等操作。

● 能够主动获取与文档相关的信息录入方法；能够及时有效地发布信息，展示操作文档成品，对任务进行总结和反思。

● 能够运用所学知识，解决日常学习和生活中与文档基本操作相关的问题。

任务要求

将文档按要求进行设置，完成文档创建、文字输入及文档加密等操作。具体要求如下。

① 使用文档处理工具创建文档，命名为"提纲"。

② 完成文档"提纲"的文字内容输入。

③ 将"提纲"内容插入到"通知"文档的末尾。

④ 将"通知"文档设置为只读，要求在未输入正确密码时不允许任何更改，并将保护密码设置为"100200"。

⑤ 为提高文档的通用性，将文档以扩展名 .docx 保存，保存位置自定。

⑥ 将文档输出为 PDF 格式，并添加权限设置，要求只有在输入正确密码时才允许复制，密码为"200100"。

文档完成效果请扫二维码查看。

编写通知
文档完成
效果

基础知识

1. WPS 首页

首次启动 WPS 将进入 WPS 首页，这是一个特殊的标签页，可在标签栏的最左侧激活该标签页。在标签页中，包括全局搜索栏、设置、主导航、文件列表、账号等。单击"全局设置"可以选择"设置"命令，打开设置中心，在"其他"栏选择"切换窗口管理模式"，可以将窗口由"整合模式"切换为"多组件模式"。

2. WPS 文字工作界面

启动 WPS 文字后，便可看到如图 1.1.1 所示的工作界面。WPS 文字的界面主要由标签栏、功能区、编辑区、导航窗格、任务窗格、状态栏等组成。

（1）标签栏

标签栏包括标签区、窗口控制区，可进行标签切换及窗口控制。窗口控制区可以用来控制窗口的大小，包括"最小化"按钮、"最大化"按钮（"向下还原"按钮）和"关闭"按钮。单击"最小化"按钮可以将窗口缩小至操作系统任务栏并仅显示图标；单击"最大化"按钮窗口满屏显示，单击"向下还原"按钮则恢复到窗口大小，需要注意的是，这两个按钮不能同时显示；单击"关闭"按钮，将关闭当前的 WPS 文字工具。

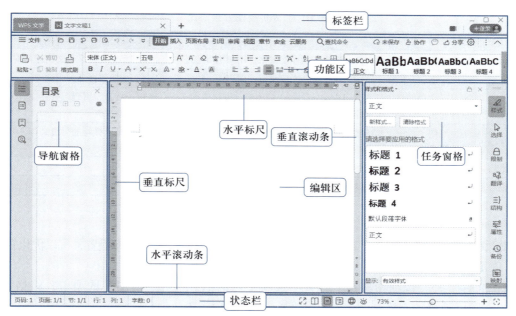

图 1.1.1　WPS 文字工作界面

（2）功能区

功能区包括功能选项卡、命令控件、快速访问工具栏（默认置于功能区）、快捷搜索框、协作状态区等。

选项卡分为标准选项卡和上下文选项卡。标准选项卡包括"文件""开始""插入""页面布局""引用""审阅"等；上下文选项卡是在选定部分对象时特有的附加选项卡，如编辑表格时会增加"表格工具"和"表格样式"选项卡，取消表格选定后，这两个选项卡会自动消失。通过"文件"选项卡中的"选项"按钮，在打开的"选项"对话框中选择"自定义功能区"可调整显示的选项卡。

命令控件可用于完成一项命令或操作，分为按钮、切换按钮、单选按钮、下拉按钮、拆分按钮、微调按钮、复选框、文本框、组合框、参数框、库、对话框按钮等，当鼠标悬停在这些命令控件上时，会显示相应的功能名称、快捷键、文字介绍等。

快速访问工具栏默认包括"打开""保存""输出为 PDF""打印""打印预览""撤销""恢复"共7 个命令按钮。单击 下拉按钮，可在下拉菜单中自定义快速访问工具栏。

（3）编辑区

编辑区是文档内容编辑和呈现的主要区域，输入文本的位置由页面中光标插入点决定；编辑区中还包括标尺和滚动条等。

（4）导航窗格和任务窗格

导航窗格和任务窗格可提供视图导航或高级编辑功能的辅助面板。如果不显示，可在"视图"选项卡中选择"导航窗格"拆分按钮打开导航窗格或调整其显示的位置；选中"任务窗格"复选框，可打开任务窗格。

（5）状态栏

状态栏位于窗口底部，包括文档状态信息区和视图控制区，用于显示文档状态和进行视图控制。

文档状态信息区包括显示当前文档的页码、页面、节、行、列、字数等功能。在状态栏上右击，可通过弹出的快捷菜单自定义状态栏。

视图控制区位于状态栏右侧，"视图控制"按钮可用于进行全屏显示、阅读版式、页面视图、大纲、Web 版式、护眼模式 6 种视图的切换。6 种视图的效果对比见表 1.1.1。在缩放比例控制区，用户可通过单击 − 按钮、+ 按钮或直接拖动滑块 来调整显示比例。单击缩放滑块左端的"缩放级别"下拉按钮，可以直接设置文档的显示比例。

微课 1-1
调节窗口
显示比例

表 1.1.1　6 种视图效果对比

视图	效果
全屏显示	隐藏功能区，放大文档的编辑区和导航窗格，用户仍可通过快捷菜单和浮动工具栏对文档进行编辑
阅读版式	以图书的分栏样式显示文档，适合阅读文章。用户还可以单击"工具"按钮选择各种阅读工具
页面视图	显示文档的打印结果，可以显示文档中的图形、表格、图文框、页眉、页脚、页码、分栏设置、页面边距等元素，具有"所见即所得"的显示效果，通常情况下编辑文档采用页面视图
大纲	主要用于显示文档的框架，可以用它来组织文档，并观察文档的结构，显示标题的层级结构，并可以方便地折叠和展开各层级的文档。大纲视图广泛应用于长文档的快速浏览和设置
Web 版式	以网页的形式显示文档，适用于发送电子邮件和创建网页
护眼模式	将文档编辑区改为缓解视觉疲劳的淡绿底色，但不影响文档格式设置

3. WPS 文字编辑环境的设置

在编辑文档时，可以对 WPS 文字的编辑环境进行设置，掌握这些常规的设置，可以优化软件操作。

（1）取消显示格式标记

单击"文件"→"选项"按钮，打开"选项"对话框，选择"视图"选项卡，将格式标记前"√"去掉，即可隐藏如空格、制表符、段落标记等格式标记。

（2）备份设置

单击"文件"→"选项"按钮，打开"选项"对话框，选择"备份设置"选项卡，用户可根据需要选择 WPS 文字提供的本地备份和云端备份两种方式。

（3）拼写检查

单击"文件"→"选项"按钮，打开"选项"对话框，选择"拼写检查"选项卡，除安装软件时默认的设置，用户也可以根据自己的需要进行自定义设置。

4. 文档的创建方法

在编辑文档前必须先新建文档，用户可根据实际情况选择不同的文档创建方法。下面介绍新建空白文档和新建模板文档的方法。

（1）新建空白文档

● 方法 1：单击"文件"→"新建"按钮。

● 方法 2：在 WPS 文字工作界面中，按 Ctrl+N 组合键。

● 方法 3：在标签栏中，单击"WPS 文字"→"新建"按钮。

（2）新建模板文档

在标签栏单击"WPS 文字"标签，选择"从模板新建"，即可打开 WPS 提供的模板页面，WPS 文字提供了免费模板和付费模板，模板中预置了文本格式和部分文本内容，有些模板需要联网才能访问，用户可根据需要进行选择，请扫二维码查看。

"新建"
模板文档

5. 文本的输入

文本输入是 WPS 文字最基本的操作。下面介绍几种常见的文本和符号输入方法。注意，输入中文时需要配合中文输入法使用。

（1）输入普通文本

在文档编辑区定位文本插入点↵，即可使用键盘等设备输入普通文本，如中文、英文、数字和标点符号。

> **小贴士**
>
> 输入中文标点符号，如顿号"、"，要先将输入法工具栏上的标点符号切换到中文标点符号状态，再按键盘上的"\"键即可。

（2）输入其他符号

输入通过键盘无法直接输入的其他符号通常有以下两种方法。

● 方法 1：单击"插入"→"符号"按钮，在下拉面板中选择"其他符号"命令，打开"符号"对话框；切换"符号""特殊字符"或"符号栏"选项卡，可以选择不同的符号插入，如图 1.1.2 所示。

图 1.1.2　"符号"对话框

> **小贴士**
>
> 在"符号"对话框的"符号"选项卡中打开字体下拉列表，找到 Wingdings，在符号面板中有很多图形符号可供使用，如 ⊠、☎、☑。

● 方法 2：使用软键盘输入其他符号。常用的中文输入法工具栏上都有"软键盘"图标，单击即可打开软键盘。不同中文输入法中软键盘的内置符号也不尽相同，具体以各中文输入法为准。

（3）插入日期和时间

可以通过插入方法输入系统当前的日期和时间。单击"插入"→"日期"按钮，打开"日期和时间"对话框，在列表框中选择可用的"日期"和"时间"格式，即可插入日期和时间。

6. 文本的选择

选择文本操作是进行文档编辑的前提，下面介绍 3 种选择文本的方法。

（1）选择任意文本

可在文本起始处按住鼠标左键并拖曳到文本结束处再释放鼠标，如文本底色发生变化，说明文本被选中。

（2）选择连续行文本

● 方法 1：移动光标至文本选定区（即文档左侧空白处），当指针变为 ⤢ 形状时，在起始行处按住鼠标左键并拖曳至结束行处释放鼠标，文本底色发生变化，说明文本行被选中。

● 方法 2：在文本选定区单击所对应的行，可选定一行；双击所对应的行，可选中该行所在段；三击，可选中全文，按 Ctrl+A 组合键同样可以实现选择全文。

（3）选择不连续的文本

按上述方法先选择其中一部分的文本内容，然后在按住 Ctrl 键的同时，将光标移动到其他内容起始处，按下鼠标左键并拖曳至文本结束处再释放鼠标，便可以选择不连续的文本，操作步骤如图 1.1.3 所示。

微课 1–2
文本的
选定

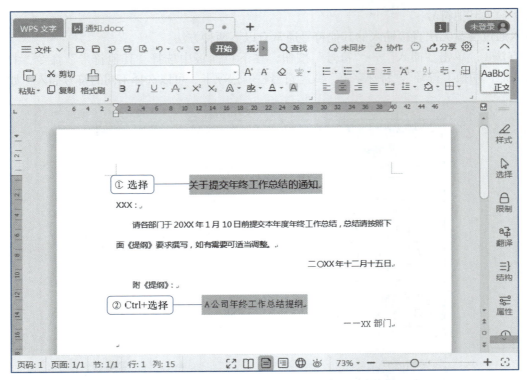

图 1.1.3　选择不连续的文本

7. 文本的复制 / 剪切、粘贴和删除

（1）剪切或复制

- 方法 1：选定文本后，单击"开始"→"剪切"或"复制"按钮。
- 方法 2：选定文本后，在选定区域上右击，在打开的快捷菜单中选择"剪切"或"复制"选项。
- 方法 3：选定文本后，按 Ctrl+X 组合键（剪切）或 Ctrl+C 组合键（复制）。

（2）粘贴

将光标定位到目标插入点，然后进行粘贴操作。

- 方法 1：在文档插入点，单击"开始"→"粘贴"按钮；也可以单击"粘贴"下拉按钮，在下拉菜单中选择"带格式粘贴""匹配当前格式""只粘贴文本"和"选择性粘贴"4 种粘贴选项。4种粘贴选项的效果对比见表 1.1.2。

表 1.1.2　4 种粘贴选项的效果对比

粘贴选项	效果
带格式粘贴	被粘贴内容保留原始内容的格式
匹配当前格式	被粘贴内容放弃原始内容的格式，重新合并应用目标位置的格式
只粘贴文本	被粘贴内容清除原始内容和目标位置的所有格式，仅保留文本
选择性粘贴	根据粘贴对象可做不同设置，如果选择文本，粘贴内容可变为图片格式

- 方法 2：在文档插入点右击，在打开的快捷菜单中可选择"粘贴""保留源格式粘贴""只粘贴文本"和"选择性粘贴"4 个选项，如图 1.1.4 所示。
- 方法 3：将光标定位到插入点，按下 Ctrl+V 组合键，粘贴效果默认为"保留源格式"。

（3）文本的删除

选择需要删除的文本，按 Delete 键或 Backspace 键均可以删除文本，但在实际使用中需要注意它们的区别。如果没有选中文本，按 Backspace 键（退格键）的作用是删除光标左侧的字符；按 Delete

键（删除键）删除的是光标右侧的字符；选中文本时使用两个按键中任一个均可以删除选定内容。

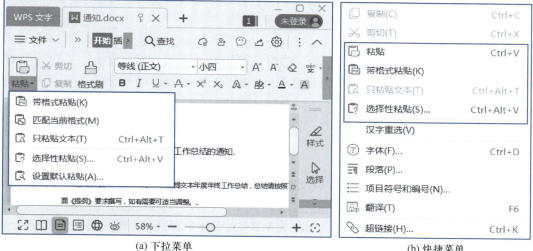

(a) 下拉菜单　　　　　　　　　　　　　　(b) 快捷菜单

图 1.1.4　粘贴选项

8. 撤销和恢复操作

如果在编辑过程中出现操作错误，可以使用快速访问工具栏的"撤销"按钮或 Ctrl+Z 组合键快速撤销操作，使用"恢复"按钮或 Ctrl+Y 组合键可以恢复被撤销的操作。

微课 1-3
撤销和
恢复操作

9. 文档的保护

为了提高文档的安全性，可对文档的访问或编辑设置密码保护。

● 方法 1：单击"文件"→"文件加密"→"密码加密"按钮，打开"密码加密"对话框，设置文档的打开权限或编辑权限。设置密码并应用后，在下次启用文档时，需要输入密码才可以访问文件或编辑文件，如图 1.1.5 所示。

微课 1-4
文档访问
和编辑
限制

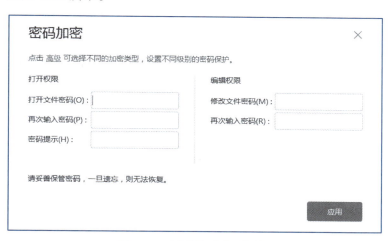

图 1.1.5　"密码加密"对话框

● 方法 2：单击"审阅"→"限制编辑"按钮，在右侧出现"限制编辑"任务窗格，用户可根据需要对文档进行编辑保护设置。

> **小贴士**
>
> 在"安全"选项卡中，可对文档权限添加指定人，这里需要登录 WPS Office 账号才能使用，用户使用 WPS 账号或关联常用的即时通讯工具账号进行登录，登录后便可设置该账号和指定人的访问编辑权限。

10. 文档的保存

保存文档有两种不同的情况，一是新建文档保存，二是将现有文档进行保存，具体使用哪种方法需要根据实际情况判断。

（1）新建文档保存

单击"快速访问工具栏"中的"保存"按钮或使用 Ctrl+S 组合键，打开"另存为"对话框，选择文档要保存的位置，设置文件名以及保存类型，完成后单击"保存"按钮。

（2）将现有文档保存

将现有文档进行保存，可直接单击"文件"→"保存"按钮，或单击"快速访问工具栏"的"保存"按钮。

（3）文档的另存

如果要将修改后的文档以其他名字或文件类型保存，或保存在不同的位置从而不覆盖原来的文档，可单击"文件"→"另存为"按钮。在文件类型列表框中，可以选择不同的文件类型，如选择 " WPS 文字文件（*.wps）"，文档就会保存为 WPS 文字的专属格式，扩展名变为 .wps ；如选择 "PDF 文件格式"，文档就会保存为 PDF 格式，如图 1.1.6 所示。

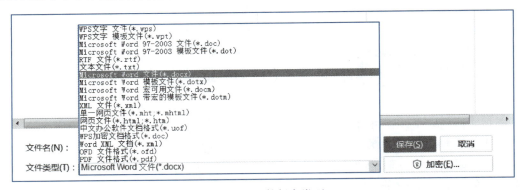

图 1.1.6　文件保存类型

11. 文档格式的转换

（1）输出为 PDF 格式

PDF（Portable Document Format）是一种可携带文档格式，当改变硬件、操作系统或应用程序时，文件格式不发生变化。为了忠实还原文本格式，尤其是字体字形，这种格式被广泛用于通知等文件中。WPS 文字提供了将文档转换为该格式的功能。

● 方法 1：单击"文件"→"输出为 PDF"按钮，打开"输出为 PDF 文件"对话框，用户可选择文档要保存的位置、页码范围及输出选项，完成后单击"确定"按钮。如果为 PDF 文档添加权限设置，可以在"输出为 PDF 文件"对话框选择"权限设置"对话框，选中"权限设置"复选框，可设置文档权限和文件打开密码。

● 方法 2：单击快速访问工具栏中的"输出为 PDF"按钮，打开"输出为 PDF 文件"对话框，并重复方法 1 中相应操作方法即可。

● 方法 3：将文件另存为 PDF 格式。

（2）转换为 OFD 格式

WPS 可将文档另存为 OFD 格式。OFD（Open Fixed-layout Document）是我国版式文档国家标准，属于一种自主格式，是我国在软件行业自主可控领域中的一项突破。

（3）输出为图片

相较于文档格式，图片格式可更有效地阻止文档的复制操作，也会最大限度地保留原作者对于文档样式的设置。单击"文件"→"输出为图片"按钮，可选择常见的 JPG、PNG、BMP、TIF 这 4 种图片格式保存。

•任务实施

在实际工作中创建文档的方法是多样的，本任务推荐一组实施步骤，在任务实施过程中也可以结合前面的基础知识来更好地完成任务，见表 1.1.3。

表 1.1.3　任务实施步骤及相关基础知识

实施步骤	须掌握的基础知识
Step1：新建文档	WPS 文字工作界面；WPS 文字编辑环境的设置；文档的创建方法
Step2：输入文本	文本的输入
Step3：编辑文档	文本的选定；文本的复制 / 剪切、粘贴和删除；撤销和恢复操作
Step4：保护文档	文档的保护
Step5：保存文档	文档的保存
Step6：制作加密 PDF 文档	文档格式的转换
Step7：检查并提交文档	

Step1：新建文档

使用文档处理工具创建文档，命名为"提纲 .docx"。WPS 文字可以兼容很多操作系统，不同版本的操作系统新建文档的方法也略有不同，如果是 Windows 操作系统，推荐使用右键菜单来创建文档。

具体操作方法：在计算机桌面（或其他磁盘驱动器的资源管理器中）空白处右击，在弹出的快捷菜单中选择"新建"选项，在级联菜单中找到新建文字文档，并将新建的文档命名为"提纲 .docx"。

Step2：输入文本

在"提纲 .docx"文档中输入如图 1.1.7 所示文字。

具体操作方法：使用键盘输入文本内容，注意文档中的——、《 》、……、¥ 符号，需要切换至中文输入法，并确保当前输入为中文状态后，在键盘上按对应的 _ 、<>、^、$ 键，才能输入上述符号。

A 公司年终工作总结提纲

———XX 部门

一、提高管理标准方面

1. 严格按照《ISO 9000 质量管理体系》要求完成。

2. 部门考核合格率达 ?%，优秀率达 ?%。

……

二、提供优质服务方面（或业绩情况汇报）

注意：销售额使用人民币货币符号 ¥ 标注，其中出口额使用美元货币符号 $ 标注。

三、提高业务能力方面

重点："学习培训月"开展情况。

四、存在问题及不足

图 1.1.7　提纲内容

Step3：编辑文档

将"提纲"内容插入到"通知"文档的末尾。

具体操作方法有以下几种。

● 方法 1：打开"提纲 .docx"文档，选择全部内容，单击"开始"→"复制"按钮；将光标定位到"通知 .docx"末尾，单击"开始"→"粘贴"按钮即可插入文档。

● 方法 2：打开"通知 .docx"，将光标定位至文末插入点，单击"插入"→"对象"下拉按钮，在下拉菜单中选择"文件中的文字"命令；打开"插入文件"对话框，查找文档所在路径并选择"提纲 .docx"后，单击"打开"按钮即可插入文档，操作步骤如图 1.1.8 所示。

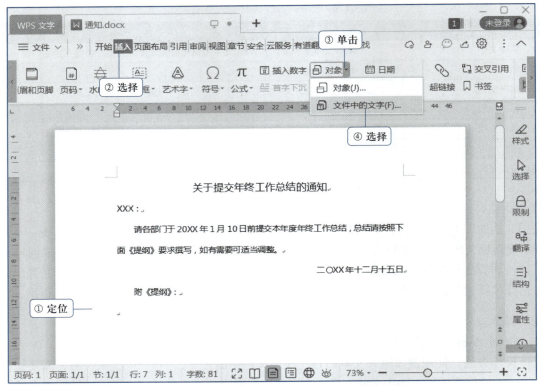

(a) 文档编辑区

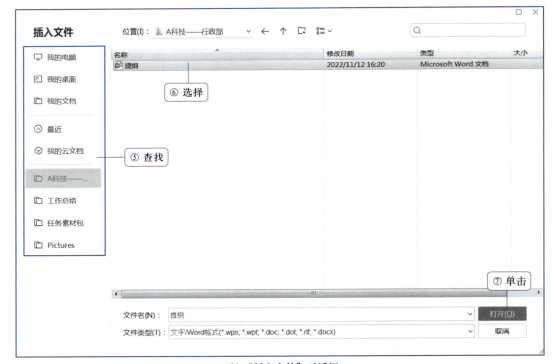

(b) "插入文件"对话框

图 1.1.8　文本的插入

Step4：保护文档

将文档设置为只读，要求在未输入正确密码时不允许任何更改，并将保护密码设置为"100200"。

具体操作方法：单击"审阅"→"限制编辑"按钮，在编辑区右侧出现的"限制编辑"任务窗格中，选中"设置文档的保护方式"复选框，并选中"只读"单选按钮，接下来单击"启动保护…"按钮；打开"启动保护"对话框，在"新密码（可选）"文本框中输入"100200"，在确认新密码文本框中输入"100200"，单击"确定"按钮，操作步骤如图 1.1.9 所示。

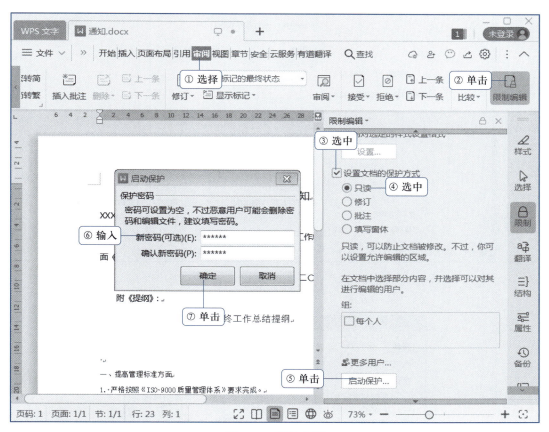

图 1.1.9　保护文档

Step5：保存文档

文档完成编辑后要及时保存，这样才能有效地避免文档中的数据信息丢失。文档保存的方法有很多，下面推荐两种方法，具体如下。

● 方法 1：在快速访问工具栏中单击按钮 ，文档即可保存。
● 方法 2：按 Ctrl+S 组合键。

Step6：制作加密 PDF 文档

将文档输出为 PDF 格式，并添加权限设置，要求在只有输入正确密码时才允许复制，密码为"200100"。

具体操作方法：单击快速访问工具栏的"输出为 PDF"按钮；打开"输出 PDF 文件"对话框，浏览文档"保存到"的位置。选择"权限设置"选项卡，在"密码"和"确认"文本框中输入密码，确保选中"允许复制"复选框，单击对话框右下角的"确定"按钮即可完成操作，操作步骤如图 1.1.10 所示。

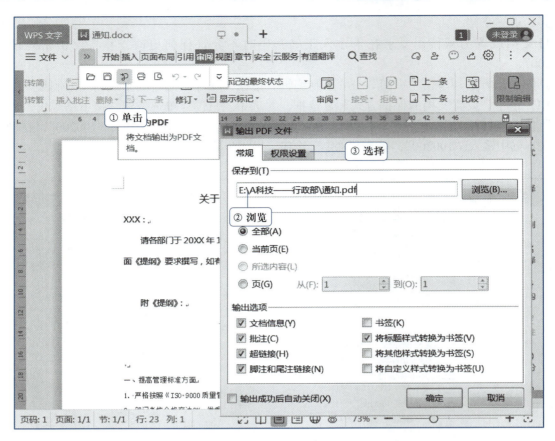

(a) 输出PDF文件

(b) 权限设置

图 1.1.10 制作加密 PDF 文档

Step7：检查并提交文档

    完成任务后，再次核对任务实施结果是否满足要求，并按要求提交 WPS 文档和 PDF 文档。

• 任务评价

1. 自我评价

任务	级别		
	掌握的操作	仍须加强的	完全不理解的
新建文档			
输入文本			
编辑文档			
保护文档			
保存文档			
制作加密 PDF 文档			
检查并提交文档			
在本次任务实施过程中的自评结果	A. 优秀　　B. 良好　　C. 仍须努力　　D. 不清楚		

2. 标准评价

请完成下列题目，共两大题，10 小题（每题 10 分，共 100 分）。

一、选择题

① 在 WPS 文字中，（　　）功能选项卡可以用于新建文本文档。

    A. 文件　　　　　　　B. 开始　　　　　　　C. 插入　　　　　　　D. 布局

② 在 WPS 文字中，限制编辑文档在（　　）功能选项卡中。

    A. 插入　　　　　　　B. 审阅　　　　　　　C. 引用　　　　　　　D. 页面布局

③ 在 WPS 文字中，选择不连续的文本需要使用（　　）键。

    A. Alt　　　　　　　B. Shift　　　　　　　C. Ctrl　　　　　　　D. Tab

④ 在 WPS 文字中，保存文档的快捷键是（　　）。

    A. Ctrl+A　　　　　　B. Ctrl+X　　　　　　C. Shift+ 空格　　　　D. Ctrl+S

⑤ 在 WPS 文字中，复制选所内容的正确操作是（　　）。

    A. "开始" → "复制"　　　　　　　　　　B. "文件" → "保存"

    C. Ctrl+V　　　　　　　　　　　　　　　D. "插入" → "对象"

二、判断题

① 在 WPS 文字中，大纲视图可以显示页眉和页脚。 （　　）

② 在 WPS 文字中，使用 Backspace 键可以删除光标右边的字符。 （　　）

③ 在 WPS 文字中，如果需要对设置了限制编辑的文档正文进行修改，需要使用密码取消对文档的保护才能进行。 （　　）

④ 在 WPS 文字中，可以将文档导出为 PDF 格式文档。 （　　）

⑤ 在 WPS 文字中，使用 Ctrl+Z 组合键可以撤销之前的操作。 （　　）

任务 1.1
操作测评

• 任务拓展

请按拓展要求编写《关于参观湘江战役纪念馆的活动通知》，具体要求如下：

① 新建文档，将文档命名为 "关于参观湘江战役纪念馆的活动通知 .docx"。

② 在文档中输入通知的部分文字内容，如图 1.1.11 所示。

③ 插入符号 ☺、✂、☎。

④ 将 "补充内容 .docx" 的文字插入至 "关于参观湘江战役纪念馆的活动通知 .docx" 文档正文的第 3 段。

任务 1.1
拓展完成
效果

⑤ 将文档用密码进行加密，限制其他用户查看，用户访问密码为"111111"。

⑥ 文档保存后导出 PDF 文档，注意同时提交文档和 PDF 文档。完成效果请参照样张，可扫描二维码查看。

文件：
任务拓展
素材包

关于参观湘江战役纪念馆的活动通知

公司全体员工：

经公司研究决定，本次公司团建将组织全体员工前往广西壮族自治区桂林市全州县才湾镇脚山铺参观红军长征湘江战役纪念馆。

🕐活动集合时间：20XX 年 7 月 1 日 早上 7：00

📞活动集合地点：公司大厅

☎活动负责人：孙小美，1XX8888XXXX

最后，感谢各位的支持和配合！

A 科技有限公司

二〇XX 年六月二十一日

图 1.1.11　输入文字内容的文档

课件：
编辑工作
总结文档

任务 1.2　编辑工作总结文档

建议学时：3 ～ 4 学时

•任务描述

孙小美收集了公司相关部门的工作总结，现在开始动手完成 A 科技有限公司年度工作总结。除了对文字内容的要求，工作总结文档还需要在文档格式上进行编辑。这项工作可以使用 WPS 文字常用的文字格式、段落格式和页面设置等相关技巧，请跟着孙小美一起来完成这项工作吧！

•任务目的

● 掌握文本编辑、文本查找和替换及段落格式设置等操作；掌握页眉、页脚、页码插入和编辑操作；掌握页面设置方法。

● 能够利用所学知识完成基本格式排版，并提高文档编辑的效率。

● 能够自主学习并将所学知识合理地运用在实际文档处理操作中。

工作总结
完成效果

•任务要求

将文档按下面的要求进行设置，完成文字格式、段落格式及页面设置相关操作，完成效果请扫描二维码查看。具体要求如下。

① 将纸张设置为 A4 型，页边距上下均为 2.5 cm，左右均为 2.8 cm。

② 选择标题文字"20×× 公司年度工作总结"，设为"黑体、小一、加粗"，将字间距设为"加宽、1.5 磅"。

③ 在正文第 3 段中选择文字"ISO9000 质量管理体系认证"，设为"倾斜、绿色、红色双下画直线"。

④ 选择标题段落"20×× 公司年度工作总结"，设置段落为"居中、无缩进"，段前段后间距各"0.5 行"，行距为"1.25 倍"。

　　⑤ 将正文所有段落设置为"首行缩进、2 字符"，段前、段后间距均为"12 磅"，行距为"固定值、22 磅"。

　　⑥ 将正文中所有的"营销部"替换为"市场部"，格式为"红色、加粗、四号、着重号"。

　　⑦ 将正文第 1 段添加"双实线、红色、0.5 磅"边框，并填充"橙色，个性色 2，淡色 80%"底纹。

　　⑧ 将正文第 6 段中"采购中心、生产中心、质检中心和物流中心"添加"蓝色、单实线、宽 1 磅"的边框，并添加图案样式为"黄色、浅色上斜线"的底纹。

　　⑨ 为正文"五、存在的问题及不足"标题后的段落设置编号，编号样式为"①、②、③……"。

　　⑩ 将文章中的一级标题，即以数字"一、二、三、四"起始标题段落的字体格式设为"黑体、四号"，段落格式设为"首行缩进、2 字符"，段前段后间距为"0.5 行"，行距为"多倍行距 1.2"。

　　⑪ 在文档的页眉中添加"A 科技有限公司"；页脚添加页码，格式为"— 1 —"。

• 基础知识

1. 页面布局

　　文档在打印之前，首先要进行页面设置，使打印出来的文档既符合打印纸张大小，又规范整洁、美观。

　　（1）文档格式预设

　　在页面布局选项卡中，提供了如"主题""颜色""字体""效果"等按钮，如切换主题、颜色、字体和效果，相应下拉菜单的库将会变化。

　　（2）分栏

　　选择要设置分栏的段落，单击"页面布局"→"分栏"按钮，在如图 1.2.1（a）所示的"分栏"下拉菜单中可以设置分栏。如选择"更多分栏"命令，将打开如图 1.2.1（b）所示的"分栏"对话框，可在"预设"中选择分栏效果；选中"分隔线"复选框，可以在栏之间添加竖线；在"应用于"下拉列表中可以设置分栏应用的范围；在"预览"栏中可以查看设置效果。

微课 1–5
分栏设置

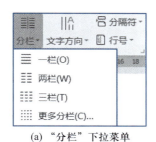

(a)"分栏"下拉菜单　　　　　　(b)"分栏"对话框

图 1.2.1　分栏设置

　　（3）文字方向

　　单击"页面布局"→"文字方向"按钮，在下拉菜单中可以选择"水平方向""垂直方向从右往左"等选项。如选择"文字方向选项"命令，将打开"文字方向"对话框，可在"方向"栏中选择文字方向，在"应用于"组合框中可以设置命令应用的范围，在"预览"栏中可以查看设置效果，如图 1.2.2 所示。

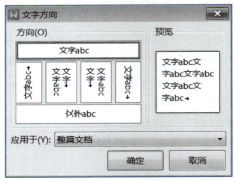

(a) 文字方向下拉菜单　　　　　　　(b) "文字方向"对话框

图 1.2.2　文字方向设置

（4）"页面设置"对话框

在"页面设置"对话框中，包括"页边距""纸张""版式""文档网格""分栏"5 个选项卡，具体说明见表 1.2.1。

表 1.2.1　"页面设置"对话框

选项卡	说明
页边距	用于设置页面的边缘应留出多少空白区域、装订线的位置、纸张方向等。需要注意的是，页边距设置完毕，用户要确定设置是应用于整篇文档还是部分文档
纸张	用于设置打印文档时使用的纸张大小和来源，通常使用的纸张型号为 A4、B5 和 16 开。对于需要设置特殊大小的纸张，可在"纸张大小"下拉菜单中选择"自定义大小"命令，在"宽度"和"高度"数值框中设定具体值
版式	用于设置页眉、页脚距边界的值，可以设置页眉和页脚在整个文档中是始终一样的，还是奇偶页不同或首页不同等
文档网格	用于设置文档每页的行数、每页的字数，正文的字体、字号、栏数及正文的排版方式等
分栏	设置所选内容分栏效果，详见分栏按钮说明

下面介绍几种可以打开"页面设置"对话框的方法。

● 方法 1：单击"页面布局"的对话框按钮 ⬛，打开"页面设置"对话框。

● 方法 2：单击"页面布局"→"页边距"按钮，在下拉菜单中选择"自定义页边距"命令，将打开"页面设置"对话框的"页边距"选项卡。

● 方法 3：单击"布局"→"纸张大小"按钮，在下拉菜单中选择"其他页面大小"命令，将打开"页面设置"对话框的"纸张"选项卡。

2. 文字格式

文字格式可在功能区、字体对话框、右键快捷菜单和浮动工具栏上进行设置。

（1）"字体"组

位于"开始"选项卡功能区中，当选中要编辑字体格式的文本对象后，单击各项按钮进行字体格式设置，常用的按钮包括"字体""字号""加粗""倾斜""下画线""上标""下标"等，如图 1.2.3 所示。

图 1.2.3 "字体"组

（2）"字体"对话框

"字体"对话框包括"字体"和"字符间距"两个选项卡，其中"字符间距"选项卡可用于设置选中文本的"缩放""间距"和"位置"等。打开"字体"对话框常用以下两种方法。

- 方法 1：单击"开始"→"字体"组右下方的对话框按钮🗔。
- 方法 2：选择文本后右击，在打开的快捷菜单中选择"字体"选项，即可打开"字体"对话框。

3. 段落格式

（1）"段落"组

选中要编辑的段落，单击"开始"→"段落"组的各项按钮进行设置，如图 1.2.4 所示。

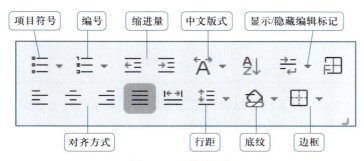

图 1.2.4 "段落"组

（2）"段落"对话框

打开"段落"对话框的方法可参考"字体"对话框打开方法。

① 段落的对齐方式。段落的对齐方式有 5 种，分别是"左对齐""居中对齐""右对齐""两端对齐"和"分散对齐"，具体说明见表 1.2.2。

表 1.2.2 段落对齐方式的效果说明

对齐方式	说明
居中对齐	居中对齐，即文字排在一行的中间，两端到边界的距离相同。多用于标题或单行的段落
左对齐	左对齐是段落左边对齐，右边不对齐
右对齐	右对齐是段落右边对齐，左边不对齐，右对齐用在单行段落的情况比较多
两端对齐	两端对齐是中文的习惯格式，即段落各行文字（除段落的最后一行外），左、右两端都是对齐的，最后一行允许右端不齐
分散对齐	分散对齐是一种特殊对齐方式，一般用于单行的段落，其中的文字均匀地拉开距离，将一行占满

设置段落对齐方式有两种方法。

- 方法 1：单击"开始"→"左对齐"|"居中"|"右对齐"|"两端对齐"|"分散对齐"按钮。
- 方法 2：单击"开始"→"段落"组右下方的对话框🗔，打开"段落"对话框。在"常规"栏的"对齐方式"下拉菜单中，设置一种对齐方式即可。

② 段落的缩进。设置段落的缩进可以使用以下两种方法。

● 方法 1：在"段落"对话框中，可对段落缩进、段前段后间距及行距进行设置，其中段落缩进包括左缩进、右缩进、首行缩进、悬挂缩进，见表 1.2.3。

表 1.2.3　段落缩进标记

标记	说明
左缩进	用于确定段落各行文字左端的对齐位置
右缩进	用于确定段落各行文字右端的对齐位置
首行缩进	是一种特殊的段落格式，设置此参数可以确定段落第 1 行文字的开始位置，通常中文文章段落首行缩进两个字符
悬挂缩进	是一种特殊的段落格式，设置此参数可以确定段落除首行外的其他行文字左端对齐位置

● 方法 2：段落缩进也可在水平标尺上拖动缩进标记来设置，如图 1.2.5 所示。在拖动缩进标记的同时按 Alt 键，在标尺上会显示缩进参数。这种比较直观的方法需在页面视图中直接进行操作。

图 1.2.5　水平标尺设置段落缩进

> **小贴士**
>
> 　　在设置过程中应注意，除了设置组合框里的参数，还需要选择参数的单位。在"段落"对话框"缩进"栏中的组合框中，可以设置的参数单位有"磅""英寸""厘米""毫米""字符"等；在"间距"栏中的组合框，可以设置的参数单位有"磅""英寸""厘米""毫米""行"等。

4. 查找和替换

（1）使用导航窗格

单击"视图"→"导航窗格"按钮，这时在窗口将出现"导航窗格"。单击"导航窗格"下拉按钮，在下拉菜单中可以选择窗格的位置。

① 查找。在"导航窗格"的左侧单击"查找和替换"按钮，在文本框中输入要查找的文字，单击"查找"按钮，就可以显示结果，并同时在文档编辑区中突出显示所查找的内容，可扫描二维码查看。如果单击导航文本框右方的上三角按钮和下三角按钮，可以搜索"下一处"或"上一处"的文本。

② 高级查找。在"导航窗格"的左侧单击"查找和替换"按钮，选择"高级查找"命令，打开"查找和替换"对话框，在"查找"选项卡的文本框中输入查找内容即可查找文本；单击"高级搜索"按钮，可以搜索各种类型的文字；单击"格式"和"特殊格式"按钮可以对设置了格式的对象进行搜索。

③ 替换。在"导航窗格"的左侧单击"查找和替换"按钮，选择"替换"命令，在替换文本框中输入内容，单击"替换"按钮会从当前光标最近文本处开始将所查找到的内容逐个替换；单击"全部替换"按钮会直接将符合查找条件的文本全部替换。

（2）使用"查找替换"功能

单击"开始"→"查找替换"按钮，打开"查找和替换"对话框，在对话框中可以选择查找、替换和定位。单击"开始"→"查找替换"下拉按钮，在下拉菜单中同样可以选择查找、替换和定位命令。

"导航窗格"
的查找
功能

微课 1–7
批量修改
文字内容
及格式

> **小贴士**
>
> 　　如果需要删除文档中的全部数字字符，也可使用"查找和替换"对话框。先将光标定位在"查找内容"框中，在"替换"栏的"特殊格式"下拉选项中选择任意数字，在"替换为"框中不输入任何字符，最后单击"全部替换"即可。

5. 边框和底纹

　　使用边框和底纹可以更好地突出和美化文本。为文档添加边框和底纹的效果与插入文本框或单个单元格表格的效果非常相似。

　　（1）"边框"和"底纹颜色"按钮

　　设置"边框和底纹"时，可以选中文本、段落或表格单元格，单击"开始"→"边框"或"底纹颜色"按钮设置边框或底纹。

　　● ⊞▾ "边框"按钮：可以设置文本、段落或表格单元格不同的框线，如上、下边框和左、右边框等。

　　● ◇▾ "底纹颜色"按钮：可以设置文本、段落或表格单元格不同的背景颜色。

　　（2）"边框和底纹"对话框

　　在"边框和底纹"对话框中可以设置"边框""页面边框"和"底纹"，打开方法如下。

　　● 方法 1：单击"开始"→"边框"下拉按钮，在下拉菜单中选择"边框和底纹"命令，即可打开"边框和底纹"的对话框。

　　● 方法 2：单击"页面布局"→"页面边框"按钮，也同样可以打开"边框和底纹"对话框。

　　①"边框"选项卡。在"边框"选项卡中可以设置"边框"，选择"线型""颜色"和"宽度"，也可以"预览"效果。特别注意的是在设置"自定义"边框后，可以通过"预览"栏中的按钮来应用上、下、左、右等框线。

　　②"页面边框"选项卡。在"页面边框"选项卡中包括"设置"栏、"线型"栏、"颜色"栏等，因其设置项和"边框"选项卡几乎相同，极易混淆，所以在设置时要特别注意区分。

　　③"底纹"选项卡。在"底纹"选项卡的"填充"栏中可为选定的文字和段落添加颜色，而在"图案"栏中可以为下拉菜单设置不同的"样式"，并设置"样式"的"颜色"。

微课 1–8
文字与
段落的
边框和
底纹区别

> **小贴士**
>
> 　　在"段落"边框的设置中，边框可以"自定义"设置上、下、左、右 4 条边框线的格式，而"文字"边框不区分上、下、左、右 4 条边框线，在使用过程中要注意"应用于"是否为"段落"，否则设置的效果会不同。

6. 项目符号和编号

　　编排文档时，在某些段落前加上项目符号或编号，可以提高文档的可读性。手工输入段落编号或项目符号不仅效率不高，而且在增删段落时还需修改编号，容易出错。在 WPS 文字中，可以在输入文本时自动给段落创建项目符号或编号，也可以给已有段落添加项目符号或编号。

　　（1）自动创建项目符号或编号

　　在输入文本前单击"开始"→"项目符号"或"编号"下拉按钮，在下拉面板中选择一种"项目符号"或"编号"形式，如图 1.2.6 所示。也可以选择"自定义项目符号"或"自定义编号"选项，在打开的"项目符号和编号"对话框中进行设置。

　　（2）为已有段落添加"项目符号"或"编号"

　　选中要添加"项目符号"或"编号"的段落，单击"开始"→"项目符号"或"编号"下拉按钮，在下拉面板中选择一种"项目符号"或"编号"即可。

(a) 项目符号　　　　　　　　　　　　　(b) 编号

图 1.2.6　项目符号和编号

7. 格式刷

格式刷的作用是将一个文本的格式（如字体、字号、颜色、段落对齐方式、段落缩进和间距、边框样式等）快速应用到其他的文本，可以将其理解为格式的复制和粘贴。

在编辑文本过程中，有时会遇到多处文字和段落需要设置相同格式的情况，利用"格式刷"工具，可以将设置好的格式复制到其他字符和段落上。格式刷的使用方法如下：将光标先置于符合要求的格式设置中，单击"开始"→"格式刷"按钮，移动光标至目标内容后拖动鼠标，格式即可被复制。

> **小贴士**
>
> 如果希望用格式刷将同一个格式应用于多处文本，即用格式刷"刷多次"，只需要用鼠标双击"剪贴板"组的"格式刷"按钮，这时拖动操作可以多次进行，鼠标指针一直保持刷子形状。要取消格式刷，可再单击一次"格式刷"按钮或按 Esc 键，光标即恢复成"|"形。

8. 页眉和页脚

（1）页眉和页脚

在文档中，设定页眉和页脚区域用于传达固定的信息，这个信息不受文档编辑区改变而影响。页眉和页脚分别位于文档的顶部和底部，需要激活才能够进行编辑。激活页眉和页脚区域方法有两种。

- 方法 1：双击文档的顶部或底部区域，可以激活页眉或页脚编辑区。
- 方法 2：单击"插入"→"页眉和页脚"按钮，同样可以激活页眉或页脚编辑区。

（2）页码

页码是能够随文档的页数和页码变化而变化的，是文档编辑中常用的一个"域"。插入页码的方法有两种。

- 方法 1：可以单击"插入"→"页码"下拉按钮，在下拉面板"页眉"和"页脚"栏中，可以选择页码的位置。选择"页码"命令，打开页码对话框，可以设置页码的样式、页码编号和应用范围等。

● 方法 2：在激活的页眉或页脚编辑区，可以单击"插入页码"按钮，在下拉面板中选择页码的样式、页码编号和应用范围等，完成设置后确定即可插入页码。

• 任务实施

文件：
任务 1.2
素材包

通过对任务目标进行分解，从完成案例的优化角度来看，本任务推荐一组实施步骤，在任务实施过程中也可以结合前面的基础知识，见表 1.2.4。

表 1.2.4　任务实施步骤及相关基础知识

实施步骤	须掌握的基础知识
Step1：设置页面格式	页面布局及页面设置对话框
Step2：设置字体格式	字体相关按钮及字体对话框
Step3：设置段落格式	段落相关按钮及段落对话框
Step4：查找和替换	查找和替换
Step5：设置边框和底纹	边框和底纹相关按钮及对话框
Step6：设置项目符号与编号	项目符号与编号
Step7：使用格式刷	格式刷
Step8：添加页眉和页脚	页眉和页脚
Step9：检查并提交文档	

Step1：设置页面格式

将"20×× 公司年度工作总结 .docx"文档纸张设置为 A4 型，页边距上下均为 2.5 cm，左右均为 2.8 cm。

具体操作方法：打开"20×× 公司年度工作总结 .docx"文档，在"页面布局"选项卡的"上"和"下"组合框中分别输入"2.5cm"、"左"和"右"分别输入"2.8cm"，操作步骤如图 1.2.7 所示。A4 型纸张一般为默认纸张，不需要设置。

图 1.2.7　"页边距"的设置方法

Step2：设置字体格式

① 选择标题文字"20×× 公司年度工作总结"，设为"黑体、小一、加粗"，将字间距设为"加宽、1.5 磅"。

具体操作方法：选中标题文字"20×× 年度公司工作总结"，单击"开始"→"字体"组右下方的对话框按钮 ，打开"字体"对话框，在"字体"选项卡设置中文字体为"黑体"、字号为"小一"、字形为"加粗"；选择"字符间距"选项卡，设置字间距为"加宽、1.5 磅"，完成后单击"确定"按钮，操作步骤如图 1.2.8 所示。

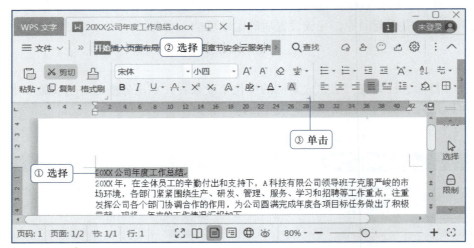

(a) 打开"字体"对话框

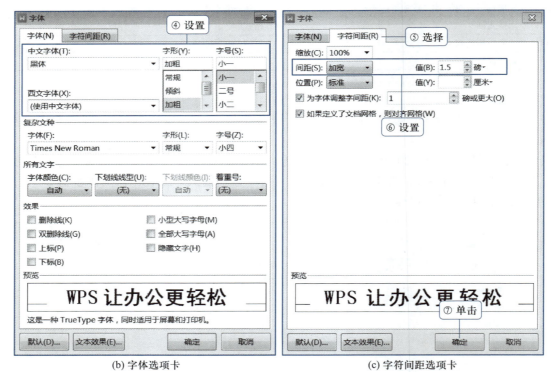

(b) 字体选项卡　　　　　　　　　　　　(c) 字符间距选项卡

图 1.2.8　设置字体格式

②　在正文第 3 段中选择文字"ISO9000 质量管理体系认证"，设为"倾斜、绿色、红色双下画直线"样式。

Step3：设置段落格式

①　选中标题段落"20×× 公司年度工作总结"，设置段落为"居中、无缩进"，段前段后间距各"0.5 行"，行距为"1.25 倍"。

具体操作方法：选中标题段落"20×× 公司年度工作总结"，单击"开始"→"段落"组右下方的对话框按钮 ，打开"段落"对话框，在"缩进和间距"选项卡中设置段落对齐方式为"居中对齐"，段前、段后间距设为"0.5 行"，行距设为"多倍行距、1.25 倍"，完成设置后单击"确定"按钮，操作步骤如图 1.2.9 所示。

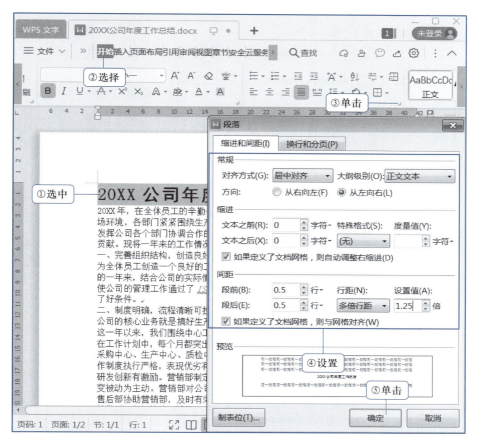

图 1.2.9 设置段落格式

② 将正文所有段落设置为"首行缩进、2 字符",段前、段后间距均为"12 磅",行距为"固定值、22 磅"。

具体操作方法:选中正文所有段落后右击,打开的快捷菜单中选择"段落"选项,在打开的"段落"对话框中,将"缩进栏"的"特殊格式"设为"首行缩进、2 字符",段前、段后均设为"12 磅",行距设为"固定值、22 磅",完成设置后单击"确定"按钮。

Step4:查找和替换

将正文中所有的"营销部"替换为"市场部",格式为"红色、加粗、四号、着重号"。

具体操作方法:单击"开始"→"替换"按钮,打开"查找和替换"对话框;在"查找内容"组合框中输入"营销部",在"替换为"组合框中输入"市场部";单击"格式"按钮,在下拉菜单中选择"字体"选项,打开"字体"对话框,将字体设置为"红色、加粗、四号、着重号"。当完成上述设置步骤后,具体的格式就显示在替换栏的下方,最后单击"全部替换"按钮完成替换,操作步骤如图 1.2.10 所示。

Step5:设置边框和底纹

① 为正文第 1 段添加"双实线、红色、0.5 磅"边框,并填充"橙色,个性色 2,淡色 80%"的底纹。

具体操作方法:选中正文第 1 段,单击"开始"→"边框"下拉按钮,在下拉菜单中选择"边框和底纹"选项;打开"边框和底纹"对话框,在"边框"选项卡中单击"方框"按钮,设置"双实线、红色、0.5 磅";选择"底纹"选项卡,在填充栏中设置颜色为"橙色,个性色 2,淡色 80%",完成设置后单击"确定"按钮即可完成操作,操作步骤如图 1.2.11 所示。

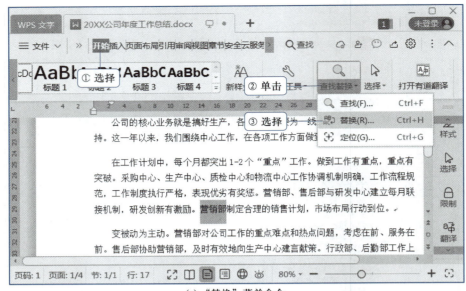

(a) "替换"菜单命令

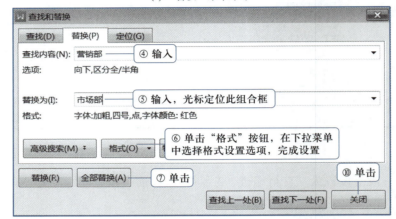

(b) "查找和替换"对话框

图 1.2.10 查找和替换

② 为正文第 6 段中"采购中心、生产中心、质检中心和物流中心"添加"蓝色、单实线、宽 1 磅"的边框,并添加图案样式为"黄色、浅色上斜线"的底纹。

具体操作方法:选中正文第 6 段文字"采购中心、生产中心、质检中心和物流中心",单击"开始"→"边框"下拉按钮,在下拉菜单中选择"边框和底纹"选项;打开"边框和底纹"对话框,选择"边框"选项卡,设置"蓝色、单实线、宽 1 磅";选择"底纹"选项卡,添加图案样式为"黄色、浅色上斜线"的底纹,完成设置后单击"确定"按钮。

Step6:设置项目符号与编号

为正文"五、存在的问题及不足"标题后的四个段落设置编号,编号样式为"①、②、③……"。

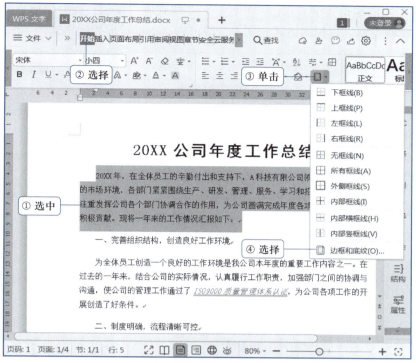

(a)　"边框和底纹"选项

(b) 设置"边框"格式

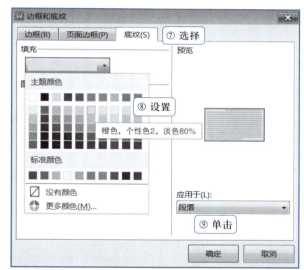

(c) 设置"底纹"格式

图 1.2.11　设置"边框和底纹"

　　具体操作方法：选中"五、存在的问题及不足"中从"生产中心"开始的 4 个段落，单击"开始"→"编号"下拉按钮，在下拉"编号库"中选择编号样式"①、②、③……"，该样式将应用于所选段落，操作步骤如图 1.2.12 所示。

Step7：使用格式刷

　　将文章中的一级标题，即以数字"一、二、三、四"起始的标题段落的字体格式设为"黑体、四号"，段落格式设为"首行缩进、2 字符"，段前、段后间距为"0.5 行"，行距为"多倍行距 1.2"。

　　具体操作方法：将文章"一、完善组织结构，创造良好工作环境"的标题段落设置字体格式为"黑体、四号"，段落格式设置为"首行缩进、2 字符"，段前、段后间距各"0.5 行"，行距为"多倍行距 1.2"。选中当前编辑文字，双击"开始"→"格式刷"按钮，此时鼠标指针变成刷子形状，按下左键拖曳鼠标刷过要设置相同格式的文本，即可将文本设置成相同格式，如图 1.2.13 所示。

图 1.2.12 设置"编号"

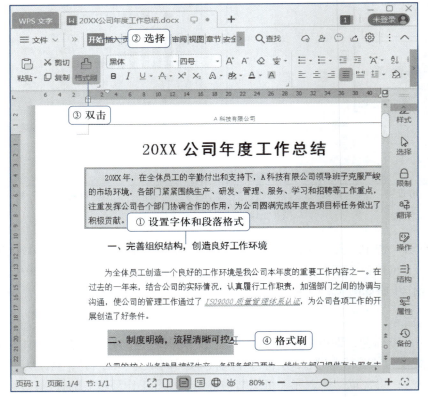

图 1.2.13 格式刷的使用

Step8：添加页眉和页脚

在文档的页眉中添加"A科技有限公司"；在页脚中添加页码，格式为"—1—"。

（1）页眉

具体操作方法：在页面顶端位置双击激活页眉区域，输入文字"A科技有限公司"，操作步骤如图 1.2.14 所示。

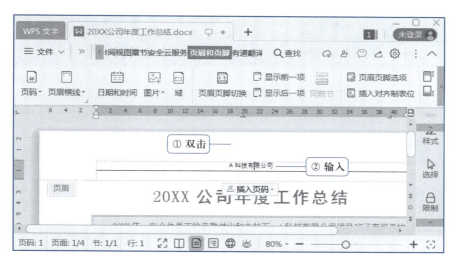

图 1.2.14　编辑页眉的方法

（2）页码

具体操作方法：切换至页脚处，单击页脚编辑区上的"插入页码"按钮，在下拉面板选择样式为"—1—"，位置为"居中"，并将应用范围设置为"整篇文档"，完成设置后单击"确定"按钮，操作步骤如图 1.2.15 所示。

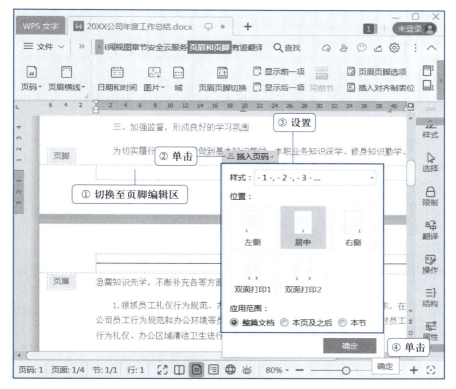

图 1.2.15　添加页码

Step9：检查并提交文档

完成任务后，再次核对任务实施结果是否满足要求，并按要求提交完成文档。

•任务评价

1. 自我评价

任务	级别		
	掌握的操作	仍须加强的	完全不理解的
设置页面格式			
设置字体格式			
设置段落格式			
查找和替换			
设置边框和底纹			
设置项目符号与编号			
使用格式刷			
添加页眉和页脚			
检查并提交文档			
在本次任务实施过程中的自评结果	A. 优秀　　B. 良好　　C. 仍须努力　　D. 不清楚		

2. 标准评价

请完成下列题目，共两大题，10 小题（每题 10 分，共 100 分）。

一、选择题

① 在 WPS 文字中，对一个已有文档进行编辑修改后，执行（　　　）既可保留修改前文档，又可得到修改后的文档。

　　A. "文件"→"保存"菜单命令　　　　　　B. "文件"→"全部保存"菜单命令

　　C. "文件"→"另存为"菜单命令　　　　　D. "文件"→"关闭"菜单命令

② 在 WPS 文字的编辑状态，若选定文字块中包含的文字有多种字号，在"开始"的"字号"框将显示（　　　）。

　　A. 块首字符的字号　　　　　　　　　　B. 块尾字符的字号

　　C. 空白　　　　　　　　　　　　　　　D. 块中最大的字号

③ 在 WPS 文字中输入文本，在段落结束处按 Enter 键后，若不专门指定，新开始的自然段会自动使用（　　）排版。

　　A. 宋体 5 号，单倍行距　　　　　　　　B. 开机时的默认格式

　　C. 仿宋体，3 号字　　　　　　　　　　D. 与上一段相同的排版格式

④ 在 WPS 文字执行替换操作时，若替换了不该替换的内容，可以单击快速访问工具栏上的（　　　）按钮。

　　A. "撤销"　　　　　B. "重复"　　　　　C. "剪切"　　　　　D. "粘贴"

⑤ 在 WPS 文字中要想知道其打印效果，可选择（　　　）功能。

　　A. 页面设置　　　　B. 打印预览　　　　C. 提前打印　　　　D. 屏幕打印

二、判断题

① 在 WPS 文字中使用替换功能，指定了"查找内容"，但在"替换为"文本框内未输入任何

内容，此时单击"全部替换"按钮，将只做查找不做任何替换。　　　　　　　　　（　　　）

②在 WPS 文字中，设置的编号只能从 1 开始。　　　　　　　　　　　　　　（　　　）

③在 WPS 文字中，格式刷可用于复制字体和段落格式。　　　　　　　　　　（　　　）

④在 WPS 文字中，要选定一个自然段，可将鼠标指针移到对应该自然段中任一行的选定栏处双击即可。　　　　　　　　　　　　　　　　　　　　　　　　　　　　　　　　　（　　　）

⑤在 WPS 文字中，要在文档中插入页码，应该单击"插入"→"符号"按钮。　　（　　　）

任务 1.2
操作测评

•任务拓展

将"从街边小吃到百亿产业——'互联网 +'赋能螺蛳粉产业"文档按下面的要求进行设置，完成文字格式化、段落格式化及页面设置相关要求，完成效果请扫描二维码查看。具体要求如下：

①将纸张设置为高 28cm × 宽 20cm，页边距为上 2.5 cm、下 2.3 cm，左右均为 2.7 cm。

②选择标题文字"从街边小吃到百亿产业"，设为"黑体、二号，居中，无缩进"。选择副标题"——'互联网 +'赋能的螺蛳粉产业"，设为"黑体、三号，右对齐，无缩进"。标题段落段前段后间距各为"0.5 行"，行距为"固定值、40 磅"。

③将正文设置为"仿宋，小四"，所有段落为"首行缩进、2 字符"，段前、段后间距均设为"12 磅"，行距设为"固定值、22 磅"。

④将正文中所有的"螺丝分"替换为"螺蛳粉"，格式为"蓝色、加粗、四号、着重号"。

⑤在正文第 2 段设置首字下沉，字体为"隶书"。

⑥将正文第 4 段设置等分两栏，添加分隔线。

⑦为文档添加艺术型边框。

任务 1.2
拓展完成
效果

文件：
任务拓展
素材包

任务 1.3　美化工作总结文档

建议学时：3 ~ 4 学时

课件：
美化工作
总结文档

•任务描述

孙小美在编写工作总结时，发现部分章节需要配上图表，这样可以更直观地表达内容。在很多场合下，图表的运用可以增加文章的可读性，信息表达得也更加清晰明了。孙小美使用了智能图形和自选图形功能，但实际上，WPS 文字"插入"选项卡的功能非常多，希望读者可以举一反三，绘制出更多图形。

•任务目的

● 掌握图片、图形、艺术字等对象的插入、编辑和美化等操作。

● 能够利用所学知识完成图文混排操作。

● 能够自主学习并合理地运用色彩和图形设计出可读性高的图文混排文档。

•任务要求

请按要求完成以下 3 个图形制作，插入到"20×× 公司年度工作总结 .docx"中并合理布局。具体要求如下。

①使用插入图片、文本框及艺术字等功能制作工作总结封面，如图 1.3.1 所示。

②使用智能图形功能制作公司组织结构图。按照样图增加和修改图形的形状，并将文字录入到对应的形状中；修改智能图形样式和颜色，可参考样图也可自行设计，如图 1.3.2 所示。

任务 1.3
完成效果

图 1.3.1　工作总结封面

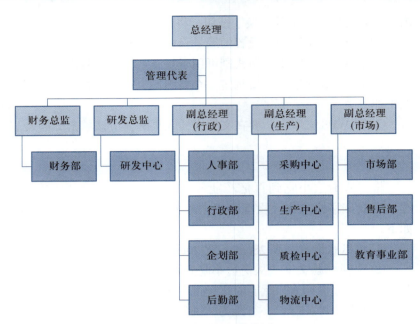

图 1.3.2　公司组织结构图

③ 使用形状功能制作生产部门流程与程序图。插入形状，包括矩形、圆角矩形、椭圆、左大括号和右箭头；将文字录入到对应的图形中；修改图形的填充颜色、轮廓颜色和形状、大小；调整图形的位置；组合所有图形，如图 1.3.3 所示。

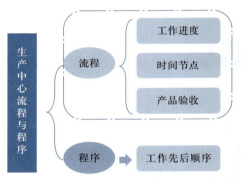

图 1.3.3　生产中心流程与程序图

• 基础知识

在 WPS 文档中编辑某些内容和对象时，会动态出现附加的选项卡，这些选项卡在默认情况下不会出现在功能区，如"图片工具""绘图工具""文本工具"选项卡。下面将结合特定操作来介绍这些功能区及部分右键快捷菜单操作。

1. 图片工具

在编辑图片时，在常用选项卡后将会出现"图片工具"选项卡。

（1）裁剪

选中图片，单击"图片工具"→"裁剪"按钮，在图片四周将出现裁剪手柄，拖动裁剪手柄从四角、顶部或底部、左右两侧进行裁剪。在悬停菜单或单击"图片工具"→"裁剪"下拉按钮时，可选择"按形状裁剪"选项或"按比例裁剪"功能，例如将"正方形"裁剪成"泪滴形"，如图 1.3.4 所示。

微课 1-9
裁剪功能

（2）大小

选中图片，在"图片工具"选项卡中可以设置"高度"和"宽度"。当选中"锁定纵横比"复选框时，修改图片的高度时其宽度会随之变化。单击该功能组右下角的对话框按钮 ，打开"布局"对话框，在"大小"选项卡中同样可以设置图片的大小。

（3）对比度、亮度和颜色

选中图片，在"图片工具"选项卡中可以设置"增加对比度""降低对比度""增加亮度""降低亮度"。单击"图片工具"→"颜色"按钮，在下拉菜单中可修改图片为灰度、黑白和冲蚀效果，如图 1.3.5 所示。

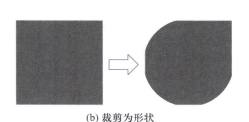

（a）"裁剪"菜单命令　　（b）裁剪为形状

图 1.3.4　裁剪

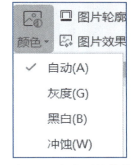

图 1.3.5　颜色下拉菜单

（4）图片轮廓和图片效果

选中图片，单击"图片工具"→"图片轮廓"或"图片效果"按钮，可以为图片添加框线，还可以为图片设置阴影、倒影、发光、柔化边缘等预设效果。在"图片效果"下拉菜单中选择"更多设置…"选项，在界面右侧将出现任务窗格，可以使用"填充与线条""效果""图片"等功能进行自定义设置。

（5）环绕

设置环绕可以帮助文字与图形更好地混排。

● 方法 1：选中图片，单击"图片工具"→"环绕"按钮，在下拉菜单中可选择各种环绕方式选项，如图 1.3.6 所示。

● 方法 2：在选中的图片上右击，在打开的快捷菜单中选择"其他布局选项"选项，在"布局"对话框中选择"文字环绕"选项卡设置"环线方式""环线文字"和"距正文"。

● 方法 3：选中图片，在图片右上方单击"环绕"浮动功能按钮，也可以设置文字环绕。

（6）组合和对齐

当插图的"环绕"方式不是"嵌入型"时，就可以设置图片的"组合""对齐"效果。组合是将两张及以上的插图对象组合成为一个可以被同时选中的对象。对齐功能可以很好地解决多个插图对齐的问题。

图 1.3.6　环绕文字下拉菜单

小贴士

组合和对齐需要对多个图片、图形对象进行操作，可按住 Ctrl 键，单击选中各个对象，然后执行组合和对齐功能。

微课 1-10
图形的
组合

（7）图片的堆叠

当插图由多个图片堆叠而成时，就需要使用"置于顶层"等功能设置图片的图层。

● 方法 1：选中图片，单击"图片工具"→"上移一层"/"下移一层"按钮，可将图片上、下移动；单击"图片工具"→"上移一层"/"下移一层"下拉按钮，还可直接设置"置于顶层"或"置于底层"。

● 方法 2：右击图片，在打开的快捷菜单中选择"置于顶层"/"置于底层"选项，或在级联菜单中选择"更多选项"对图片对象进行上、下移动。

2. 绘图工具

在文档中插入自选图形、文本框或艺术字后，选中所插入的图形，在功能区便会出现"绘图工具"选项卡。

（1）编辑形状

选中图形，单击"绘图工具"→"编辑形状"按钮，在下拉菜单中可选择"更改形状"和"编辑顶点"选项；其中使用"编辑顶点"选项可以对图形进行更多的改变，如图 1.3.7 所示。

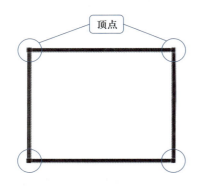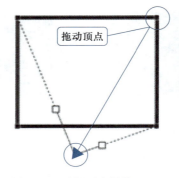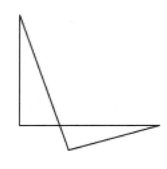

图 1.3.7　编辑顶点操作

（2）形状样式

选中图形，在"绘图工具"→"形状样式"中可设置形状样式，也可单击"其他"下拉扩展按钮▼打开"形状样式"库选择更多预设样式。如果预设的样式无法满足要求，可以尝试单击"填充""轮廓""形状效果"按钮进行修改。

3. 文本工具

选中添加了文字的自选图形、文本框或艺术字时，在功能区会出现"文本工具"选项卡。在"文本工具"→"文字效果"库中可选择文本样式，也可单击下拉扩展按钮▼打开"艺术字"库选择更多预设样式。如果预设的样式无法满足要求，可以尝试单击"文本填充""文本轮廓"或"文本效果"按钮进行修改。

4. 智能图形工具

在文档中定位插入点，单击"插入"→"智能图形"按钮，打开"选择智能图形"对话框，可以看到 WPS 提供了 15 种智能图形，包括"组织结构图""基本列表""垂直项目符号列表""垂直框列表"等。选中智能图形，在功能区会出现"设计"和"格式"两个选项卡。

①"设计"选项卡。打开"设计"选项卡，该选项卡有些功能是智能图形专有的工具，如"添加项目""升级""降级""前移""后移""从右至左""布局"等；也有与"图片工具"和"绘图工具"选项卡相同的功能，如"环绕""对齐"等。

②"格式"选项卡。打开"格式"选项卡，可在选定智能图形中的某个文本框时设置"字体""段落"和"形状样式"。

5. 公式工具

在文档中定位插入点，单击"插入"→"公式"按钮，在下拉菜单中可选择常用的数学公式或在最下方选择"插入新公式"选项，输入公式。插入新公式或选中公式后，功能区会出现"公式工具"选项卡。

在"公式工具"→"符号"库中可以查找一些编辑公式的符号，如单击"其他"下拉扩展按钮 ，在下拉菜单的"符号"选项子面板中可选择不同符号组，如"基础数学""希腊字母""字母类符号"等，如图 1.3.8 所示。

图 1.3.8 "基础数学"符号

在"公式工具"中也提供了如"分式""上下标""根式"和"积分"等公式结构，如图 1.3.9 所示。如果需要编辑一些比较复杂的公式，可以考虑使用这一功能。

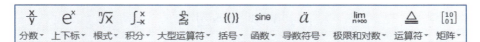

图 1.3.9 公式结构

6. 首字下沉

将光标定位至需要设置首字下沉的段落，单击"插入"→"首字下沉"按钮，在打开的"首字下沉"对话框中选择"位置"，如选择"下沉"和"悬挂"时，可设置"字体""下沉行数"和"距正文"参数。

微课 1–11
首字下沉

• 任务实施

在文档中插入图形是非常重要的，在任务实施过程中可以结合前面的基础知识来更好地完成任务。本任务将从下述几个步骤进行展开，见表 1.3.1。

文件：
任务 1.3
素材包

表 1.3.1 任务实施步骤及相关基础知识

实施步骤	须掌握的基础知识
Step1：制作工作总结封面	插入图片、形状、文本框、艺术字等对象 使用图片工具、绘图工具、文本工具
Step2：制作公司组织结构图	插入智能图形对象 使用智能图形工具
Step3：制作生产部门流程与程序图	插入形状 使用绘图工具的编辑形状、对齐和组合功能
Step4：插入封面、公司组织结构图和生产部门流程与程序图至工作总结文档	图文环绕
Step5：检查并提交文档	

Step1：制作工作总结封面

使用插入图片、文本框及艺术字等功能来制作工作总结封面。首先在封面中插入图片"封面图片 .jpg"，编辑图片的样式、大小；将 A 科技有限公司的标志放到封面的左上角；插入"文本框"，编辑文字；插入"艺术字"，输入文字。

（1）插入封面图片

　　具体操作方法：将光标定位至文档工作区，单击"插入"→"插图"按钮；打开"插入图片"对话框，通过左侧的导入窗格查找到"封面图片"所在的位置，选中该图片后单击"打开"按钮，操作步骤如图 1.3.10 所示。

图 1.3.10　插入图片

　　① 设置图片形状。具体操作方法：选中封面图片，单击"图片工具"→"裁剪"下拉按钮，在下拉菜单中选择"按形状裁剪"选项，在矩形组中找到"对角圆角矩形"，将图片裁剪为该形状。

　　② 调整图片大小。具体操作方法：选中图片，取消选中"图片工具"→"锁定纵横比"复选框；使用"高度"和"宽度"微调按钮将参数设置为"10 厘米"和"15 厘米"，操作步骤如图 1.3.11 所示。

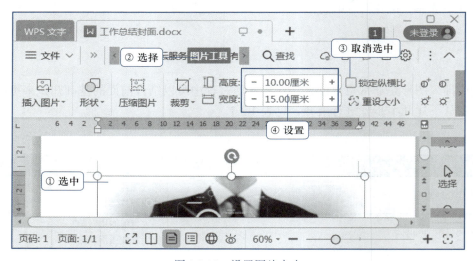

图 1.3.11　设置图片大小

　　③ 设置图形轮廓。具体操作方法：选中图片，单击"图片工具"→"图片轮廓"下拉按钮，在下拉菜单中设置"主题颜色"为"钢蓝，着色 5，浅色 60%"；继续单击"图片轮廓"下拉按钮，在下拉菜单中的"线型"级联菜单中选择"其他线条"命令；在窗口右侧出现"属性"任务窗格，将"填充与线条"选项卡中线条的"宽度"设置为 16 磅，完成设置后可关闭属性窗口，操作步骤如图 1.3.12 所示。

　　④ 设置图片文字环绕方式。具体操作方法：选中图片，在图片右上方单击"环绕"浮动功能按钮，在打开的功能面板中选择"四周型"选项，操作步骤如图 1.3.13 所示。

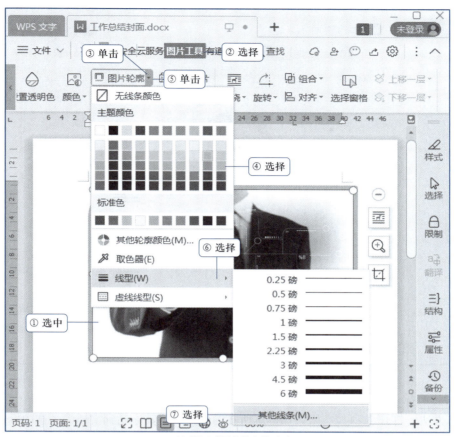

(a) 设置"图片边框"命令

(b) 图片属性

图 1.3.12   设置图片样式

图 1.3.13　设置图片文字环绕方式

（2）插入公司标志

具体操作方法：打开 A 科技有限公司标志所在的位置，将其拖动到文档中，选中标志，单击"图片工具"→"裁剪"按钮，将标志四周多余的部分裁剪掉。适当调整标志大小和位置，使之布局合理。

（3）插入形状或文本框

① 插入文本框。具体操作方法：将光标定位至文档工作区，单击"插入"→"文本框"下拉按钮，在下拉菜单中选择"横向"选项，当光标变为"＋"时在文档工作区上按住鼠标左键拖曳，松开鼠标即可得到文本框。

文本框 1：插入大小为 6cm×11cm 的文本框，在文本框中输入"工作总结"和"Work Summary"，其中"工作总结"设置为"黑体、70 号"，"Word Summary"设置为"Calibir、44 号"，字体颜色为"钢蓝，着色 5，浅色 60%"或其他字体颜色 RGB 值（R：50，G：90，B：156），段落设置为"分散对齐"。在文本中间插入一条横线，颜色与字体颜色一致。文本框的填充和轮廓均为"无颜色"，如图 1.3.14 所示。

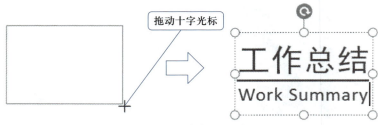

图 1.3.14　文本框设置效果

文本框 2：插入一个文本框，在其中输入"202×"，文本框的填充和轮廓均为"无颜色"。文本框位置可参照样张调整至合适的位置。

② 插入形状。具体操作方法：单击"插入"→"形状"按钮，在下拉形状库中选择矩形，并插入在封面的右侧，将形状填充颜色 RGB 值（R：50，G：143，B：177），推荐大小为 25cm×3.8cm。右击形状，在打开的快捷菜单中选择"置于底层"命令，将形状置于封面图片下一层。

（4）插入艺术字

具体操作方法：将光标定位至文档工作区，单击"插入"→"艺术字"按钮，在下拉面板"艺术字"库中设置为"填充－矢车菊蓝，着色1，阴影"样式，将艺术字输入框移动到封面最下方，编辑文字内容为"卓越 求真 务实 诚信"。

Step2：制作公司组织结构图

使用智能图形功能制作公司组织结构图，智能图形设置为"彩色5，预设样式5"，图形中文字的字体设置为"隶书，11号"。

（1）插入智能图形

具体操作方法：将光标定位至文档工作区，单击"插入"→"智能图形"按钮，打开"选择智能图形"对话框，在对话框中选择"组织结构图"，单击"确定"按钮，操作步骤如图1.3.15所示。

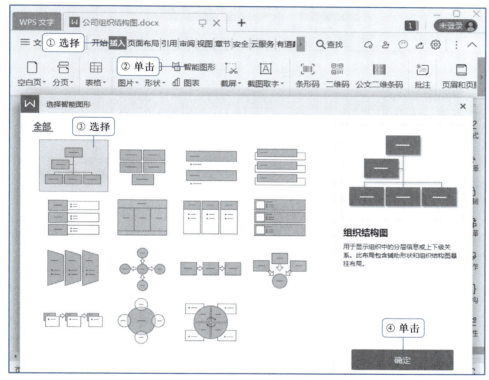

图 1.3.15　插入智能图形

（2）添加项目

插入的组织结构图只有两层，在已经插入的图形中输入职位信息，其中最顶层为总经理；助理为管理代表；第二层为财务总监、研发总监、副总经理（行政）、副总经理（生产）、副总经理（市场）；第三层中副总经理（行政）下级负责4个部门，其余可参考样图。

具体操作方法：以"副总经理（行政）"为例，选中该形状，单击"设计"→"添加项目"按钮，在下拉菜单中选择"在后面添加项目"选项，可在后方插入副总经理（生产）和副总经理（市场）项目，操作步骤如图1.3.16所示。继续选中该形状，选择"在下方添加项目"命令，可制作第三层的部门。

> **小贴士**
>
> 在组织结构图中"添加项目"时，选择"在前面添加项目"和"在后面添加项目"选项可添加同一层级的项目，选择"在上方添加命令"可添加上一层级的项目，选择"在下方添加命令"可添加下一层级的项目。需要明确项目的逻辑关系，才能选择正确的选项。

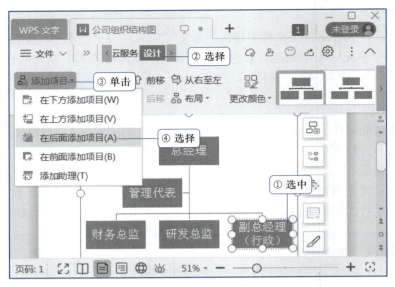

图 1.3.16　添加形状

（3）设置智能图形样式

具体操作方法：选中组织结构图，单击"设计"→"更改颜色"按钮，在下拉"颜色"库中选择彩色第 5 个选项；选择"智能图形样式"库中第 5 项，完成样式设置，操作步骤如图 1.3.17 所示。

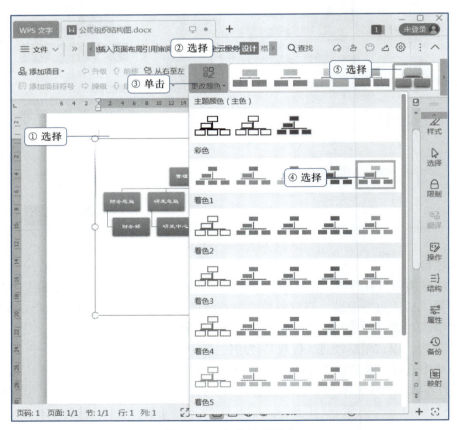

图 1.3.17　智能图形样式

（4）修改字体格式

具体操作方法：选中组织结构图外框，特别注意不要只选中一个项目，单击"开始"→"字体"下拉按钮，选择"隶书"；单击"开始"→"字号"下拉按钮，选择"11 号"，完成字体格式修改。

Step3：制作生产部门流程与程序图

使用形状制作生产部门流程与程序图，需要修改形状、填充、轮廓和大小等。

（1）插入形状

具体操作方法：将光标定位至文档工作区，单击"插入"→"形状"按钮，在下拉面板中选择矩形、圆角矩形、椭圆、左大括号和右箭头，插入至文档中，操作步骤如图 1.3.18 所示。

（2）设置形状样式

具体操作方法：以"左大括号"为例，选中该形状，单击"绘图工具"→"轮廓"下拉按钮，在下拉菜单中修改形状的"主题颜色"和"线型"；用鼠标拖动图形的角控点，可以修改图形的大小；用鼠标拖动图形的顶点，可以调整图形的形状。试着调整左括号使其更加光滑，操作步骤如图 1.3.19 所示。

其余图形：可参考样图或自行设计完成操作。

（3）排列图形

要将插入的图形排列成样图的效果，除了可以手动调整图形外，部分图形可参照以下的方法进行排列。按住 Shift 键后，选中 3 个圆角矩形，单击"绘图工具"→"对齐"按钮，在下拉菜单中选择"左对齐"和"纵向分布"选项，可将 3 个图形排列整齐。其余图形请根据实际情况自行选择，如图 1.3.20 所示。

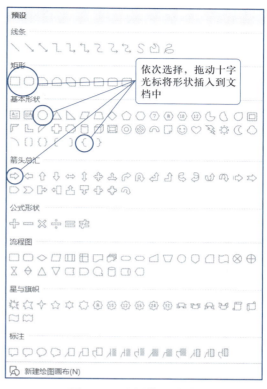

图 1.3.18　图形插入方式

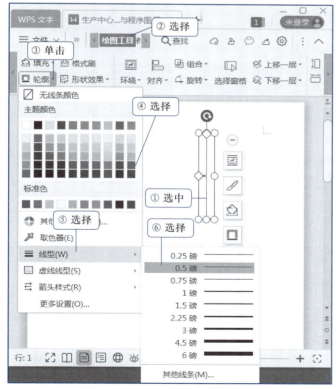

(a) 修改图形的填充颜色和轮廓颜色

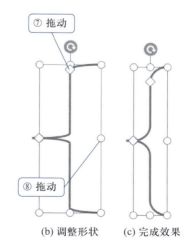

(b) 调整形状　　(c) 完成效果

图 1.3.19　设置形状样式

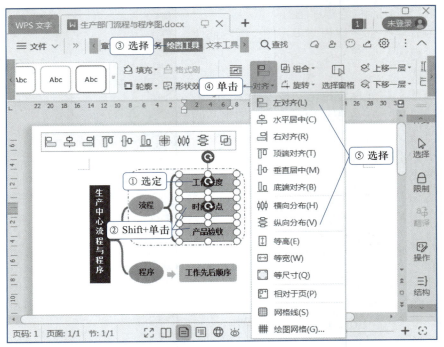

图 1.3.20　快速排列图形

（4）组合图形

具体操作方法如下。

● 方法 1：选中所有图形，单击"绘图工具"→"组合"按钮，在下拉菜单中选择"组合"选项。

● 方法 2：选中所有图形，右击，在打开的快捷菜单中选择"组合"级联菜单的"组合"选项，如图 1.3.21 所示。

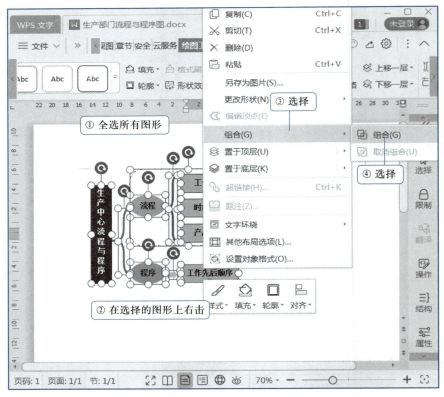

图 1.3.21　组合图形

Step4：插入封面、公司组织结构图和生产部门流程与程序图至工作总结文档

将前面完成的 3 幅图插入到"20×× 公司年度工作总结 .docx"，注意合理布局。

（1）插入封面

具体操作方法：将光标定位至"20×× 公司年度工作总结"文档首端，单击"插入"→"空白页"按钮，文档在首页新增一张空白页，将封面复制至首页，如图 1.3.22 所示。

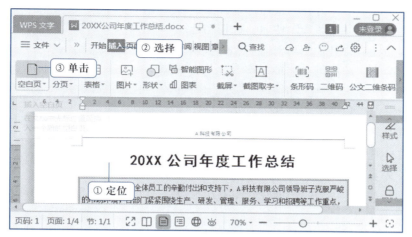

图 1.3.22　新增空白页

小贴士

复制封面时，要确保光标定位在"分页符"前，如当前无法观察到"分页符"，可单击"开始"→"显示 / 隐藏编辑标记"就可以将隐藏的"分页符"显示出来。

（2）插入"公司组织结构图"和"生产部门流程与程序图"

具体操作方法：在"二、制度明确，流程清晰可控"前新增空行，将光标定位于空行，插入"公司组织结构图"，设置文字环绕方式为"嵌入型"。如智能图形无法完全显示，将光标定位于智能图形后的段落标记，单击"开始"→"段落"组的对话框按钮，打开"段落"对话框，将行距"固定值"改为其他选项。将"生产部门流程与程序图"插入后，设置文字环绕方式为"四周型"，调整位置。

Step5：检查并提交文档

完成任务后，再次核对任务实施结果是否满足要求，并按要求提交完成文档。

•任务评价

1. 自我评价

任务	级别		
	掌握的操作	仍须加强的	完全不理解的
制作工作总结封面			
制作公司组织结构图			
制作生产部门流程与程序图			
插入"封面""公司组织结构图"和"生产部门流程与程序图"至工作总结文档			
检查并提交文档			
在本次任务实施过程中的自评结果	A. 优秀　　B. 良好　　C. 仍须努力　　D. 不清楚		

2. 标准评价

请完成下列题目，共两大题，10 小题（每题 10 分，共 100 分）。

一、选择题

① 对文档中插入的图片，不可以进行的操作是（　　　　）。

    A. 删除图片　　　　　　B. 裁剪图片　　　　　　C. 编辑顶点　　　　　　D. 缩放图片

② 在 WPS 文字编辑界面插入图片，以下方法中（　　　　）是不正确的。

    A. 将图片直接拖动至文档中

    B. 单击"文件"→"打开"按钮，选择图片

    C. 单击"插入"→"图片"按钮，选择图片

    D. 利用剪贴板，将其他图形复制、粘贴到所需文档中

③ 在 WPS 文字中，图像可以多种环绕方式与文字混排，（　　　　）不是其提供的环绕方式。

    A. 四周型　　　　　　B. 穿越型　　　　　　C. 上下型　　　　　　D. 左右型

④ 在 WPS 文字中，移动文本框的方法是（　　　　）。

    A. 按 F2 键　　　　　　　　　　　　B. 拖动文本框外框

    C. 单击文本框中的插入点后拖动　　　　D. 按 Shift 键

⑤ 关于 WPS 文字中插入的艺术字，下列叙述中正确的是（　　　　）。

    A. 不能改变大小　　　B. 不能改变环绕方式　　C. 不能移动位置　　　D. 可以旋转

二、判断题

① 对插入在 WPS 文字中的图片，可以在文档窗口中对其做任意修改。　　　　　　（　　　）

② 在 WPS 文字中，将图片环绕设置为上下型后文字将不会出现在图片的左右两侧。　（　　　）

③ 在 WPS 文字中，绘制图形应该单击"插入"→"形状"按钮。　　　　　　　　　（　　　）

④ 在 WPS 文字中，不能直接将现有的图形更改替换为新的图形。　　　　　　　　（　　　）

⑤ 在 WPS 文字中，如果在有文字的区域绘制图形，则在文字与图形的重叠部分文字可能被覆盖。

                                                          （　　　）

任务 1.3
操作测评

任务 1.3
拓展参考
效果

•任务拓展

请自选一个近期热点问题或信息技术发展相关的问题，制作一张图文并茂的海报。要求使用纸张大小为 A3 纸张，可扫描二维码查看参考效果。

课件：
制作员工
培训情况
统计表

任务 1.4　制作员工培训情况统计表

建议学时：2～4 学时

•任务描述

任务 1.4
完成效果

孙小美在准备公司的年度总结报告时，需要说明公司在这一年里为了加强员工职业技能提升所组织开展的培训活动。表格是一种简明扼要的信息表达方式，它以行列形式组织信息，结构严谨，效果直观。WPS 文字可以方便地在文档中插入表格，在表格单元格中填入文字和图形，并对表格进行简单的计算。经过一番思考，孙小美决定附上"员工培训情况统计表"。请跟着孙小美的思路，一起使用表格功能完成这项任务吧！

•任务目的

  ● 掌握在文档中插入和编辑表格、对表格进行美化、灵活应用公式对表格中的数据进行处理等操作。

  ● 能够利用所学知识完成文档表格的制作，并能够使用表格进行简单的数据处理。

  ● 能够自主学习并利用所学内容进行数据管理和文档的版面设计。

• 任务要求

请按下面的要求完成表格插入及表格的格式设置。具体要求如下。

① 新建文字文档，在文档中输入表格标题："员工培训情况统计表""年月日"及"单位：人 / 次"，并插入一个 7 列 15 行的表格，并参照图 1.4.1 完成表格布局。

② 调整表格行高，将表格第 1、2 行和最后一行行高设置为 1 厘米，其余各行行高为 0.8 厘米。适当调整各列列宽，使得表格显示合理美观。

③ 对单元格进行"合并单元格"处理，并在表格中输入文字内容。

④ 在左上角第 1 个单元格上绘制斜下框线；设置表格的内部框线为"单实线、1.0 磅""钢蓝，着色 1，浅色 40%"或其他颜色 RGB 值（R：143，G：170，B：220）；外侧框线为"双实线、1.5 磅"，颜色为"钢蓝，着色 1，深色 50%"或其他颜色 RGB 值（R：32，G：56，B：100）。

⑤ 设置表格第 1、2 行和最后一行，第 1、2

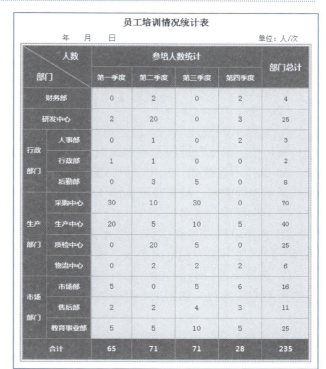

图 1.4.1 表格完成样张

列的底纹为"蓝色"或其他颜色 RGB 值（R：0，G：112，B：192），其余单元格为"钢蓝，着色 1，浅色 80%"或其他颜色（R：220，G：230，B：242）。

⑥ 将表格所有单元格的对齐方式设置为"水平居中"，再将斜线表头单元格设置如样图效果。

⑦ 使用公式计算"部门总计"列和"合计"行。

⑧ 将表格插入"20×× 公司年度工作总结 .docx"中，设置为页面居中，无文字环绕。

• 基础知识

1. 插入表格

单击"插入"→"表格"按钮，在下拉菜单中可以选择不同方式创建表格。

① 插入表格网格。在下拉菜单中的"表格网格"上按住鼠标左键，拖动选定列和行，释放鼠标左键即可在插入点处插入一个空白表格。这种方法直观快捷，但局限是得到的表格最多只能有 10 列 10 行，如图 1.4.2 所示。

② 插入表格。在"表格"下拉菜单中选择"插入表格"命令，打开"插入表格"对话框，按要求输入列数、行数及相关参数，单击"确定"按钮，即可在插入点处生成一个空白表格。

③ 绘制表格。在"表格"下拉菜单中选择"绘制表格"命令，光标变为笔形 ✎，拖动光标即可绘制表格；再次选择"绘制表格"命令可取消选择绘制表格。

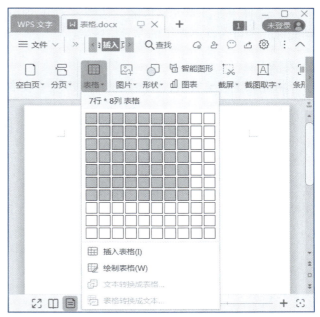

图 1.4.2 插入表格网格

2. 表格的选定操作

对表格进行格式操作前，选定是必要的操作。表格的选定方式和文本相似，可以使用拖动光标来实现"全选表格""单列或多列""单行或多行"的选定，也可以使用表格特定操作，下面介绍 4 种不同情况的选定方法。

（1）全选表格

单击表格左上角的 ⊞ 图标，可以全选整个表格。

（2）选择单列或多列

① 选择单列或连续列。将光标移动到表格需选定列的最上方，当光标变为 ↓ 时，则可单击选择一列；按下鼠标左键向左或右拖曳时，可选择连续的多列。

② 选择不连续列。选中一列或多列后，在按下 Ctrl 键的同时，单击或拖曳选定其余各列，则可选择不连续的列，操作步骤如图 1.4.3 所示。

（3）选择单行或多行

① 选择单行或连续多行。将光标移动到表格需选定行的最左侧，当光标变为 ⫰ 时，则可单击选择一行；按下鼠标左键向上或下拖曳时，可选中连续的多行。

② 选择不连续行。选中一行或多行后，在按下 Ctrl 键的同时，单击或拖动选定其余各行，则可选择不连续的行，如图 1.4.4 所示。

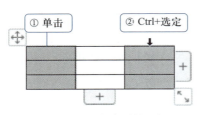

图 1.4.3　不连续列的选择

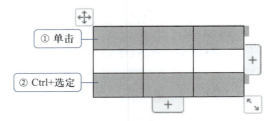

图 1.4.4　不连续行的选择

（4）单元格的选定

① 选择连续单元格区域。将光标移动至单元格左侧，当光标变为 ↗ 形状时单击则可以选定一个单元格；按下鼠标左键向上、下、左、右任意方向拖曳，可以选择连续多个单元格区域。

② 选择不连续单元格区域。选中一个单元格或单元格区域后，在按下 Ctrl 键的同时，单击或拖动光标，则可选择不连续的单元格区域。

3. 表格工具

将光标定位至表格，就会在功能区出现"表格工具"。

（1）表格属性

当光标定位于表格时，右击，在打开的快捷菜单中选择"表格属性"选项或单击"表格工具"→"表格属性"按钮，便可打开"表格属性"对话框。在此对话框中，共有"表格""行""列""单元格"4 个选项卡，它们分别用于设置表格属性、行属性、列属性和单元格属性，如图 1.4.5 所示。

1）"表格"选项卡

"尺寸"栏可用于设置表格的整体宽度。选中"指定宽度"复选框，设置数值框中的参数，度量单位可选择"厘米"等单位，可修改表格尺寸。

在"对齐方式"栏可选择表格的对齐方式，分别是左对

图 1.4.5　"表格属性"对话框

齐、居中或右对齐。在表格设置"无"文字环绕的前提下，选择"左对齐"，则可在"左缩进"框中设置缩进距离。

"文字环绕"栏是如果需要将页面上的文字环绕在表格周围，可以选择"环绕"，还可以单击"定位"按钮，在打开的"表格定位"中设置选项让文字环绕更精确。如果不需要文字环绕，则选择"无"选项。

2）"行"选项卡

"尺寸"栏用于设置所选行的行高和参数单位，行高值可选为"最小值"和"固定值"两种。

"选项"栏可以用于选择允许跨页换行或在各页顶端以标题行形式重复出现的选项。如需对其他行进行更改，单击"上一行"或"下一行"按钮即可切换行。

3）"列"选项卡

"尺寸"栏用于设置所选列的宽度。如需更改其他列，单击"上一列"或"下一列"按钮即可。

4）"单元格"选项卡

"大小"栏用于设置所选单元格的宽度。"垂直对齐方式"栏可为单元格内容设置"顶端对齐""居中"或"底端对齐"3 种对齐方式。

（2）修改表格

① 新增行或列。在表格中，如果要新增行或列，可使用以下 3 种方法。

● 方法 1：使用"插入"控件。将光标移到表格左侧线或上方线单元格交接处直至显示"插入"控件 ⊕，单击"插入"控件，将在该位置插入一个下方行或右侧列。此外，在表格的最右侧和最下方，也有插入行和插入列的控件，单击可以插入新行或列。如图 1.4.6 所示。

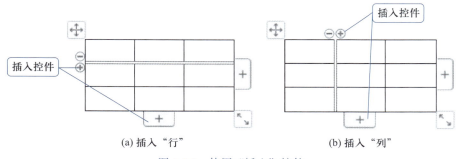

(a) 插入"行"　　　　　(b) 插入"列"

图 1.4.6　使用"插入"控件

● 方法 2：使用右键菜单。将光标定位在单元格中，右击，在打开的快捷菜单中选择"插入"选项，然后根据情况选择插入行的方式。新增列同理。

● 方法 3：使用表格工具。将光标定位在单元格中，在"表格工具"中，根据需要选择"在上方插入行""在下方插入行""在左侧插入列""在右侧插入列"选项，将在该位置插入新行或列。

② 删除行或列。表格中行或列的删除和文本内容的删除操作是截然不同的，在进行操作的时候要注意区分。

● 方法 1：使用"删除"控件。将光标移到表格左侧线或上方线单元格交接处直至显示"删除"控件⊝，单击"删除"控件，将删除该位置上方行或左侧列。

● 方法 2：使用右键菜单。在表格中选中行、列或单元格，右击，在打开的快捷菜单中出现"删除行""删除列""删除单元格"选项，选择其中"删除单元格"选项会打开"删除单元格"对话框，如图 1.4.7 所示。

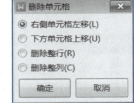

● 方法 3：使用表格工具。在表格中选中行、列或单元格，单击"表格工具"→"删除"按钮，即可删除所选行、列或单元格。

图 1.4.7　"删除单元格"对话框

> **小贴士**
>
> 如果需要清除表中的数据，选中数据所在的单元格区域后按 Delete 键即可。

（3）调整表格大小

① 适当调整列宽和行高。将光标移动到列的表格线上，当光标指针变为调整大小的箭头 ┿ 时，按下鼠标左键，当出现竖虚线时，左右拖动鼠标即可调整列宽。如果要精确调整表格行高或列宽，也可以使用标尺。选择表格中的一个单元格，然后拖动水平标尺上的标记。拖动标记时按住 Alt 键，就可以查看水平标尺上列宽值。行高的调整同理。

② 自动调整。全选表格，单击"表格工具"→"自动调整"按钮，在下拉菜单根据需要选择"适应窗口大小"或"根据内容调整表格"选项，可以调整整个表格的大小。选择"平均分布各行"或"平均分布各列"命令，可以快速平均分所选行高和列宽值。其中"平均分布各行"即平均分所选行之间的高度，"平均分布各列"即平均分所选列之间的宽度。

微课 1–13
快速调整
表格大小

③ 缩放表格。可将鼠标移至右下角的缩放标记，然后按下鼠标左键拖动，拖动过程中有一个虚线框表示缩放尺寸，当虚线框尺寸符合需要后，松开左键即可将表格缩放为需要的尺寸如图 1.4.8 所示。

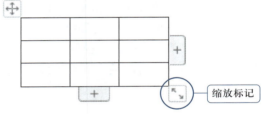

图 1.4.8　移动和缩放表格标记

> **小贴士**
>
> 表格的每个单元格中都会有至少一个段落标记，这说明在单元格中可以插入文本、图片等。单元格不能无限的缩小是因为单元格的大小受到了字体和段落格式的影响。如果使用上面所述调整表格大小的方法无效时，试试修改字体的大小、段落的间距和行距参数，观察一下单元格大小的变化。

4. 表格样式

（1）预设表格样式

在"表格样式"→"快速样式"库中可选择表格样式，也可单击下拉扩展按钮 ▼ 打开"表格样式"库选择更多预设样式。

（2）"底纹"和"边框"

① 底纹。单击"表格样式"→"底纹"按钮，可设置所选单元格或单元格区域的底纹。单击"表格样式"→"底纹"下拉按钮，在下拉面板可选择不同的主题颜色或其他填充颜色修改底纹颜色。

②边框。单击"表格样式"→"边框"下拉按钮，在下拉面板可选择不同的框线命令。如果先设置了边框的线型、线型粗细和边框颜色再设置边框，这时的边框会自动修改为已经设置的边框样式。

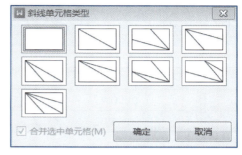

（3）绘制斜线表头

可单击"表格样式"→"绘制斜线表头"按钮，在打开的"斜线单元格类型"对话框中可根据需要选择类型，如图1.4.9所示。

图 1.4.9　斜线单元格类型

> **小贴士**
>
> 在 WPS 文字的表格中绘制的斜线只能设置为单实线，如果要设置斜线的边框粗细和边框颜色，需要选定斜线所在单元格或区域，设置了边框粗细和边框颜色后，单击"表格样式"→"边框"下拉按钮，选择"所有框线"选项，方可设置斜线边框的粗细和颜色。

（4）清除表格样式

若要删除表格样式，单击"表格样式"→"清除表格样式"按钮，这时表格所有的边框和底纹将恢复为默认样式。

5. 表格的排序和计算

（1）排序

将光标定位在表格中的任意位置，单击"表格工具"→"排序"按钮，打开"排序"对话框，可以设置"主要关键字""次要关键字"和"第三关键字"，并选择"类型"及"升序""降序"来进行排序，如图1.4.10所示。如果表格不是规则的，将无法进行排序。

图 1.4.10　"排序"对话框

（2）公式和函数

①输入公式。WPS 文字可以对表格中的数据进行加、减、乘、除、求和、求平均值、求最大值和求最小值等计算。单击"表格工具"→"fx 公式"按钮，打开"公式"对话框，将公式输入"公式"文本框中，单击"确定"按钮即可在表格中插入公式。需要注意的是，WPS 文字表格不能像 WPS 表格那样使用单元格的相对地址引用，所以如果函数参数是单元格地址的话，复制公式后公式中引用的单元格地址不会变化。如果使用 LEFT、RIGHT、ABOVE 和 BELOW 引用参数代替单元格地址，复制至其他单元格后"更新域"会更改计算的单元格，较直接使用单元格地址更加简化。这4个参数的含义见表1.4.1。

表 1.4.1　单元格引用参数

引用参数	说明
LEFT	计算当前单元格左侧连续的数据
RIGHT	计算当前单元格右侧连续的数据
BELOW	计算当前单元格正下方连续的数据
ABOVE	计算当前单元格正上方连续的数据

②更新域。在文档中插入公式其实就是插入域，如果更改单元格的数值，WPS 文字不会自动更新计算，需要在插入的公式上右击，打开快捷菜单选择"更新域"选项更新计算结果。

③编辑域。如果需要再次编辑公式，可在公式上右击，在打开的快捷菜单中选择"编辑域"选项；在打开的"域"对话框中再次编辑公式即可。

6. 文本与表格的相互转换

（1）将文本转换成表格

若要将文本转换成表格，文本之间需要使用分隔符（如逗号或制表符），以指示需要在何处将文本拆分为表格的列和行。一般来说，分隔符拆分"列数"，段落标记确定"行数"。选定文本区域后，单击"插入"→"表格"按钮，在下拉菜单中选择"文本转换成表格"选项，打开"将文字转换成表格"对话框，设置参数后就可以将文本转换成表格，如图 1.4.11 所示。

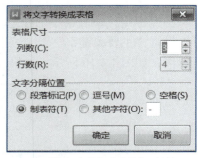

(a) 以制表符为分隔符的文本　　(b) 转换后的表格　　(c) "将文字转换成表格"对话框

图 1.4.11　将文本转换成表格

小贴士

文本转换成表格的时候，文本内容需要用文字分隔符进行分隔才能设置合适的列数。

（2）表格转换成文本

● 方法 1：选择要转换为文本的行或表格，单击"表格工具"→"转换为文本"按钮，打开"表格转换成文本"对话框，在"文字分隔符"栏中选中需要的分隔符，单击"确定"按钮。

● 方法 2：选择要转换为文本的行或表格，单击"插入"→"表格"按钮，在下拉菜单中选择"表格转换成文本"选项，打开"表格转换成文本"对话框，重复方法 1 中相应步骤即可。

7. 重复标题行

如果表格超过一页时，需要在每一页上方呈现标题行以方便阅读，可使用下面两种方法设置。

● 方法 1：选中表格中需要重复显示的标题行，单击"表格工具"→"标题行重复"按钮即可。

● 方法 2：选中表格中需要重复显示的标题行，右击，在打开的快捷菜单中选择"表格属性"选项；打开"表格属性"对话框，在"行"选项卡中选中"在各页顶端以标题行形式重复出现"复选框即可。

微课 1-14
标题行
重复显示

•任务实施

制作表格在 Word 文档使用中是非常重要的内容，在任务实施过程中可以结合前面的基础知识来更好地完成任务。本任务将由下述几个步骤完成，见表 1.4.2。

表 1.4.2　任务实施步骤及相关基础知识

实施步骤	须掌握基础知识
Step1：创建表格	插入表格
Step2：调整行高和列宽	表格选定操作；表格工具；字体和段落格式化
Step3：合并单元格	表格选定操作；表格工具
Step4：设置边框和底纹	表格选定操作；表格样式
Step5：调整单元格对齐方式	表格选定操作；表格工具
Step6：计算表格数据	表格的计算
Step7：插入表格至工作总结文档	表格选定操作；表格工具；表格属性
Step8：检查并提交文档	

Step1：创建表格

新建文字文档，在光标插入点输入表标题："员工培训情况统计表、年月日及单位：人/次"，并插入 1 个 7 列 15 行的表格，请参照样表进行布局。

具体操作方法：单击"插入"→"表格"按钮，在下拉菜单中选择"插入表格"选项；打开"插入表格"对话框，设置列数为"7"，行数为"15"，单击"确认"按钮，如图 1.4.12 所示。

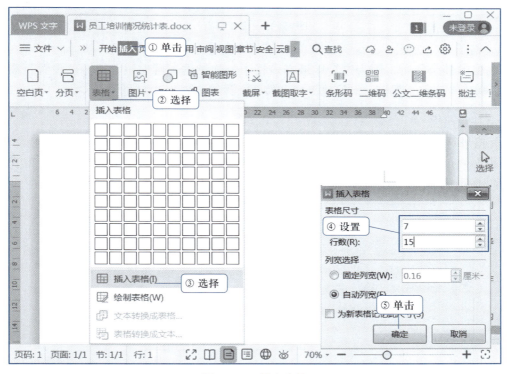

图 1.4.12　插入表格

Step2：调整行高和列宽

调整表格行高，将表格第 1、2 行和最后一行的行高设置为 1 厘米，其余各行行高为 0.8 厘米。适当调整各列列宽，使得表格显示美观。

（1）"表格属性"对话框

具体操作方法：选择表格中不连续的第 1、2 行和最后一行，右击，在打开的快捷菜单中选择"表格属性"选项，在打开的"表格属性"对话框中选择"行"选项卡，在尺寸栏选中"指定高度"复选框，设置为"1 厘米"，行高值设为"最小值"，单击"确定"按钮，操作步骤如图 1.4.13 所示。

图 1.4.13　设置行高

（2）"表格工具"功能区

选择表格的其余各行，因为这个区域在表格中是连续的，可参照上述方法设置行高为 0.8 厘米；也可以单击"表格工具"→"高度"微调按钮，设置高度为"0.8 厘米"。

Step3：合并单元格

对单元格进行"合并单元格"处理，并在表中录入文本内容。具体操作方法如下。

● 方法 1：使用鼠标拖动选择表格左上角 4 个单元格，单击"表格工具"→"合并单元格"按钮，即可将 4 个单元格合并，如图 1.4.14 所示。

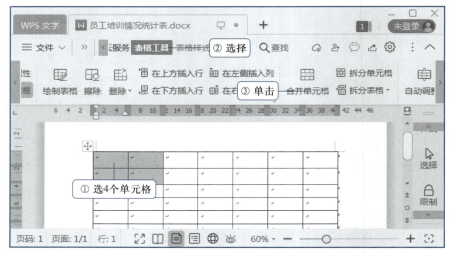

图 1.4.14　合并单元格

● 方法 2：选择需要合并的单元格，右击，在打开的快捷菜单中选择“合并单元格”选项，即可完成合并。

参照样张将其余单元格进行合并处理，并在单元格中录入文本内容。

Step4：设置边框和底纹

（1）绘制斜下框线

在表格左上角绘制斜下框线。具体操作方法如下。

● 方法 1：单击“表格样式”→“绘制表格”按钮，鼠标指针移至工作区变为✎形状，这时按住鼠标左键在单元格上拖动绘制一条斜线。

● 方法 2：将光标定位于表格左上角第 1 个单元格，单击“表格样式”→“绘制斜线表头”按钮，打开斜线单元格类型对话框，选择第 2 种斜线单元格类型即可完成绘制。

（2）设置所有框线

斜下框线和内部框线分别为“单实线、1.0 磅”“钢蓝，着色 1，浅色 40%”或其他颜色 RGB 值（R：143，G：170，B：220）。

具体操作方法：单击表格左上角的⊞全选表格。单击“表格样式”→“线型”下拉按钮，在下拉面板中选择线型“单实线”；单击“表格样式”→“线型粗细”按钮，在下拉面板中选择“1.0 磅”；单击“表格样式”→“边框颜色”按钮，在下拉面板中选择“钢蓝，着色 1，浅色 40%”，也可以设置“其他颜色”RGB 值（R：143，G：170，B：220）；单击“表格样式”→“边框”下拉按钮，在下拉菜单中选择“所有框线”选项即可修改斜线和内部框线，如图 1.4.15 所示。

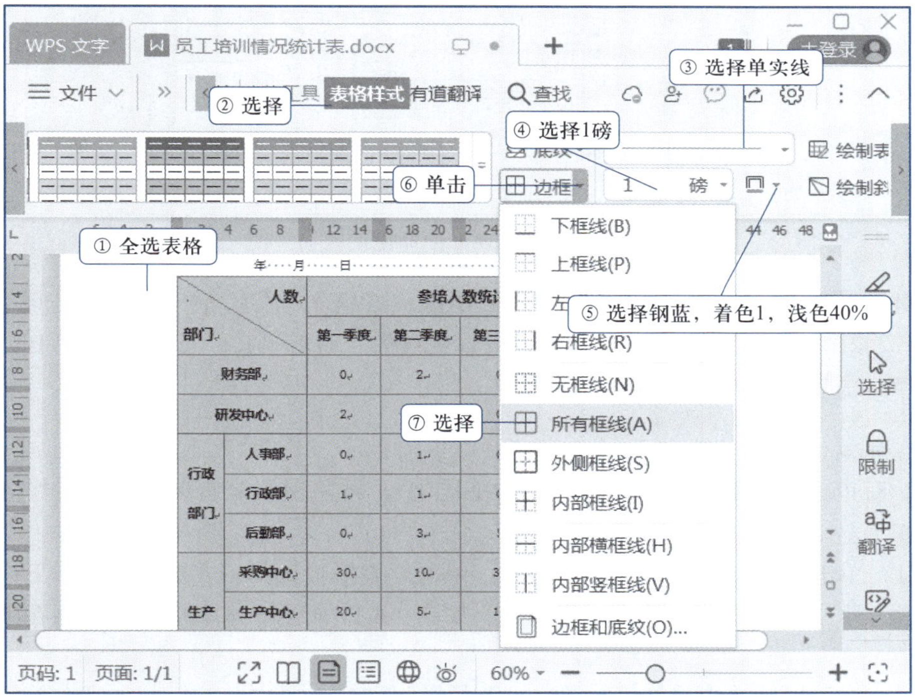

图 1.4.15　设置所有框线

（3）设置外侧框线

设置表格的外侧框线为“双实线、1.5 磅”，颜色为“钢蓝，着色 1，深色 50%”或其他颜色 RGB 值（R：32，G：56，B：100）。

具体操作方法：单击表格左上角的⊞全选表格，单击“表格样式”→“边框”下拉按钮，在下拉菜单中选择“边框和底纹”命令；在打开的“边框和底纹”对话框中，选择“设置”栏的“自定义"选项，设置样式为"双实线"，颜色为"钢蓝，着色 1，深色 50%"或者设置其他颜色 RGB 值（R：32，G：56，B：100），宽度为"1.5 磅"，在预览栏将样式应用于外边框，单击"确定"按钮完成设置。

（4）设置底纹

设置表格第 1、2 行和最后一行、第 1、2 列的底纹为"蓝色"，其余单元格为"钢蓝，着色 1，浅色 80%"。

具体操作方法：选择表格的第 1、2 行和最后一行，单击"表格样式"→"底纹"下拉按钮，在下拉面板中选择"蓝色"或设置其他颜色 RGB 值（R：0，G：112，B：192），如图 1.4.16 所示。

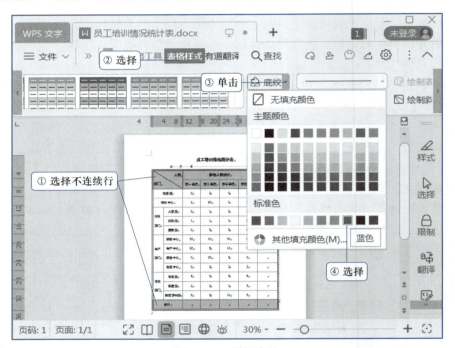

图 1.4.16　设置底纹

重复上述步骤，将其余各行设置底纹为"钢蓝，着色 1，浅色 80%"或其他颜色（R：220，G：230，B：242）。选择表格的第 1、2 列，设置底纹为"蓝色"（R：0，G：112，B：192）。适当调整文字字体、字号和颜色，使表格更清晰。

Step5：调整单元格对齐方式

将表格所有单元格的对齐方式设置为"水平居中"，再将斜线表头单元格设置如样图效果。具体操作方法如下。

● 方法 1：单击表格左上角的 ⊞ 全选表格，单击"表格工具"→"对齐方式"下拉按钮，在下拉菜单中选择"水平居中"选项即可完成设置，如图 1.4.17 所示。水平居中指文字在单元格内水平和垂直均居中。

● 方法 2：拖动鼠标选中单元格，单击"开始"→"对齐居中"按钮，文字在单元格内水平居中；右击，在打开的快捷菜单中选择"表格属性"命令，打开"表格属性"对话框，在"单元格"选项卡垂直对齐方式栏中设置"居中"，文字在单元格内垂直居中。

Step6：计算表格数据

使用公式计算"部门总计"列和"合计"行。

（1）计算部门总计

具体操作方法：将光标定位到"财务部"部门总计列的单元格中，单击"表格工具"→"fx

公式"按钮，打开"公式"对话框，在"公式"文本框中输入"=SUM(LEFT)"，单击"确定"按钮，如图 1.4.18 所示。

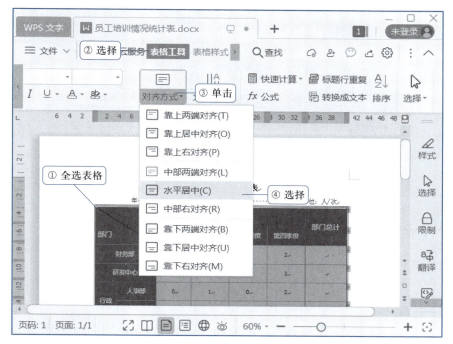

图 1.4.17 设置单元格水平居中

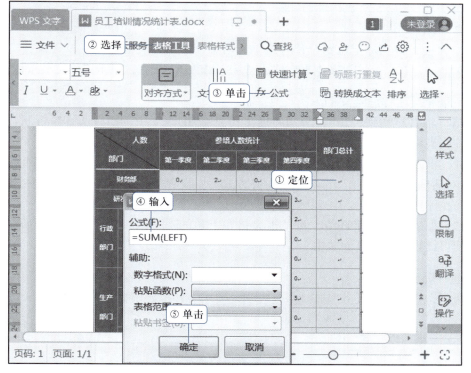

图 1.4.18 计算部门总计

选中用公式创建完成的数字并复制，将其粘贴至部门总计列的其余单元格中。依次在单元格的数字上右击，在打开的快捷菜单中选择"更新域"选项，即可完成所有部门总计的计算，如图 1.4.19 所示。

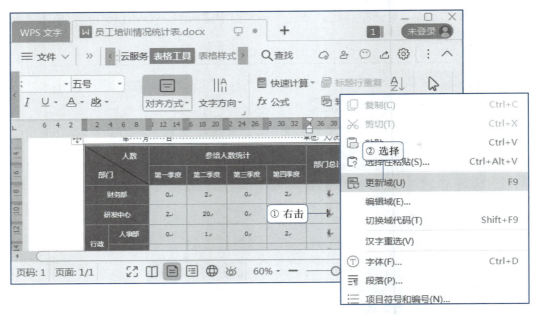

图 1.4.19　更新域

> **小贴士**
>
> 　　函数参数也可以直接使用单元地址，例如：=SUM(B3:E3)，但因为 WPS 文字的表格不像 WPS 表格有单元格相对引用的功能，如果使用单元格地址作为函数参数需要逐个修改，非常麻烦，故在此步骤中不推荐使用。

（2）计算合计

　　具体操作方法：将光标定位到合计行的单元格中，单击"表格工具"→"ƒx 公式"按钮，打开"公式"对话框，在"公式"文本框中输入"=SUM(ABOVE)"，单击"确定"按钮。

Step7：插入表格至工作总结文档

　　全选表格，将其复制到"20XX 公司年度工作总结 .docx"中"四、认真履行职责，完成本职工作"前，并将表格设置为页面居中，无文字环绕。具体操作方法如下。

　　● 方法 1：将光标定位于单元格中，右击，在打开的快捷菜单中选择"表格属性"选项，打开"表格属性"对话框，在"表格"选项卡中对齐方式栏中设置"居中"，在文字环绕栏中设置"无"，单击"确定"按钮完成设置。

　　● 方法 2：如表格无文字环绕，可单击表格左上角的⊞全选表格，单击"开始"→"对齐居中"按钮，便可设置表格在页面居中。

Step8：检查并提交文档

　　完成任务后，再次核对任务实施结果是否满足要求，并按要求提交完成文档。

●任务评价

1. 自我评价

任务	级别		
	掌握的操作	仍须加强的	完全不理解的
创建表格			
调整行高和列宽			

续表

任务	级别		
	掌握的操作	仍须加强的	完全不理解的
合并单元格			
设置边框和底纹			
调整单元格对齐方式			
计算表格数据			
插入表格至工作总结文档			
检查并提交文档			
在本次任务实施过程中的自评结果	A. 优秀　　B. 良好　　C. 仍须努力　　D. 不清楚		

2. 标准评价

请完成下列题目，共两大题，10 小题（每题 10 分，共 100 分）。

一、选择题

① 在 WPS 文字中，表格编辑不包括（　　）操作。

　　A. 旋转单元格　　　　B. 插入单元格　　　　C. 删除单元格　　　　D. 合并单元格

② 在 WPS 文字中，合并单元格操作，应在（　　）选项卡中选择相应的选项。

　　A. 表格工具　　　　B. 插入　　　　C. 页面布局　　　　D. 开始

③ 在 WPS 文字中，选定整个表格后，按 Delete 键，可以（　　）。

　　A. 删除整个表格　　　　　　　　B. 删除整个表格的内框线

　　C. 删除整个表格的内容　　　　　D. 删除整个表格的外框线

④ 在 WPS 文字的表格中，单元格内填写的信息（　　）。

　　A. 只能是文字　　　　　　　　　B. 只能是文字和符号

　　C. 只能是图像　　　　　　　　　D. 文字、符号、图像均可

⑤ 在 WPS 文字的表格中，可选定设置的最小对象是（　　）。

　　A. 字　　　　B. 单元格　　　　C. 行　　　　D. 表格

二、判断题

① 在 WPS 文字中，可以将表格转换为文本，但不能将文本转换成表格。　　　（　　）

② 在 WPS 文字中，表格使用函数进行计算，不能像 WPS 表格那样使用单元格的相对地址引用。

　　　　　　　　　　　　　　　　　　　　　　　　　　　　　　　　　　　（　　）

③ 在 WPS 文字编辑中，边框和底纹既可用于文本，又可用于表格单元。　　　（　　）

④ 在 WPS 文字中，如果表格框架是用虚线表示的，实际打印出来的表格只有 4 条周边线。

　　　　　　　　　　　　　　　　　　　　　　　　　　　　　　　　　　　（　　）

⑤ 在 WPS 文字的表格中，要在选中单元格上方插一整行，应选择活动单元格下移。　（　　）

任务 1.4 操作测评

• 任务拓展

请同学们根据本次任务所学内容，参照样张图制作一门课程的成绩报告单。

任务 1.4 拓展完成 效果

任务 1.5　批量制作邀请函

建议学时：2 ～ 4 学时

课件： 批量制作 邀请函

• 任务描述

公司每年年末都需要邀请与公司有业务来往的原料供应商和经销商一起召开表彰大会，孙小美

需要为这些来宾制作邀请函。她先定制了一批邀请函，然后在邀请函上打印被邀请人的姓名、公司名称等相关信息。随着公司业务的不断发展，近几年来邀请的来宾越来越多，能否帮孙小美想想办法，快点准备好邀请函吗？

• 任务目的

- 掌握文本编辑、段落的格式设置等操作；掌握图片对象的插入操作；掌握打印预览和打印操作的相关设置。
- 能够利用所学知识批量制作文档。
- 能够自主学习并利用所学知识提升解决重复工作的效率。

• 任务要求

当制作文档的数量特别大时，可以考虑使用邮件合并功能，如图 1.5.1 所示。

① 制作邀请函模板，设置好相应的文字格式、段落格式和页面格式。

② 制作邀请来宾名单，用于存放邀请来宾的信息，如姓名和公司名称。在本次任务实施过程中，可直接使用电子表格"邀请来宾名单 .xlsx"。

③ 批量制作 52 份邀请函。

图 1.5.1　邀请函缩略图

• 基础知识

1. 打印预览和打印

完成文档的编辑并打印出来是文档处理工作非常重要的一步，学会使用打印预览功能，可以很好地完成这项重要工作。尽管页面视图本身就可以显示页面布局效果，但使用"打印预览"可以更好地检查文档的整体布局效果，以便确认无误后再进行打印输出。打印的操作方法如下。

- 方法 1：单击"文件"→"打印"按钮，打开"打印"对话框，可以设置打印机属性、指定打印页码范围、设置并打和缩放等，完成设置后单击"确定"按钮即可开始打印。
- 方法 2：按下 Ctrl+P 组合键，打开"打印"对话框，接着按方法 1 后续步骤操作。

2. 邮件合并

邮件合并是一种可以批量处理文档的功能。在 WPS 文字中创建一个包含所有共有内容的主文档，然后使用邮件合并功能将保存有变化信息的数据源插入到主文档中，形成批量文档，这些文档可以直接打印或通过邮件发送。单击"引用"→"邮件"按钮，即会出现"邮件合并"选项卡。

（1）数据源

数据源是邮件合并功能里存放可变数据的文档，可以是 Access 数据库、WPS 文字文档、WPS 表格文件、Excel 文件或文本文档等，但无论使用何种文档，都必须保证数据内容满足关系数据模型的特点，即呈二维表格显示。在二维表格中，每一列是字段名称，每一行是记录。在进行邮件合并前，需要先单击"邮件合并"→"打开数据源"按钮，打开"选取数据源"对话框，查找数据源所在位置并选中数据后源文件，单击"打开"按钮，这时就可以将变化的信息以合并域的方式插入到 WPS 文字文档中。

（2）插入合并域

单击"邮件合并"→"插入合并域"按钮，打开"插入域"对话框，选择域插入到文档中，在"合并域"中显示的数据库域是由数据源中的字段列表决定的。

（3）合并

WPS 文字提供了 4 种合并方式，包括"合并到新文档""合并到不同新文档""合并到打印机"和"合并到电子邮件"，在实际工作中可根据需求选择不同的合并方式。

•任务实施

文件：
任务 1.5
素材包

本任务重点介绍使用"邮件合并"功能批量制作邀请函的方法，并通过打印预览功能实现文档预览和打印。在实际工作中创建制作文档的方法和途径是多样的，本任务推荐一组任务实施步骤，在任务实施过程中也可以结合前面的基础知识来更好地帮助完成任务，见表 1.5.1。

表 1.5.1 任务实施步骤及相关基础知识

实施步骤	须掌握的基础知识
Step1：制作邀请函模板	任务 1.1 相关知识；任务 1.2 相关知识；任务 1.3 相关知识
Step2：制作邀请函来宾名单	数据源的使用
Step3：批量生成邀请函	邮件合并；打印
Step4：检查并提交文档	

Step1：制作邀请函模板

一般来说，邀请函中的内容基本是一致的，所以制作"邀请函"模板只需要编辑邀请函中内容相对不变的固定信息主文档。

（1）编写邀请函

具体操作方法：新建 WPS 文字文档，在文档中编辑邀请函的文字内容，如图 1.5.2 所示。

（2）设置页面布局

具体操作方法：根据定制的邀请函进行纸张的设置，如图 1.5.3 所示。将光标定位到文档中，单击"页面布局"→"纸张大小"下拉按钮，在下拉菜单中选择"其他纸张大小"选项；打开"页面设置"对话框，设置数值框"宽"和"高"的尺寸为 17 厘米 × 21 厘米，单击"确定"按钮。

尊敬的XX：

20XX 年即将翻开崭新的篇章，我们也将迎来充满希望和更具有挑战性的新一年。在这辞旧迎新之际，首先祝贺贵公司生意兴隆。同时，为了感谢XXX 一直以来给予我们企业的大力支持与信赖，我公司将举办年度总结表彰大会，诚邀您的出席！

时间：20XX 年 1 月 16 日 9：30

地点：广西南宁市园湖北路 XX 号

◆ A科技

图 1.5.2 邀请函文字内容

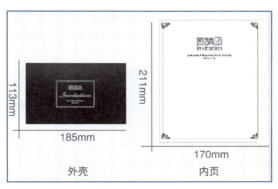

图 1.5.3 定制的邀请函

（3）制作邀请函模板

　　具体操作方法：考虑邀请函文字内容是打印在邀请函内页上的，就需要在打印时考虑文字内容在邀请函中的位置。用尺子测量一下从页面顶端到印刷文字下方的距离约 7 厘米，整体布局时就要在纸张上方空出 7 厘米的空间，保证打印内容不与邀请函内页重叠，如图 1.5.4 所示。

(a) 邀请函内页　　　　　　　　　　　(b) 邀请函文字排版

图 1.5.4　制作"邀请函"模板

Step2：制作邀请来宾名单

　　制作邀请来宾名单，用于存放邀请来宾的信息，如姓名和公司名称。在本次任务实施过程中，可直接使用电子文档"邀请来宾名单 .xlsx"。

Step3：批量生成邀请函

　　在将前两个文档制作好之后，就可以制作每位来宾的邀请函了。这里推荐使用邮件合并功能。熟用这个功能，对完成所有邀请函的制作会更便捷。

（1）打开邮件合并选项卡

　　具体操作方法：打开"主文档"，单击"引用"→"邮件"按钮，即可打开邮件合并选项卡。

（2）选择数据源

　　具体操作方法：单击"邮件合并"→"打开数据源"按钮，在打开的"选取数据源"对话框左侧窗格中，通过文件夹导航窗格查找数据源存放的位置，然后在右侧窗格中选中数据源文档"邀请来宾名单 .xlsx"，单击"打开"按钮，操作步骤如图 1.5.5 所示。

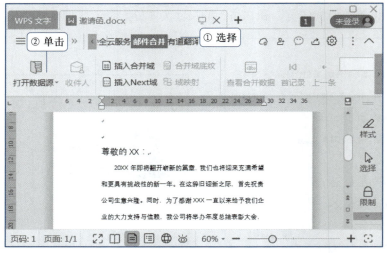

图 1.5.5　选择数据源

使用 WPS 表格制作的数据源，如果文档中有多个工作表，需要确认选择哪个工作表，所以还会打开"选择表格"对话框，待选择完成后，单击"确定"按钮完成操作，如图 1.5.6 所示。

图 1.5.6　选择工作表

（3）插入合并域

具体操作方法：选中姓名插入点，单击"邮件合并"→"插入合并域"按钮，打开"插入域"对话框，在域中选择"姓名"，单击"插入"按钮即可插入合并域，操作步骤如图 1.5.7 所示。

图 1.5.7　插入合并域

（4）查看合并数据

具体操作方法：插入了"合并域"后，单击"邮件合并"→"查看合并数据"按钮，在文档工作区域就可以查看合并后文档的效果。

（5）合并到新文档

具体操作方法：如果合并后的文档符合要求，单击"邮件"→"合并到新文档"按钮，在打开的"合并到新文档"对话框中选择"全部"选项，然后单击"确定"按钮完成邮件合并，操作步骤如图 1.5.8 所示。

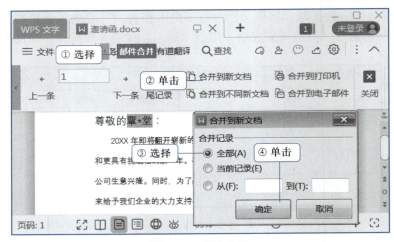

图 1.5.8　邮件合并

Step4：检查并提交文档

完成任务后，再次核对任务实施结果是否满足要求，并提交插入合并域的邀请函模板和生成的邀请函文档。

•任务评价

1. 自我评价

任务	级别		
	掌握的操作	仍须加强的	完全不理解的
制作邀请函模板			
制作邀请函来宾名单			
批量生成邀请函			
检查并提交文档			
在本次任务实施过程中的自评结果	A. 优秀　　B. 良好　　C. 仍须努力　　D. 不清楚		

2. 标准评价

请完成下列题目，共两大题，10 小题（每题 10 分，共 100 分）。

一、选择题

① 使用 WPS 文字进行邮件合并时，默认情况下在主文档中插入学生、年龄、性别域后会出现（　　　）。

　　A.《学生、年龄、性别》　　　　　　　　B. 孙小美、22、女

　　C.《学生 + 年龄 + 性别》　　　　　　　　D.《学生》《年龄》《性别》

② 在 WPS 文字中，下列不能作为邮件合并数据源的是（　　　）。

　　A. HTML 文档　　　　B. 文本文件　　　　C. 图像文件　　　　D. Excel 文件

③ 在 WPS 文字中，邮件合并的正确描述是（　　　）。

　　A. 邮件合并只需要先制作一个模板文档即可

　　B. 邮件合并只需要先制作一个数据源文档即可

　　C. 邮件合并需要先制作一个模板文档和一个数据源文档

　　D. 邮件合并合成后的文件只能以邮件形式发出去

④ 在 WPS 文字中，邮件合并的两个基本文档是（　　　）。

　　A. 标签和信函　　　　B. 信函和信封　　　　C. 主文档和数据源　　　D. 空白文档和数据源

⑤ 在 WPS 文字中，下列在功能区中显示"插入合并域"按钮的操作是（　　　）。

    A. 单击"WPS Office"按钮，然后选择"文档"选项

    B. 选择"邮件"选项卡

    C. 选择"插入"选项卡

    D. 选择"视图"选项卡

二、判断题

① 在 WPS 文字中，邮件合并就是把几个邮件放到一起。　　　　　　　　　（　　）

② 在 WPS 文字中，邮件合并功能所用的数据源必须是 Excel 文档。　　　（　　）

③ 在 WPS 文字中，邮件合并主文档与数据源合并可直接输出到打印机，不保存到文件。（　　）

④ 在 WPS 文字中，邮件合并数据源中的域名可由用户定义。　　　　　　（　　）

⑤ 在 WPS 文字中，邮件合并数据源只能以表格形式保存。　　　　　　　（　　）

任务 1.5
操作测评

•任务拓展

    为进一步推进"创业创新促发展"战略，引导树立创新创业意识，发散创新思维，×× 学校计划举行创新创业实践系列活动，需要大量的志愿者为活动提供服务。在大家的积极响应下，学校遴选了 100 名师生作为首批志愿者。现在需要为所有志愿者制作工作证。本次采购的工作证外壳尺寸规格是 12.5cm×9cm，原工作证的内页不符合要求，需要重新设计，考虑数量比较多，工作组决定利用现有的 A4 纸张打印。请参考以下要求，在最短的时间帮助工作组完成工作吧！

    操作提示：

    ① 文本框：工作证尺寸为 11.8 cm×8.6 cm（根据外壳设定）。

    ② 文本框填充：工作证背景图。

    ③ 输入"创新创业"志愿者。

    ④ 表格：输入志愿者信息。

    ⑤ 请在样张中获得启发，利用图文混排、页面设置、邮件合并、查找与替换快速完成工作证的制作，可扫描二维码查看参考效果。

    备注：所有字体字号仅为参考，可自行调整。

任务 1.5
拓展完成
效果

文件：
任务拓展
素材包

任务 1.6　制作《员工手册》

建议学时：4～8 学时

课件：
制作《员
工手册》

•任务描述

    孙小美所在的行政部要与人事部、后勤部等部门联合完成《员工手册》的修订工作。孙小美对《员工手册》做了基础的排版，设置了标题样式并生成目录。接下来，她将首先与人事部共同完成文档的修订整理工作。请和孙小美一起完成本次任务吧！

•任务目的

  ● 掌握样式与模板的创建和使用，掌握目录的制作和编辑操作；熟悉文档不同视图和导航任务窗格的使用；掌握多人协同编辑文档的方法和技巧。

  ● 能够利用所学知识进行长文档排版和多人协同办公。

  ● 能够探索更多文档处理的技巧，并可以驾驭同类型的工具。

•任务要求

    请将《员工手册》按以下要求排版，生成目录，并插入封面，并与其他部门提交的修订版进行比较，最终完成《员工手册》修订工作，样张请扫描二维码观看。

《员工手
册》完成
效果

①设置样式。

●设置标题 1，多级编号格式为"一、"，字体格式为"黑体、三号、加粗"，设置段落为"居中对齐、无缩进"，段前段后均为"1 行"，行距为"2 倍行距"。

●设置标题 2，多级编号格式为"1."，字体格式为"仿宋、四号、加粗"，设置段落为"左对齐、无缩进"，段前段后均为"0.5 行"，行距为"1.5 倍行距"。

●设置正文，字体为"宋体、小四"，设置段落为"两端对齐、首行缩进 2 字符"，行距为"最小值 18 磅"。

②文档划分出封面页、目录页和正文页 3 部分。

③设置各自的页眉和页脚，要求如下：

封面：无页眉，无页码，插入封面图片；

目录：无页眉，页码格式为Ⅰ，Ⅱ，Ⅲ，…；

正文：页眉为"A 科技有限公司"，页码居中且格式为 -1-，-2-，-3-，…

④在第 2 节插入目录，目录可以用于查看文档中的标题内容。

⑤将行政部编辑的《员工手册》与人事部修订的《员工手册》进行比较，将最终审阅修订的文档进行保存。

•基础知识

1. 样式

（1）快速样式

在"开始"→"样式"库中有预设好的样式，包括"正文""标题 1""标题 2"等。选中文本，选择快速样式即可将样式应用于文本。

（2）创建样式

单击"开始"→"新建样式"下拉按钮，打开"新建样式"对话框，在"名称"文本框中输入名称，选择样式类型及设置格式，单击"确定"按钮，如图 1.6.1 所示。

（3）清除格式

选中文本，单击"开始"→"新建样式"下拉按钮，在下拉菜单中选择"清除格式"选项，将会清除文本的字体格式、段落格式、边框和底纹，使文本格式恢复为默认值。

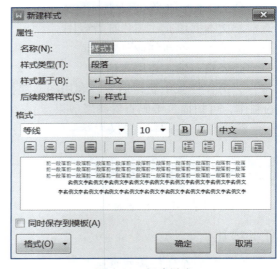

图 1.6.1　新建样式

2. 多级编号

单击"开始"→"编号"下拉按钮，在下拉面板的编号库中会有各种样式的多级编号，选择"自定义编号"选项，打开"项目符号和编号"对话框；选择"多级编号"选项卡，可在编号库中选择一种编号，这时可激活"自定义"按钮，可用于设置新的编号格式。

在长文档中，多级编号配合标题样式的使用可以非常方便地添加章节编号，通过多级编号添加的编号可以在调整标题时自动调整，大大简化了长文档的排版工作。

3. 常用分隔符

（1）分页符

当文本或图形等内容填满一页时，文档会自动分页并开始新的一页。如果要在页面中任意位置强制分页，可手动插入分页符，这样可以确保章节标题总在新的一页开始。

（2）分节符

节是文档的一部分。插入分节符之前，WPS 文字将整篇文档视为一节。如果改变行号、分栏数或页眉页脚、页边距等特性时，则需要创建新的节。

小贴士

如果文档中的编辑标记并未显示，可单击"开始"→"显示 / 隐藏编辑标记"按钮，此时隐藏的编辑标记将显示出来。

微课 1–18
显示/隐藏
编辑标记

4. 大纲视图

前面已经介绍了 6 种视图方式以方便编辑、阅读和管理文档，而其中的大纲视图主要用于显示文档的框架，在长文档编辑过程中，利用折叠和展开各层级的功能可以提升文档的编辑效率。单击"视图"→"大纲"按钮，将会在功能区中出现大纲选项卡，并切换至该选项卡。

微课 1–19
大纲视图

（1）设置"大纲级别"

将光标定位到文本中，单击"大纲"→"大纲级别"框，在下拉菜单中选择"1 级""2 级"或"正文文本"等，可设置文本的大纲级别；单击"上移"或"下移"按钮，可以逐级修改大纲级别；单击"提升到标题 1"或"降低到正文"按钮，完成相应设置。

（2）显示级别

单击"大纲"→"显示级别"下拉列表，在下拉菜单中选择"显示级别 1""显示级别 2"或"显示所有级别"等，将只显示此级别及上一级的文本信息。

（3）关闭大纲视图

单击"大纲"→"关闭"按钮，将关闭"大纲视图"返回至"页面视图"。

5. 目录

（1）自动目录

在文档中如果设置了标题样式或者大纲级别，就可以使用"自动目录"功能生成目录。当正文中目录的标题内容发生变化的时候，只需更新目录就可以方便地修改目录。目录还可以直接显示页码，当正文变化时同样只需要更新目录而不需要一个一个地修改。使用"自动目录"功能的方法如下。

- 方法 1：单击"引用"→"目录"下拉按钮，选择目录库中的目录，便可在光标插入点插入目录。
- 方法 2：单击"章节"→"目录页"按钮，选择目录库中的目录，也可在光标插入点插入目录。

（2）智能识别目录

WPS 文字中新增的智能识别目录会根据文档中的序号来辨识该内容是否为标题，如果文档中有规范的序号，就可以在不设置标题样式的情况下智能识别目录。

单击"视图"→"导航窗格"按钮，打开导航窗格，在"目录"选项卡中单击"智能识别目录"按钮，打开"WPS 文字"对话框提示"将智能识别的目录更新到导航视图中？"，单击"确定"按钮即可。

6. 多人协同编辑文档

（1）批注功能

将光标定位于需要添加批注的文本处，单击"审阅"→"插入批注"按钮，在文本上出现批注框，在批注框中输入批注内容即可。将光标定位于批注处，单击"审阅"→"删除"按钮，可以将批注删除。

（2）修订和审阅

单击"审阅"→"修订"按钮，打开"修订"功能进入修订模式，这时对文档进行的文本修改和格式编辑等操作都会显示标记；单击"审阅"→"修订"下拉按钮，在下拉菜单中选择"修订选项"，打开"选项"对话框，可对 WPS 文字的视图、编辑等选项进行设置。

单击"审阅"→"审阅"按钮，在工作区右侧出现审阅窗格，可以显示修订的记录，包括插入、删除、格式和批注等。

（3）接受和拒绝

将光标定位于修订的内容，单击"审阅"→"接受"/"拒绝"按钮，可以接受/拒绝修订；单击"审阅"→"接受"/"拒绝"下拉按钮，可选择接受/拒绝不同的修订。

（4）比较功能

当文档进行多人修订时，可以单击"审阅"→"比较"按钮，方便精确比较两个修订的文档。

（5）云服务

使用 WPS 提供的云服务可将文档上传至云端，云端的文档可向其他用户提供查看、评论和编辑的权限，基于协作的云服务可通过国内常用的社交媒体进行分享，是支持多人协同编辑文档的优秀功能。单击"云服务"→"协作"按钮，将进行云编辑模式。

> **小贴士**
>
> 如果要使用云服务，需要注册登录 WPS Office 账户，未登录用户不能使用该功能。

文件：
任务 1.6
素材包

任务实施

本任务重点介绍长文档编辑的技巧和方法，《员工手册》在初步完成后需要为其设置相关的文本格式，使其结构分明；制作不同的页眉、页脚，使文档指示的信息清楚明了；生成目录，可以提高文档查阅的快捷性。具体实施步骤见表 1.6.1。

表 1.6.1　任务实施步骤及相关基础知识

实施步骤	须掌握的基础知识
Step1：打开导航窗格	WPS Office 工作界面；导航窗格的打开位置
Step2：设置多级编号	自定义新的多级编号
Step3：设置样式	字体格式、段落格式和样式设置
Step4：快速修改大纲级别	大纲视图及相关设置
Step5：划分文档结构	显示/隐藏编辑标记；插入"分节符"
Step6：设置页眉和页脚	页眉和页脚设置；页码的设置
Step7：制作目录	自定义目录
Step8：多人协同编辑文档	设置修订、比较文档、接受和拒绝修订
Step9：检查并提交文档	

Step1：打开导航窗格

显示导航窗格，便于在编辑过程中查看标题信息。

具体操作方法：单击"视图"→"导航窗格"按钮，在工作区将出现"导航窗格"，在窗格中选择"目录"选项卡，可以便捷地查看设置标题的情况。

Step2：设置多级编号

设置"标题 1"的多级编号格式为"一、"，"标题 2"为"1."。

（1）设置"标题 1"

具体操作方法：将光标定位在"公司概要"文本中，单击"开始"→"编号"下拉按钮，在下拉菜单中选择"自定义编号"选项；打开"项目符号和编号"对话框，选择"多级编号"选项卡，在下方编号库中选择带有"1.标题 1——"的编号，单击"自定义…"按钮；打开"自定义多级编号列表"对话框，修改"编号格式"为"①、"，在"编号样式"下拉列表中选择"一，二，三，…"，单击"高级"按钮；对话框下方将展开"编号位置"栏、"文字位置"栏，调整编号的对齐位置为"居中"，文本缩进位置视具体情况而定，如图 1.6.2 所示。

(a) 选择"自定义编号"

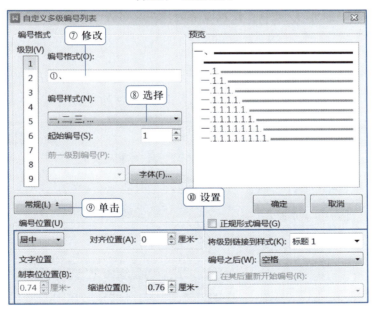

(b)"自定义多级编号列表"对话框

图 1.6.2 设置标题 1 编号

小贴士

注意编号格式文本框中带圈的编号在修改编号格式时不要删除，手动录入的数字不能实现自动编号功能。

（2）设置"标题 2"

　　具体操作方法：修改"级别 2"方法同上，需要在"自定义多级编号列表"对话框中选择修改的级别为"2"，在编号格式文本框中只保留为"②."，选择编号样式为"1，2，3，…"，单击"确定"按钮完成设置，如图 1.6.3 所示。

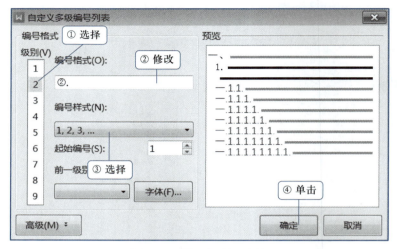

图 1.6.3　设置标题 2 编号

Step3：设置样式

　　设置"标题 1"，字体格式为"黑体、三号、加粗"，设置段落为"居中对齐、无缩进"，段前段后间距均为"1 行"，行距为"2 倍行距"。

　　设置"标题 2"，字体格式为"仿宋、四号、加粗"，设置段落为"左对齐、无缩进"，段前段后间距均为"0.5 行"，行距为"1.5 倍行距"。

　　设置正文，字体为"宋体、小四"，设置段落为"两端对齐、首行缩进 2 字符"，行距为"最小值 18 磅"。

（1）设置"标题 1"样式

　　具体操作方法：在文档中选中文本，如"二、人事制度"，单击"开始"→"样式"库中的"标题 1"，即可将所选文本设置为"标题 1"样式，如图 1.6.4 所示。

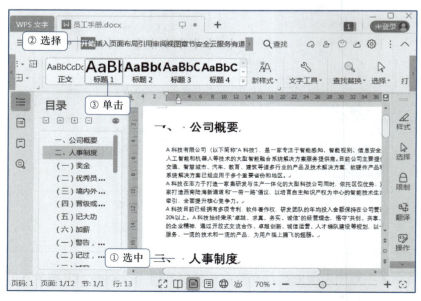

图 1.6.4　设置"标题 1"样式

（2）修改"标题 1"样式

具体操作方法：在"开始"→"样式"库"标题 1"上右击，在打开的快捷菜单中选择"修改样式"选项，打开"修改样式"对话框，可在对话框中设置格式参数，或单击"格式"按钮，将字体格式改为"黑体、三号、加粗"，段落格式改为"居中对齐、无缩进"、段前段后间距均为"1行"、行距为"2 倍行距"，单击"确定"按钮，如图 1.6.5 所示。这时文中所有设置了"标题 1"样式的文本格式都将修改。

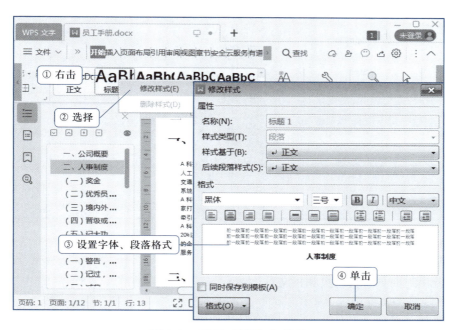

图 1.6.5 设置"标题 1"格式

（3）设置"标题 2"样式

具体操作方法：设置"标题 2"样式需要重复"标题 1"样式的设置方法，并将标题 2 格式修改为"仿宋、四号、加粗"，设置段落样式为"左对齐、无缩进"，段前段后间距均为"0.5 行"，行距为"1.5 倍行距"。

（4）设置"正文"样式

具体操作方法：因文档在没有应用样式时，默认就是正文样式，故这里不需要设置样式，只需修改"正文"格式的字体为"宋体、小四"，段落为"两端对齐"，"首行缩进 2 字符"，行距为"最小值 18 磅"。

> **小贴士**
>
> 文档中没有经过设置的文本一般都默认为正文样式，所以如果使用正文样式修改格式，需要注意是否会将非正文的文本一起修改。

Step4：快速修改大纲级别

WPS 文字的智能识别目录将文档中带有序号的文本自动设置为大纲级别 1。如果需要将其从目录中删除，可将其大纲级别改为正文。

具体操作方法：单击"视图"→"大纲"按钮，将文档视图切换至大纲视图；单击"大纲"→"显示级别"下拉列表，在下拉菜单中选择"显示级别 2"选项；在工作区用鼠标拖动选中非目录文本，单击"大纲"→"降低至正文"按钮；设置完成后单击"大纲"→"关闭"按钮，文档切换至页面视图，操作步骤如图 1.6.6 所示。

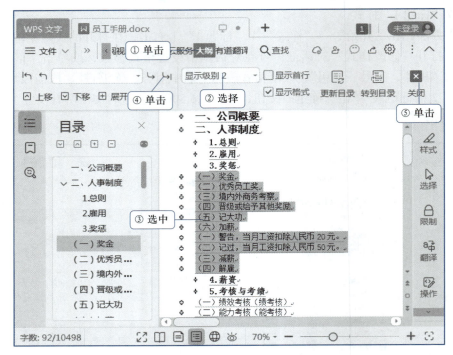

图 1.6.6　快速修改大纲级别

Step5：划分文档结构

将文档划分出封面页、目录页和正文页。

（1）显示 / 隐藏编辑标记

具体操作步骤：单击"开始"→"显示 / 隐藏编辑标记"按钮，主文档中将会显示出在默认状态下隐藏的符号，如分节符。

（2）插入分节符

具体操作步骤：将光标定位到文本起始位置，单击"页面布局"→"分隔符"按钮，在下拉菜单中选择"下一页分节符"选项，这时在光标插入点位置将插入──分节符(下一页)──，操作步骤如图 1.6.7 所示。因文档共划分为封面页、目录页和正文页 3 部分，故需要插入两个"分节符"。

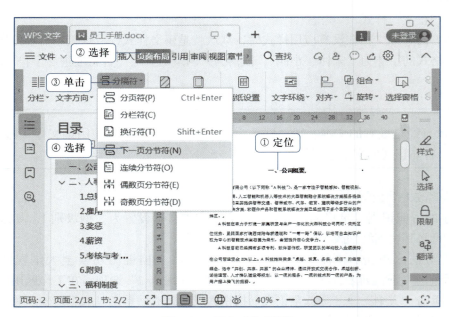

图 1.6.7　插入"分节符"

> **小贴士**
>
> 插入分节符前，如果光标定位的段落有标题样式，那么插入的分节符也会带有标题样式，可将选中的分节符清除格式，即单击"开始"→"新样式"下拉按钮，选择"清除格式"选项。

Step6：设置页眉和页脚

为了使页面更美观且便于阅读，在编辑文档时可在页眉和页脚中插入文本或图形，如页码、公司徽标、日期和作者名等。

封面：无页眉，无页码，插入封面图片；

目录：页眉为"目录"，页码样式为"Ⅰ，Ⅱ，Ⅲ，…，居中"；页码编号为1；

正文：页眉为"A科技有限公司"，页码样式为"-1-，-2-，-3-，…""双面打印1"；页码编号为1。

（1）取消链接到前一节

具体操作步骤：双击页面顶端激活页眉编辑状态，将光标定位在"页眉-第2节-"，单击"页眉和页脚"→"同前节"按钮，以取消本节和上一节页眉的链接关系，操作步骤如图1.6.8所示。

图 1.6.8 取消链接到前一节

单击"页眉和页脚"→"显示后一项"按钮，光标插入点将移动到"页眉-第3节-"，重复上述操作取消第3节与第2节页眉的链接关系。

（2）设置页眉

在"页眉-第2节"中输入"目录"文本，使用上述方法设置"正文"页眉"A科技有限公司"。

（3）设置页码

具体操作方法：单击"页脚-第2节"→"插入页码"按钮，在下拉菜单中选择"样式"为"Ⅰ，Ⅱ，Ⅲ，…"，"位置"选择"居中"，"应用范围"为"本节"，单击"确定"按钮。插入页码后，返回页脚，单击"重新编号"按钮，将"页码编号"设为"1"，操作步骤如图1.6.9所示。使用上述方法设置"正文"页码样式为"-1-，-2-，-3-，…""双面打印1"。

Step7：制作目录

在第2节插入目录，目录可以用于查看文档中的标题内容。

具体操作方法：将光标定位到第2节，单击"引用"→"目录"按钮，在下拉菜单中选择"目录"选项，操作步骤如图1.6.10所示。

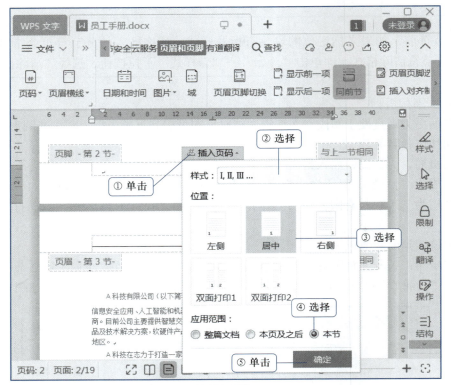

(a) 插入页码

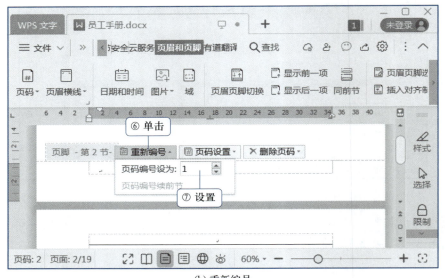

(b) 重新编号

图 1.6.9 设置页码

Step8：多人协同编辑文档

　　人事部对《员工手册》的内容进行修订；将行政部编辑的《员工手册》与人事部修订的《员工手册》进行比较，将最终审阅修订的文档进行保存。

　　（1）设置修订

　　具体操作方法：打开人事部修订的《员工手册》，单击"审阅"→"修订"下拉按钮，在下拉菜单中选择"修订"选项，打开修订模式。单击"审阅"→"审阅"按钮，打开"审阅"窗格。修订模式和审阅窗格可以记录对文档进行的格式编辑、内容增减，并可由审阅者对所进行的修订进行接受或拒绝操作，操作步骤如图 1.6.11 所示。

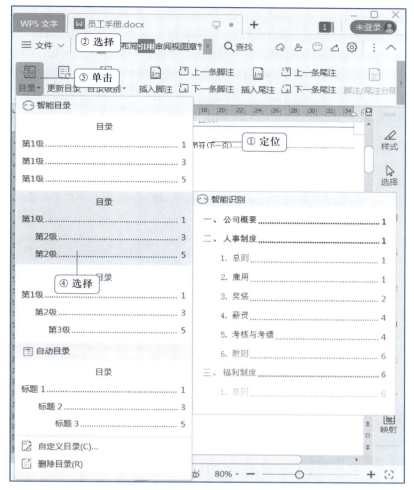

图 1.6.10 制作目录

图 1.6.11 打开修订模式和审阅窗格

73

（2）比较文档

具体操作方法：单击"审阅"→"比较"下拉按钮，在下拉菜单中选择"比较"选项，打开"比较文档"对话框，在"原文档"栏单击打开按钮，添加"原文档"；添加"修订的文档"，单击"确定"按钮；单击"审阅"→"审阅"按钮，可以方便地查看所有修订，操作步骤如图 1.6.12 所示。

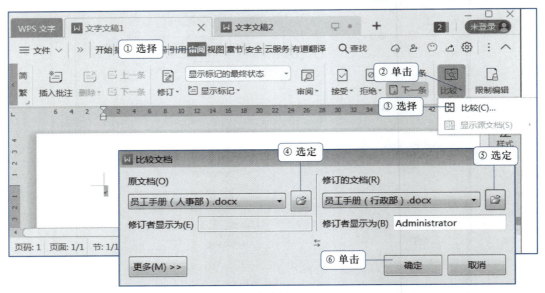

(a) 比较文档

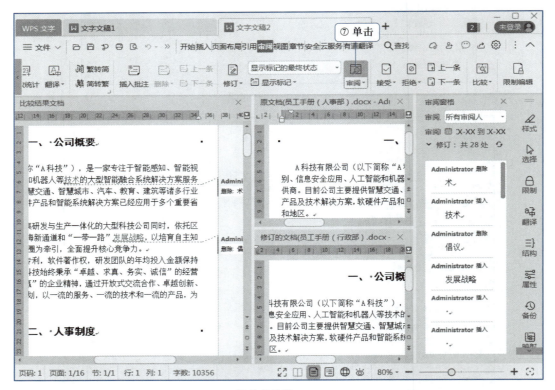

(b) 比较结果

图 1.6.12 多人协同修订文档

（3）接受和拒绝修订

如发生文档修改，将出现修订提醒，可选择接受或拒绝修订。

① 对所选修订进行接受或拒绝，具体操作方法如下。

● 方法 1：将光标定位在修订的内容上，单击"审阅"→"接受"/"拒绝"按钮，可接受或拒绝对该项的修订。

● 方法 2：在文档的右侧或"审阅"窗格修订的内容上右击，在打开的快捷菜单中选择"接受**"/"拒绝**"选项，即可接受或拒绝修订。

② 对全文修订接受或拒绝。具体操作方法：单击"审阅"→"接受"/"拒绝"下拉按钮，在下拉菜单中选项"接受对文档所做的所有修订"或"拒绝对文档所做的所有修订"。

Step9：检查并提交文档

完成任务后，再次核对任务实施结果是否满足要求，并按要求提交完成文档。

•任务评价

1. 自我评价

任务	级别		
	掌握的操作	仍须加强的	完全不理解的
打开导航窗格			
设置多级编号			
设置样式			
快速修改大纲级别			
划分文档结构			
设置页眉和页脚			
制作目录			
多人协同编辑文档			
检查并提交文档			
在本次任务实施过程中的自评结果	A. 优秀　　B. 良好　　C. 仍须努力　　D. 不清楚		

2. 标准评价

请完成下列题目，共两大题，10 小题（每题 10 分，共 100 分）。

一、选择题

① 在 WPS 文字中，使用（　　　）选项卡能在当前位置插入分节符。

　　A."页面布局"　　　　B."开始"　　　　　　C."视图"　　　　　　D."审阅"

② 在 WPS 文字中，下列有关"页眉页脚"的叙述中，错误的是（　　　）。

　　A. 页眉的内容可以是页码

　　B. 页脚的内容可以是页码

　　C. 页眉和页脚的内容可以是日期、简单的文字和文档的总题目

　　D. 页眉和页脚的内容不能是图片

③ 在 WPS 文字中，下列关于页眉、页脚的叙述中，不正确的是（　　　）。

　　A. 可以在首页上设置不同的页眉和页脚

　　B. 可以为部分页面设置不同的页眉和页脚

　　C. 删除页眉或页脚时，会自动删除同一节中所有的页眉或页脚

　　D. 在同一节可以设置不同的页码

④ 在 WPS 文字中，奇数页和偶数页要设置不同的页码格式，应该选中的复选框是（　　　）。

　　A. 首页不同　　　　　B. 奇偶页不同　　　　C. 插入页脚　　　　D. 设置页码格式

⑤ 在 WPS 文字中，大纲视图中显示的内容不包括（　　　）。

　　A. 文字　　　　　　　B. 图片　　　　　　　C. 表格　　　　　　　D. 页眉和页脚

二、判断题

任务 1.6
操作测评

① 在 WPS 文字中，文档中的分页符不可以被删除。　　　　　　　　　　　　（　　　）

② 在 WPS 文字中，按 Ctrl+Enter 组合键可以插入分页符。　　　　　　　　（　　　）

③ 在 WPS 文字中，分页符是根据页面设置情况自动产生或由用户强制划分的。（　　　）

④ 在 WPS 文字中，删除页眉或页脚时，会自动删除同一节中所有的页眉或页脚。（　　　）

⑤ 在 WPS 文字中，可以为奇数页和偶数页设置不同的页眉内容。　　　　　　（　　　）

任务 1.6
拓展完成
效果

请将"脱贫攻坚助力乡村振兴 .docx"按要求进行排版，扫描二维码查看完成效果。在练习过程中，请将任务所学内容灵活运用，提高排版效率。

要求：

① 将文档划分封面页、目录页和正文页 3 部分。

② 列表编号会随标题自动编号。

③ 设置各自的页眉和页脚，要求如下。

封面：无页眉，无页码，自行设计一个封面；

目录：无页眉，页码格式为"1，2，3…"；

正文：页眉为"脱贫攻坚助力乡村振兴"，页码居中且格式为"-1-，-2-，-3-，…"。

④ 将完成的"脱贫攻坚助力乡村振兴 .docx"与其他组的文档比较一下，将最终审阅修订的文档进行保存。

文件：
任务拓展
素材包

项目总结 ▶▶▶

本项目以公司日常办公场景中对文档处理的要求为项目背景，设置了包括"编写通知文档""编辑工作总结文档""美化工作总结文档""制作员工培训情况统计表""批量制作邀请函"和"制作员工手册"共 6 个任务。这 6 个任务均以"目标——认知——实践——评价——总结"的任务驱动方法进行推进，在知识结构上从易到难，在应用能力上从基础到精通，做到循序渐进、环环相扣。

本项目所涉及的 WPS 文字已经成为一项普适性的操作软件，所以在任务拓展环节中从"关于参观湘江战役纪念馆的活动通知"到"脱贫攻坚助力乡村振兴"的这 6 个任务拓展将项目切换到不同的应用场景，旨在提高学习者的自学能力及不同场景的适应能力。希望案例中所涉及的内容可以帮助学习者拓展知识面，并潜移默化地渗透更多的社会公德意识和对社会责任的理性判断。

项目 2　WPS 表格处理

 项目概述 ▶▶▶

　　小李是 A 科技有限公司财务部的财务专员，需要对公司的员工进行信息管理，每个月还需要制作公司员工的工资统计表。这些工作需要细致并且准确地完成，小李在工作中会经常使用 WPS 表格进行数据计算、管理与分析。请和小李一起完成本项目的各任务吧！

　　WPS Office 办公软件中的 WPS 表格，是一款优秀的电子表格处理软件，利用它可以完成日常生活及工作中遇到表格制作、数据计算、统计分析和汇总等任务，还可以用图表进行直观显示，并且可以按需将表格打印出来。下面请逐个完成各个任务，并最终完成本项目。

项目目标 ▶▶▶

　　本项目主要围绕 WPS 表格工具的使用方法及应用案例展开，完成本项目内容的学习后，需要达到以下目标。

1. 知识目标

① 了解电子表格的应用场景，熟悉相关工具的功能和操作界面。

② 掌握新建、保存、打开和关闭工作簿，切换、插入、删除、重命名、移动、复制、冻结、显示及隐藏工作表等操作。

③ 掌握单元格、行和列的相关操作，掌握使用控制句柄、设置数据有效性和设置单元格格式的方法。

④ 掌握数据录入的技巧，如快速输入特殊数据、使用自定义序列填充单元格、快速填充和导入数据，掌握格式刷、边框、对齐等常用格式设置。

⑤ 熟悉工作簿的保护、撤销保护和共享，工作表的保护、撤销保护，工作表的背景、样式、主题设定。

⑥ 理解单元格绝对地址、相对地址的概念和区别，掌握相对引用、绝对引用、混合引用及工作表外单元格的引用方法。

⑦ 熟悉公式和函数的使用，掌握求平均值、求最大 / 最小值、求和、计数等常见函数的使用方法。

⑧ 了解常见的图表类型及电子表格处理工具提供的图表类型，掌握利用表格数据制作常用图表的方法。

⑨ 掌握自动筛选、自定义筛选、高级筛选、排序和分类汇总等操作。

⑩ 理解数据透视表的概念，掌握数据透视表的创建、更新数据、添加和删除字段、查看明细数据等操作，能利用数据透视表创建数据透视图。

⑪掌握页面布局、打印预览和打印操作的相关设置方法。

2. 能力目标

①具备在信息化环境下，使用同类型电子表格工具（如 Excel 表格等）的能力。

②具备在不同职业场景中，利用电子表格工具处理各种表格数据的能力。

③具备在大量数据情况下，利用电子表格工具提高数据处理效率的能力。

3. 素质目标

①具有严谨的数据处理意识，善于运用所学知识高效精确地处理和加工数据。

②具有良好的家国情怀，理解讲仁爱、求大同的思想精华和时代价值；具备爱岗敬业、诚实守信、办事公道、热情服务、奉献社会的职业道德规范，践行"劳模精神"。

课件：
制作人事
管理表

任务 2.1　制作人事管理表

建议学时：4 ～ 6 学时

•任务描述

小李要为近三年新入职员工进行个人信息录入工作，并且还要整理全体员工的"员工信息表"，因文档涉及非常多的个人信息，需要对文档进行访问保护，请使用 WPS 表格完成"人事管理表 .xlsx"工作簿的制作。

•任务目的

- 掌握 WPS 表格的基本操作：打开、新建、保存、另存为和关闭工作簿等。
- 掌握工作表的插入、切换、删除、重命名、移动和复制等操作。
- 能够运用所学知识，解决学习或工作中遇到的相关问题。

任务 2.1
完成效果

•任务要求

将文档按下面的要求进行设置，扫描二维码查看完成效果，具体要求如下。

①利用 WPS 表格新建"人事管理表 .xlsx"工作簿。

②打开"人事管理表 .xlsx"工作簿，将工作表 Sheet1 重命名为"新员工信息表"。

③在"新员工信息表"中，输入"编号""姓名""身份证号""性别""所属部门""入职时间""基本工资"列数据，并为"性别"列设置数据有效性，即添加序列限定只可输入"男""女"，具体数据如图 2.1.1 所示。

④将"A 科技有限公司员工信息表 .xlsx"中的"员工信息表"复制到"人事管理表 .xlsx"工作簿中。

⑤完成"员工信息表"的美化设置。

- 标题样式：字体"楷体、20、加粗"；行高为"60"。
- 标题行和列的样式：字体"仿宋、14、加粗"；底纹设为"钢蓝，着色 5，深色 50%"或其他颜色 RGB 值（R：32，G：55，B：100）；对齐方式为"水平垂直居中"；行高为"50"。
- 设置各行的样式：字体"仿宋、12、加粗"；设置底纹隔行不同，一行设置底纹为"钢蓝，着色 5，浅色 80%"或其他颜色 RGB 值（R：217，G：225，B：242），下一行底纹为"钢蓝，着色 5，浅色 60%"或其他颜色 RGB 值（R：180，G：198，B：231），按以上颜色交替设置其余各行；对齐方式为"水平垂直居中"；行高为"35"。

- 设置 A2:K35 单元格区域的边框为白色，单实线。
- 列宽自行设计，调整至合理显示即可。

⑥ 完成"员工信息表"工龄列的条件格式设置，将年龄列大于 35 的数据设置为"红色文本"。

⑦ 完成"员工信息表"的页面设置，页面方向为"横向"，纸张大小为 A3；页边距上和下均为 2.0cm，左和右为 2.8cm；在页眉右侧区域输入"A 科技有限公司"，在页脚中间区域选择插入"第 1 页，共？页"；设置顶端标题行为 \$1:\$2。

⑧ 完成"人事管理表"工作簿的保护。设置"人事管理表"工作簿的访问密码是"111222"；设置"新员工信息表"保护工作表的密码是"111222"。

• 基础知识

1. WPS 表格的工作界面

启动 WPS 表格，可看到如图 2.1.1 所示的工作界面。WPS 表格的工作界面主要由标签区、窗口控制区、功能区、名称框、编辑栏、工作表编辑区、工作表列表区、视图控制区等部分组成。

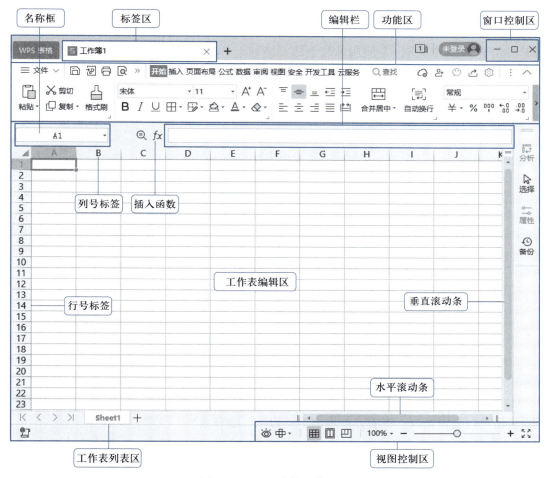

图 2.1.1　WPS 表格工作界面

（1）功能区

WPS 表格的功能区采用了功能区选项卡的方式，单击选项卡可以切换到不同的选项卡功能面板，分别包含了不同的"命令控件"，当前被选定的选项卡称为"活动选项卡"。

功能区选项卡分为"标准选项卡"和"上下文选项卡"。

① 标准选项卡。有"文件""开始""插入""页面布局""公式""数据""审阅""视图""安全"

和"开发工具"等选项卡,还可以通过"文件"选项卡中"选项"命令的"自定义功能区"进行修改调整。

②上下文选项卡。电子表格文档中的部分内容和对象会有自身特有的操作,因此在选中或编辑它们时,功能区中会动态加载出用于执行特定操作的附加选项卡,这类选项卡被称为"上下文选项卡",如"图表工具"选项卡等,如图 2.1.2 所示。

图 2.1.2 上下文选项卡

选择某个功能区选项卡就会打开多个命令组,每个命令组中包含一些功能相近或相互关联的命令,这些命令通过多种不同类型的"控件"显示在选项卡面板中,当光标悬停在这些控件上时会自动显示相应的功能名称、快捷键(如有)、文字介绍和视频介绍(如有的话需联网方可显示)。

(2)编辑栏

编辑栏位于功能区下方,左侧用来显示单元格地址,右侧方便编辑公式或函数。中间的 fx 按钮方便调出函数对话框以使用各个函数及其参数设置。如图 2.1.3 所示。

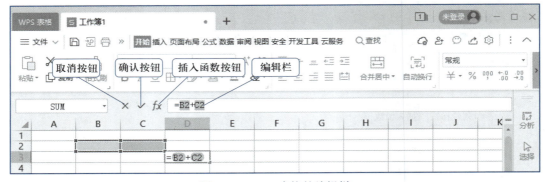

图 2.1.3 WPS 表格的编辑栏

(3)视图控制区

WPS 表格视图控制区包含 3 种常见的视图方式,分别为普通视图、页面布局、分页预览。下面分别介绍这 3 种视图。

①普通视图▦:是 WPS 表格的默认视图,适用于对表格进行编辑、设计、公式计算等基本操作。但无法查看页边距、页眉、页脚等。

②页面布局▥:该视图兼有打印预览和普通视图的优点,对于需要打印的工作表非常合适,它既能对表格进行编辑修改,也能方便地调整页边距、隐藏或显示页眉、页脚等。

③分页预览▣:类似于打印预览,页面会有"第 1 页""第 2 页"……水印字样显示预打印的各个页面。巧用页面布局和分页预览视图,可以解决分页排版的难题,使得在打印排版时和 WPS 文字一样便捷。

2. 工作簿、工作表和单元格的概念和关系

在 WPS 表格中,一个 WPS 表格文件就是一个工作簿。工作簿由多个工作表组成,工作表由单元格组成,单元格是组成工作表的最小单位。

工作簿是计算和存储工作数据的文件,一个工作簿对应着一个 WPS 表格文件,扩展名是 xlsx。工作表是存储数据和分析、处理数据的表格,由行和列组成。活动工作表是指在工作簿中正在操作

的工作表，即当前工作表。工作表从属于工作簿，工作表不能独立于工作簿而单独存在。

3. 工作表、行、列和单元格的操作

（1）工作表的操作

① 插入工作表方法如下。

- 方法 1：单击工作表标签旁边的"新建工作表"按钮 + 即可插入工作表。
- 方法 2：单击"开始"→"工作表"按钮，在下拉菜单中选择"插入工作表"选项，在打开的"插入工作表"对话框中单击"确定"按钮，如图 2.1.4 所示。如若需要新建多张工作表，只需在"插入工作表"对话框中根据需求输入新建工作表的数目即可。

图 2.1.4　插入工作表

② 重命名工作表方法如下。

- 方法 1：双击工作表标签名 Sheet1，使之成为可编辑状态，直接输入新名字按 Enter 键即可。
- 方法 2：右击 Sheet1 工作表标签，在打开的快捷菜单中选择"重命名"选项，这时 Sheet1 工作表标签呈蓝色底纹显示，表示可编辑状态，直接输入新名字，按 Enter 键即可。

③ 移动或复制工作表。当一个工作簿有多个工作表，需要移动或者复制某个工作表时，可以使用以下两种方法。

- 方法 1：用鼠标拖曳工作表标签进行移动；如果按住 Ctrl 键不放的同时用鼠标拖曳，即可实现工作表的复制。
- 方法 2：右击工作表标签，在打开的快捷菜单中选择"移动或复制工作表"选项，打开"移动或复制工作表"对话框，选择移动位置，如果选中了"建立副本"复选框则表示复制。

④ 删除工作表方法如下。

- 方法 1：右击待删除的工作表标签，在打开的快捷菜单中选择"删除"选项即可删除该工作表。
- 方法 2：单击"开始"→"工作表"按钮，在下拉菜单中选择"删除工作表"选项即可删除该工作表。

⑤ 隐藏和取消隐藏工作表。隐藏的工作表只是在窗口中不显示，工作表及工作表中的内容并没有被删除，操作方法如下。

- 方法 1：右击需隐藏的工作表标签，在打开的快捷菜单中选择"隐藏工作表"选项即可隐藏

该工作表。

● 方法 2：单击"开始"→"工作表"按钮，在下拉菜单中选择"隐藏工作表"选项即可隐藏该工作表。

⑥ 冻结和取消冻结窗格。如果工作表的数据无法在屏幕中完全显示时，可以将窗口拆分冻结，以在滚动时保持窗口上固定显示的内容。拆分和冻结窗口的操作方法如下。

● 拆分窗口。选中单元格，单击"视图"→"拆分窗口"按钮，在单元格周围出现一条水平和垂直的拆分线。

● 冻结窗格。如果已经拆分了窗口，冻结的窗口即拆分的窗口。单击"视图"→"冻结窗格"按钮，在下拉菜单中选择"冻结窗格"选项，即将拆分的窗口冻结。或者单击"冻结窗格"下拉按钮，选择"冻结首行"和"冻结首列"选项实现首行、首列的冻结。

（2）行和列的操作

① 插入行和列方法如下。

● 方法 1：在某一行的行号标签上右击，在打开的快捷菜单中选择"在上方插入行"或"在下方插入行"选项，在右侧的微调按钮框中设置需要插入的行数，即可在相邻位置新增单行或多行。同理，在某一列的列号标签上右击，在打开的快捷菜单中选择"在左侧插入列"或"在右侧插入列"选项，在右侧的微调按钮框中设置需要插入的列数，即可在相邻位置新增单列或多列。

● 方法 2：也可以通过右击任何一个单元格，在打开的快捷菜单中选择"插入"选项，在打开的级联菜单中选择"在上方插入行""在下方插入行""在左侧插入列""在右侧插入列"选项，在右侧的微调按钮框中设置需要插入的行数或者列数，来插入单行（多行）或单列（多列）。

② 设置行高和列宽方法如下。

● 方法 1：将光标移至要调整行高（列宽）的行号（列号）标签分隔线处，待指针变成 ‡ 或 ⊪ 时，按住鼠标左键拖动即可。

小贴士

WPS 表格行高与列宽的调整方式与 WPS 文字不同，不能直接拖动单元格边框线来改变宽度和高度，而是要拖动行号标签或者列号标签之间的分隔线。

● 方法 2：精确设置行高或列宽的值，可以右击行号标签或列号标签，在打开的快捷菜单中选择"行高"或"列宽"选项，打开"行高"或者"列宽"对话框，在文本框中输入具体数值，单击"确定"按钮即可，如图 2.1.5 所示。

③ 隐藏和取消隐藏行或列方法如下。

● 方法 1：右击需隐藏的行或列，在打开的快捷菜单中选择"隐藏"选项即可隐藏该行或列。

图 2.1.5　设置"行高"和"列宽"对话框

● 方法 2：单击"开始"→"行和列"按钮，在下拉菜单中选择"隐藏和取消隐藏"选项，在"隐藏与取消隐藏"级联菜单中可选择"隐藏行""隐藏列""取消隐藏行"和"取消隐藏列"选项。

（3）单元格的操作

① 插入单元格方法如下。

● 方法 1：在单元格上右击，在打开的快捷菜单中选择"插入"选项，在级联菜单中选择合适的选项即可。

● 方法 2：单击"开始"→"行和列"下拉按钮，在下拉菜单中选择"插入单元格"子命令面板，在级联菜单中选择合适的选项即可。

② 合并和拆分单元格方法如下。

● 合并单元格：选中需要合并的单元格区域，单击"开始"→"合并居中"下拉按钮，在下拉菜单中可选择"合并居中"或"合并单元格"等选项进行合并。

● 拆分单元格：选中已经合并过的单元格，单击"开始"→"合并居中"下拉按钮，在下拉菜单中选择"取消合并单元格"选项即可实现拆分单元格。

4. 数据的输入

（1）文本型数据的输入

在单元格中若要输入以 0 开头的数字，系统会自动删除前面的 0，如要保留 0，需要将单元格数字类型设置为文本型，方法如下。

● 方法 1：应先输入一个英文状态的单引号，如编号 001，输入时应输入"'001"即可保留 0。

● 方法 2：选中单元格区域，单击"开始"→"数字格式"组合框下拉按钮，在下拉面板中选择"文本"选项。

● 方法 3：选中单元格区域，单击"开始"→"单元格格式"命令组右下角的对话框按钮 ↲，打开"单元格格式"对话框；选择"数字"选项卡，在"分类"栏中选择"文本"选项，单击"确认"按钮。

（2）数值型数据的输入

选择单元格，输入普通数值数据即可。如果对数据的小数点位数有要求，可以按以下两种方法设置。

● 方法 1：单击"开始"→"单元格格式"命令组右下角的对话框按钮 ↲，打开"单元格格式"对话框；选择"数字"选项卡，在"分类"栏中选择"数值"选项；通过数值框的数值确定"小数位数"，如图 2.1.6 所示。

● 方法 2：单击"开始"→"增加小数位数"/"减少小数位数"按钮，即可设置小数位数。

（3）分数的输入

当输入分数 1/5 后，该单元格会自动将其作为日期型数据处理，显示为"1 月 5 日"。要想显示分数，可以先输入"0"再输入"空格"，再输入"1/5"，或者在单元格格式对话框中设置"分数"，完成分数输入后单元格中显示 1/5，编辑栏显示 0.2。

图 2.1.6 设置小数位数

（4）日期时间型数据的输入

WPS 表格以"/"或"–"分隔日期中的年、月、日。因此，要输入"2022 年 7 月 1 日"，则应在单元格中输入"2022/7/1"或者"2022-7-1"。如果输入时省略了年份，则将当前计算机操作系统年份作为默认的年份。

时间型数据以":"作为时分秒的分隔符。WPS 表格默认是以 24 小时制输入时间，若要以 12 小时制输入时间，则应在时间后输入一个空格，再输入 AM 或 PM 以表示上午或下午。

小贴士

如单元格显示为"#########"，表示列宽太窄，数据无法正常显示，需加宽该列。将光标移至列号分隔线上，变成 ↔ 形状时向右拖动即可加宽该列。

（5）设置自动换行

如单元格文本内容较多，需要换行显示，可先选择该列，单击"开始"→"对齐方式"→"自动换行"按钮，再适当调整行高和列宽即可。

> **小贴士**
>
> WPS 表格中不能用 Enter 键实现单元格内部的换行，Enter 键表示对单元格的确认。如需在单元格内部对文字换行可以按 Alt+Enter 组合键实现。

5. 自动填充

（1）相同文本的输入

如果多个单元格要输入的文本是相同的，可先在第 1 个单元格输入，然后将光标移动至单元格右下角，当光标变成"+"形状时，向下拖曳。松开鼠标时，拖动过的单元格会出现文本。如果文本是数据类型，在右下角会出现"自动填充选项"按钮，选中"复制单元格"单选按钮即可实现复制，如图 2.1.7 所示。

（2）序列填充

有些很有规律的数据，如等差数列、等比数列、日期、星期等，可以使用 WPS 表格的序列填充功能快速输入。

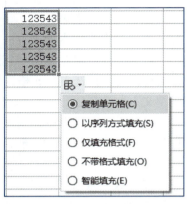

图 2.1.7　自动填充

① 等差序列的填充。例如序列 001、002……，先在第 1 个单元格和第 2 个单元格分别输入 001、002，这样相当于定好了序列的初始项和步长值（第 2 项减第 1 项的差），然后选择这两个单元格，当光标移至右下角变成"+"形状时，拖曳鼠标即可完成序列填充。须注意，此方法仅可用于等差序列填充。

② 序列填充。重复前述步骤，当在单元格区域实现数据填充后，即可单击"开始"→"填充"按钮，在下拉菜单中选择"序列"选项，在打开的"序列"对话框中选择相应类型，在"步长"文本框中输入步长值，单击"确定"按钮即可实现多种类型的填充，如图 2.1.8 所示。

微课 2-4
等差序列
的填充

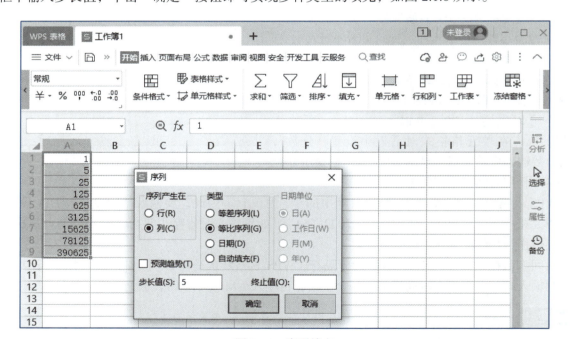

图 2.1.8　序列填充

6. 选择性粘贴

在 WPS 表格中，使用粘贴选项可以对不同的粘贴方式进行选择。复制单元格或者区域后，将光标移动至需要粘贴的单元格后右击，在打开的快捷菜单"粘贴选项"级联菜单中可以选择不同的粘贴方式；或者选择级联菜单中"选择性粘贴"选项，打开"选择性粘贴"对话框。

7. 样式

（1）条件格式设置

有时为了突出某些满足特定条件的单元格以醒目方式显示，可以使用条件格式。选择单元格或区域，单击"开始"→"条件格式"按钮，可以进行相应设置。

（2）单元格样式及套用

在 WPS 表格中预置样式供用户直接套用，选中单元格区域，单击"开始"→"单元格样式"下拉按钮，打开下拉面板，如图 2.1.9 所示，选择一种合适的样式应用即可。

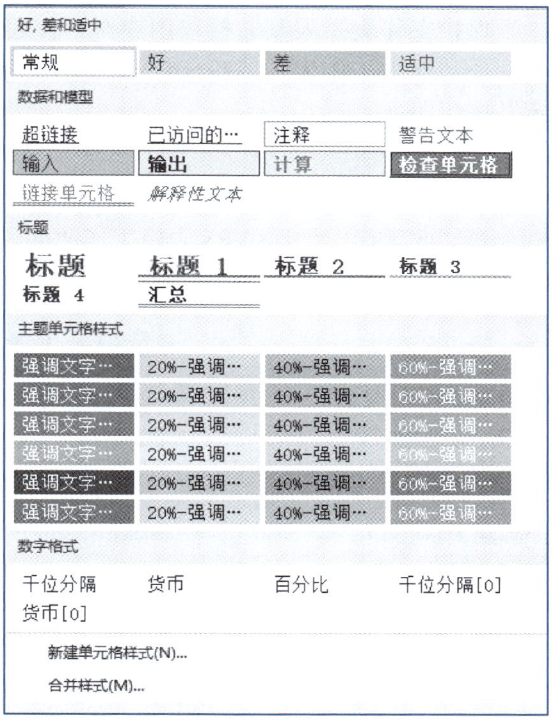

8. 常用数据工具

WPS 表格提供了一组数据处理工具，使用这些工具，可以极大地提高数据处理的效率。数据工具可在"数据"选项卡中找到，具体使用说明如下。

（1）分列

可将单列文本按规律拆分成多列，拆分可以在固定宽度或指定分隔符处进行。例如将 20190421 拆分成为"2019""04""21"，选择列格式数据为日期可以将其最终分列为"2019\4\21"。

图 2.1.9　单元格样式下拉面板

（2）快速填充

快速填充也叫智能填充，可以根据给定示例输出填充结果。例如身份证号第 7～15 位表示出生日期，如需快速提取出生日期，可以给定一个示例：19940620，将光标置于下一个单元格，单击"数据"→"填充"按钮，在下拉菜单中选择"智能填充"选项，即可完成所有出生日期的提取工作，如图 2.1.10 所示。

身份证号	出生日期		身份证号	出生日期
42030119940620	19940620		42030119940620	19940620
45010219961224			45010219961224	19961224
31010219900421			31010219900421	19900421
20101119941223			20101119941223	19941223

图 2.1.10　快速填充

> **小贴士**
>
> 快速填充的组合键是 Ctrl+E。快速填充不仅可以从字符串中提取数据，还可将多个单元格字符合并，是一个非常实用的工具。

（3）数据有效性

为了保证数据的正确性，须设置数据有效性以约束输入。在 WPS 表格中，可以设置的有效性条件包括：整数、小数、序列、日期、时间、文本长度和自定义。选中单元格区域，单击"数据"→"有效性"按钮，打开"数据有效性"对话框。

9. 数据的保护

（1）保护工作簿

工作簿的保护大体上分两类，一是防止其他用户打开工作簿文件，以设置打开权限密码方式进行保护；二是防止其他用户修改数据，通过设置编辑权限密码保护。单击"文件"→"文档加

微课 2–5
数据
有效性
——整数

微课 2–6
数据
有效性
——序列

密"→"文件加密"选项，在打开的"选项"窗口设置工作簿访问和保护密码。

（2）保护工作表

保护工作表是限制非授权用户对工作表进行表格锁定和格式修改。具体操作方法是单击"审阅"→"保护工作表"按钮，打开"保护工作表"对话框，输入密码，再次输入密码，单击"确定"按钮即可。

•任务实施

在实际工作中创建 WPS 表格工作簿的方法和途径是多样的，本任务推荐一组简洁高效的实施步骤，供读者参考，见表 2.1.1。

表 2.1.1　任务实施步骤及相关知识应用

实施步骤	须掌握的基础知识
Step1：新建 WPS 表格工作簿	右击建立 WPS 表格工作簿；工作簿的命名
Step2：管理工作表	WPS 表格工作界面；工作表的重命名
Step3：输入新员工信息表数据	单元格的操作；不同类型数据的输入；序列填充；数据有效性
Step4：插入员工信息表	插入新的工作表并重命名
Step5：美化员工信息表	字体、字号、加粗等的设置；水平对齐、垂直对齐等的设置；样式；条件格式；单元格的操作；自动换行；边框和底纹的设置
Step6：页面设置并打印	设置纸张大小、方向、页边距、页眉页脚、打印区域和重复打印标题行等；通过打印预览查看打印效果，打印缩放
Step7：保护工作簿和工作表	工作簿的保护；工作表的保存
Step8：检查并提交文档	

Step1：新建 WPS 表格工作簿

在计算机桌面（或其他磁盘驱动器的相应位置）的空白处右击，在打开的快捷菜单中选择"新建"选项，在级联菜单中找到新建表格文档，并将其重命名为"人事管理表 .xlsx"。

Step2：管理工作表

打开"人事管理表 .xlsx"，将工作表 Sheet1 重命名为"新员工信息表"。新增一个工作表，将其命名为"工资统计表"。

具体操作方法：打开"人事管理表"工作簿，右击 Sheet1 工作表标签，在打开的快捷菜单中选择"重命名"选项，在工作表标签中输入"新员工信息表"。单击"新建工作表"按钮"＋"即可插入新的工作表。选择一个工作表，将其重命名为"工资统计表"，如图 2.1.11 所示。

Step3：输入新员工信息表数据

在"新员工信息表"中，输入"编号""姓名""身份证号""性别""所属部门""入职时间""基本工资"列数据，并为"性别"列设置数据有效性，即添加序列限定只可输入"男""女"。

（1）输入标题

具体操作方法：选中 A1:G1 单元格区域，单击"开始"→"合并居中"按钮，将单元格合并后居中，并在合并单元格中输入文字内容："新进员工信息统计表"。

（2）输入文本型数据

具体操作方法：选中 A3 单元格，输入"'001"，当光标移至单元格右下角变成"＋"时，拖曳鼠标至 A10 单元格，如图 2.1.12 所示。

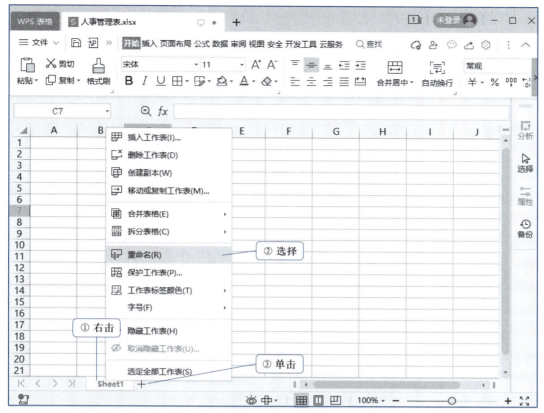

(a) 重命名并插入工作表

(b) 完成效果

图 2.1.11 插入工作表并重命名

图 2.1.12 填充数据

小贴士

当数值型的字符串位数超过 11 位时，会自动转为文本类型，与 Excel 不同，WPS 表格可直接输入"身份证号"，无须在输入身份证号时前加"'"。

（3）输入日期型数据

具体操作方法：选中 F3 单元格，在单元格中输入"2019/6/1"或者"2019-6-1"即可完成日期输入。单击"开始"→"数字格式"组合框下拉按钮，在下拉面板中选择"长日期"，即可将日期改为"2019 年 6 月 1 日"。F3:F10 单元格区域的"入职时间"可参照上述方法完成输入。

（4）设置"性别"列数据有效性

具体操作方法：选中 D3:D10"性别"列单元格区域，单击"数据"→"有效性"下拉按钮，在下拉菜单中选择"有效性"命令；打开"数据有效性"对话框，选择"允许"下拉列表中"序列"选项，来源选择空白处输入"男,女"，单击"确定"按钮完成设置，如图 2.1.13 所示。

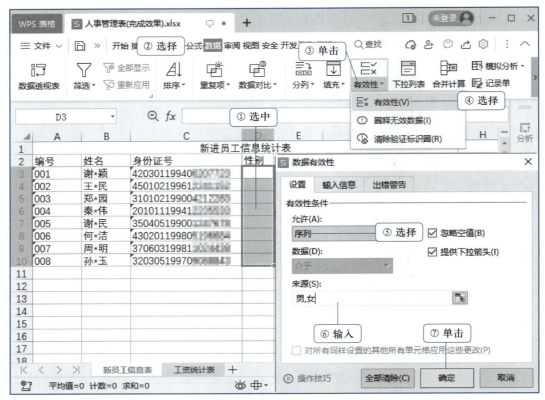

图 2.1.13　数据有效性的设置

> **小贴士**
>
> 在设置"序列"时，注意如果直接输入"来源"，不同项之间要以英文逗号分隔。

Step4：插入员工信息表

打开"A 科技有限公司人事管理"工作簿，将"员工信息表"工作表移动到"人事管理表"工作簿中。

具体操作方法：右击工作表标签，在打开的快捷菜单中选择"移动或复制工作表"选项，打开"移动或复制工作表"对话框，在"工作簿"下拉列表栏中选择"人事管理表"，如果选中了"建立副本"复选框则表示复制，单击"确定"按钮，如图 2.1.14 所示。

Step5：美化员工信息表

● 标题样式：字体为"楷体、20、加粗"；行高为"60"。

● 标题行和列的样式：字体为"仿宋、14、加粗"；底纹设为"钢蓝，着色 5，深色 50%"或其他颜色 RGB 值（R：32，G：55，B：100）；对齐方式为"水平垂直居中"；行高为"50"。

● 设置各行的样式：字体为"仿宋、12、加粗"，对齐方式为"水平垂直居中"；设置底纹隔行不同，一行设置底纹为"钢蓝，着色 5，浅色 80%"或其他颜色 RGB 值（R：217，G：225，B：242），下一行底纹为"钢蓝，着色 5，浅色 60%"或其他颜色 RGB 值（R：180，G：198，B：

231），按以上颜色交替设置其余各行。行高均为"35"。
- 设置 A2:K35 单元格区域的边框为"白色、单实线"。
- 列宽自行设置，调整至合理显示即可。

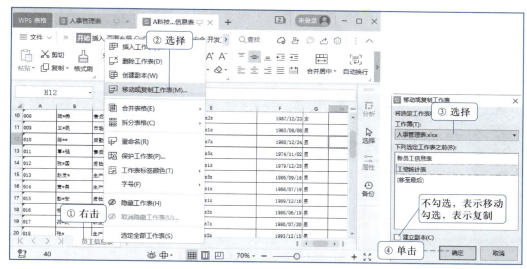

图 2.1.14　移动或复制工作表

（1）设置字体

具体操作方法：在"开始"→"字体"组中，可以修改文字的"字体""字号""边框""底纹"等。

选中第 1 行，即标题"新进员工信息统计表"设置字体为"楷体、20、加粗"。

选中第 2 行，即标题行设置字体为"仿宋、14、加粗"，底纹设为"钢蓝，着色 5，深色 50%"或其他颜色 RGB 值（R：32，G：55，B：100）。按上述要求设置第 1 列。

选中第 3 行（除 A3 单元格外），设置字体为"仿宋、12、加粗"，底纹为"钢蓝，着色 5，浅色 80%"或其他颜色 RGB 值（R：217，G：225，B：242）。

选中第 4 行（除 A4 单元格外），字体与上一行一致，底纹为"钢蓝，着色 5，浅色 60%"或其他颜色 RGB 值（R：180，G：198，B：231）。

选中 A2:K35 单元格区域，设置边框为"白色、单实线"。

（2）设置对齐方式

具体操作方法：在"开始"→"对齐方式"组中，可以修改文字的"对齐""方向""合并居中"等。选中 A2:K35 单元格区域，设置对齐方向为"水平垂直居中"。

（3）设置行高和列宽

具体操作方法：在行号"1"上右击，在打开的快捷菜单上选择"行高"选项，打开"行高"对话框，在行高文本框中输入"60"。第 2 行、第 3 行、第 4 行可参照此方法分别设置行高为"50""35""35"。

（4）复制格式

具体操作方法如下。

- 方法 1：利用格式刷。在左侧行号上拖动光标选中第 3、4 行，单击"开始"→"剪贴板"→"格式刷"按钮，当光标变成 ⯅ 图标时从最左侧的第 5 行开始沿着行号列按下鼠标左键拖动，直至第 35 行，完成其余各行的格式设置，如图 2.1.15 所示。
- 方法 2：利用选择性粘贴。复制 A3:K4 单元格区域，再选中 A5:K35 单元格区域，右击，在打开的快捷菜单中选择"选择性粘贴"选项，在级联菜单中选择"仅粘贴格式"选项，完成其余各行的格式设置。需注意，此方法不能将"行高"复制到其余行。

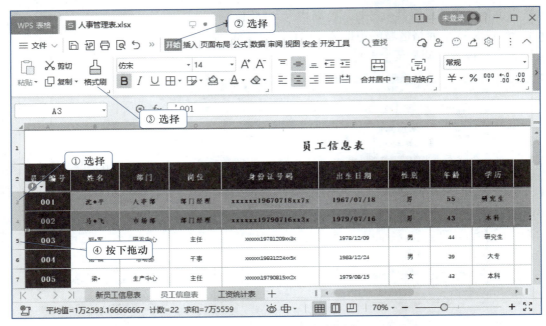

图 2.1.15　使用格式刷复制样式

（5）设置条件格式

将年龄列大于 35 的数据设置为红色。

　　具体操作方法：选择 H3:H35 单元格区域，单击"开始"→"条件格式"按钮，在下拉菜单中选择"突出显示单元格规则"选项，在级联菜单中选择"大于"选项；打开"大于"对话框，在"为大于以下值的单元格设置格式"文本框输入"35"，在"设置为"下拉菜单中选择"红色文本"选项，单击"确定"按钮。

Step6：页面设置并打印

　　完成"员工信息表"的页面设置，页面方向为"横向"，纸张大小为 A3；页边距上和下均为 2.5cm，左和右均为 2.8cm；在页眉右侧区域输入"A 科技有限公司"，在页脚中间区域选择插入"第 1 页，共？页"；设置顶端标题行为 $1:$2。

　　（1）设置纸张

　　具体操作方法：单击"页面布局"→"纸张大小"下拉按钮，在打开的下拉菜单中选择"A3"选项；单击"页面布局"→"页边距"下拉按钮，在打开的下拉菜单中选择"自定义页边距"选项，在"页边距"选项卡中设置页边距上和下均为 2.5cm，左和右均为 2.8cm。居中方式为"水平"。

　　（2）设置页眉/页脚

　　具体操作方法：单击"页面布局"→"页眉页脚"按钮，在打开的对话框中单击"自定义页眉"按钮，打开"页眉"对话框，在右侧区域输入"A 科技有限公司"。在"页脚"下拉列表框下拉选择"第 1 页，共？页"选项，如图 2.1.16 所示。

　　（3）设置顶端标题行

　　如果数据行数比较多，除了第 1 页其余各行都没有标题行，这样在无标题行的页面浏览时将不能很直观地展示数据的字段类型，设置重复打印顶端标题行可以方便地在每页顶端添加标题行。

　　具体操作方法：单击"页面布局"→"打印标题"按钮，打开"页面设置"对话框，在"工作表"选项卡中，按图示设置将第 1 行和第 2 行设为重复打印标题行即可，如图 2.1.17 所示。

Step7：保护工作簿和工作表

　　完成"人事管理表"工作簿的保护。设置"人事管理表"工作簿的访问密码是"111222"；设置"新员工信息表"保护工作表的密码是"111222"。

图 2.1.16   页眉 / 页脚设置

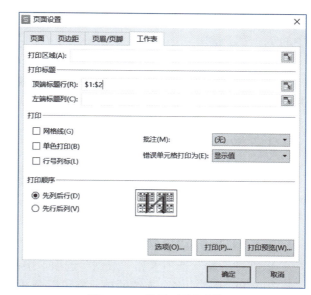

图 2.1.17   设置顶端标题行

（1）保护工作簿

具体操作方法：单击"文件"→"文档加密"按钮，在级联菜单中选择"文件加密"选项，在打开的"选项"窗口设置工作簿打开权限，密码为"111222"。

（2）保护工作表

具体操作方法：激活"新员工信息表"保护工作表，单击"审阅"→"保护工作表"按钮，打开的"保护工作表"窗口可以设置密码对锁定的单元格进行保护，以防止工作表的数据被更改，输入密码为"111222"。

Step8：检查并提交文档

完成任务后，再次核对任务实施结果是否满足要求，并按要求提交 WPS 表格文档。

• 任务评价

1. 自我评价

任务	级别		
	掌握的操作	仍须加强的	完全不理解的
新建 WPS 表格工作簿			
管理工作表			
输入新员工信息表数据			
插入新员工信息表数据			
美化员工信息表			
页面设置并打印			
保护工作簿和工作表			
检查并提交文档			
在本次任务实施过程中的自评结果	A. 优秀 B. 良好 C. 仍须努力 D. 不清楚		

2. 标准评价

请完成下列题目，共两大题，10 小题（每题 10 分，共 100 分）。

一、单项选择题

① 在 WPS 表格中，单元格地址的命名方式是（   ）。

A. 行号 + 列号   B. 列号 + 行号   C. [2][6] 方式   D. AB 方式

② 选择连续的单元格区域，先单击左上角的单元格，再单击右下角的单元格的时候应按下列中的（　　　）键。

    A. Tab   B. Alt   C. Shift   D. Ctrl

③ 选择不连续的单元格区域，先用鼠标拖曳选择第 1 片单元格区域，当用鼠标拖曳选择第 2 片单元格区域前应按键盘的（　　　）键。

    A. Tab   B. Alt   C. Shift   D. Ctrl

④ 在 WPS 表格中，保存文档的组合键是（　　　）。

    A. Ctrl+A   B. Ctrl+X   C. Shift+C   D. Ctrl+S

⑤ 在 WPS 表格中，（　　　）选项卡可以用于设置字体、字号、加粗等样式。

    A. 文件   B. 开始   C. 插入   D. 页面布局

二、判断题

① WPS 表格的工作簿里面可以没有任何工作表。   （　　　）

② 在"开始"选项卡和"数据"选项卡中都有"排序"和"筛选"命令。   （　　　）

③ WPS 表格的多个连续的单元格可以合并成一个单元格。   （　　　）

④ WPS 表格的一个单元格里面，可以有的内容设置成宋体，有的内容设置成楷体。（　　　）

⑤ WPS 表格的一个单元格的 4 条边，不可以设置成不同的边框线型，必须统一。（　　　）

任务 2.1
操作测评

●任务拓展

为响应国家乡村振兴战略，巩固脱贫攻坚成果，A 科技有限公司与甲乙丙等地结成帮扶体系，现需为销售产品计算数据并形成报表，请完成制作"销售统计分析表 .xlsx"文档，包含"销售数据表""销售查询表""数据分析表"和"数据透视表"4 个工作表。具体要求如下：

任务 2.1
拓展完成
效果

① 新建 WPS 表格文档，将文档命名为"销售统计分析表 .xlsx"。

② 新建或重命名工作表，在文档中共有"销售数据表""销售查询表""数据分析表"和"数据透视表"4 个工作表。

③ 将"素材 .xlsx"中的数据导入至"销售统计分析表 .xlsx"中，制作"销售数据表"。

文件：
任务拓展
素材包

④ 产品编号中包含着产品的信息，例如"2021GX0312011"，其中 2021 表示销售年份，GX 表示产地代码，03 表示产品类别，12 表示产品保质期，011 表示产品代码。请根据以上信息完成"销售数据表"中"保质期"列的数据输入。

⑤ 美化"销售数据表"，字体、对齐方式、行高和列宽及边框和底纹自拟。

⑥ 完成后保存。

课件：
计算工资
表

任务 2.2　计算工资表

建议学时：4 ～ 8 学时

●任务描述

在人事管理中，经常需要对员工的信息和工资进行更新计算处理。本任务将使用公式和函数对"工资统计表"中的"岗位补贴""养老保险""医疗保险""失业保险""实发工资"等数据进行运算和统计；作为提升任务，在"员工信息表"中将利用身份证号提取"出生日期""性别"等信息；最后使用 VLOOKUP 函数，实现跨表数据查询。

●任务目的

● 理解单元格的绝对地址、相对地址的概念和区别，掌握相对引用、绝对引用、混合引用及工作表外单元格的引用方法；熟悉公式和函数的使用，掌握平均值等常见函数的使用方法。

- 能够主动查询公式和函数使用方法，理解同类公式和函数的使用方法，对任务进行总结和反思。
- 能够运用所学知识，提高日常工作中数据的处理能力。

• 任务要求

（1）打开"工资统计表"工作表，进行以下公式和函数的计算。

任务 2.2
完成效果

① 利用基本数学运算的公式完成工资统计表中的"养老保险""医疗保险""失业保险"的相关数据计算，其中养老保险 = 基本工资 ×8%；医疗保险 = 基本工资 ×2%；失业保险 = 基本工资 ×1%。

② 利用 SUM、AVERAGE、MAX、MIN、COUNT 函数完成工资统计表中的"合计""平均值""最高值""最低值""人数"的相关数据计算。

③ 利用 IF、RANK 函数完成工资统计表的"岗位补贴""实发工资"和"实发工资排名"的相关计算。其中岗位补贴：部门经理 4800，主任 3500，干事 2800，其余岗位 1600；实发工资 = 基本工资 + 岗位补贴 − 养老保险 − 医疗保险 − 失业保险；实发工资按照从多到少排序。

④ 计算各部门基本工资合计、平均值及人数。

⑤ 计算生产中心各岗位的岗位津贴合计、平均值及人数。

（2）打开"员工信息表"工作表，进行以下公式和函数的计算。

① 利用身份证号求出"出生日期""性别""年龄"。

② 利用入职时间求出"工龄"。

（3）利用"员工信息表"中的"工龄"计算"工资统计表"中的"工龄补贴"。

① 给工资统计表"岗位补贴"和"养老保险"中间新增一列并输入"工龄补贴"字段名。

② 利用 VLOOKUP 函数计算"工龄补贴"，工龄补贴 = 工龄 ×50，并利用公式和函数计算调整其余数据。

③ 调整实发工资，实发工资 = 基本工资 + 岗位补贴 + 工龄补贴 − 养老保险 − 医疗保险 − 失业保险。

• 基础知识

1. 认识公式和函数

公式是由运算符和操作数组成，是以等号"="开头，通过使用运算符将数据和函数等元素按一定顺序连接在一起的表达式。运算符可以是算术运算符、比较运算符、文本运算符或引用运算符等。操作数可以是常量、单元格引用和函数等。

注意：WPS 表格的公式必须以"="开头，公式中的运算符要用英文半角字符（凡是公式均要在英文状态下输入）。当公式引用的单元格的数据修改后，公式的计算结果会自动更新。函数大部分由函数名称和函数参数两部分组成，即"= 函数名（参数 1，参数 2，…… ）"，函数名表示执行什么操作，参数放在函数后面的括号里，表示要计算的数据。例如"=SUM（C3:C10）"，就是对单元格区域 C3:C10 的数值求和。部分函数没有参数，即"= 函数名 ( )"，例如"=TODAY( )"就是得到系统的当前日期。合理利用函数可以完成诸如求和、求平均值、求最大值、求最小值、计数、条件判断、查询等数据处理功能。

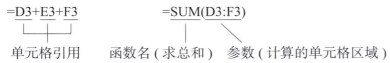

=D3+E3+F3   =SUM(D3:F3)

单元格引用　　函数名 (求总和)　参数 (计算的单元格区域)

2. 运算符

WPS 表格主要包含 4 类运算符：算术运算符、比较运算符、引用运算符和文本运算符，见表 2.2.1。

表 2.2.1　WPS 表格的运算符

运算符类型	运算符	运算符含义	示例
算术运算符	+、−、*、/、%、^	加、减、乘、除、百分比、乘幂	A1+B2、A1−B2、A1*B2、A1/B2、68%、2^3
比较运算符	=、>、<、>=、<=、<>	等于、大于、小于、大于或等于、小于或等于、不等于	A1=B2、A1>B2、A1<B2、A1>=B2、A1<=B2、A1<>B2
引用运算符	:、,	区域引用 联合引用	A1:E6 表示引用 A1 到 E6 之间的连续矩形区域 A1,E6 表示引用 A1 和 E6 两个单元格
文本运算符	&	文本连接	A1 & B2 表示将 A1 和 B2 两个单元格中的文本连接成一个文本

3. 常用函数介绍

WPS 表格的函数大致分为 12 种类别，总共有超过 400 个函数。现就常用函数介绍如下，见表 2.2.2。

表 2.2.2　常用函数介绍

函数名称	格式	功能
求和函数 SUM	SUM(参数 1, 参数 2,…)	求出参数表中所有参数之和
条件求和函数 SUMIF	SUMIF(条件区域 , 条件 , 求和区域)	求出对满足条件的单元格之和
多条件求和函数 SUMIFS	SUMIFS(求和区域 , 条件区域 1, 条件 1, 条件区域 2, 条件 2,…)	求出一组给定条件的指定单元格之和
求平均值函数 AVERAGE	AVERAGE(参数 1, 参数 2,…)	求出参数表中所有参数的平均值
条件求平均值函数 AVERAGEIF	AVERAGEIF(条件区域 , 条件 , 求平均值区域)	求出对满足条件的指定单元格的平均值
多条件求平均值函数 AVERAGEIFS	AVERAGEIFS(求平均值区域 , 条件区域 1, 条件 1, 条件区域 , 条件 2,…)	求出对一组给定条件的指定单元格的平均值
求最大值函数 MAX	MAX(参数 1, 参数 2,…)	求出参数表中所有参数的最大值
求最小值函数 MIN	MIN(参数 1, 参数 2,…)	求出参数表中所有参数的最小值
统计函数 COUNT	COUNT(参数 1, 参数 2,…)	求出参数表中有数值的单元格数目
统计个数函数 COUNTA	COUNTA(参数 1, 参数 2,…)	求出各参数所指定的区域中 "非空" 单元格的个数
带条件统计个数函数 COUNTIF	COUNTIF(区域 , 标准)	求出区域内符合标准的单元格数目
多条件统计个数函数 COUNTIFS	COUNTIFS(条件区域 1, 条件 1, 条件区域 2, 条件 2,…)	求出满足一组给定条件的单元格个数
求绝对值函数 ABS	ABS(数值)	求出返回给定数值的绝对值
四舍五入函数 ROUND	ROUND(数值型参数 ,n)	求出对 "数值型参数" 进行四舍五入到第 n 位的近似值
向下取整函数 INT	INT(数值)	求出数值向下取整到最接近的整数
取整函数 TRUNC	TRUNC(数值 , 截尾精度)	求出数值截取为整数或保留指定位数的小数
排序函数 RANK	RANK(数据 , 范围 , 排序方式)	求出返回某数据在数字列表中的大小排位
数值排名函数 RANK.EQ	RANK.EQ(数值 , 区域 , 排名方式)	求出某数值在一列数值中相对于其他数值的排名
逻辑函数 IF	IF(条件 , 结果 1, 结果 2)	条件成立时，返回结果 1；不成立时返回结果 2
截取字符串函数 MID	MID(字符串 , 起始位置 , 截取长度)	返回指定起始位置并截取指定长度的字符串
求年份函数 YEAR	YEAR(日期)	返回该日期的年份
求当前日期函数 TODAY	TODAY( )	返回系统的当前日期
纵向查找并引用函数 VLOOKUP	VLOOKUP(要查找的值 , 查找区域 , 返回值所在列号 , 精确匹配或近似匹配)	在区域中，纵向查找某值，并返回指定列的值

4. 单元格引用

（1）相对引用

相对引用是指在复制公式时，公式中单元格的行号、列号会根据目标单元格所在的行号、列号的变化自动进行调整。直接输入单元格的列号和行号，如 C3，即表示相对引用。形象地说，相对引用就像人的影子，"你走，我也走"。

（2）绝对引用

绝对引用是指在公式复制时，不论目标单元格在什么位置，公式中单元格的行号和列号均保持不变。绝对引用的表示方法是在列号和行号前面都加"$"，如"$B$2"。在实际操作中，选中公式或函数中引用的单元格地址，按下 F4 键可快速添加"$"符号。

（3）混合引用

如果在复制公式时，公式中单元格的行号或列号中只有一个要进行自动调整，而另一个不变，这种引用方法称混合引用。

混合引用的表示方法是在列号和行号其中之一前面加上符号"$"，如"B$2""$B6"。在实际操作上也是按 F4 键来加"$"符。对列使用绝对引用，则是将列固定起来；对行使用绝对引用，则是将行固定起来。

（4）跨工作表的单元格地址引用

单元格地址的一般形式为：[工作簿文件名] 工作表名 ! 单元格地址

在引用当前工作簿的各工作表单元格地址时，当前"[工作簿文件名]"可以省略；引用当前工作表单元格的地址时"工作表名 !"可以省略。例如，单元格 F4 中的公式为："=(C4+D4+E4)*Sheet3!C1"，其中"Sheet3!C1"表示当前工作簿 Sheet3 工作表中的 C1 单元格地址，而 C4 表示当前工作表 C4 单元格地址。

用户可以引用当前工作簿另一工作表的单元格，也可以引用同一工作簿中多个工作表的单元格。例如"=SUM([Book1.xlsx] Sheet3: Sheet4!$C$5)"表示 Book1 工作簿的 Sheet3 到 Sheet4 共 2 个工作表的 C5 单元格内容求和。这种引用同一工作簿中多个工作表上相同单元格或单元格区域中数据的方法称为三维引用。

5. 函数的常用输入方法

在 WPS 表格中，函数的输入方法有很多种，这里介绍 4 种常用的输入方法。在实际中使用函数过程中，读者可根据自己的习惯选择其中一种方式来完成函数的输入工作。

- 方法 1：单击"公式"→"插入函数"按钮，用户可根据需求选择相应的函数。
- 方法 2：单击"开始"→"∑求和"下拉按钮，在下拉菜单中选择常用函数和其他函数命令。
- 方法 3：单击单元格编辑栏左侧的图标 *fx*，或按组合键 Shift+F3 可打开"插入函数"对话框，在对话框中输入函数名称或在选择类别下拉列表中选择相应的函数。
- 方法 4：还有一个更简单的方式，只是需要对函数非常了解，比如说需要求平均值，则只需要在单元格手动输入"=AVERAGE( )"即可调用函数。

6. 公式运算错误信息

在单元格输入或编辑公式后，有时会出现诸如"####!"或"#VALUE!"的错误信息，错误值一般以"#"符号开头，具体错误原因见表 2.2.3。

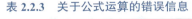
表 2.2.3　关于公式运算的错误信息

序号	错误信息	原因	解决办法
1	####!	单元格宽度小	调整单元格的宽度
2	#DIV/0!	公式中出现除数为零；或公式中的除数引用了零值或空白单元格	修改公式中的除数零值、零值单元格 / 空白单元格引用，或者在除数的单元格中输入不为零的值
3	#N/A	函数或公式中没有可用数值	修改可用数值
4	#NAME?	使用了不能识别的文本	改正拼写错误
5	#NUM!	公式或函数中的某个数值有问题	修改错误信息
6	#NULL!	试图为两个并不相交的区域指定交叉点	使用区域运算符
7	#REF!	引用了无效的结果	改正引用的结果
8	#VALUE!	使用了不正确的参数	修改正确的参数

·任务实施

对各工作表进行计算的任务实施步骤见表 2.2.4。

表 2.2.4　任务实施步骤及相关知识应用

实施步骤	需掌握基础知识
Step1：计算工资统计表	掌握基本数学运算公式的计算方法 掌握 SUM、AVERAGE、MAX、MIN、COUNT、IF、RANK 等函数的计算方法
Step2：计算各部门基本工资合计、平均值及人数	掌握 SUMIF、AVERAGEIF、COUNTIF 等函数的计算方法
Step3：计算生产中心各岗位的岗位津贴合计、平均值及人数	掌握 SUMIFS、AVERAGEIFS、COUNTIFS、ROUND 等函数的计算方法
Step4：计算员工信息表	掌握 MID、MOD、DATEDIF、TODAY 等函数的计算方法
Step5：计算工资统计表的"工龄补贴"并调整"实发工资"	掌握 VLOOKUP 函数的计算方法
Step6：检查并提交文档	

Step1：计算工资统计表

（1）基本数学运算的公式计算

利用基本数学运算的公式完成工资统计表中的"养老保险""医疗保险""失业保险"的相关数据计算，其中养老保险 = 基本工资 ×8%；医疗保险 = 基本工资 ×2%；失业保险 = 基本工资 ×1%。

具体操作方法：打开"工资统计表"工作表，选择 G3 单元格，在单元格中或者编辑栏中输入"=E3*8%"，如图 2.2.1 所示，完成公式的编辑后直接按 Enter 键确认完成输入。

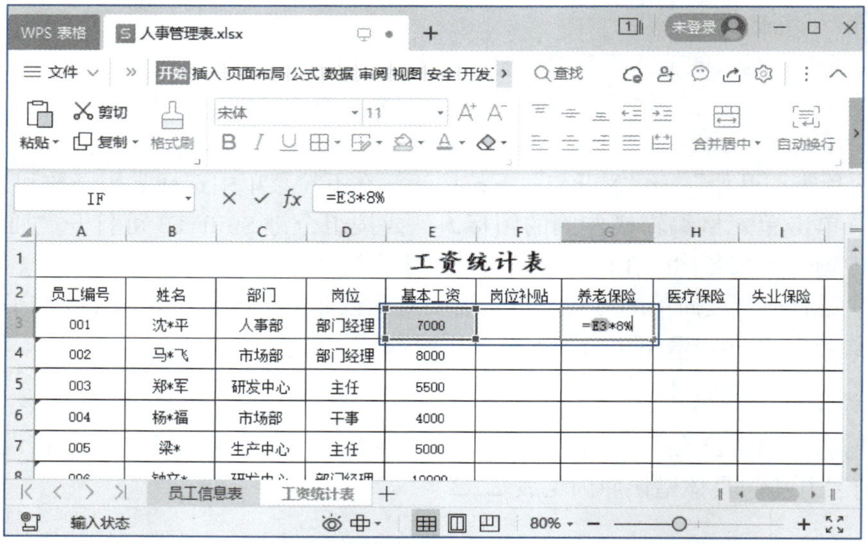

图 2.2.1　公式编辑

使用同样方法，分别在 H3 单元格中输入"=E3*2%"，在 I3 单元格输入"=E3*1%"求出医疗保险和失业保险。

选中 G3:I3 单元格，拖动 I3 单元格右下角的填充柄向下到 I31，完成其他员工的养老保险、医疗保险、失业保险的计算。

（2）利用常用函数计算工资统计表数据

利用 SUM、AVERAGE、MAX、MIN、COUNT 函数功能完成工资统计表中的"合计""平均值""最高值""最低值""人数"的相关数据计算。

① 求和函数 SUM。具体操作方法：选中 E32 单元格，单击"开始"→"∑求和"下拉按钮，

在下拉菜单中选择"∑求和"选项，此时系统自动输入公式"=SUM(E3:E31)"，按 Enter 键即可，结果如图 2.2.2 所示。

> **小贴士**
>
> 插入 SUM 等函数时一般系统会自动识别计算区域，如果计算区域不符合要求，须按需要修改计算区域。

② 求平均值函数 AVERAGE。具体操作方法：选中 E33 单元格，单击"开始"→"∑求和"下拉按钮，在下拉菜单中选择"平均值"选项，此时系统自动输入公式"=AVERAGE(E3:E32)"，默认参数范围不正确。可用鼠标拖曳的方法重新选择 E3:E31 单元格区域或者手动更改为"=AVERAGE(E3:E31)"，按 Enter 键即可求出平均值，如图 2.2.3 所示。如果想保留整数，可将公式改成"=ROUND(AVERAGE(E3:E31),0)"，即四舍五入不保留小数位数。

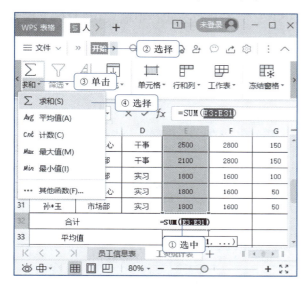

图 2.2.2　使用 SUM 函数计算合计

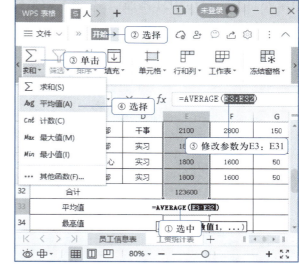

图 2.2.3　使用 AVERAGE 函数计算平均值

③ 其他函数。选择 E34 单元格，输入公式"=MAX(E3:E31)"，即可计算最大值。选择 E35 单元格，输入公式"=MIN(E3:E31)"，即可计算最小值。选择 E36 单元格，输入公式"=COUNT(E3:E31)"，即可计算人数。

（3）利用 IF、RANK 函数计算岗位补贴及排名

用 IF、RANK 函数完成工资统计表的"岗位补贴""实发工资"和"实发工资排名"的相关计算。其中岗位补贴：部门经理 4800，主任 3500，干事 2800，其余岗位 1600；实发工资 = 基本工资 + 岗位补贴 − 养老保险 − 医疗保险 − 失业保险；实发工资按照从多到少排名。

① 求逻辑判断函数 IF。岗位补贴按照公司规定计算，见表 2.2.5。

表 2.2.5　岗位补贴计算办法

序号	岗位补贴计算办法
1	岗位等于部门经理，补贴为 4800
2	岗位等于主任，补贴为 3500
3	岗位等于干事，补贴为 2800
4	其余岗位，补贴为 1600

具体操作方法：从表中可见岗位补贴应该用多层 IF 嵌套判断。根据前面利用 IF 函数计算岗位补贴的原理，在 F3 单元格应该用三级 IF 判断，分解如下：

=IF(D3=" 部门经理 ",4800,   ↑   )

        IF(D3=" 主任 ",3500，   ↑   )

             IF(D3=" 干事 ",2800,1600)

最终合成的公式解释如下：

=IF(D3=" 部门经理 ",4800,IF(D3=" 主任 ",3500,IF(D3=" 干事 ",2800,1600)))

如果 等于部门经理 则 4800 否则（如果 等于主任 则 3500 否则（如果 等于干事 则 2800 否则 1600）

② 求实发工资。参照上面知识点选择 J3 单元格，输入公式 " =SUM(E3:F3)−SUM(G3:I3)"，即可计算实发工资。

③ 求排名函数 RANK。具体操作方法：选中 K3 单元格，单击 "公式" → "插入函数" 按钮，打开 "插入函数" 对话框；在 "选择类别" 下拉菜单中选择 "全部" 选项，在 "选择函数" 列表中选择 RANK 并单击 "确定" 按钮。打开 "函数参数" 对话框，在数值栏中输入 J3；在引用栏中输入 J3:J31，为 J3:J31 添加 " $ " 符号效果如 $J$3:$J$31；在排位方式栏中输入 0。具体公式为 "=RANK(J3,$J$3:$J$31,0)"，如图 2.2.4 所示。

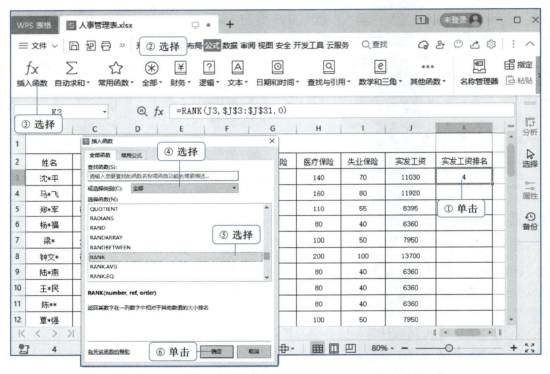

(a) 插入RANK函数

(b) RANK函数参数

图 2.2.4 使用 RANK 函数计算实发工资排名

在 K3 单元格输入公式"=RANK(J3,\$J\$3:\$J\$31,0)",使用绝对引用区域 \$J\$3:\$J\$31 的意义在于当公式向下填充时,引用的单元格区域是不变的。

（4）完善相关数据的计算

具体操作方法：选中 F3:K3 单元格,拖动 K3 单元格右下角的填充柄向下到 K31,完成其他员工的岗位补贴、养老保险、医疗保险、失业保险、实发工资和实发工资排名的计算。

选中 E32:E35 单元格,拖动 E35 单元格右下角的填充柄向右到 J35,完成其他项目"合计""平均值""最高值""最低值"计算。

Step2：计算各部门基本工资合计、平均值及人数

根据"工资统计表"中计算的结果,求出 B38:E45 单元格区域中相关的数据,如图 2.2.5 所示。

（1）利用 SUMIF 函数计算各部门"基本工资合计"

具体操作方法：打开"工资统计表"工作表,选中 C39 单元格,输入："=SUMIF(\$C\$3:\$C\$31," 人事部 ",\$E\$3:\$E\$31)",即可求出"人事部"的基本工资合计。SUMIF 函数是根据条件求和,其中 \$C\$3:\$C\$31 表示条件区域,"人事部"表示条件,\$E\$3:\$E\$31 表示求和区域。其他各部门的计算参照本例。

部门	基本工资合计	基本工资平均值	人数
人事部			
市场部			
研发中心			
后勤部			
售后部			
质检中心			
生产中心			

图 2.2.5　各部门基本工资合计、平均值及人数统计表

> **小贴士**
>
> 不同于 RANK 函数的引用区域必须使用绝对地址引用,本例 SUMIF(\$C\$3:\$C\$31," 人事部 ", \$E\$3:\$E\$31) 函数使用绝对地址引用是为了方便计算其他各部门时填充后修改公式,读者在实际工作中可根据具体情况灵活使用单元格引用方式。

（2）利用 AVERAGEIF 函数计算各部门"基本工资平均值"

具体操作方法：打开"工资统计表"工作表,选中 D39 单元格,输入："=ROUND(AVERAGEIF(\$C\$3:\$C\$31," 人事部 ",\$E\$3:\$E\$31),0)",即可求出"人事部"的基本工资平均值。AVERAGEIF 函数参数与 SUMIF 函数参数一致。ROUND 函数用于按位数求四舍五入近似数,本例中的"0"表示不保留小数位数。其他各部门的计算参照本例。

（3）利用 COUNTIF 函数计算各部门"人数"

具体操作方法：打开"工资统计表"工作表,选中 E39 单元格,输入："=COUNTIF(\$C\$3:\$C\$31," 人事部 ")",即可求出"人事部"的人数。其他各部门的计算参照本例。

Step3：计算生产中心各岗位的岗位津贴合计、平均值及人数

根据"工资统计表"中计算的结果,求出 B47:E52 单元格区域中相关的数据,如图 2.2.6 所示。

（1）利用 SUMIFS 函数计算生产中心各岗位"岗位津贴合计"

具体操作方法：打开"工资统计表"工作表,选中 C49 单元格,输入："=SUMIFS(\$F\$3:\$F\$31,\$C\$3:\$C\$31," 生产中心 ",\$D\$3:\$D\$31," 部门经理 ")",即可求出"生产中心""部门经理"岗位的岗位津贴合计。SUMIFS 函数是根据多条件求和,其中 \$F\$3:\$F\$31 表示求和区域,\$C\$3:\$C\$31 表示条件区域 1,"生产中心"表示条件 1,\$D\$3:\$D\$31 表示条件区域 2,"部门经理"表示条件 2。生产部门其他各岗位的计算参照本例。

计算生产中心各岗位：			
岗位	岗位津贴合计	岗位津贴平均值	人数
部门经理			
主任			
干事			
实习			

图 2.2.6　生产中心各岗位的岗位津贴合计、平均值及人数统计表

（2）利用 AVERAGEIFS 函数计算生产中心各岗位"岗位津贴平均值"

具体操作方法：打开"工资统计表"工作表,选中 D49 单元格,输入："=AVERAGEIFS(\$F\$3:

$F$31,$C$3:$C$31," 生产中心 ",$D$3:$D$31," 部门经理 ")"，即可求出"生产中心""部门经理"的岗位津贴平均值。生产部门其他各岗位的计算参照本例。

（3）利用 COUNTIFS 函数计算生产中心各岗位"人数"

具体操作方法：打开"工资统计表"工作表，选中 E49 单元格，输入："=COUNTIFS($C$3:$C$31," 生产中心 ",$D$3:$D$31," 部门经理 ")"，即可求出"生产中心""部门经理"岗位人数。生产部门其他各岗位的计算参照本例。

Step4：计算员工信息表

打开"员工信息表"工作表，其中"出生日期""性别""年龄"可以根据"身份证号码"信息直接提取，这样操作可以避免人工录入数据的错误，提高数据处理的效率和准确性。以单元格身份证号"xxxxxx19670718xx7x"为例，"19670718"表示出生日期为"1967 年 7 月 18 日"；"7"是奇数表示其性别是"男"，偶数表示"女"。

（1）出生日期

具体操作方法：选中 F3 单元格，输入："=MID(E3,7,4)&"/"&MID(E3,11,2)&"/"&MID(E3,13,2)"，即可求出出生日期。

MID 函数是将 E3 单元格中的文本字符串第 7 至 14 位按"年""月""日"分别提取，通过使用"/"将其连接变成日期型数据。需注意，如果直接将"19670718"提取出来，WPS 表格无法将这串字符串识别为日期型数据；如果直接添加斜杠 / 而不加双引号""，WPS 表格将会误判其为"除号"并执行除法运算；"&"是将字符串连接的运算符号。

（2）性别

具体操作方法：选中 G3 单元格，输入："=IF(MOD(MID(E3,17,1),2)=0," 女 "," 男 ")"，即可判别性别。

MOD 函数用于返回两数相除的余数，当除数为"2"，余数为"0"表示为偶数；否则为奇数。偶数表示性别为"女"，奇数表示性别为"男"。

（3）年龄和工龄

具体操作方法：选中 H3 单元格，输入："=DATEDIF(F3,TODAY( ),"Y")"，即可计算年龄。选中 K3 单元格输入："=DATEDIF(J3,TODAY( ),"Y")"，即可计算工龄。

DATEDIF 函数用于计算两个日期的间隔数，"Y"表示计算单位为"年"；TODAY 函数用来返回当前日期。

Step5：计算工资统计表的"工龄补贴"并调整"实发工资"

因公司调整工资发放，增加"工龄补贴"一项，故在"工资统计表"的"岗位补贴"列和"养老保险"列中新增一列，输入"工龄补贴"字段名。利用公式和函数计算"工龄补贴"，计算方法：工龄补贴 = 工龄 × 50。

具体操作方法：选中 G3 单元格，输入："=VLOOKUP(A3, 员工信息表 !$A$3:$K$35,11,0)*50"，即可计算工龄补贴。"工龄"可在"员工工资表"中查询，但如果细心比对，会发现"员工工资表"和"工资统计表"中的员工信息是不对称的。本例推荐使用 VLOOKUP 函数，可以准确快速地查找目标数据。VLOOKUP 函数用于根据"员工编号"列信息查询位于"员工信息表"中同"员工编号"的"工龄"记录；"员工信息表 !$A$3:$K$35"单元格区域指向"员工信息表"中的数据地址；"11"表示"工龄"在 $A$3:$K$35 单元格区域的第 11 列。

完成计算后，核对并修改"工资统计表"中的"实发工资"，将 K3 单元格的公式修改为："=SUM(E3:G3)−SUM(H3:J3)"。

Step6：检查并提交文档

完成任务后，再次核对任务实施结果是否满足要求，并按要求提交 WPS 表格文档。

•任务评价

1. 自我评价

任务	级别		
	掌握的操作	仍须加强的	完全不理解的
计算工资统计表			
计算各部门基本工资合计、平均值及人数			
计算生产中心各岗位的岗位津贴合计、平均值及人数			
计算员工信息表			
计算工资统计表的"工龄补贴"并调整"实发工资"			
检查并提交文档			
在本次任务实施过程中的自评结果	A. 优秀　　B. 良好　　C. 仍须努力　　D. 不清楚		

2. 标准评价

请完成下列题目，共两大题，10 小题（每题 10 分，共 100 分）。

一、选择题

① 在 WPS 表格中，如果 C3 单元格中有公式"=A2+B3"，将该单元格向下填充至 C4 单元格时，公式会（　　　）。

　　A. 不变　　　　　　　B. 变为 =A3+B4　　　C. 变为 =B2+C3　　　D. 变为 =B3+C4

② 在 WPS 表格中，如果 C3 单元格中有公式"=AVERAGE(A2:B3)"，将该单元格复制到 D3 单元格时，公式变为：（　　　）。

　　A. 不变　　　　　　　　　　　　　　B. =AVERAGE(A3:B4)

　　C. =AVERAGE(B2:C3)　　　　　　　　D. =AVERAGE(B3:C4)

③ 在 WPS 表格中，如果 C3 单元格中有公式"=MAX($A2:B$3)"，将该单元格复制到 C4 单元格时，公式会变为：（　　　）。

　　A. 不变　　　　　　B. =MAX($A3:B$4)　　C. =MAX($A3:B$3)　　D. =MAX($B3:C$4)

④ 在 WPS 表格中，如果 C3 单元格中有公式"=MIN(A$2:$B3)"，将该单元格复制到 D3 单元格时，公式会变为：（　　　）。

　　A. 不变　　　　　　B. =MIN(B$3:$B4)　　　C. =MIN(B$2:$C3)　　D. =MIN(B$2:$B3)

⑤ 在 WPS 表格中，如果 D3 是"销售部"或者"工程部"，交通补贴为 300 元，否则 150 元，下列（　　　）公式可以正确进行计算。

　　A. =IF(OR(D3=" 销售部 ",D3=" 工程部 "),300,150)

　　B. =IF((D3=" 销售部 "OR D3=" 工程部 "),300,150)

　　C. =IF(D3=" 销售部 ",300,150) OR IF(D3=" 工程部 ",300,150)

　　D. =OR(IF(D3=" 销售部 ",300,150),IF(D3=" 工程部 ",300,150))

二、判断题

① WPS 表格的公式需以等号"="开头。　　　　　　　　　　　　　　　　　　　（　　　）

② WPS 表格可以跨工作表引用（即引用其他工作表的单元格区域）。　　　　　　（　　　）

③ WPS 表格可以跨工作簿以及工作表引用（即引用其他工作簿文件中的某工作表下的单元格区域）。　　　　　　　　　　　　　　　　　　　　　　　　　　　　　　　　　　　（　　　）

④ WPS 表格公式要在英文状态下输入（即标点符号须是英文状态）。　　　　　　（　　　）

⑤ YEAR 函数括号内的参数必须是带有四位年份的日期。　　　　　　　　　　　（　　　）

任务 2.2
操作测评

任务 2.2
拓展完成
效果

文件：
任务拓展
素材包

·任务拓展

完成销售统计分析表 .xlsx 中"销售数据表"和"销售查询表"的计算。具体要求如下：

① 打开"销售统计分析表 .xlsx"，利用公式计算销售金额。

② 利用函数计算总计、平均销量、最高销售和最低销售产品。

③ 利用函数计算按产品类别汇总的金额合计和产品个数；按广西产地和产品类别汇总的金额合计和产品个数。

④ 打开"销售查询表"，要求在 B2 单元格设置数据验证，数字限定为销售数据表中的产品编号。当选择产品编号时，表中显示该产品编号的"产品编号""产品名称""产品类别""产地""单位"等信息；当切换产品编号时，表中数据随之变为新产品编号的信息。

⑤ 完成后保存。

课件：
管理与分
析工资表

任务 2.3　管理与分析工资表

建议学时：3 ~ 4 学时

·任务描述

财务管理人员在日常工作中会经常遇到一系列复杂的表格，如何能从冗杂的数据中清晰地查看结果呢？或者怎样快速地找到自己所需要的数据呢？又或者如何按某种方式分类汇总数据呢？这时就可以使用排序、筛选和分类汇总等常用功能，下面以工资统计表为例来说明怎样使用这些功能。

·任务目的

● 能够熟练掌握以下基本操作：排序、自动筛选和分类汇总等。

● 能够理解自定义筛选和高级筛选的功能以及操作方法。

● 能够运用所学知识，解决日常工作生活中有关数据分析和管理的问题。

任务 2.3
完成效果

·任务要求

打开"人事管理表 .xlsx"，按以下要求完成操作。

① 将"排序"工作表中的数据按"岗位"关键字自定义序列进行排序，序列为：部门经理、主任、干事、实习。

② 将"排序"工作表中的数据按"实发工资"为主要关键字降序排序为主、"基本工资"为次要关键字降序排序为次进行排序。

③ 在"筛选"工作表中，利用"自动筛选"功能将"市场部"的数据显示出来。在此基础上，利用"自动筛选"功能，将市场部职工实发工资在 5000（不含）以下或大于 7000（含）以上的数据显示出来。

④ 在"高级筛选"工作表中，利用"高级筛选"功能，将"工龄补贴"高于（含）750 或"实发工资"高于（含）10000 的员工信息筛选出来。

⑤ 在"分类汇总"工作表中，按部门分类汇总统计各部门的平均实发工资。

·基础知识

WPS 表格不仅具有利用公式或函数进行数据计算和处理的功能，还有强大的数据分析和管理功能。

1. 数据排序

排序是数据分析中常用的操作之一，通过排序可以使数据一目了然，还可以满足其他操作的需要，如排名以及分类汇总就是在排序的基础上进行的。排序分为简单排序和多条件排序。

① 简单排序，就是按某一列的数据进行升序或降序排列。

② 多条件排序。如果简单排序有两条或多条记录的排序次序相同，可以通过多条件排序制定主要关键字和次要关键字来满足排序优先级别。

微课 2–9
多条件
排序

2. 数据筛选

数据筛选是把满足条件的数据记录信息显示出来，将不满足条件的数据记录信息暂时隐藏起来，可分为自动筛选和高级筛选。

① 自动筛选。自动筛选是一种简便易行的筛选方法，它将筛选结果直接显示在原数据清单区域，如果需要也可通过复制操作，将自动筛选结果复制到其他区域。如果条件比较简单，根据一个或多个条件筛选便可达到目的的便可以使用自动筛选。

微课 2–10
多条件
筛选

② 高级筛选。如果条件很复杂，不能用自动筛选完成任务，可以使用高级筛选功能来筛选数据。高级筛选是一种比较复杂的筛选，需要在工作表中不含数据内容的地方设定一个用于存放筛选条件的区域，然后根据条件对工作表中的数据筛选。高级筛选可以同时设定几个筛选条件（放在某一区域），一次筛选就可以完成。

微课 2–11
高级筛选

3. 分类汇总

分类汇总就是对数据按照某字段进行分类，一般是先按该字段排序，使得相同的一类排在一起，然后对某些字段进行求和、计数、求平均值等汇总运算。

•任务实施

对各工作表进行管理与分析的任务实施步骤见表 2.3.1。

文件：
任务 2.3
素材包

表 2.3.1 任务实施步骤及相关知识应用

实施步骤	须掌握的基础知识
Step1：设置自定义序列排序	自定义排序序列的定义；自定义排序的操作
Step2：设置多条件排序	多条件排序的操作
Step3：设置自动筛选	自动筛选的操作
Step4：设置高级筛选	高级筛选的操作
Step5：设置分类汇总	分类汇总的操作
Step6：检查并提交文档	

Step1：设置自定义序列排序

将"排序"工作表中的数据按"岗位"关键字自定义序列进行排序，次序为：部门经理、主任、干事、实习。具体操作如下。

（1）添加自定义序列

单击"文件"→"选项"按钮，打开"选项"对话框，选择"自定义序列"选项，在"输入序列"参数栏中，按顺序输入序列，单击"添加"按钮，扫描二维码查看。

（2）按自定义序列排序

选择含标题行及数据行的区域（注意第 1 行合并后居中的标题不选），单击"数据"→"排序"下拉按钮，在下拉菜单中选择"自定义排序"选项，打开"排序"对话框；选中"数据包含标题"复选框，主要关键字选择"岗位"，次序选择"自定义序列"，选择上一步定义的序列，单击"确定"按钮即可，如图 2.3.1 所示。

自定义
序列

图 2.3.1 "排序"对话框

Step2：设置多条件排序

除了自定义排序，还可以依据某列或者某几列的数据进行排序。如将"排序"工作表中的数据按"实发工资"为主要关键字降序排序为主、"基本工资"为次要关键字降序排序为次进行排序。

具体操作方法：打开"排序"工作表中，选择除了标题之外的数据，即 A2:K31 区域。单击"数据"→"排序"下拉按钮，在下拉菜单中选择"自定义排序"命令，打开"排序"对话框；选中"数据包含标题"复选框，设置"实发工资"字段为主要关键字，次序为"降序"；单击"添加条件"按钮，添加"基本工资"字段为次要关键字，次序为"降序"；单击"确定"按钮，如图 2.3.2 所示。

图 2.3.2 多条件排序操作示意图

Step3：设置自动筛选

（1）单字段条件筛选

筛选部门为"市场部"的职工数据。

具体操作方法：打开"自动筛选"工作表，选中 A2:K31 单元格区域，单击"开始"→"筛选"下拉按钮，在下拉菜单中选择"筛选"选项，此时标题行的每个字段后都出现一个下拉按钮，单击"部门"的下拉按钮，取消"全选"，只选中"市场部"复选框，其他不选中，如图 2.3.3 所示，单击"确定"按钮，则只显示"市场部"员工工资信息，隐藏其他行数据。

（2）多字段条件筛选

筛选出"市场部"职工并且"实发工资"在 5000（不含）以下或大于 7000（含）以上的数据。

具体操作方法：筛选"市场部"职工数据后，单击"实发工资"字段的下拉按钮，在打开的对话框中单击"数字筛选"按钮，在菜单列表中选择"自定义筛选"选项，打开"自定义自动筛选方式"对话框，

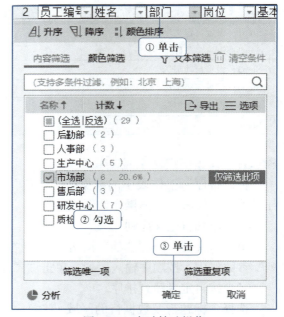

图 2.3.3 自动筛选操作

如图 2.3.4 所示。按图设置好条件，注意选择中间的单选按钮"或"表示"或者"的意思，即只需要满足上下两个条件中的一个即可，单击"确定"按钮。

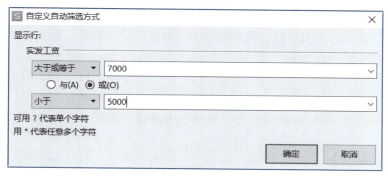

图 2.3.4 自定义筛选

Step4：设置高级筛选

当筛选条件之间是以"或"逻辑结构存在时，可以利用"高级筛选"功能实现。例如将"工龄补贴"高于（含）750 或"实发工资"高于（含）10000 以上的员工信息筛选出来，这时需要利用"高级筛选"完成此项功能。

具体操作方法：打开"高级筛选"工作表，在 M4:N6 处输入条件。条件的输入方法为在同一行输入筛选字段名，在字段名的下方输入比较运算，如图 2.3.5 所示。这里将">=750"和">=10000"两个条件置于相邻的不同行，表示这两个条件之间是"或"的关系，如果写在同一行就表示"与"的关系。

图 2.3.5 筛选条件

选择 A2:K31 单元格区域，单击"数据"→"筛选"下拉按钮，在下拉菜单中选择"高级筛选"选项，打开"高级筛选"对话框；单击条件区域后的文本框，选择条件区域 M4:N6，单击"确定"按钮，如图 2.3.6 所示。完成筛选后将显示"工龄补贴"高于（含）750 或"实发工资"高于（含）10000 以上的员工记录。

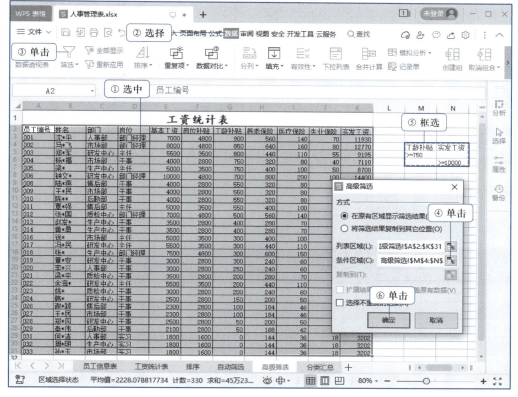

图 2.3.6 高级筛选设置

Step5：设置分类汇总

如果要统计同类记录的相关信息，就需要利用"分类汇总"功能，例如统计各部门的平均实发工资。

具体操作方法：选择 A2:K31 单元格区域，按"部门"排序，目的是让相同部门的记录聚在一起。然后单击"数据"→"分类汇总"按钮，打开"分类汇总"对话框，选择"分类字段"为"部门"，"汇总方式"为"平均值"，在"选定汇总项"中选定"实发工资"，单击"确定"按钮即可。如图 2.3.7 所示。

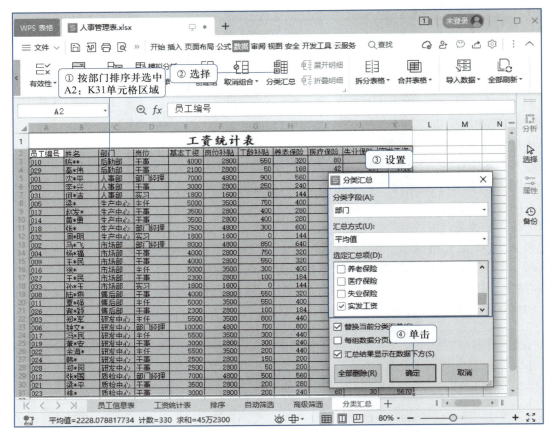

图 2.3.7 分类汇总设置

Step6：检查并提交文档

完成任务后，再次核对任务实施结果是否满足要求，并按要求提交 WPS 表格文档。

•任务评价

1. 自我评价

任务	级别		
	掌握的操作	仍须加强的	完全不理解的
设置自定义序列排序			
设置多条件排序			
设置自动筛选			
设置高级筛选			
设置分类汇总			
检查并提交文档			
在本次任务实施过程中的自评结果	A. 优秀　　B. 良好　　C. 仍须努力　　D. 不清楚		

2. 标准评价

请完成下列题目，共两大题，10 小题（每题 10 分，共 100 分）。

一、选择题

① 在 WPS 表格中进行排序时，最多可以按（　　　）个关键字进行排序。

　　A. 1

　　B. 2

　　C. 3

　　D. 根据选择的排序方式才能确定排序关键字的个数

② 假设某工作表有"姓名"和"实发工资"列，现在已经对该工作表建立了"自动筛选"，下列说法中错误的是（　　　）。

　　A. 可以筛选出实发工资多少的前 3 名或者后 3 名

　　B. 可以筛选出"姓名"中姓王的员工

　　C. 可以同时筛选出实发工资在 5000 元以上和 3000 元以下的员工

　　D. 不可以筛选出姓张而且实发工资在 4000 元以上的数据

③ 若甲、乙、丙三人的身高（m）、体重（kg）分别为，甲：1.72、68，乙：1.77、59，丙：1.72、65；按身高降序，体重升序排序后，由上到下的顺序为（　　　）。

　　A. 甲、乙、丙　　　　B. 乙、甲、丙　　　　C. 甲、丙、乙　　　　D. 乙、丙、甲

④ 在 WPS 表格排序中，如果按某列排序，下列说法中正确的是（　　　）。

　　A. 只有选的这列变化了，其他列的每行数据不会改变顺序

　　B. 选择了哪片区域，区域内的数据变化了，区域外该行的数据顺序不变

　　C. 必须选择整行数据，然后才能进行排序

　　D. 必须选择整列数据，然后才能进行排序

⑤ 以下关于分类汇总的描述中不正确的是（　　　）。

　　A. 进行分类汇总前通常需要先按分类字段排序

　　B. 每次分类汇总操作中，分类字段可以选择多个字段

　　C. 每次分类汇总操作中，汇总项可以选择多个字段

　　D. 每次分类汇总操作中，分类字段仅能选择 1 个字段

二、判断题

① 一个工作表中可以同时进行筛选和分类汇总。　　　　　　　　　　　　　（　　　）

② WPS 表格可以按单元格颜色（背景色，也就是底纹）来排序。　　　　　（　　　）

③ WPS 表格可以按字体颜色（前景色）来排序。　　　　　　　　　　　　（　　　）

④ WPS 表格可以按笔画排序。　　　　　　　　　　　　　　　　　　　　（　　　）

⑤ WPS 表格如果按英文字母顺序来排序，不能区分字母的大小写。　　　　（　　　）

任务 2.3
操作测评

任务 2.3
拓展完成
效果

•任务拓展

按要求完成"销售统计分析表 .xlsx"中的数据分析操作。具体要求如下。

① 打开"排序"表，将其按产品类别排序。

② 打开"筛选"表，筛选产品类别为"食品"且金额超过（含）10 万的产品记录。

③ 打开"分类汇总"表，使用分类汇总统计各"产品类别"的"金额"合计。

④ 完成后保存。

文件：
任务拓展
素材包

任务 2.4　图表化工资表

建议学时：2 学时

课件：
图表化工
资表

● **任务描述**

　　利用 WPS 表格图表可以直观地对比工作表中的数据，方便用户进行分析。通过对研发中心员工实发工资图表化处理，可以方便直观对比和查阅。

　　WPS 表格还有强大的"数据透视表"和"数据透视图"功能，不仅能够以图表方式直观地对比分析数据，还有数据筛选和汇总功能。本任务根据工资统计表数据创建数据透视表和数据透视图，按照部门对工资进行统计和分析。

● **任务目的**

　　● 理解数据透视表的概念，掌握数据透视表的创建、更新数据、添加和删除字段、查看明细数据等操作，能利用数据透视表创建数据透视图。
　　● 能够利用数据图表、数据透视表、数据透视图来展示数据。
　　● 能够利用数据图表等工具处理数据，具有良好的数据使用意识。

● **任务要求**

柱形图及
数据
透视图

　　打开"人事管理表 .xlsx"，按以下要求完成操作。

　　① 在"图表"工作表中，制作"研发中心"员工的"实发工资"柱形图。要求在顶部显示"图例"，数据标签值显示在"数据标签外"。

　　② 按部门生成平均实发工资的数据透视表。要求对部门和实发工资字段数据进行交叉制表和汇总，然后重新发布并立即计算出各部门的实发工资总和及平均值。接着，根据数据透视表生成数据透视图。

　　扫描二维码查看效果图。

● **基础知识**

微课 2–12
图表

1. 图表功能

　　WPS 表格的图表是把单元格中数据以图形化形式显示，方便直观地对比、预测数据变化趋势等。而且当数据源发生变化时，图表中对应数据也会自动更新。

　　选中需生成图表的数据源区域，通过在"插入"功能选项卡中选择不同的图表类型进行图表插入。如果数据源有误，单击"图表工具"→"选择数据"按钮，可以对已有图表数据进行添加、删除和切换行列等操作。如果图表类型不符合要求，单击"图表工具"→"更改类型"按钮，可以进行更改图表类型和子类型等操作。

　　将光标移动到图表边框的控制点上时，光标会变为双向箭头，可拖曳调整图表至适当大小。

2. 图表中的元素

　　图表是由多个元素构成，如图表区、图表标题、纵 / 横坐标轴、图例、绘图区、数据系列、数据标签、网格线等，如图 2.4.1 所示。

　　① 图表标题：描述图表的名称，位置默认在图表的顶端。
　　② 坐标轴（纵坐标轴、横坐标轴）与坐标轴标题：坐标轴标题是纵坐标轴和横坐标轴的名称。
　　③ 图例：图表中相应的数据系列的名称和数据系列在图中的颜色。
　　④ 绘图区：以坐标轴为界的区域。
　　⑤ 数据系列：一个数据系列对应工作表中选定区域的一行或一列数据。
　　⑥ 网格线：从坐标轴刻度线延伸出来并贯穿整个绘图区的线条系列。
　　在"图表工具"→"快速布局"下拉菜单中，可以选定不同的图表元素布局，也可以通过"添加元素"对图表的坐标轴及其标题、图表标题、数据标签、数据表、误差线、网格线、图例、线条、趋势线、涨/跌柱线等元素进行添加和编辑。

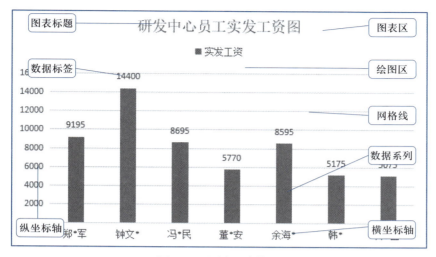

图 2.4.1　图表元素构成

3. 数据透视表与数据透视图

数据透视表集分类汇总和自动筛选等功能于一身，可以同时从多个角度、全方位分析数据，在数据透视表上还可以进行排序以及查看数据源明细等操作，是一个很好的分析利器。

数据透视图则是根据数据透视表生成的图表，以直观的形式反映数据透视表的数据，方便对比、分析和管理。

•任务实施

为实现工资数据的直观显示以进行对比和分析，需要根据工资数据生成图表。进而还可以生成数据透视表以及相应的数据透视图，任务实施步骤见表 2.4.1。

文件：
任务 2.4
素材包

表 2.4.1　任务实施步骤及相关知识应用

实施步骤	须掌握的基础知识
Step1：生成研发中心员工实发工资图表	掌握图表的编辑操作方法；掌握图表的美化操作
Step2：创建数据透视表	掌握数据透视表的创建
Step3：显示数据源明细	掌握显示数据源明细的操作方法
Step4：创建数据透视图	掌握根据数据透视表创建数据透视图的方法
Step5：检查并提交文档	

Step1：生成研发中心员工实发工资图表

在"图表"工作表，制作"研发中心"员工的"实发工资"柱形图。要求在顶部显示"图例"，数据标签值显示在"数据标签外"。

（1）制作图表

具体操作方法：打开"人事管理表.xlsx"并切换到"图表"工作表。利用"自动筛选"功能，将研发中心员工的信息筛选出来；选择不连续的 B2:B27 和 K2:K27 单元格区域；单击"插入"→"插入柱形图"按钮，在下拉菜单中选择"二维柱形图"栏的"簇状柱形图"选项，如图 2.4.2 所示。

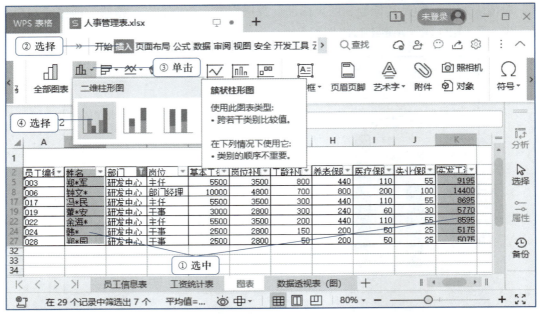

图 2.4.2　插入图表

（2）编辑与美化图表

图表生成之后，可以通过单击"图表工具"→"添加元素"按钮，在下拉菜单中选择不同的选项对图表元素进行修改。具体操作方法如下。

选中图中标题，将原标题"实发工资"改为"研发中心员工实发工资图"。单击"图表工具"→"添加元素"按钮，在下拉菜单中选择"图例"选项，在级联菜单中选择"顶部"，在图表顶部添加图例。单击"图表工具"→"添加元素"按钮，在下拉菜单中选择"数据标签"选项，在级联菜单中选择"数据标签外"选项，为图表添加数据标签值。

Step2：创建数据透视表

按部门生成平均实发工资的数据透视表。要求对部门和实发工资字段数据进行交叉制表和汇总，然后重新发布并立即计算出各部门的实发工资总和及平均值。

具体操作方法：打开"人事管理表 .xlsx"并切换到"数据透视表（图）"，光标定位在单元格区域的任意单元格中，单击"插入"→"数据透视表"按钮，打开"创建数据透视表"对话框，此时"请选择单元格区域"文本框中显示已选当前表格单元格区域"数据透视表（图）!$A$2:$K$31"，如未自动选择该区域，需要单击该框右侧按钮 ，手动选择 $A$2:$K$31 单元格区域；在"请选择放置数据透视表的位置"栏中选中"新工作表"单选按钮，如图 2.4.3 所示。

单击"确定"按钮，这时会新建一个工作表，并打开"数据透视表"窗格。在"数据透视表"窗格中将"部门"复选框拖曳到"行"标签框中，将"实发工资"复选框拖曳到"值"标签框中，再次将"实发工资"复选框拖曳到"值"标签框中，如图 2.4.4 所示。

选中第 2 行的"求和项：实发工资"右侧的下拉按钮，选择"值设置字段"命令，选择"计算类型"中的"平均值"选项，单击"确定"按钮。这时在新工作表中生成各部门"实发工资"总和与平均值的数据透视表。

Step3：显示数据源明细

默认情况下，数据透视表中的数据是汇总数据，也可以通过数据透视表查看明细数据。

具体操作方法：如查看"市场部"职工明细数据，只需在"市场部"的"求和项：实发工资"数字上双击，打开"显示明细数据"对话框，如图 2.4.5 所示。选择需要显示的数据，在数据表区域将显示被选项的数据明细。

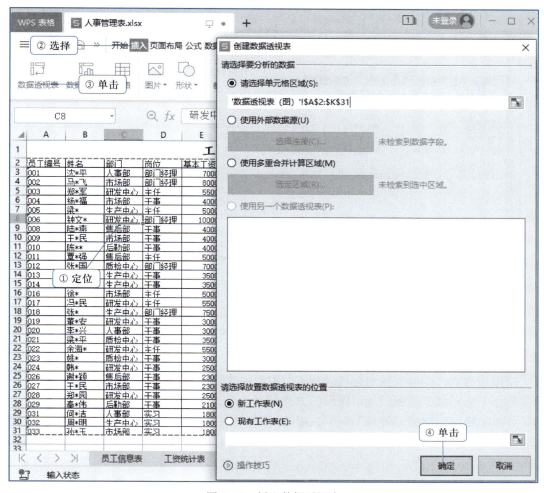

图 2.4.3   插入数据透视表

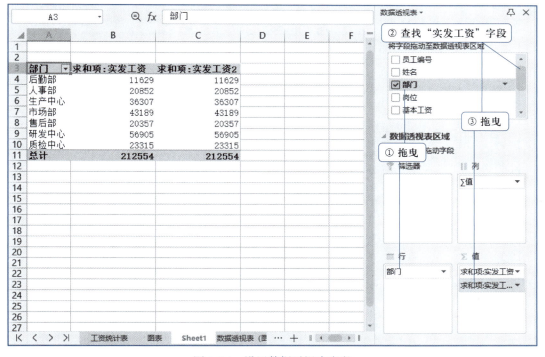

图 2.4.4   设置数据透视表字段

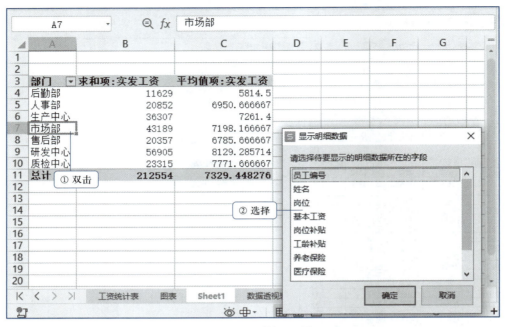

图 2.4.5 显示数据源明细

Step4：创建数据透视图

有了数据透视表，即可根据数据透视表中的数据生成数据透视图。

具体操作方法：数据透视图是以图形的方式显示，更能直观地对比数据。将光标定位在数据透视表的任意单元格内，单击"分析"→"数据透视图"按钮，打开"插入图表"对话框；选择图表类型，单击"确定"按钮，即可插入数据透视图。同样可以对生成的数据透视图进行编辑和美化操作，如图 2.4.6 所示。

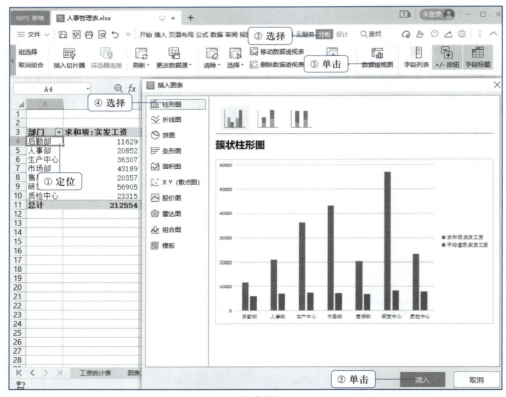

图 2.4.6 创建数据透视图

Step5：检查并提交文档

完成任务后，再次核对任务实施结果是否满足要求，并按要求提交 WPS 表格文档。

•任务评价

1. 自我评价

任务	级别		
	掌握的操作	仍须加强的	完全不理解的
生成研发中心员工实发工资图表			
创建数据透视表			
显示数据源明细			
创建数据透视图			
检查并提交文档			
在本次任务实施过程中的自评结果	A. 优秀　　B. 良好　　C. 仍须努力　　D. 不清楚		

2. 标准评价

请完成下列题目，共两大题，10 小题（每题 10 分，共 100 分）。

一、选择题

① 下列（　　）类型的图表不是 WPS 表格提供的。

  A. 柱形图   B. 折线图   C. 饼图   D. 视图

② 下列不属于 WPS 表格图表元素的是（　　）。

  A. 脚注   B. 坐标轴   C. 图表区   D. 图例

③ 在 WPS 表格图表中，一般将 Y 轴作为（　　）。

  A. 文本轴   B. 公式轴   C. 分类轴   D. 数值轴

④ 在 WPS 表格中，当数据源发生改变后，数据透视表数据（　　）。

  A. 无法改变   B. 显示出错信息   C. 自动跟随变化   D. 需要手动刷新

⑤ 在 WPS 表格中，数据透视图是根据（　　）生成的图表。

  A. 数据透视图   B. 数据汇总表   C. 数据筛选表   D. 数据排序表

二、判断题

① 可以将图表标题设置为"艺术字样式"。　 （　　）

② 在数据透视表上可以进行查看数据源明细操作。   （　　）

③ 在 WPS 表格中，不能为饼图添加数据标签。   （　　）

④ 在 WPS 表格中，可以改变图表大小，但不能改变其位置。   （　　）

⑤ 在 WPS 表格图表中，可以将饼图改成柱形图。   （　　）

任务 2.4
操作测评

•任务拓展

打开"销售统计分析表 .xlsx"文档，在"销售数据表"中建立图表，并依据"数据分析表"数据创建数据透视表和数据透视图。具体要求如下。

① 在"销售数据表"中以贵州的各产品销售数量数据为依据，建立折线图。图的标题设为"各产品总销量图"；图例设置在图的右侧，数据标签设置在折线的上方。

② 依据"数据分析表"中的数据创建数据透视表；设置以"产品类别"为行标签，销量"数量"字段求和，"销售金额"字段为最大值；再根据数据透视表生成簇状柱形图类的数据透视图。

③ 完成后保存。

任务 2.4
拓展完成
效果

文件：
任务拓展
素材包

📝 项目总结 ▶▶▶

　　本项目以公司日常办公场景中对电子表格处理的要求为项目背景，设置了包括"制作人事管理表""计算工资表""管理与分析工资表""图表化工资表"共 4 个任务。这 4 个任务均以"目标——认知——实践——评价——总结"的任务驱动方法进行推进，在知识结构的设置上主要依据 WPS 表格工具实现的功能进行分类，做到脉络清晰、思路明确。

　　本项目所涉及的 WPS 表格工具除了其普适性操作软件的特点外，其强大的数据处理功能也增加了其使用的难度，所以除"人事管理表"这组任务外，在任务拓展中设置了"制作销售统计分析表"任务，旨在提高学习者的自学能力及对不同数据处理的理解和应用能力。也希望案例中所涉及的内容可以帮助学习者能够结合 WPS 表格工具合理地运用计算思维解决更多的数据处理问题。

项目 3 　演示文稿制作

项目概述 ▶▶▶

　　A 科技有限公司（以下简称"A 科技"）是一家专注于智能感知、智能视别、信息安全应用、人工智能和机器人等技术的大型智能融合系统解决方案服务提供商。为了做好企业的形象宣传和经验推广，公司将派王经理前往北京参加"一带一路"建设企业投资峰会，届时将在会上做企业介绍，公司要求企划部小张负责制作本次企业宣传的演示文稿。

　　WPS 演示软件是北京金山办公软件股份有限公司开发的 WPS 办公套件中的核心组件之一，具有强大的幻灯片设计、制作及演示功能。利用它可以根据演示主题设计和制作出图文并茂、富有感染力的各类电子演示文稿，如工作报告、企业介绍、项目宣讲、培训课件、竞聘演说等幻灯片，并且还可通过图片、音视频和动画等多媒体形式表现复杂的内容，从而使演示内容更直观、生动，是人们日常生活、工作、学习中使用较多的幻灯片演示软件。小张需要使用 WPS 演示软件来制作本次企业宣传的演示文稿。下面，请根据项目制作流程，结合所学的演示文稿处理软件使用方法，一起帮助小张完成工作吧！

项目目标 ▶▶▶

　　本项目主要围绕 WPS 演示软件的使用方法及应用案例展开，完成本项目的内容学习后，需要达到以下目标。

　　1. 知识目标

　　① 了解演示文稿的应用场景，熟悉相关工具的功能、操作界面和制作流程。

　　② 掌握 WPS 演示的创建、打开、保存、退出等基本操作。

　　③ 熟悉演示文稿不同视图方式的应用。

　　④ 掌握幻灯片的创建、复制、删除、移动等基本操作。

　　⑤ 理解幻灯片的设计及布局原则。

　　⑥ 掌握在幻灯片中插入各类对象的方法，如文字、图形、图片、表格、音频、视频等。

　　⑦ 理解幻灯片母版的概念，掌握幻灯片母版、备注母版的编辑及应用方法。

　　⑧ 掌握幻灯片切换动画、对象动画的设置方法及超链接、动作按钮的应用方法。

　　⑨ 了解幻灯片的放映类型，会使用排练计时进行放映。

　　⑩ 掌握幻灯片不同格式的导出方法。

　　2. 能力目标

　　① 具备在信息化环境下，使用同类型的演示文稿制作工具（如 PowerPoint 演示）的能力。

　　② 具备在不同职业场景中，利用 WPS 演示软件设计和制作符合场景功能需求并具备基础美感的演示文稿的能力。

　　3. 素质目标

　　① 具有良好的设计思维和审美意识，善于运用所学知识完成演示文稿的制作。

　　② 厚植家国情怀和树立社会主义核心价值观，将其内化为精神追求、外化为自觉行动。

任务 3.1　创建公司宣传演示文稿

建议学时：4 ～ 6 学时

•任务描述

公司企划部小张接到演示文稿制作任务后，根据制作的主题对演示文稿的演示内容进行了梳理，确定了包含企业介绍、企业文化、企业产品、企业前景、未来展望 5 项内容的演示主线，并根据需求收集整理了相关的文案、图片、音频和视频等素材，完成准备工作后便使用 WPS 演示软件开始演示文稿的基础编辑。

•任务目的

● 熟悉 WPS 演示软件的功能、操作界面和制作流程；掌握演示文稿的创建、打开、保存、退出及幻灯片的创建、复制、删除、移动等基本操作；理解幻灯片的设计及布局原则；掌握在幻灯片中插入文字、图片、图形、表格、音频、视频等各类对象的方法。

● 能够熟练使用 WPS 演示软件制作各类型的演示文稿。

● 能够运用所学知识，解决日常学习生活中与演示文稿操作相关问题。

•任务要求

完成公司宣传演示文稿制作，具体要求如下：

① 创建空白演示文稿，并将其命名为"公司宣传 .pptx"。

② 根据演示环境完成演示文稿的页面设置，将幻灯片大小设置为"宽屏"，备注、讲义和大纲设置为"纵向"。

③ 参照效果图完成如下内容：

● 制作封面页幻灯片。应用"标题幻灯片"版式，使用图片填充幻灯片背景效果，输入主标题文字、副标题文字和演示者的信息，并设置字体格式。

● 制作目录页幻灯片。应用"仅标题"幻灯片版式，使用渐变色填充幻灯片背景效果，输入目录主标题文字和章节标题文字，插入目录图标，添加数字编号信息，并完成对象的组合、对齐和分布。

● 制作过渡页幻灯片。应用"仅标题"幻灯片版式，使用图片填充幻灯片背景效果，输入标题文字，绘制图形，编辑图形文字，并设置图形的透明度、形状大小、旋转角度等属性。

● 制作内容页幻灯片。应用"标题和内容"幻灯片版式，输入标题文字，综合应用文本、表格、视频、音频等对象布局幻灯片的基本文案、信息数据、演示视频、背景音乐等内容，并根据使用需求设置各对象的属性。

● 制作封底页幻灯片。应用"空白"幻灯片版式，应用艺术字编辑封底页的感谢语，并设置艺术字的阴影效果，扫描二维码查看样张效果。

•基础知识

1. WPS 演示的工作界面

WPS 演示的工作界面由标签栏、功能区、导航窗格、任务窗格、编辑区、状态栏等组成，如图 3.1.1 所示。

（1）标签栏

标签栏位于软件界面的顶端，其中标签区显示演示文稿的文件名和程序名，用于访问、切换和新建演示文稿；窗口控制区主要显示窗口控制按钮和账户管理选项，主要用于切换、缩放和关闭工作窗口，以及登录、切换和管理账号。

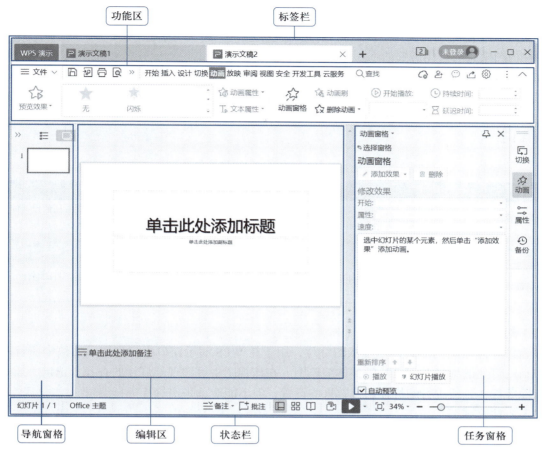

图 3.1.1　WPS 演示的工作界面

（2）功能区

功能区包括文件菜单、快速访问工具栏、功能区选项卡、快捷搜索框、协作状态栏等。"快速访问工具栏"以图标按钮的方式呈现常用操作命令，默认的图标按钮有"保存""撤销""重复""打印""打印预览"和"输出为 PDF"，可以通过自定义的方式添加或删除操作命令；"功能选项卡"包括"开始""插入""设计""切换""动画""放映""审阅""视图"等。各选项卡内则包含若干个"命令按钮"。

（3）导航窗格和任务窗格

导航窗格位于窗口的左侧，用于快速定位指定的幻灯片，可通过单击导航窗格工具栏顶端的按钮切换为"幻灯片"导航窗格或"大纲"导航窗格。

任务窗格位于窗口的右侧，在编辑幻灯片的过程中若需对某个操作对象执行涉及更多参数设置的附加高级编辑命令时，将展开相应的任务窗格。

（4）编辑区

编辑区是显示和编辑幻灯片的主要区域。在默认的普通视图中，编辑区下方显示的是"备注窗格"，可通过单击状态栏中的"备注"按钮显示或隐藏备注窗格。

（5）状态栏

窗口的最底端显示的是"状态栏"，其功能是具体显示幻灯片的页码信息、视图方式、显示比例等状态。

2. WPS 演示的视图模式

WPS 演示提供了 5 种视图模式，分别为普通视图、幻灯片浏览视图、备注页视图、阅读视图和幻灯片母版视图，用户可根据自己的阅读需要选择不同的视图模式。视图切换的方法如下。

- 方法 1：单击"视图"选项卡，根据需要从各类演示文稿视图模式中选择相应模式。

● 方法 2：通过单击界面底部左侧的"普通视图"按钮、"幻灯片浏览"按钮和"阅读视图"按钮，可以在不同的视图模式中预览演示文稿。

5 种视图模式的具体讲解如下。

（1）普通视图

该视图是 WPS 演示的默认视图方式，作为主要的编辑视图，主要用于设计和编辑演示文稿单张幻灯片。其主要由 3 个工作区域构成，即"导航窗格""幻灯片编辑区"和"备注窗格"，功能说明见表 3.1.1。

表 3.1.1　几类工作区域的功能说明

工作区域	功能概述
导航窗格	该区域是以缩略图的方式显示幻灯片，能更方便地查看演示文稿的基本效果、观看任何设计的更改效果，以及便捷地重新排列、添加或删除幻灯片
幻灯片编辑区	该区域位于导航窗格的右侧，用以显示当前幻灯片的大视图。在该区域中可对当前显示的幻灯片进行添加文本，插入图片、表格、智能图形、图表、图形对象、文本框、视频、音频、超链接和动画等
备注窗格	该区域位于幻灯片编辑区下，可以输入应用于当前幻灯片的备注信息，可根据需要打印备注，并在展示演示文稿时进行参考，但备注信息不会在放映状态下显示

（2）幻灯片浏览视图

该视图以缩略图的形式显示多张幻灯片，用于在 WPS 演示窗口中排列演示文稿中所有的幻灯片，包括幻灯片的编号及幻灯片的整体缩略图。在该视图中可实现幻灯片的查找、选定、插入、复制和删除等操作，或进行幻灯片切换效果的设置，但不能对单张幻灯片进行编辑。

（3）备注页视图

在该视图中可以对当前幻灯片添加备注，单击"视图"选项卡中的"备注页"按钮即可进入备注页视图。

（4）阅读视图

该视图是以窗口的形式来查看演示文稿的放映效果。

（5）幻灯片母版视图

该视图可以对演示文稿的模板信息进行统一的设置，包括字形、占位符大小和位置、背景设计和配色方案。母版在幻灯片制作之初就要设置，单击"视图"选项卡中的"幻灯片母版"按钮即可进入幻灯片母版视图。

3. 演示文稿的创建操作

（1）新建空白演示文稿

新建空白演示文稿具有最大程度的灵活性，用户可以使用颜色、版式和一些样式特性，充分发挥自己的创造性自定义演示文稿的风格。具体创建方法有以下几种。

● 方法 1：主导航栏新建。在标签栏中，单击"WPS 演示"→"新建"按钮即可新建一个空白演示文稿。

● 方法 2：标签栏新建。单击标签栏中的"+"按钮即可新建一个空白演示文稿。

● 方法 3："文件"菜单新建。单击"文件"→"新建"按钮，即可新建一个空白演示文稿。

● 方法 4：组合键新建。在 WPS 演示中，按下 Ctrl+N 组合键即可新建空白演示文稿。

（2）从模板新建演示文稿

WPS 演示提供了各个行业演示领域中常用演示文稿模板，用于提供格式、配色方案、母版样式及产生特效的字体样式等，应用模板可快速生成风格统一的演示文稿。

具体创建方法是：在标签栏单击"WPS 演示"标签，选择"从模板新建"选项，用户可根据主题创作需要在"本地模板"组下方选择相应主题的模板，即可通过该模板创建演示文稿。

4. 幻灯片的管理操作

幻灯片常见的管理操作包括幻灯片的选择、插入、复制、移动、删除等，以下介绍在普通视图中的幻灯片窗格中对幻灯片进行管理操作的方法。常见的幻灯片管理操作见表 3.1.2。

表 3.1.2　常见的幻灯片管理操作

操作类型	操作方法
选择幻灯片	• 选择一张幻灯片：在左侧导航窗格单击其缩略图； • 选择一组连续的幻灯片：选择第 1 张幻灯片的缩略图，按住 Shift 键，并选择最后 1 张幻灯片的缩略图； • 选择一组不连续的幻灯片：按住 Ctrl 键，然后依次单击所需选择幻灯片的缩略图； • 选择全部幻灯片：将光标定位在左侧导航窗格，按 Ctrl+A 组合键即可选中全部幻灯片
插入幻灯片	• 方法 1：在左侧导航窗格中，将光标定位在幻灯片插入的位置，单击"开始"→"新建幻灯片"按钮，即可插入一张新幻灯片； • 方法 2：在左侧导航窗格中，将光标定位在幻灯片插入的位置，按 Enter 键或者 Ctrl+M 组合键即可在当前位置后面插入一张相同版式的新幻灯片
复制幻灯片	• 方法 1：选定目标幻灯片，按 Ctrl+C 组合键，然后单击预期位置上一张幻灯片的缩略图，并 Ctrl+V 组合键； • 方法 2：右击目标幻灯片，在弹出的快捷菜单中选择"复制幻灯片"命令，即可在目标幻灯片后面插入一张与目标幻灯片一样的副本
移动幻灯片	• 选定目标幻灯片，按住鼠标左键对其进行拖动操作，到达预期位置后松开鼠标按键
删除幻灯片	• 方法 1：在左侧导航窗格中，选中目标幻灯片缩略图，按 Delete 键； • 方法 2：在左侧导航窗格中，右击目标幻灯片缩略图，在打开的快捷菜单中选择"删除幻灯片"命令

5. 幻灯片的对象操作

（1）输入文本

在幻灯片的占位符输入文本是幻灯片中添加文字最直接的方式，用户也可以在幻灯片中使用文本框后输入文本。

① 在占位符中输入文本。占位符是创建新幻灯片并应用某一种版式后，在幻灯片编辑区中出现的虚线方框，一般包含标题占位符和内容占位符，如图 3.1.2 所示。在幻灯片编辑区中单击标题占位符中的"单击此添加标题"，则插入点出现在其中，接着便可以输入标题的内容了。若要为幻灯片添加内容，则单击内容占位符的"单击此处添加文本"，然后便可输入相关的内容。

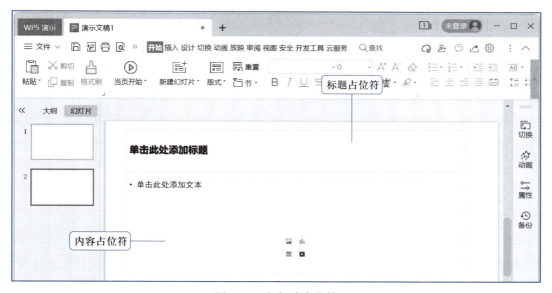

图 3.1.2　幻灯片占位符

② 使用文本框输入文本。文本框是一种可移动、可调整大小的图形容器，用于在占位符之外的其他位置输入文本。单击"插入"→"文本框"下拉按钮，在下拉菜单中可选择"绘制横排文本框"命令或"竖排文本框"命令。将光标定位于文本框的插入点，即可开始输入文本。

（2）插入图片

图片在幻灯片中可用于背景填充，也可以作为装饰元素。对于插入的图片，可以利用"格式"选项卡上的工具进行适当的修饰，如旋转、调整亮度、设置对比度、改变颜色、应用图片样式等。插入图片的方法有：

● 方法 1：在普通视图中，单击"开始"→"图片"按钮，在打开的"插入图片"对话框中选定含有图片文件的驱动器和文件夹，然后在文件名列表框中选择图片，单击"打开"按钮。

● 方法 2：在含有内容占位符的幻灯片中，单击内容占位符上的"插入图片"图标，也可以在幻灯片中插入图片。

（3）绘制形状

形状是幻灯片中重要的元素，包括线条、基本形状、箭头、公式形状、流程图、标注、动作按钮等，常用于制作各种图标、示意图。

绘制形状的方法：单击"插入"→"形状"按钮，在下拉面板中选择所需的图形类型，即可在幻灯片编辑区中拖动鼠标完成绘制。以圆角矩形为例，可通过控制点调节形状的大小、旋转角度和形状的圆润度，如图 3.1.3 所示。

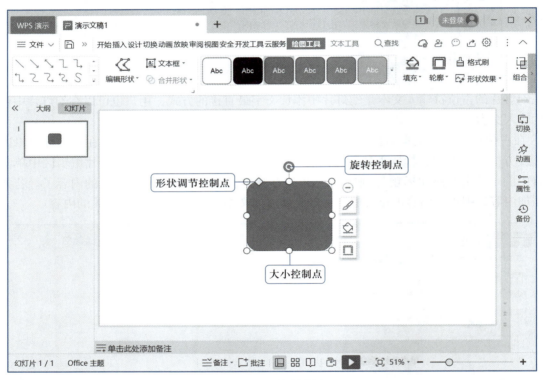

图 3.1.3　形状控制点

（4）插入表格

单击"插入"→"表格"按钮，在下拉菜单中选择"插入表格"命令，在打开的"插入表格"对话框中设置"列数"和"行数"的数值，然后单击"确定"按钮，即可将表格插入到幻灯片中。

表格创建后，即可在其中输入文本，当一个单元格的文本输入完毕后，用鼠标单击或按 Tab 键可进入下一个单元格中。

（5）插入音频

WPS 演示支持 MP3 文件（.mp3）、Windows 音频文件（.wav）、Windows Media Audio（.wma）以及其他类型的声音文件。

插入音频的方式：单击"插入"→"音频"下拉按钮，在下拉菜单中选择"嵌入音频"命令，在打开的"插入音频"对话框中选择所需要的音频，单击"打开"按钮即可完成音频的插入。

（6）插入视频

WPS 演示支持的视频文件包括最常见 Windows 视频文件（.avi）、影片文件（.mpg 或 .mpeg）、Windows Media Video 文件（.wmv）以及其他类型的视频文件。

插入视频的方式：单击"插入"→"视频"下拉按钮，在下拉菜单中选择"嵌入视频"命令，在打开的"插入视频"对话框中选择需要插入的视频文件，单击"打开"按钮完成视频的插入。

•任务实施

文件：
任务 3.1
素材包

要完成 A 科技有限公司企业宣传演示文稿典型实例，首先应设计和制作基础页面结构。一个演示文稿的页面结构一般包含 5 部分：封面页、目录页、过渡页、内容页、封底页。封面页主要用于展示演示文稿的主题、演示者等信息；目录页用于展示演示文稿的各章节的标题信息；过渡页用于展示演示文稿的某一章节的标题信息，起到转场作用；内容页主要用于展示每个章节的具体演示内容；封底页用于显示演示文稿的结束信息。若演示文稿的内容子模块较少，则过渡页可省略。本任务推荐一组实施计划步骤，供大家学习演示文稿的基本制作流程参考，见表 3.1.3。

表 3.1.3　任务实施步骤及相关基础知识

实施步骤	须掌握的基础知识
Step1：新建演示文稿	初识 WPS 演示；WPS 演示编辑环境的设置；演示文稿的创建方法
Step2：页面设置	演示文稿页面设置的方法
Step3：制作封面页	文字的输入和编辑；文本框的使用
Step4：制作目录页	幻灯片的添加；版式的应用；背景图片的填充；图片的导入；对齐和分布的操作
Step5：制作过渡页	形状的绘制；形状格式的设置；对象的组合
Step6：制作内容页（含表格对象）	表格的操作
Step7：制作内容页（含视频对象）	视频的应用
Step8：制作封底页	艺术字的应用
Step9：添加背景音乐	音频的使用和设置方法
Step10：检查并提交文档	

Step1：新建演示文稿

新建演示文稿的方法在基础知识中已详述，本任务列举的方法为新建空白演示文稿，并根据公司宣传风格定位，通过自定义版式的方式创建模板信息。

具体操作方法：在计算机桌面（或其他磁盘驱动器的资源管理器）空白处右击，在快捷菜单中选择"新建"命令，在级联菜单中找到新建演示文稿，并将新建的演示文稿命名为"公司宣传 .pptx"。

Step2：页面设置

在页面设置中可以设置幻灯片大小和高宽比，也可自定义高度和宽度值；纸张大小为打印纸张的大小，同时还可以设置幻灯片纸张方向为横向或纵向；备注、讲义和大纲可根据需要进行选用。

具体操作方法：单击"设计"→"页面设置"按钮，打开"页面设置"对话框，将"幻灯片大小"设置为"宽屏"，"备注、讲义和大纲"设置为"纵向"，其他选项使用默认值，操作步骤如图 3.1.4 所示。

Step3：制作封面页

封面页以展示演示文稿的主题信息为核心，其内容决定了整个演示文稿的风格。本任务将指定的素材图片设置为幻灯片背景，在封面页幻灯片展示主标题、副标题和演示者等文字信息。

（1）设置幻灯片填充背景

具体操作方法：新建"封面页"幻灯片。在标签栏中，单击"WPS 演示"→"新建"按钮新建空白演示文稿，单击"开始"→"版式"按钮，在下拉面板中选择"标题幻灯片"版式。在幻灯片编辑区中空白处右击，在打开的快捷菜单中选择"设置背景格式"命令；在右侧的"对象属性"任务窗格中，选中"图片或纹理填充"单选按钮，在"图片填充"组合框的下拉列表中选择"本地图片"，在打开的"选择纹理"对话框中，选择素材文件中的"封面背景 .png"，单击"打开"按钮，操作步骤如图 3.1.5 所示。

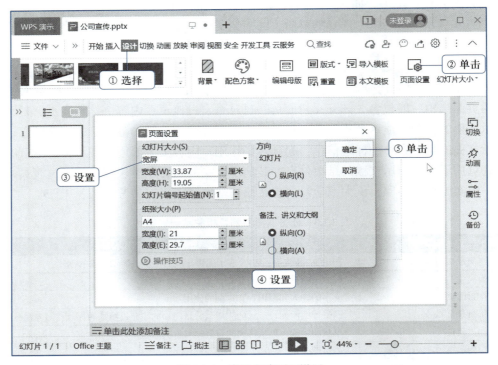

图 3.1.4 演示文稿页面设置

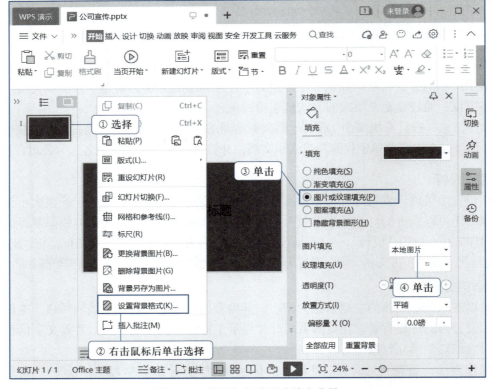

图 3.1.5 设置幻灯片图片填充背景

122

"设置背景格式"任务窗格中的各填充类型的功能。
- 纯色填充：设置使用单一颜色的填充效果。
- 渐变填充：设置使用多种颜色过渡显示的填充效果。
- 图片或纹理填充：设置使用指定的图片进行填充的效果。
- 图案填充：设置使用不同前景色和背景色的图案填充效果。
- 隐藏背景图形：设置是否显示母版中插入的图片和绘制的图形。

（2）编辑封面主标题

具体操作方法：在标题占位符中输入标题内容"A 科技有限公司"，单击"开始"选项卡，在字体组中设置字体为"腾祥智黑简 –W3"、字号为 72、颜色为"白色"。

若演示文稿使用了计算机预设字体以外的字体，需在保存文件时嵌入字体，嵌入的步骤是：选择"文件"→"选项"命令，在打开的"选项"对话框中单击"常规与保存"选项卡，选中"将字体嵌入文件"复选框。

（3）编辑封面副标题

具体操作方法：在副标题占位符中输入文字内容"AI 智能新科技领跑者"，选择"开始"选项卡，在字体组中设置英文字体为"Arial Black"、字号为 40；中文字体为"腾祥智黑简 –W3"、字号为 32，按照效果图适当移动占位符的位置。

（4）添加文本框

具体操作方法：单击"插入"→"文本框"下拉按钮，在下拉菜单中选择"横向文本框"选项，在幻灯片编辑区中单击并拖曳鼠标完成绘制。在绘制的文本框中输入演示者信息为"汇报：王经理""部门：市场部"；在"开始"选项卡中，设置字体为"微软雅黑"、字号为 20。

Step4：制作目录页

目录能使观众清晰地了解整个演示文稿的内容脉络，本任务采用上下结构的目录形式布局标题和内容。

（1）输入中英文标题

具体操作方法：以"仅标题"版式新建目录页幻灯片，使用前述的背景填充方法将幻灯片背景填充为"白色"，在标题占位符中输入"目录"文本，设置字体为"等线 Light（标题）"、字号为 54，颜色为黑色。单击"插入"→"文本框"按钮，在幻灯片编辑区中绘制横向文本框，在绘制的文本框中英文字样为 CONTENTS，设置文字字体为"等线（正文）"、字号为"14 号"、颜色为黑色，适当调整中英文标题的位置。

（2）插入目录图示

具体操作方法：单击"插入"→"图片"按钮，在打开的"插入图片"对话框中选择素材文件中的图片"目录图示 .png"，单击"打开"按钮即可插入图片。

（3）添加图示编号

具体操作方法：单击"插入"→"文本框"按钮，在幻灯片编辑区中绘制横向文本框，在绘制的文本框中输入编号文字为"1"，设置文字字体为"Impact"、字号为"60 号"、颜色为浅蓝色。

（4）对象组合

具体操作方法：选择数字编号为"1"的文本框，将其移动放置在导入的图片上方，按住 Shift 键，同时选定导入的图片；单击"绘图工具"→"组合"按钮，在下拉菜单中选择"组合"命令，即可完成两个对象的组合，操作步骤如图 3.1.6 所示。

微课 3–1
对象组合

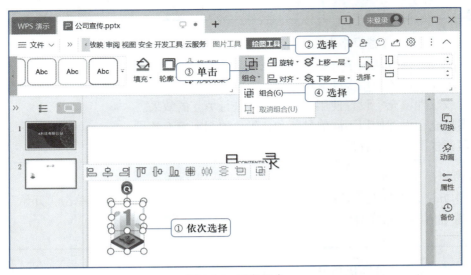

图 3.1.6　对象组合

（5）编辑目录章节标题

具体操作方法：单击"插入"→"文本框"按钮，在幻灯片编辑区中绘制横向文本框，在绘制的文本框中输入章节标题文字为"企业介绍"，设置文字字体为"微软雅黑"、字号为"28"，将其移动至编号为"1"的组合图形下方，再次完成组合图形与章节标题文本框的组合。

（6）对象复制

具体操作方法：右击组合图片，在弹出的快捷菜单中选择"复制"选项，在空白处右击，在弹出的快捷菜单中选择"粘贴"选项。应用相同的方法完成 4 个组合图片的复制，并依次更改数字编号为"2、3、4、5"。用同样的方法完成其他章节标题文字内容的修改。

（7）对象对齐和分布

具体操作方法：依次选中编号为"1"和"5"的组合图形，适当调整其位置；在按住 Ctrl 键同时选择所有组合图形，单击浮动工具栏中的"垂直居中"和"横向分布"按钮，即可实现对象整齐划一的对齐效果，操作步骤如图 3.1.7 所示。

微课 3-2
对象的对
齐与分布

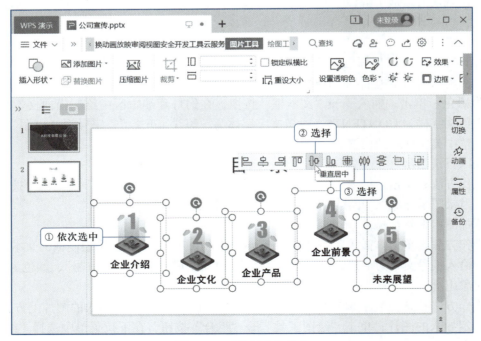

图 3.1.7　对象对齐和分布

拓展阅读
目录页
常用的
布局结构

> **小贴士**
>
> 在幻灯片对象布局中，使用排列对齐和等距分布的功能可以高效而精准地实现各对象的对称性布局，但是要注意是否是对齐幻灯片，如若不是，则为对齐所选对象。
> - 对齐幻灯片：以幻灯片为参照物，将所选对象相对于幻灯片对齐或等距分布。
> - 对齐所选对象：与所在幻灯片相对位置无关，仅仅是将所选对象单纯地进行对齐或等距分布。

Step5：制作过渡页

过渡页又称转场页，主要用于章节封面。应用过渡页可以使整个演示文稿更具连续性，结构更严谨，也能让观众更清晰地了解演示者的演示进度。常见的过渡页设计方法有两种：一是直接使用目录页并做某一章节标题的突出显示。二是依据主题风格重新设计页面效果。本任务采用第 2 种方法设计过渡页。

（1）插入形状

具体操作方法：以"仅标题"版式新建过渡页幻灯片，使用前述的背景填充方法将素材文件中的图片"转场背景.png"填充为幻灯片背景，在标题占位符中输入文字"企业介绍"，将其移动至合适的位置。单击"插入"→"形状"按钮，在下拉面板中单击"矩形"命令，在幻灯片编辑区中拖曳鼠标绘制矩形。

（2）设置形状的颜色和透明度

具体操作方法：在绘制的矩形上右击，在弹出的快捷菜单中选择"设置对象格式"命令，在右侧打开的"对象属性"任务窗格的"形状选项"选项卡中，单击"填充与线条"→"填充"，选中"纯色填充"单选按钮，设置"颜色"为"矢车菊蓝色，着色1，浅色80%"，设置"透明度"的数值为"50%"，即可实现形状的半透明效果，操作步骤如图 3.1.8 所示。

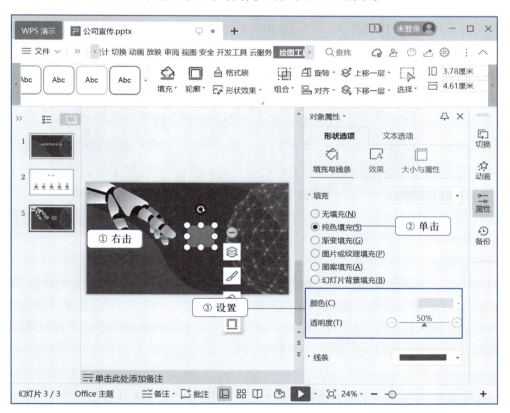

图 3.1.8 设置形状透明度

（3）在图形中插入文字

具体操作方法：选中矩形，右击并在打开的快捷菜单中选择"编辑文字"命令，输入"01"字样，并设置文字的字体为 Impact、字号为 72。

（4）设置图形的填充色和轮廓色

具体操作方法：同理绘制"半闭框"形状，选中绘制的半闭框，单击"绘图工具"→"填充"下拉按钮，在下拉菜单中选择"主题颜色"面板中的"白色，背景 1"命令；单击"绘图工具"→"轮廓"下拉按钮，在下拉菜单中选择"无边框颜色"命令。

（5）调整形状的大小和形状

具体操作方法：选中绘制的半闭框，在形状四周显示大小调节控制点和形状调节控制点，使用鼠标拖曳上述控制点可分别对图形的大小和形状进行调节。

（6）调整形状的旋转角度

具体操作方法：选中绘制的半闭框，按 Ctrl+C 组合键，然后按 Ctrl+V 组合键，完成图形复制粘贴；选中复制的图形，单击"绘图工具"→"旋转"下拉按钮，在下拉菜单中选择"水平翻转"命令；同理，再次设置"垂直翻转"效果，完成后适当调整 3 个绘制形状的位置并进行图形组合，操作步骤如图 3.1.9 所示。

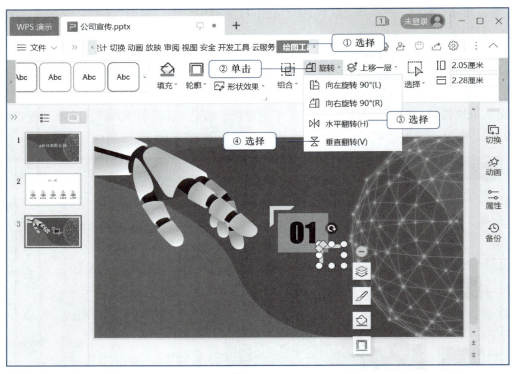

图 3.1.9　设置形状旋转角度

（7）复制和移动幻灯片

具体操作方法：在导航窗格中右击制作好的第 1 张过渡页幻灯片，在打开的快捷菜单中选择"复制幻灯片"命令，然后在幻灯片编辑区中更改编号信息为"02"，文字信息为"企业文化"，依次完成其他章节过渡页的复制和编辑。待后续的内容页完成后，可根据内容顺序在幻灯片窗格中使用鼠标拖曳的方式将指定的幻灯片移动至合适的位置。

Step6：制作内容页（含表格对象）

演示文稿的内容页是演示文稿的主体，针对每一个章节标题展开内容介绍，可综合使用文字、图片、表格、视频等对象进行页面布局。

（1）绘制表格

具体操作方法：以"标题和内容"版式新建内容页幻灯片，在主标题占位符中单击，输入文字"企业理念"，文字格式自拟。单击"插入"→"表格"下拉按钮，在下拉菜单中选择"插入表格"命令，在打开的"插入表格"对话框中设置列数为"2"、行数为"5"，在单元格中输入文字信息，单击"确定"按钮，完成表格创建。

（2）设置表格边框

具体操作方法：在表格中选中要更改效果的单元格区域，选择"表格样式"选项卡，设置"笔样式"为单实线、"笔画粗细"为"3.0磅"、"笔颜色"为白色，然后单击"表格样式"→"边框"下拉按钮，在下拉菜单中选择"所有框线"命令。

（3）设置表格底纹

具体操作方法：在表格中选中要更改效果的单元格区域，单击"表格样式"→"填充"下拉按钮，在下拉菜单中选择具体的颜色选项。

Step7：制作内容页（含视频对象）

（1）插入视频文件

具体操作方法：以"标题和内容"版式新建内容页幻灯片，插入素材图片"视频底图.png"，单击"插入"→"视频"下拉按钮，在下拉菜单中选择"嵌入视频"命令，在打开的"插入视频"对话框中选择要插入的视频素材"企业宣传片.mp4"，单击"打开"按钮。选中插入的视频，用鼠标拖曳视频四周显示的控制点，适当调节视频显示区域的大小，操作步骤如图3.1.10所示。

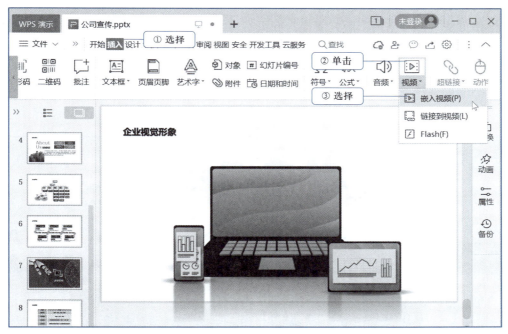

图 3.1.10 插入视频

（2）设置播放属性

具体操作方法：单击"视频工具"→"开始"下拉按钮，在下拉菜单中选择"自动"选项，则可实现该视频的自动播放，操作步骤如图3.1.11所示。

Step8：制作封底页

封底页即结束页，一般是对演示文稿的简单总结或是感谢语，在制作风格上应与PPT整体风格相呼应，也可使用与封面页一致的版式和背景，文字设计应简洁、大方，本任务介绍应用艺术字制作感谢语的方法。

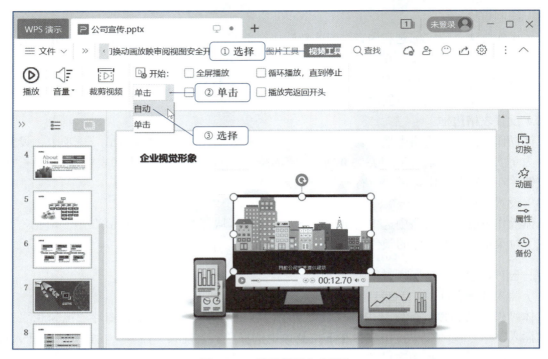

图 3.1.11　设置视频自动播放

（1）插入艺术字

　　具体操作方法：以"空白"版式新建封底页幻灯片，使用封面页背景的设置方法完成背景填充。单击"插入"→"艺术字"按钮，在下拉的艺术字面板中选择第 2 行第 9 列的艺术字样式，在幻灯片编辑区里生成一个新的艺术字文本框，在文本框中输入文字 THANKS ；使用同样的方法应用艺术字样式库中选择第 2 行第 4 列的艺术字样式创建艺术字"感谢观看"，操作步骤如图 3.1.12所示。

图 3.1.12　插入艺术字

（2）编辑艺术字样式

　　具体操作方法：选中插入的艺术字，单击"文本工具"→"文本效果"按钮，在下拉菜单中选择"阴影"选项，在打开的"阴影"命令子面板中选择"外部"组中的"向右偏移"选项，操作步骤如图 3.1.13 所示。

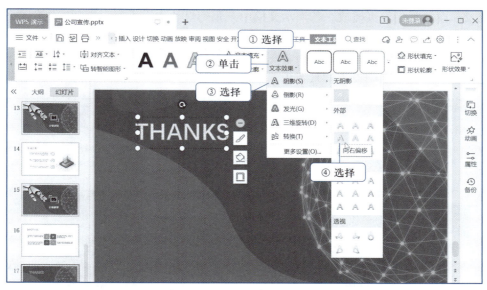

图 3.1.13　设置艺术字阴影效果

Step9： 添加背景音乐

在演示文稿中添加合适的声音，能够吸引观众的注意力，激发新鲜感，设置自动跨页播放的背景音乐是演示文稿常见的音频应用。

（1）插入音频文件

具体操作方法：在导航窗格中选中封面页幻灯片，单击"插入"→"音频"下拉按钮，在下拉菜单中选择"嵌入音频"命令，在打开的"插入音频"对话框中选择要插入的音频素材"背景音乐.mp3"，单击"打开"按钮，则在幻灯片编辑区生成一个声音图标。

（2）设置音频属性

具体操作方法如下。

● 方法 1：设置后台自动播放。选中声音图标，单击"音频工具"→"设为背景音乐"按钮，此时，"音频工具"选项卡中的"循环播放，直至停止""放映时隐藏" 2 个复选框均被选中，"跨幻灯片播放：至 　 页停止"单选按钮被选中，"跨幻灯片播放：至 　 页停止"微调框中的数值被设置为"999"，操作步骤如图 3.1.14 所示。

微课 3-3
添加背景
音乐

图 3.1.14　设置音频后台播放

● 方法 2：设置跨指定页播放。若演示文稿中某张幻灯片中嵌入有声视频，则需要设置背景音乐于视频显示页的前一页停止播放。如本任务中第 9 张幻灯片嵌入一个有声视频，需要在第 8 张幻灯片中停止背景音乐的播放。首先选中声音图标，单击"音频工具"→"跨幻灯片播放：至　　页停止"单选按钮，在微调框中设置背景音乐停止的页数"8"即可，操作步骤如图 3.1.15 所示。

图 3.1.15　设置音频跨页播放

Step10：检查并提交文档

完成任务要求后，再次核对结果是否满足任务要求，并按要求提交演示文稿文档。

•任务评价

1. 自我评价

任务	级别		
	掌握的操作	仍须加强的	完全不理解的
新建演示文稿			
页面设置			
制作封面页			
制作目录页			
制作过渡页			
制作内容页（含表格对象）			
制作内容页（含视频对象）			
制作封底页			
添加背景音乐			
检查并提交文档			
在本次任务实施过程中的自评结果	A. 优秀　　B. 良好　　C. 仍须努力　　D. 不清楚		

2. 标准评价

请完成下列题目，共两大题，10 小题（每题 10 分，共 100 分）。

一、选择题

① WPS 演示系统默认的视图方式是（　　）。

A. 大纲视图　　　　　B. 幻灯片浏览视图　　C. 普通视图　　　　　D. 幻灯片视图

②下列中（　　　）属于演示文稿的扩展名。

　　A. .opx　　　　　　　B. .pptx　　　　　　　C. .dwg　　　　　　　D. .jpg

③幻灯片布局中的虚线框是（　　　）。

　　A. 占位符　　　　　　B. 图文框　　　　　　C. 文本框　　　　　　D. 表格

④WPS 演示是一种（　　　）软件。

　　A. 电子表格处理　　　B. 图像处理　　　　　C. 文字处理　　　　　D. 演示文稿

⑤在幻灯片浏览视图中不可以进行的操作是（　　　）。

　　A. 删除幻灯片　　　　　　　　　　　　　　B. 编辑幻灯片内容

　　C. 移动幻灯片　　　　　　　　　　　　　　D. 设置幻灯片的放映方式

⑥WPS 演示中，有关幻灯片背景下列说法中错误的是（　　　）。

　　A. 用户可以为幻灯片设置不同的颜色、阴影、图案或者纹理的背景

　　B. 可以使用图片作为幻灯片背景

　　C. 可以为单张幻灯片进行背景设置

　　D. 不可以同时对多张幻灯片设置背景

⑦（　　　）是一种以全屏动态放映的视图方式。

　　A. 幻灯片放映视图　　B. 幻灯片浏览视图　　C. 普通视图　　　　　D. 大纲视图

⑧WPS 演示中，下列说法中错误的是（　　　）。

　　A. 将图片插入到幻灯片中后，用户可以对这些图片进行必要的操作

　　B. 利用"图片工具"可裁剪图片、添加边框和调整图片亮度及对比度

　　C. 选择已插入幻灯片中的图片，在功能区会出现"图片工具"选项卡

　　D. 对图片进行修改后不能再恢复原状

二、判断题

①在 WPS 演示文稿的浏览视图中，可以轻松地按顺序对幻灯片进行插入、删除、移动等操作。　　　　　　　　　　　　　　　　　　　　　　　　　　　　　　　　　　（　　　）

②利用启动对话框完成了演示文稿的创建工作后需要保存，系统默认的保存类型为演示文稿设计模板。　　　　　　　　　　　　　　　　　　　　　　　　　　　　　　　（　　　）

任务 3.1
操作测评

•任务拓展

　　根据如下操作要求，创建"红船精神 .pptx"演示文稿，包括封面页、目录页、过渡页、内容页、封底页幻灯片，扫描二维码查看效果，操作要求见表 3.1.4。

任务 3.1
拓展完成
效果

表 3.1.4　操作要求

序号	知识与技能	要求
1	新建演示文稿、背景填充、插入图片、音频	创建演示文稿，命名为"红船精神 .pptx"，制作封面页幻灯片，背景填充图片"背景 1.jpg"并"全部应用"，插入图片"红船背景 .jpg"，调整大小并置于底层，输入标题与副标题文字，并设置字体格式。插入音频文件"红旗颂 .mp3"作为背景音乐，设置该音频播放开始为"自动"，并"跨幻灯片播放""循环播放直到停止""放映时隐藏"
2	新建幻灯片、设置版式、插入文本框，对齐、分布、组合	制作目录页幻灯片。应用"仅标题"幻灯片版式，幻灯片标题为"目录"；插入 3 个文本框从上到下依次为："红船精神的内涵""红船精神对党的重要性""弘扬红船精神　谱写新时代的新篇章"，设置文本框左对齐、纵向分布、组合
3	绘制形状	制作过渡页幻灯片，新建幻灯片，选择空白版式插入矩形并填充深红色，在矩形中插入文本框并输入"第一部分　红船精神的内涵"
4	复制幻灯片	制作内容页幻灯片，复制第 2 张幻灯片，将标题改为"红船精神的内涵"，其余部分改为插入图片和文本框并输入相应内容

文件：
任务拓展
素材包

序号	知识与技能	要求
5	插入智能图形	制作内容页幻灯片，插入智能图形中的垂直框列表，录入相应内容
6	艺术字	制作封底页幻灯片，应用"空白"幻灯片版式，应用艺术字编辑封底页面的感谢语，并设置艺术字的阴影效果

课件：
编辑公司
宣传演示
文稿的母
版

任务 3.2　编辑公司宣传演示文稿的母版

建议学时：2 ～ 3 学时

• 任务描述

在上一阶段的公司宣传演示文稿制作中，公司企划部小张完成了页面结构的设计和幻灯片内容的基础编辑，然而发现原来制作的目录页和内容页幻灯片采用默认的白色背景填充效果与演示文稿整体风格并不够和谐，标题文字的字体、字号、颜色、位置等格式也需要进一步调整，另外，还需要增加公司的视觉识别标志元素。要完成上述修改所涉及的幻灯片页面还真不少，请一起应用"母版"功能帮助小张高效地完成这个任务吧！

• 任务目的

● 了解母版视图的功能及应用；掌握在母版中插入对象、设置母版格式、编辑页眉和页脚等的方法；掌握讲义母版的设置及使用方法；掌握备注母版的设置及使用方法。
● 能够熟练使用 WPS 演示的母版制作演示文稿。
● 能够自主学习并将所学知识合理地运用在演示文稿制作和格式修改操作中。

• 任务要求

任务 3.2
完成效果

使用母版对公司宣传演示文稿进行格式设置操作，具体要求如下。
① 为内容页设置统一风格的渐变填充背景效果，参数要求如下："渐变光圈 1"的数据信息：颜色模式为 RGB（R：81，G：59，B：151）；"渐变光圈 2"的数据信息：颜色模式为 RGB（R：133，G：137，B：223）；渐变类型为"线性渐变"；渐变方向为"左上到右下"。
② 为所有的内容页插入公司视觉识别标志。
③ 将内容页标题文字格式统一设置为"微软雅黑、40、白色"，适当调整标题位置。
④ 统一调整幻灯片文字内容的配色，确保显示清晰。
扫描二维码查看本任务完成样张。

• 基础知识

1. 认识母版

幻灯片母版是演示文稿中的重要组成部分，包含了幻灯片文本和页脚（如日期、时间和幻灯片编号）等占位符。这些占位符控制了幻灯片的字体、字号、颜色（包括背景色）、阴影和项目符号样式等版式要素。在母版中可以对幻灯片的内容、背景、配色及文字格式等进行统一的设置，使用母版可以减少重复性工作，提高工作效率。

WPS 演示中一共有 3 种母版类型：幻灯片母版、讲义母版、备注母版。

2. 设置幻灯片母版

（1）进入和退出幻灯片母版视图
① 进入幻灯片母版视图。单击"视图"→"幻灯片母版"按钮，如图 3.2.1 所示，或单击"设

计"→"编辑母版"按钮。此时增加"幻灯片母版"上下文选项卡，在幻灯片母版左侧导航窗格中显示了当前母版及包含的所有版式。进入幻灯片母版视图后，即可对该母版进行修改，如在母版中添加图片、绘制图形、插入页码、设置文本格式和更改背景等。

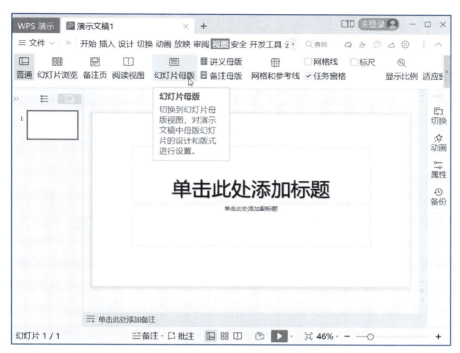

图 3.2.1 "幻灯片母版"按钮

在幻灯片母版左侧导航窗格中最上方的为"幻灯片母版"，也可称为主母版，如图 3.2.2 所示，其涵盖的特点均会出现在位于其下方所有的版式母版中。更改主母版，则所有版式母版都会发生改变，一般用来统一修改幻灯片的字体、颜色、背景等格式，提高办公效率。其余的版式母版可以分别进行设置，互相独立。

图 3.2.2 幻灯片母版视图

②退出幻灯片母版视图。单击"幻灯片母版"→"关闭"按钮，或直接单击窗口右下角的其他视图按钮即可。

（2）母版中占位符的应用

在幻灯片母版视图左侧的导航窗格中选中主母版，单击"幻灯片母版"→"母版版式"按钮，在打开的"母版版式"对话框中可以选择显示在母版中的占位符，如图3.2.3所示。

（3）设置母版背景格式

设置母版背景格式可以选择已有的主题及相应的配色方案，也可以自定义背景格式，操作方法为：单击"幻灯片母版"→"背景"按钮，在右侧打开的"对象属性"任务窗格中设置所需要的填充方式及具体参数，如图3.2.4所示。

图 3.2.3　选择在主母版显示的占位符

（4）在母版中添加对象

通过母版可为所有幻灯片统一添加对象。在幻灯片母版视图下，选择主母版，单击"插入"→"图片"按钮，在打开的"插入图片"对话框中选择素材文件，单击"打开"按钮，即可插入图片对象。

除了可以在母版幻灯片中插入图片之外，还可以在母版幻灯片中插入日期、幻灯片编号、页脚等文本对象。在幻灯片母版视图下，单击"插入"→"页眉页脚"按钮，如图3.2.5所示，在打开的"页眉和页脚"对话框中根据显示需要选中幻灯片包含的内容选项即可。

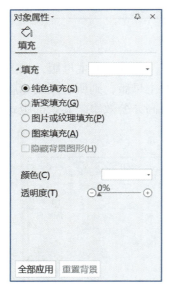

图 3.2.4　设置母版背景格式

图 3.2.5　"页眉和页脚"对话框

3. 设置讲义母版

讲义母版用于设置将多张幻灯片打印在一张纸上的情况。

（1）讲义母版

在 WPS 演示中单击"视图"→"讲义母版"按钮，可以看到讲义母版中默认包含6张幻灯片，如图3.2.6所示。

（2）设置讲义方向

单击"讲义母版"→"讲义方向"下拉按钮，在下拉菜单中选择"横向"选项，如图3.2.7所示。

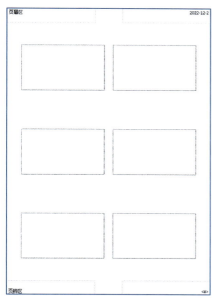

图 3.2.6　讲义母版

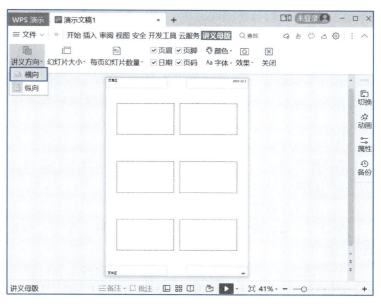

图 3.2.7　设置讲义方向

（3）设置每页的幻灯片数量

单击"讲义母版"→"每页幻灯片数量"下拉按钮，在下拉菜单中选择每页需要呈现的幻灯片张数。

4. 设置备注母版

制作演示文稿时，一般会把需要展示给观众的内容做在幻灯片里，不需要展示的部分写在备注窗格里。如果需要把备注打印出来，可以使用备注母版功能快速设置备注的格式，让备注页具有统一的格式。单击"视图"→"备注母版"按钮，功能区中增加"备注母版"选项卡，同时显示备注母版结构。在此选项卡中可以对备注页方向、备注内容的格式及页眉页脚等占位符进行设置。

•任务实施

制作演示文稿时，通常需要为幻灯片设置相同的内容或格式，如本任务中需要为公司宣传演示文稿的每一张内容页添加公司的视觉识别标志（以下简称 Logo），且标题格式、幻灯片背景要求效果统一，如果在每一张幻灯片中重复设置上述内容无疑会浪费时间。本任务推荐一组使用母版功能实现幻灯片风格统一且处理高效的实施步骤，供读者对演示文稿的母版编辑学习参考，见表 3.2.1。

文件：
任务 3.2
素材包

表 3.2.1　任务实施步骤及相关基础知识

实施步骤	须掌握的基础知识
Step1：设置母版背景格式	幻灯片母版视图的切换；幻灯片母版背景的设置方法
Step2：在母版中插入 Logo	幻灯片母版插入对象的方法
Step3：设置占位符的格式	幻灯片母版占位符的编辑
Step4：调整配色方案	自定义配色方案的创建与应用
Step5：设置幻灯片编号	幻灯片母版的页眉页脚的设置方法；幻灯片母版视图的关闭
Step6：检查并提交文档	

Step1：设置母版背景格式

幻灯片母版用于统一设置幻灯片的标题文字、背景、属性等样式，只需在母版上做更改，所有幻灯片版式将相应地完成更改。使用母版创建统一的背景格式是常用的统一幻灯片风格的高效方式。本任务列举使用母版统一设置渐变填充背景格式的应用。

（1）切换母版视图

具体操作方法：单击"视图"→"幻灯片母版"按钮，可从普通视图切换至母版视图。

（2）设置母版背景格式

在幻灯片母版视图左侧导航窗格中选中最上方的"Office 主题 幻灯片母版"。

① 添加渐变光圈。具体操作方法：在幻灯片编辑区空白处右击，在弹出的快捷菜单中选择"设置背景格式"选项，在右侧打开的"对象属性"任务窗格中单击"填充"→"渐变填充"单选按钮，单击"增加渐变光圈"按钮，依次添加 2 个渐变光圈，操作步骤如图 3.2.8 所示。

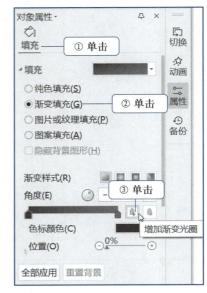

图 3.2.8　添加渐变光圈

② 设置渐变颜色。具体操作方法：在"对象属性"任务窗格中选中第 1 个渐变光圈，单击"色标颜色"下拉按钮，在下拉面板中选择"更多颜色"命令，在打开的"颜色"对话框中选择"自定义"选项卡，单击"颜色模式"右侧的下拉按钮，在下拉菜单中选择"RGB"选项，设置 RGB 数值框（R:81，G:59，B:151），操作步骤如图 3.2.9 所示。同理，选中第 2 个渐变光圈，使用上述方法设置"渐变光圈 2"的数据信息 RGB 值为（R:133，G:137，B:223）。

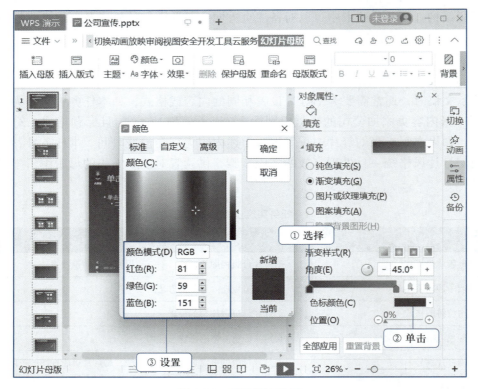

图 3.2.9　设置渐变光圈

③ 设置渐变类型和方向。具体操作方法：在"对象属性"任务窗格中单击"线性渐变"按钮，在打开的子面板中选择"左上到右下"选项，操作步骤如图 3.2.10 所示。

Step2： 在母版中插入标志

标志是演示文稿中高频出现的元素，通常使用母版完成这类对象的插入。

（1）在主母版中插入图片

具体操作方法：选择主母版，插入素材文件"公司标志 .png"，调整图片大小，将图片移动到标题占位符左侧。

（2）设置隐藏背景图形

具体操作方法：在幻灯片母版视图左侧导航窗格中选中"标题幻灯片版式"页面，按住 Ctrl 键，依次选中"仅标题版式""空白版式"页面，在窗口右侧的"对象属性"任务窗格中选中"隐藏背景图形"复选框，如图 3.2.11 所示。

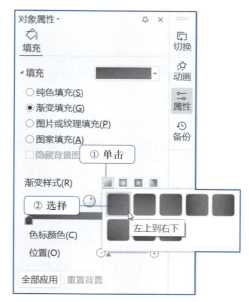

图 3.2.10　设置渐变方向

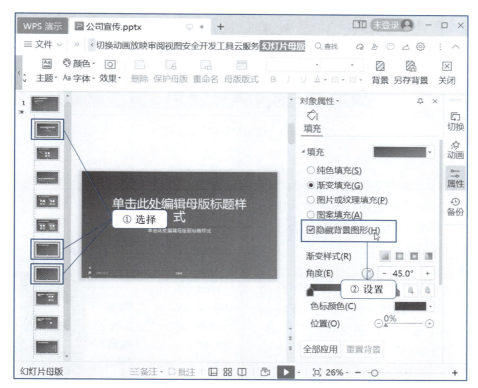

图 3.2.11　设置隐藏背景图形

> **小贴士**
>
> 　　母版中的"Office 主题　幻灯片母版"为主母版，在主母版中设置的属性都会呈现在每一类版式母版中，欲将某一版式母版从主母版中继承下来的图形信息隐藏，可通过设置"隐藏背景图形"来实现。本任务中封面页（标题幻灯片版式）、目录页（仅标题版式）、过渡页（仅标题版式）、封底页（空白版式）均不需要出现标志元素，因此需要将上述版式母版设置隐藏背景图形。

Step3：设置占位符的格式

　　母版中的占位符统一控制着各幻灯片版式中的占位符的文字格式、位置、大小等属性，本任务列举通过更改母版中的标题占位符属性，实现各版式标题占位符的同步更改。

　　具体操作方法：选择主母版，在幻灯片编辑区中选中标题占位符，选择"开始"选项卡，设置字体为"微软雅黑"、字号为"40"、字形为"加粗"、字体颜色为"白色，背景1"。适当调整标题占位符的位置和大小，如图 3.2.12 所示。

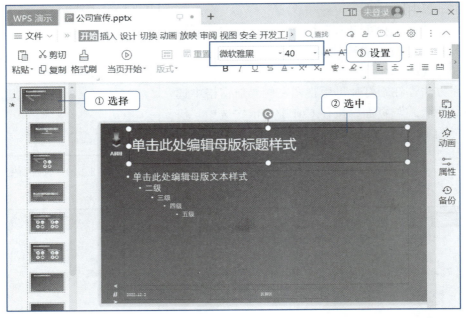

图 3.2.12　编辑母版标题占位符

Step4：调整配色方案

　　本任务中通过母版已完成了深色系的背景填充效果的更改，为了能清晰显示幻灯片中的文字信息，需要将文字的颜色调整为适合在深色背景上显示的浅色字体。

　　（1）创建自定义配色方案

　　具体操作方法：在"幻灯片母版"选项卡中，单击"幻灯片母版"→"颜色"下拉按钮，在下拉菜单中选择"自定义颜色"选项，在打开的"自定义颜色"对话框中设置"文字/背景—深色1"的颜色为"白色，文本1"；选择"名称"文本框，设置方案名称为"公司宣传"，单击"保存"按钮，完成自定义配色方案的创建，如图 3.2.13 所示。

　　（2）应用配色方案

　　具体操作方法：在幻灯片母版视图中，单击"幻灯片母版"→"颜色"下拉按钮，在下拉菜单的"自定义颜色"栏中选择"公司宣传"选项。

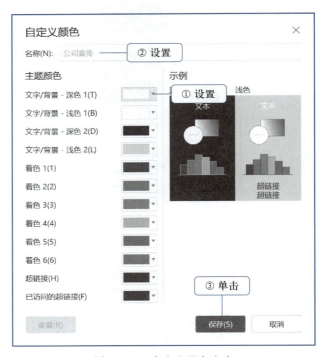

图 3.2.13　自定义配色方案

小贴士

　　每一个演示文稿中都包含了一种特定的配色方案，对幻灯片的文字、超链接、形状的填充颜色等属性进行了设置。这种配色方案是幻灯片母版所规定的，可以通过更改配色方案对幻灯片的文字、超链接、形状的填充颜色等属性进行更改。

Step5：设置幻灯片编号

　　从设计完整性的角度而言，演示文稿的页码设计也是幻灯片制作中须考虑的因素，可通过设置幻灯片母版"幻灯片编号"占位符和插入页脚，实现演示文稿中各幻灯片编号的显示。

　　（1）设置母版"幻灯片编号"占位符

　　具体操作方法：选中主母版，单击"幻灯片母版"→"母版版式"按钮，在打开的"母版版式"对话框中确认是否已选中"幻灯片编号"复选框，若已选中，则母版中应用了"幻灯片编号"占位符。将该占位符移动至母版左下角显示，并适当调节占位符的大小和编号的大小。

　　（2）插入页眉页脚

　　具体操作方法：单击"插入"→"页眉页脚"按钮，在打开的"页眉和页脚"对话框中选中"幻灯片编号"复选框，则可实现在"幻灯片编号"占位符的位置根据演示文稿幻灯片的顺序显示编号；选中"标题幻灯片不显示"复选框，所有的设置都不在标题幻灯片中生效，封面页则不显示编号，单击"全部应用"按钮，如图 3.2.14 所示。

　　（3）退出母版视图

　　具体操作方法：单击"幻灯片母版"→"关闭"按钮，退出该视图，此时可发现上述设置已应用于各张幻灯片中。

　　（4）更改编号的起始值

　　具体操作方法：单击"设计"→"幻灯片大小"下拉按钮，在下拉菜单中选择"自定义幻灯片大小"选项，在打开的"页面设置"对话框中将"幻灯片编号起始值"设置为"0"，单击"确定"按钮，则从演示文稿第 2 张幻灯片（即目录页）开始显示编号为"1"，如图 3.2.15 所示。

图 3.2.14　添加幻灯片编号

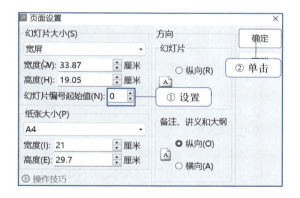

图 3.2.15　设置幻灯片编号起始值

Step6：检查并提交文档

　　完成任务后，再次核对任务实施结果是否满足要求，并按要求提交 PPT 文档。

•任务评价

1. 自我评价

任务	级别		
	掌握的操作	仍须加强的	完全不理解的
设置母版背景格式			
在母版中插入标志			
设置占位符的格式			
调整配色方案			
设置幻灯片编号			
检查并提交文档			
在本次任务实施过程中的自评结果	A. 优秀　　B. 良好　　C. 仍须努力　　D. 不清楚		

2. 标准评价

请完成下列题目，共两大题，10 小题（每题 10 分，共 100 分）。

一、选择题

① 若要使一张图片出现在每一张幻灯片中，则需要将此图片插入到（　　　）中。

　　A. 幻灯片模板　　　　　B. 幻灯片母版　　　　　C. 标题幻灯片　　　　　D. 幻灯片备注

② WPS 演示中，下列有关幻灯片母版的说法中错误的是（　　　）。

　　A. 只有标题区、对象区、日期区、页脚区　　B. 可以更改占位符的大小和位置

　　C. 可以设置占位符的格式　　　　　　　　　D. 可以更改文本格式

③ WPS 演示中，下列有关备注母版的说法中错误的是（　　　）。

　　A. 备注的最主要功能是进一步提示某张幻灯片的内容

　　B. 要进入备注母版，可以选择功能区中视图选项卡的备注母版

　　C. 备注母版的页面共有 5 个设置：页眉区、页脚区、日期区、幻灯片缩略图和数字区

　　D. 备注母版的下方是备注文本区，可以像在幻灯片母版中那样设置其格式

④ 关于 WPS 演示的母版以下说法中错误的是（　　　）。

　　A. 可以自定义幻灯片母版的版式

　　B. 可以对母版进行主题编辑

　　C. 可以对母版进行背景设置

　　D. 在母版中插入图片对象后在幻灯片中可以根据需要进行编辑

⑤ 在 WPS 演示中，进入幻灯片母版的方法是（　　　）。

　　A. 单击"开始"→"幻灯片母版"按钮

　　B. 单击"视图"→"幻灯片母版"按钮

　　C. 按住 Shift 键的同时，单击"普通视图"按钮

　　D. 以上说法都不对

⑥ WPS 演示中使用母版的目的是（　　　）。

　　A. 使演示文稿的风格一致　　　　　　　　B. 修改现有的模板

　　C. 标题母版用来控制标题幻灯片的格式和位置　　D. 以上均是

二、判断题

① 在 WPS 演示中母版包括幻灯片母版、讲义母版和备注母版。　　　　　　　　　（　　　）

② 在 WPS 演示讲义母版中不能设置每页幻灯片的数量。　　　　　　　　　　　　（　　　）

③ 在 WPS 演示中，只有在备注母版和幻灯片母版状态可以对母版进行编辑和修改。（　　　）

④ 在 WPS 演示讲义母版中可以设置讲义方向为横向。　　　　　　　　　　　　　（　　　）

任务 3.2
操作测评

•任务拓展

请按要求对演示文稿《中国软件产业的发展与成长》的母版进行设置，效果可扫描二维码查看，具体要求如下。

任务 3.2
拓展完成
效果

（1）为演示文稿内容页设置统一风格的渐变填充背景效果，参数要求如下。

①"渐变光圈 1"的数据信息：颜色 RGB 值（R:103，G:172，B:232）。

②"渐变光圈 2"的数据信息：颜色 RGB 值（R:22，G:86，B:142）。

③渐变类型为"射线渐变"。

④角度为"0°"。

文件：
任务拓展
素材包

（2）为所有的内容页左上角插入 Logo 图片。

（3）将内容页标题文字格式统一设置为"华文楷体、40、黑色"，适当调整标题的位置。

（4）在右下角设置页脚为"自主创新　文化自信"。

任务 3.3　制作公司宣传演示文稿的动画片头

建议学时：4 ～ 6 学时

课件：
制作公司
宣传演示
文稿的动
画片头

•任务描述

公司企划部的小张将上一任务中编辑好的"A 科技有限公司宣传演示文稿"作品提交给公司王经理审阅，王经理对作品的版式设计和内容布局非常满意，同时提出为该演示文稿制作一个既简单大气，又能体现出智能科技行业特点和公司文化内涵的动感动画片头，以便于在汇报现场能有效调动观众情绪和提升演示效果。请大家与小张一起完成这项任务吧！

•任务目的

● 了解对象动画的基本类型及应用场景；掌握幻灯片切换的效果、持续时间、使用范围、换片方式、自动换片时间等的设置方法；掌握各类对象的进入、强调、退出、路径等动画效果的设计与制作方法。

● 能够熟练使用 WPS 演示制作动画。

● 能够理解动画设置逻辑并能独立设计动画。

•任务要求

为"公司宣传 .pptx"文档新建一个动画片头幻灯片页面，在该页面中按要求完成两个动画场景的设计和制作。其中，第 1 个场景为"倒计时"动态效果，第 2 个场景为模拟"手指点触"的动态效果。

任务 3.3
完成效果

1. 场景 1 的制作要求

①数字图片对象按照 3、2、1、0 的顺序依次单独出现。

②上一动画结束后，机器人对象消失。

2. 场景 2 制作要求

①当上一动画场景消失后，"Logo"对象自上而下垂直移动至中间位置。

②上一动画结束后，机器人手指出现，同时球体旋转出现。

③当手指移动到球体附近后，星星出现并在原地闪烁若干次。

④文本对象依次出现的动态效果。

场景 1
效果图

场景 2
效果图

•基础知识

1. 认识幻灯片动画设计

合理、精彩的动画设计能对演示文稿传播的信息起到灵活排版、解释说明、引导强调的作用，同时为浏览者提供了更丰富、真实和震撼的体验，为现场演示加分。在 WPS 演示中，幻灯片动画有两大类："对象的自定义动画"和"页面切换动画"。幻灯片对象的自定义动画是指为幻灯片中各对象设置动画效果，多种不同的对象动画组合在一起可形成复杂而自然的动画效果；页面切换动画是指放映幻灯片时幻灯片当前页面进入及离开屏幕时的动画效果。

2. 页面切换动画

页面切换动画的作用是通过设置连续两张幻灯片之间的动态转场效果，从而有效缓和各页面之间转换时的突兀和单调感，使得上下页面过渡时更生动和自然。WPS 演示中提供了多种预设的幻灯片切换动画效果。在默认情况下，上一张幻灯片和下一张幻灯片之间没有设置切换动画效果，用户可根据需要为幻灯片添加切换动画。页面切换动画的设置方法如下。

① 设置某一张幻灯片的页面切换动画。具体操作方法：在 WPS 演示窗口左侧的幻灯片导航窗格中选择演示文稿中要设置的幻灯片，选择"切换"选项卡，在工具栏展开的切换效果库中选择幻灯片切换的效果样式；单击"切换"→"声音"下拉按钮，在下拉菜单中可选择某一种切换动画的声音效果；在"切换"选项卡中选中"单击鼠标时"或"设置自动换片时间"复选框，即可设置页面切换时的换片方式。

② 设置页面切换动画统一应用于所有幻灯片。具体操作方法：在 WPS 演示窗口左侧的幻灯片导航窗格中，任选演示文稿中的一张幻灯片，使用前述方法完成效果样式、声音效果、换片方式的设置，单击"切换"→"应用到全部"按钮，如图 3.3.1 所示。

图 3.3.1　"切换"选项卡

3. 对象的自定义动画的基本类型

在 WPS 演示中幻灯片对象动画比页面切换动画复杂，其基本类型主要有 4 种，见表 3.3.1。

表 3.3.1　对象的自定义动画基本类型

基本类型	效果
进入动画	指幻灯片页面里的对象（包括文本、图形、图片、组合及多媒体元素）从无到有、陆续出现的动画效果，是最基本的自定义动画效果
强调动画	指对象本身已显示在幻灯片之中，通过使其形状或颜色发生变化，从而起到强调作用
退出动画	指对象本身已显示在幻灯片之中，通过指定的动画效果切换幻灯片，是进入动画的逆过程，即对象从有到无、陆续消失的动画效果
路径动画	指对象按用户自己绘制的或系统预设的路径进行移动的动画效果

在动画设计的过程中，用户可根据动画场景的表达需求，通过创意设计以及对时间和速度的设置将上述 4 种动画效果进行叠加、衔接和组合应用。

4. 动画设置的基本流程

根据幻灯片中某一对象的动态效果表达需求进行创意设计，通过动画制作"四部曲"完成动态效果的制作，如图 3.3.2 所示。

图 3.3.2　动画制作"四部曲"

① 设置动画类型。选择对象，选择"动画"选项卡，在工具栏展开的"动画效果"库中选择某一种动画样式，设置该对象的首次动画效果。

② 修改动画效果选项。单击"动画"→"动画属性"下拉按钮，在下拉菜单中选择某种属性选项，修改动画效果。

③ 添加叠加动画。若需要设置该对象的下一种叠加动画效果，则单击"动画"→"动画窗格"按钮，在窗口右侧打开的"动画窗格"任务窗格中单击"添加效果"下拉按钮，在下拉面板中选择某一种动画类型，完成该对象的叠加动画效果设置。

④ 调整计时参数。单击"动画"→"开始播放"下拉按钮，在下拉菜单中选择"单击时"或"与上一动画同时"或"在上一动画之后"这 3 个选项的其中一项，以确定该动画开始的时间。在"持续时间"微调框中设置该动画从开始到结束的持续时间，在"延迟时间"微调框中设置动画执行前的延迟时间。

5. 动画的操控方法

在动画窗格的对象动画列表中选中某一动画，单击右侧的下拉按钮，可通过下拉菜单中的选项设置该动画的效果参数，如图 3.3.3 所示。

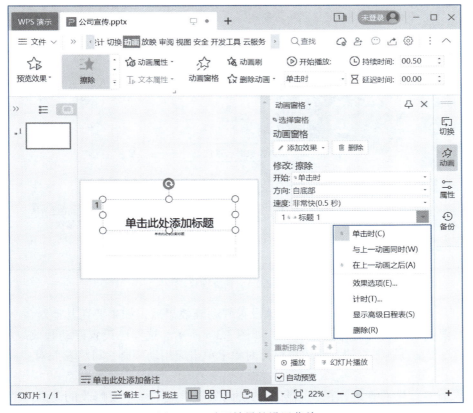

图 3.3.3　动画效果的设置菜单

各操作命令的功能说明见表 3.3.2。

表 3.3.2　常用的动画操控方法说明

操作命令	功能概述
单击时	选择该项则表示该动画效果的触发方式是通过单击来实现的
与上一动画同时	选择该项则表示该动画会与上一个动画同时开始。如设置上一个动画为"单击时"，设置下一个动画为"与上一动画同时"，则单击一次，上述两个动画效果同时被触发
在上一动画之后	选择该项则表示该动画会在上一个动画完成之后自动执行。如设置上一个动画为"单击时"，设置下一个动画为"在上一动画之后"，则单击一次，上述两个动画效果将先后逐一被触发
效果选项	选择该选项则弹出动画类型设置对话框，可在"效果"选项卡中，对动画的方向、路径参数，以及声音、文本的增强效果等属性进行调整
计时	选择该选项则弹出动画类型设置对话框，可在"计时"选项卡中，对动画的触发方式、动画执行前延迟的时长、动画执行的时长、动画的重复次数等属性进行调整
隐藏 / 显示高级日程表	通过甘特图的形式显示该动画执行的先后次序、开始时间和结束时间，可使用鼠标拖曳的方式更改上述属性
删除	选择该命令则可将本动画从动画列表中删除，该对象则无此动态效果

6. 动画的高效设置技巧

在使用幻灯片动画的制作过程中，可综合应用如下 3 个设置技巧提高工作效率。

① 动画窗格。使用窗格中的动画列表和高级日程表能够对幻灯片中对象的动画效果进行设置，单击"动画"→"动画窗格"按钮，则可在窗口右侧显示动画窗格，如图 3.3.4 所示。

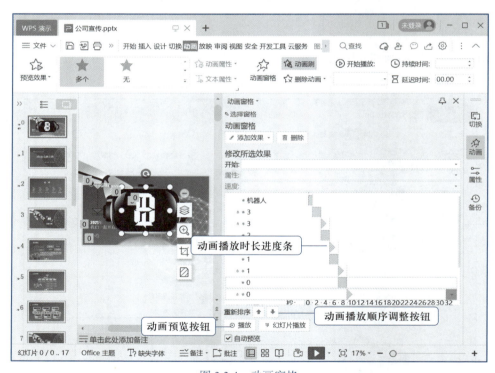

图 3.3.4　动画窗格

② 动画刷。当在演示文稿中为一个对象设置好动画效果后，如果要在其他对象上也设置同样的动画效果，使用动画刷功能将相当省事，如图 3.3.5 所示。选择已设置好动画效果的参照对象，单击"动画"→"动画刷"按钮，然后在目标对象上单击应用动画刷，可将参照对象的动画效果应用于目标对象。

③ 批量设置。按住 Ctrl 键，在动画窗格的动画列表中选定多个要修改的动画，即可统一修改这些动画的触发方式、持续时间等属性。

图 3.3.5　动画刷

•任务实施

根据本任务中对片头动画既要简单大气，又能有效体现出智能科技行业特性和公司文化内涵的要求进行素材的选取和动画创意设计，本任务推荐一组实施计划步骤，供读者学习参考。见表 3.3.3。

表 3.3.3　任务实施步骤及相关基础知识

实施步骤	须掌握的基础知识
Step1：设置统一的幻灯片页面切换动画	幻灯片切换的效果、持续时间、使用范围、换片方式、自动换片时间等页面切换动画的设置方法
Step2：制作"倒计时"效果动画场景	进入动画的设置方法；退出动画的设置方法；动画刷的应用技巧
Step3：制作"手指点触"效果动画场景	路径动画的设置方法；强调动画的设置方法；组合动画的设置方法
Step4：制作主题文本以词组为单位逐一出现的动画效果	动画窗格中效果选项和计时属性的设置方法
Step5：检查并提交文档	

Step1：设置统一的幻灯片页面切换动画

页面切换动画可以有效解决幻灯片之间切换方式过于平淡的问题。本任务列举统一设置所有幻灯片的页面切换动画的应用。

（1）设置页面切换动画的类型

具体操作方法：选择"切换"选项卡，在工具栏展开的切换效果库中选择"分割"选项，如图 3.3.6 所示。

微课 3-6
设置
幻灯片
切换动画

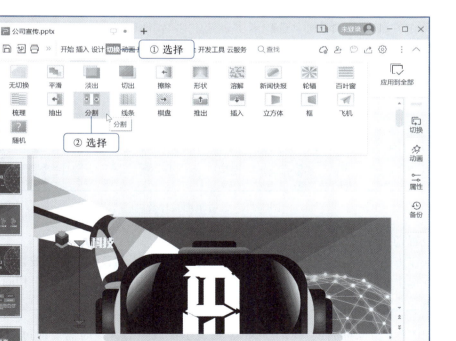

图 3.3.6　选择切换动画类型

（2）调整页面切换动画的效果选项

具体操作方法：单击"切换"→"效果选项"按钮，在下拉菜单中选择"上下展开"选项，如图 3.3.7 所示。

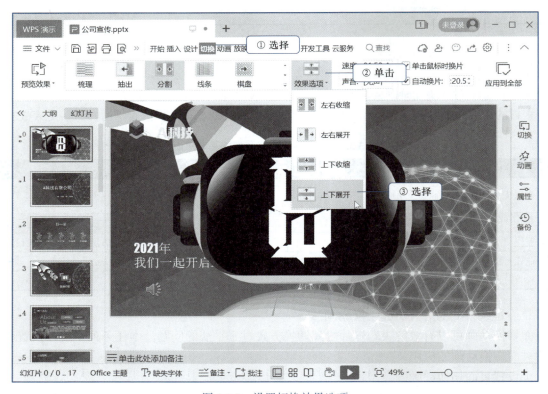

图 3.3.7 设置切换效果选项

（3）设置页面切换动画的换片方式

具体操作方法：在"切换"选项卡中，选中"单击鼠标时换片"复选框和"自动换片"复选框，并设置"自动换片"微调框的时间为 00:15.00。在放映幻灯片时，单击将进行切换操作，同时，从本幻灯片第 1 个对象的动画运行开始 15 秒之后，将结束本幻灯片的播放并自动切换到下一张幻灯片，如图 3.3.8 所示。

图 3.3.8 设置页面换片及应用方式

（4）设置切换效果应用于全部幻灯片

具体操作方法：单击"切换"→"应用到全部"按钮，将设置的切换效果应用到当前演示文稿的所有幻灯片中，其效果与逐一设置各张幻灯片使用同一种切换方案的效果相同。

小贴士

若选中"单击鼠标时换片"复选框，则表示在放映幻灯片时需要通过单击进行切换操作；若选中"自动换片"复选框，则可对自动换片的时间进行设置。在设置自动换片方式时，自动换片时间包含播放自定义动画的时间，所以需要把自动换片时间设为"动画总时间＋停顿时间"。

146

Step2：制作"倒计时"效果动画场景

进入动画常用来实现对象先后出现的灵活排版，常用的进入动画效果有出现、渐入、擦除、切入、飞入、缩放等；退出动画是进入动画的逆过程，因此每一种进入动画都有相对应的退出动画效果，一般用来实现对象从有到无的消失效果，常用的退出动画有消失、渐出、飞出、擦除、缩放等。

（1）设置数字对象的进入动画和退出动画

① 选择进入动画的样式。具体操作方法：按照 3、2、1、0 的顺序依次插入数字对象图片，选择数字对象"3"，选择"动画"选项卡，在工具栏展开的"动画效果"库中选择"进入"栏中选择"随机线条"动画样式。

② 修改进入动画的效果选项。具体操作方法：单击"动画"→"动画属性"下拉按钮，在下拉菜单中选择"垂直"选项。

③ 调整进入动画的计时属性。具体操作方法：单击"动画"→"开始播放"下拉按钮，在下拉菜单中选择"在上一动画之后"选项，设置"持续时间"微调框的数值为"02.00"，如图 3.3.9 所示。

④ 叠加退出动画的样式。具体操作方法：单击"动画"→"动画窗格"按钮，在窗口右侧打开的"动画窗格"任务窗格中单击"添加效果"下拉按钮，在下拉面板中的"退出"栏中选择"消失"动画样式，如图 3.3.10 所示。

⑤ 调整退出动画的计时属性。具体操作方法：单击"动画"→"开始"下拉按钮，在下拉菜单中选择"上一动画之后"选项。

⑥ 应用动画刷。具体操作方法：在幻灯片编辑区中选中数字对象"3"，在"动画"选项卡中单击"动画刷"按钮，然后在数字对象"2"上应用"动画刷"，如图 3.3.11 所示。亦可通过双击"动画刷"按钮将动画复制到多个对象上，完成多次应用后关闭"动画刷"，并使用"对齐"功能将所有数字对象叠放排列。

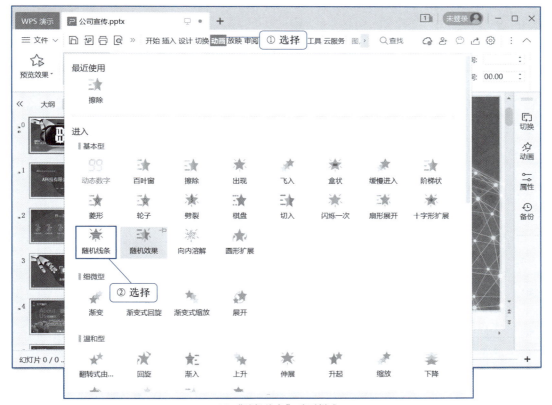

(a)"随机线条"动画样式

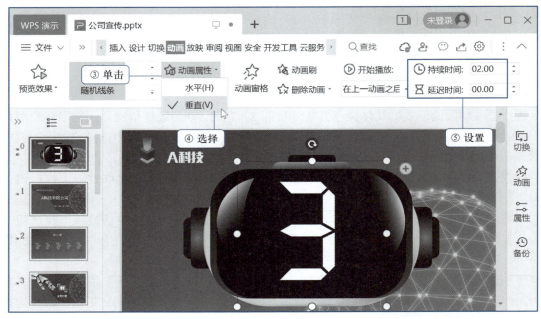

(b) 动画的效果选项和计时属性

图 3.3.9　设置进入动画效果

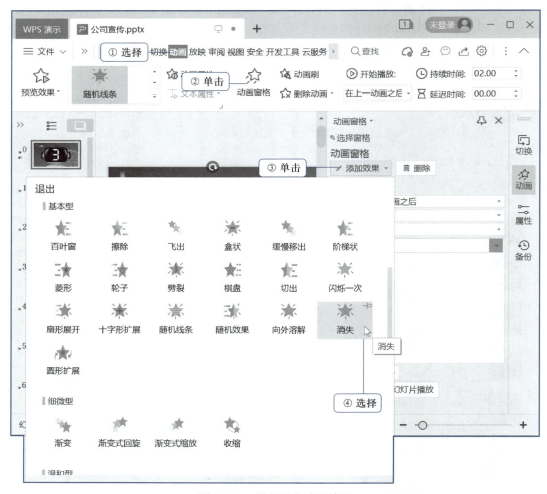

图 3.3.10　设置退出动画效果

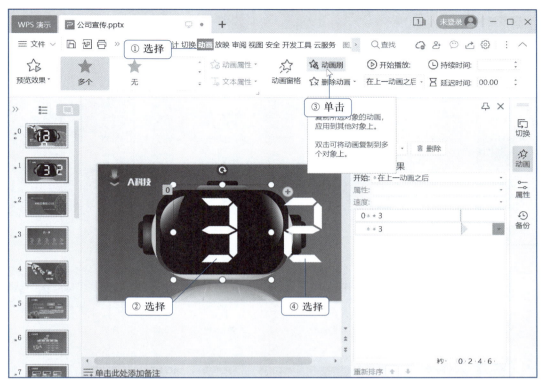

图 3.3.11　应用动画刷

　　（2）设置"机器人"对象的退出动画

　　应用上述退出动画的设置方法，制作上一动画结束后"机器人"对象消失的动态效果。

　　具体操作方法：选择"机器人"对象，在窗口右侧打开的"动画窗格"任务窗格中单击"添加效果"下拉按钮，在下拉面板中的"退出"栏中选择"消失"动画样式，单击"动画"→"开始播放"下拉按钮，在下拉菜单中选择"上一动画之后"选项。

Step3：制作"手指点触"效果动画场景

　　（1）设置"Logo"对象的路径动画

　　路径动画能让对象按照直线、曲线、形状、自定义路径等路径平移，对象在路径动画中会保持原本的大小、角度等属性。本任务将完成上一动画结束后，Logo 对象自上而下垂直移动至幻灯片中间位置的动态效果制作。

　　① 绘制动作路径。具体操作方法：选择 Logo 对象，选择"动画"选项卡，在工具栏展开的"动画效果"库中选择"动作路径"栏中的"向下"动画样式，此时幻灯片中将显示生成的路径，操作步骤如图 3.3.12 所示。

　　② 编辑路径属性。具体操作方法：使用鼠标拖曳路径的起始点和结束点进行编辑，实现对象移动路径的方向和位置的调整。

　　（2）设置"球体"对象的强调动画

　　强调动画能让对象在原有基础上发生形状、大小、角度、颜色等属性的变化，一般用来与其他动画进行叠加应用，常用的强调效果有脉冲、放大 / 缩小、陀螺旋、透明、闪烁等。本任务将完成"球体"对象旋转进入的动态效果。

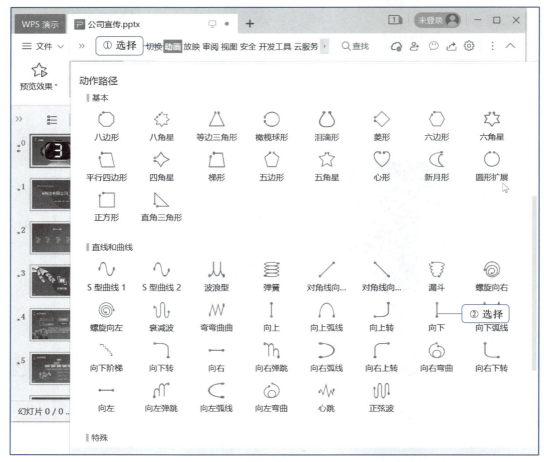

(a) 绘制动作路径

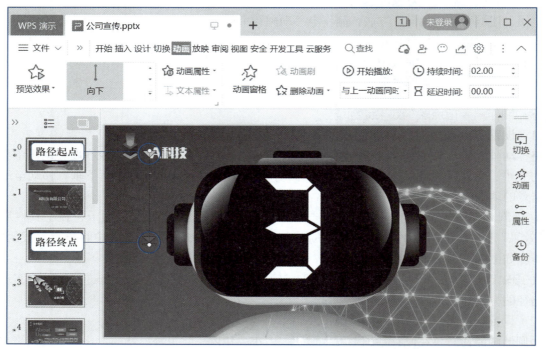

(b) 调整路径

图 3.3.12 设置动作路径

　　① 添加强调动画。具体操作方法：在使用上述进入动画的操作方法完成"球体"对象"飞入"动画的设置后，选择"球体"对象，在窗口右侧打开的"动画窗格"任务窗格中单击"添加效果"下拉按钮，在下拉面板中的"强调"栏中选择"陀螺旋"动画效果。

　　② 设置强调动画的计时属性。具体操作方法：在右侧动画窗格列表中选择"球体"强调动画；单击其右侧的下拉按钮，在下拉菜单中选择"计时"选项；在打开的效果对话框中设置"开始"方式为"与上一动画同时"，"速度"为"非常慢（5 秒）"，"重复"值为"直到幻灯片末尾"，表示该对象将重复执行该强调效果，操作步骤如图 3.3.13 所示。

　　（3）设置"星光"对象的组合动画

　　WPS 演示支持一个对象的多个基本动画同时进行，通过合理的组合编排从而得到一个全新的动态叠加效果，并可通过动画时间轴的简便设置调整组合的属性。本任务将完成"手指"对象移动到"球体"附近之后，"星光"对象放大出现的同时闪烁 10 次的动态效果。

　　① 设置对象的首次动画样式。具体操作方法：完成"手指"对象的路径动画设置后，使用形状工具绘制"星光"对象，选择该对象，单击"动画"选项卡，在工具栏展开的"动画效果"库中选择"进入"组中的"缩放"动画效果。

　　② 设置对象的二次动画样式。具体操作方法：选择"星光"对象，在窗口右侧打开的"动画窗格"任务窗格中单击"添加效果"按钮，在下拉面板中的"强调"栏中选择"闪烁"动画效果，在"计时"选项卡中将"重复"值设置为"10"。

　　③ 调整高级日程表。具体操作方法：在动画窗格中使用鼠标拖曳的方式对上述两个动画的高级日程表调整其叠加效果，操作步骤如图 3.3.14 所示。

(a) 选择强调动画类型

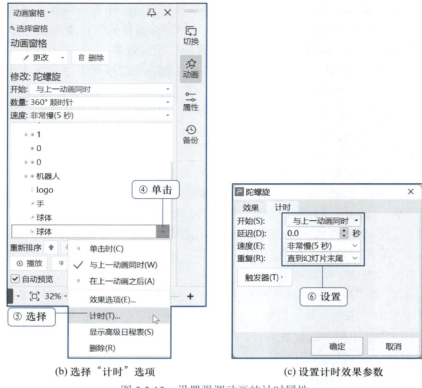

(b) 选择"计时"选项　　　　　　(c) 设置计时效果参数

图 3.3.13　设置强调动画的计时属性

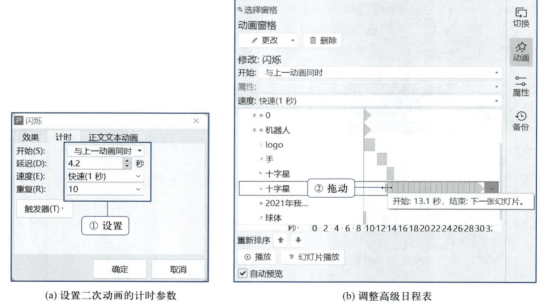

(a) 设置二次动画的计时参数　　　　　　(b) 调整高级日程表

图 3.3.14　制作组合动画效果

Step4：制作主题文本以词组为单位逐一出现的动画效果

（1）设置对象的动画样式

　　具体操作方法：选中主题文本，使用进入动画的制作方法设置文本的动画样式为"挥鞭式"进入动画，计时开始方式为"与上一动画同时"，延迟时间为"06:00"。

（2）设置对象的效果属性

　　具体操作方法：单击"动画"→"文本属性"下拉按钮，在下拉菜单中选择"更多文本动画"

选项，在打开的"挥鞭式"对话框的"效果"选项卡中，设置"动画文本"为"按字母"，"字母之间延迟"微调框的数值为"10%"，表示该对象将以词组为单位按照一定的延时时间执行该动画效果，如图 3.3.15 所示。

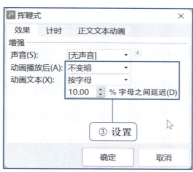

图 3.3.15　制作文本动画效果

Step5：检查并提交文档

完成任务后，再次核对任务实施结果是否满足要求，并按要求提交演示文稿文档。

•任务评价

1. 自我评价

任务	级别		
	掌握的操作	仍须加强的	完全不理解的
设置统一的幻灯片页面切换动画			
制作"倒计时"效果动画场景			
制作"手指点触"效果动画场景			
制作主题文本以词组为单位逐一出现的动画效果			
检查并提交文档			
在本次任务实施过程中的自评结果	A. 优秀　　B. 良好　　C. 仍须努力　　D. 不清楚		

2. 标准评价

请完成下列题目，共两大题，10 小题（每题 10 分，共 100 分）。

一、选择题

① 在 WPS 演示中，动画主要分为（　　）四类。

　　A. 进入，强调，淡出，动作路径　　　　　　B. 进入，强调，退出，切换

　　C. 进入，强调，退出，动作路径　　　　　　D. 进入，切换，退出，放大

② 在 WPS 演示中，如果要将幻灯片中设定好的动画效果复制到其他对象中，可以使用的命令是（　　）。

　　A. 格式刷　　　　　　B. 动画刷　　　　　　C. 复制　　　　　　D. 粘贴

③ 在 WPS 演示中，在（　　）菜单中可以设置动画类型。

　　A. 文件　　　　　　B. 动画　　　　　　C. 插入　　　　　　D. 布局

④ 在 WPS 演示中，新建幻灯片的组合键是（　　）。

　　A. Ctrl+A　　　　　　B. Ctrl+N　　　　　　C. Ctrl+M　　　　　　D. Ctrl+S

⑤ 在 WPS 演示中，设置某一对象动画在上一动画之后自动执行的正确操作是（　　）。

　　A. 单击"动画"→"开始播放"按钮，选择"单击时"

　　B. 单击"动画"→"开始播放"按钮，选择"与上一动画同时"

　　C. 单击"动画"→"开始播放"按钮，选择"在上一动画之后"

　　D. 单击"切换"→"开始播放"按钮，选择"在上一动画之后"

⑥ 在 WPS 演示中，如果想为幻灯片中的某段文字或是某个图片添加二次动画效果，可以单击"动画窗格"中的（　　）按钮。

　　A. 自定义动画　　　　　　B. 幻灯片切换　　　　　　C. 动画窗格　　　　　　D. 添加效果

二、判断题

① 在 WPS 演示中，幻灯片动画有两种大类，即"对象的自定义动画"和"页面切换动画"。
（　　）

② 在 WPS 演示中，"对象的自定义动画"和"页面切换动画"都只能在幻灯片放映时才能看到并生效。（　　）

③ 在 WPS 演示中，选择一张幻灯片，按 Delete 键，则这张幻灯片被删除，且不能恢复。
（　　）

④ 在 WPS 演示中，不能给文本框添加动画效果。（　　）

任务 3.3
操作测评

任务 3.3
拓展完成
效果

• 任务拓展

根据表 3.3.4 所示的动画设计脚本，在"社会主义核心价值观 .pptx"文档中对左卷轴、右卷轴、画卷、标题文字、白鸽等对象设置"卷轴动画"组合动态效果。

文件：
任务拓展
素材包

表 3.3.4　任务拓展动画效果参数

卷轴动画				
序号	动画效果	动画类型	效果选项	计时参数
1	左、右卷轴分别淡出	进入动画	渐入	与上一动画同时，持续时间（约 1s）
2	左卷轴向左侧移动	动作路径	靠左	单击时，持续时间（约 2s）
3	右卷轴向右侧移动	动作路径	靠右	与上一动画同时，持续时间（约 2s）
4	画卷原图随着卷轴移动（劈裂）	进入动画	中央向左右展开	与上一动画同时，持续时间（约 1.75s），延迟时间 0.2s
5	画卷全部展开后标题"社会主义核心价值观"，变大	强调动画	自定义大小（125%）	与上一动画同时，持续时间（约 2s）
6	小白鸽飞入	进入动画	自右侧	上一动画之后，持续时间（约 1s）
7	大白鸽飞入	进入动画	自右上角	与上一动画同时，持续时间（约 1s）

任务 3.4 放映和导出公司宣传演示文稿

建议学时：2 学时

•任务描述

公司企划部小张接到通知，需要使用已完成的公司宣传演示文稿在大会上进行汇报演讲，考虑到现场演示需求，小张决定对演示文档进行进一步处理，设置便于直接跳转页面的超链接和动作按钮，并进行演练，做好演示文稿输出工作，保证复制到会场和前台都能正常播放。

•任务目的

● 掌握在幻灯片中创建超链接和动作按钮的操作方法；掌握幻灯片放映的操作方法；熟悉墨迹注释的操作方法；熟悉排练计时的操作方法；了解打印演示文稿的操作方法；掌握打包演示文稿的操作方法。

● 能够熟练使用 WPS 演示进行放映展示，具备操作幻灯片放映并设置自动播放效果的能力。

● 能够在日常工作中运用所学 WPS 演示相关知识进行汇报展示。

•任务要求

任务 3.4
完成效果

请按以下要求完成演示文稿的动作设置，放映并导出演示文稿。

① 为目录页中章节标题创建超链接，并链接到相应内容的幻灯片过渡页。

② 在内容母版中插入 3 个动作按钮，分别链接到目录页、上一页和下一页。

③ 放映制作好的演示文稿，使用超链接快速定位到"企业前景"，并返回到目录，依次链接查看其余 4 个分项内容的幻灯片。

④ 对幻灯片进行墨迹注释，放映完成后选择不保留注释。

⑤ 对演示文稿中各幻灯片进行排练计时。

⑥ 将演示文稿打印出来，并且需根据纸张的大小对幻灯片的大小进行调整。

⑦ 将设置好的演示文稿打包到文件夹中，并命名为"公司宣传"。

•基础知识

1. 演示文稿中的超链接

为了方便演讲者在演讲的过程中进行一定的拓展说明，通常可以给演示文稿加上超链接。超链接一般是将幻灯片的播放页面跳转到链接指定的目标，这个目标可以是同一演示文稿的另一张幻灯片、电子邮件地址、网页或者其他文件。

创建超链接有两种方法，一种是给本身不具有超链接的对象创建超链接，对象可以是幻灯片中文本、文本框、图片、图形、形状或者艺术字等；另一种是通过在幻灯片中绘制动作按钮创建超链接，动作按钮常用的功能有前进、后退等。

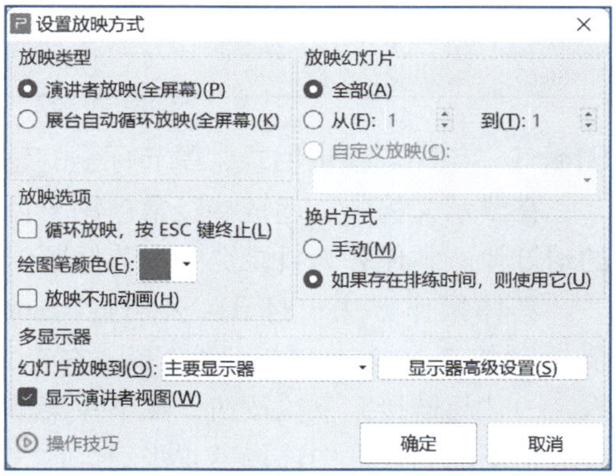

2. 演示文稿的放映类型

幻灯片放映包括演讲者放映（全屏幕）、展台自动循环放映（全屏幕）这 2 种类型，分别适合在不同的场合下使用。"设置放映方式"对话框如图 3.4.1 所示。

● 演讲者放映（全屏幕）。演讲者放映（全屏幕）是

图 3.4.1 "设置放映方式"对话框

默认的放映类型，也是演讲者使用最多一种放映类型。演示文稿以全屏幕的形式进行放映，演讲者可手动切换、暂停幻灯片和动画效果，自主控制幻灯片的播放节奏，适合配合演讲者现场演示时使用。

● 展台自动循环放映（全屏幕）。系统将自动全屏循环放映演示文稿，无须人为控制，适合在展览或展台循环播放。在放映过程中可以通过单击幻灯片中的超链接和动作按钮来进行切换，但不能通过单击实现幻灯片切换，按 Esc 键可结束放映。

3. 排练计时

对于某些需要自动放映的演示文稿，可以设置排练计时，从而在放映时可根据排练的时间和顺序进行放映。幻灯片使用排练计时后，在预演窗口的左上角有一个"计时器"。"计时器"中间的时间表示当前幻灯片已放映的时间，右侧的时间表示演示文稿放映累计的时间。单击"下一项"按钮将放映下一个设定的自定义动画对象，单击"暂停"按钮将使幻灯片放映暂停，单击"重复"按钮将重复放映本张幻灯片，时间返回到本次开始放映该幻灯片的时刻，重新开始计时，如图 3.4.2 所示。

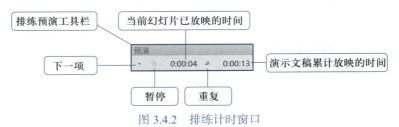

图 3.4.2　排练计时窗口

4. 输出演示文稿

演示文稿制作好后，有时需要在其他计算机上进行放映，利用"打包"功能可以将演示文稿（包括所有链接的文档和多媒体文件）归集至存储盘中，避免演示文稿的内嵌字体、声音和视频等对象丢失。对于打包成压缩包的演示文稿，只需进行"解压"即可正常使用，方便快捷。

•任务实施

通过对任务目标进行分解，从优化任务的角度来看，推荐一组任务实施步骤，在任务实施过程中也可以结合前面的基础知识来帮助读者完成任务，见表 3.4.1。

表 3.4.1　任务实施步骤及相关基础知识

实施步骤	须掌握的基础知识
Step1：创建与编辑目录中章节标题的超链接	超链接的概念；超链接的应用；超链接的创建方法
Step2：添加动作按钮	动作按钮绘制；动作按钮超链接的设置
Step3：放映演示文稿	放映演示文稿的方式；墨迹注释的设置方法和删除方法
Step4：设置幻灯片的排练计时	排练计时的方法
Step5：打印演示文稿	打印演示文稿
Step6：打包演示文稿	将演示文稿打包成文件夹
Step7：检查并提交文档	

微课 3-7
创建
幻灯片
的超链接

Step1：创建与编辑目录中章节标题的超链接

在演示文稿中，超链接经常被用于目录页中，从而方便演讲者在演示的过程中轻松跳转到相应的幻灯片。本任务为目录页中章节标题创建超链接，并链接到相应内容的幻灯片过渡页。

具体操作方法：打开"公司宣传 .pptx"演示文稿，选择第 3 张幻灯片目录页，选择第一章节标题的正文文本"企业介绍"，右击，在打开的快捷菜单中选择"超链接"选项或单击"插入"→"超链接"下拉按钮，在下拉菜单中选择"本文档幻灯片页"选项，在"请选择文档中的位置"栏下的列表框中选择第 4 张幻灯片"3. 企业介绍"，单击"确定"按钮，如图 3.4.3 所示。

返回幻灯片编辑区，可看到设置超链接的文本"企业介绍"颜色发生了变化，且文本下方有一条颜色与文字颜色相同的下画线，放映的时候单击变色的字体就可以跳转到所设置超链接的页面。使用相同的方法，分别为"企业文化""企业产品""企业前景""未来展望"等其他章节标题设置超链接。

> **小贴士**
>
> 如不选择"企业介绍"文本，而是选择"企业介绍"所在的文本框，添加超链接后文本颜色将不发生变化。

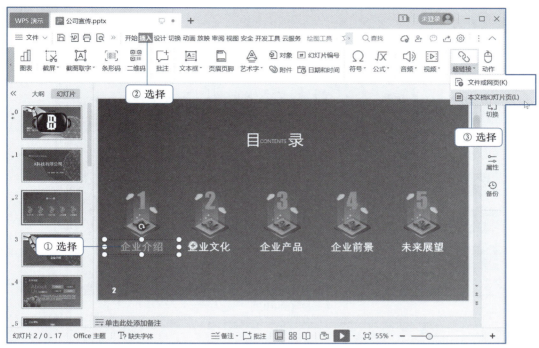

(a) 选择"超链接"命令

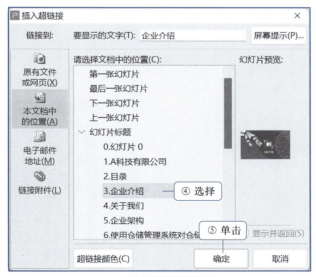

(b) 设置超链接位置

图 3.4.3　超链接的设置

Step2：添加动作按钮

章节介绍结束后演讲者需要再次返回到目录页，可以在 WPS 演示的内容页母版中创建动作按钮来设置超链接，实现幻灯片的"返回"。

具体操作方法：单击"视图"→"幻灯片母版"按钮，进入幻灯片母版视图，在左侧导航窗格中单击"标题与内容版式"，单击"插入"→"形状"下拉按钮，在下拉面板中选择"动作按钮"
栏中的"动作按钮：自定义"按钮，如图 3.4.4 所示。

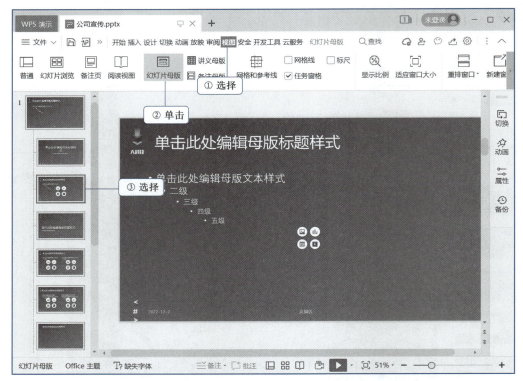

(a) 在母版视图中找到"标题与内容版式"

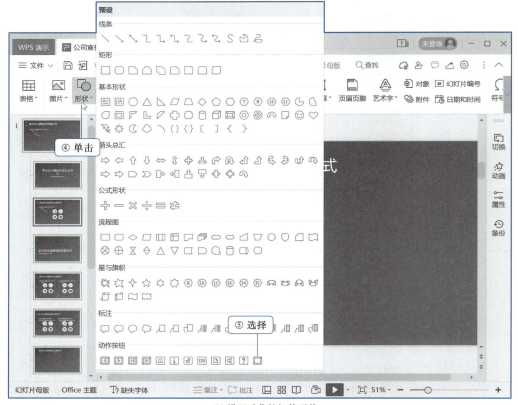

(b) 设置动作按钮的形状

图 3.4.4　在母版中创建动作按钮

鼠标指针将变为"＋"形状，在幻灯片底部中间的位置拖曳鼠标绘制按钮，绘制完成后自动打开"动作设置"对话框，单击"链接到"下拉按钮，在其下拉菜单中选择"幻灯片"选项，在打开的"超链接到幻灯片"对话框中选择"2.目录"选项，单击"确定"按钮即可完成动作按钮的添加，如图 3.4.5 所示。

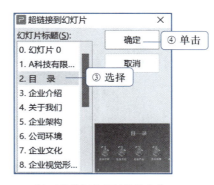

(a) 动作按钮超链接的操作设置　　　(b) 动作按钮的超链接的定位

图 3.4.5　动作按钮超链接的设置

继续使用相同的方法，分别添加两个动作按钮"动作按钮：后退或前一项"和"动作按钮：前进或下一项"，如图 3.4.6 所示。分别调整 3 个动作按钮的大小、位置和间距，使其整齐美观。

图 3.4.6　后退和前进的动作按钮

Step3：放映演示文稿

制作演示文稿的最终目的就是要展示给观众，即放映演示文稿。接下来放映前面制作好的演示文稿，并使用超链接快速定位到"企业前景"所在的幻灯片，然后返回上次查看的幻灯片，依次查看各幻灯片和对象，在"市场分析"页面对关键数据进行标记，放映结束后退出幻灯片放映视图，其具体操作如下。

（1）放映幻灯片

具体操作方法：单击"放映"→"从头开始"按钮，进入幻灯片放映视图。演示文稿将从第 1 张幻灯片开始放映，如图 3.4.7 所示。进入到幻灯片放映视图，单击依次放映下一个动画或下一张幻灯片。

（2）应用动作按钮和超链接

具体操作方法：在幻灯片放映视图，可以用单击"动作按钮：前进或下一项"按钮播放下一页。当播放到第 3 张的目录幻灯片时，将光标移动到"企业前景"文本上，此时光标变为形状，单击，页面跳转到"企业前景"对应的过渡页；在"市场分析"幻灯片内容页中，单击"动作按钮：自定义"按钮，幻灯片跳转回目录页。

（3）应用墨迹标记

具体操作方法：单击进行播放，在以"市场分析"为标题的幻灯片内容页中右击，在弹出的快捷菜单选择"墨迹画笔"选项，在级联菜单中选择"墨迹颜色"选项，在打开的下一级级联菜单中选择"红色"选项，如图 3.4.8 所示。

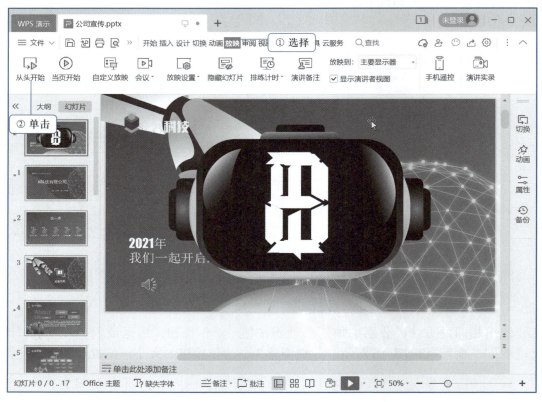

图 3.4.7　从头开始放映幻灯片

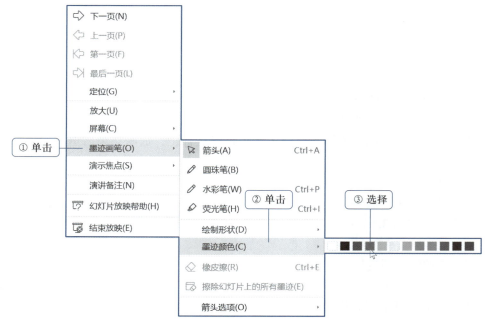

图 3.4.8　选择墨迹颜色

　　鼠标指针变为一个红色的点，将光标移动到页面左下方最后一段文字描述处，按住鼠标左键不放并拖曳鼠标，在该段文本上方绘制一条红色的闭合框线作为重点内容标注，如图 3.4.9 所示。

图 3.4.9　为演示文稿设置墨迹标记

（4）设置指针

在"市场分析"幻灯片内容页中右击，在打开的快捷菜单中选择"墨迹画笔"选项，在级联子菜单中选择"箭头选项"选项，在下一级级联子菜单中选择"可见"选项，如图 3.4.10 所示。

图 3.4.10　将光标设置为箭头

（5）结束放映

依次播放幻灯片中的各个对象，直至封底页，继续单击则打开一个黑色页面，提示"放映结束，单击鼠标退出。"按照提示单击，由于前面标记了内容，将打开是否保留墨迹注释的对话框，单击"放弃"按钮，删除标记，如图 3.4.11 所示。

图 3.4.11　放弃墨迹注释

> **小贴士**
>
> ① 演讲者在会议现场演示时，可使用 WPS 演示的分屏显示功能。首先在系统设置多屏显示，然后在 WPS 演示中单击"放映"→"放映到"下拉按钮，在下拉菜单中选择"监视器 2 默认监视器"选项；选中"显示演示者视图"复选框。
>
> ② 放映常用的快捷键：按 F5 键能实现从头开始放映；按 Shift+F5 组合键，能直接从屏幕当前所在页面放映。

微课 3-8 演示文稿的排练计时

Step4：设置幻灯片的排练计时

排练计时功能是演讲者在正式放映演示文稿之前先预演一遍，一边播放幻灯片，一边根据实际需要进行讲解，将每张幻灯片所用的讲解时间都记录下来并用于实际放映中，后期还可灵活调整时间的分配。

具体操作方法：单击"放映"→"排练计时"按钮，演示文稿进入放映排练状态，同时打开"预演"工具栏自动从第 1 张幻灯片开始播放计时。单击或按 Enter 键控制幻灯片中下一个动画出现的时间，一张幻灯片播放完成后，单击切换到下一张幻灯片，"预演"工具栏中的时间将从头开始为该张幻灯片的放映进行计时。放映结束后，打开提示对话框，显示排练计时时间，并询问是否保留幻灯片的排练时间，单击"是"按钮进行保存，如图 3.4.12 所示。

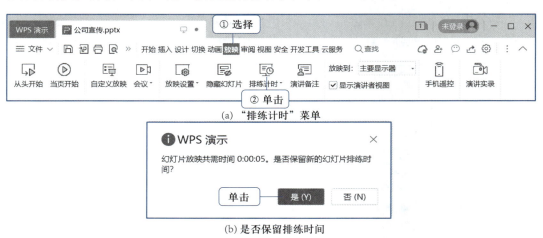

(a)　"排练计时"菜单

(b) 是否保留排练时间

图 3.4.12　设置排练计时

单击"视图"→"幻灯片浏览"按钮，进入幻灯片浏览视图，在每张幻灯片的右下角将显示幻灯片的播放时间，如图 3.4.13 所示。

> **小贴士**
>
> 如果不使用排练好的时间自动放映该幻灯片，可单击"放映"→"放映设置"按钮，在打开的"设置放映方式"对话框中的"换片方式"栏选中"手动"单选按钮，这样在放映幻灯片时就能手动进行切换。

Step5：打印演示文稿

演示文稿不仅可以用于现场演示，还可以将其打印在纸张上，作为演讲稿或分发给观众作为演讲提示等。下面将前面制作并设置好的演示文稿打印出来，要求一页纸上打印两张幻灯片。

具体操作方法：单击"文件"按钮，在"打印"命令的级联菜单中选择"打印预览"选项，在打印预览窗口中单击"打印内容"下拉按钮，在下拉命令面板中选择"讲义"栏的"2 张"选项，选中"幻灯片加框"复选项，如图 3.4.14 所示。

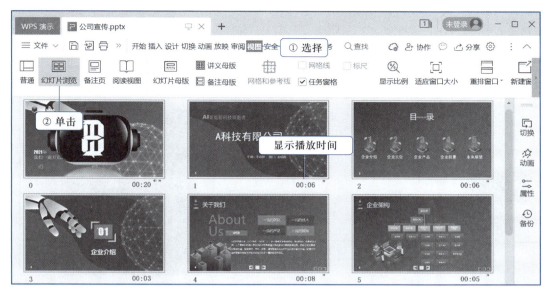

图 3.4.13　显示播放时间

图 3.4.14　设置幻灯片布局

Step6： 打包演示文稿

为了避免演示文稿包含的多媒体文件丢失，可以使用文件打包功能对有外部链接音视频等其他文件的演示文稿进行打包处理，WPS 演示可以将演示文稿打包成文件夹或压缩文件。下面将前面设置好的演示文稿打包成文件夹，并命名为"公司宣传"。

具体操作方法：单击"文件"下拉按钮，在打开的下拉菜单中选择"文件"选项，在打开的级联菜单中选择"文件打包"选项，在打开的下一级级联菜单中选择"打包成文件夹"选项，在打开的"演示文件打包"对话框中填写文件夹名称为"公司宣传"，设置好文件夹保存位置，单击"确定"按钮即可完成演示文稿打包。如图 3.4.15 所示。

Step7： 检查并提交文档

完成任务后，再次核对任务实施结果是否满足要求，并按要求提交演示文稿文档。

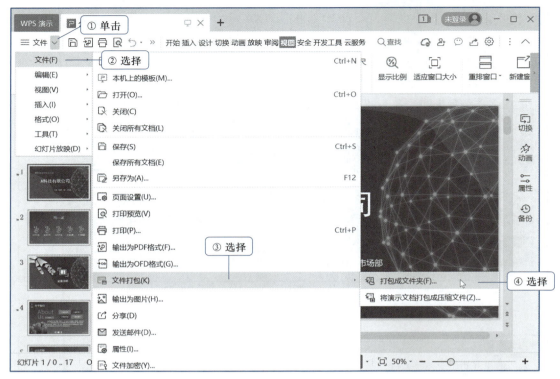

图 3.4.15　将演示文稿打包成文件夹

•任务评价

1. 自我评价

任务	级别		
	掌握的操作	仍须加强的	完全不理解的
创建与编辑目录中章节标题的超链接			
添加动作按钮			
放映演示文稿			
设置幻灯片的排练计时			
打印演示文稿			
打包演示文稿			
检查并提交文档			
在本次任务实施过程中的自评结果	A. 优秀　　B. 良好　　C. 仍须努力　　D. 不清楚		

2. 标准评价

请完成下列题目，共两大题，10 小题（每题 10 分，共 100 分）。

一、选择题

① 若计算机没有连接打印机，则 WPS 演示将（　　　）。

　　A. 不能进行幻灯片的放映，不能打印

　　B. 按文件类型，有的能进行幻灯片的放映，有的不能进行幻灯片的放映

　　C. 可以进行幻灯片的放映，不能打印

　　D. 按文件大小，有的能进行幻灯片的放映，有的不能进行幻灯片的放映

② 若要控制演示文稿的放映时间，可以事先对演示文稿进行（　　　）。

　　A. 自动播放　　　　　　B. 排练计时　　　　　　C. 存盘　　　　　　D. 打包

164

③ 若要从当前幻灯片开始放映，应执行（　　　）操作。

    A. 按 F5 键　　　　　　　　　　　B. 按 Shift+F5 组合键

    C. 单击"放映"→"从头开始"按钮　　D. 单击"视图"→"当页开始"按钮

④ WPS 演示中，有关排练计时的说法中错误的是（　　　）。

    A. 可以首先放映演示文稿，进行相应的演示操作，同时记录幻灯片之间切换的时间间隔

    B. 要使用排练计时，请单击"放映"→"排练计时"按钮

    C. 系统以窗口方式播放

    D. 如果对当前幻灯片的播放时间不满意，可以单击"重复"按钮

⑤ 需要设置放映类型为演讲者放映，需要用到的命令是（　　　）。

    A. "放映"→"动作设置"　　　　　B. "放映"→"动画设置"

    C. "放映"→"预设动画"　　　　　D. "放映"→"放映设置"

⑥ 放映幻灯片时，要对幻灯片的放映具有完整的控制权，应使用（　　　）。

    A. 演讲者放映　　　　　　　　　　B. 演讲实录

    C. 展台自动循环放映　　　　　　　D. 重置背景

二、判断题

① 要使幻灯片在放映时实现在不同幻灯片之间的跳转，需要为其录制旁白。（　　　）

② 在打印演示文稿的幻灯片时，页眉和页脚的内容也可打印出来。（　　　）

③ 在幻灯片的"插入超链接"对话框中设置的超链接对象不允许是幻灯片中的一个对象。（　　　）

④ WPS 演示将演示文稿保存为"WPS 演示模板文件"时的扩展名是 .pptx。（　　　）

任务 3.4
操作测评

•任务拓展

请按要求对演示文稿《井冈山精神永放光芒》进行超链接、插入动作按钮、打印、导出等设置，效果如图 3.4.19 所示，具体要求如下。

① 为演示稿的"目录"各项设置超链接，链接到相应内容的幻灯片过渡页。

② 在第 3～6 张幻灯片中插入后退、前进、自定义动作按钮，其中自定义动作按钮链接到"目录"。

③ 设置该演示文稿的放映方式为"展台自动循环放映"。

④ 自定义设置幻灯片的排练计时。

⑤ 打印演示文稿，每页显示 1 张幻灯片。

⑥ 将演示文稿保存后导出为 PDF 文档。

任务 3.4
拓展完成
效果

文件：
任务拓展
素材包

项目总结 ▶▶▶

本项目以公司日常办公场景中对汇报型演示文稿的制作要求为项目背景，设置了包括"创建公司宣传演示文稿""编辑公司宣传演示文稿的母版""制作公司宣传演示文稿的动画片头"和"放映和导出公司宣传演示文稿"共 4 个任务。各任务遵循演示文稿的常规制作流程，基于"框架设计——排版布局——动态交互——演示输出"的工作流程进行推进，在知识结构上从易到难，在应用能力上从基础到精通，做到循序渐进、环环相扣。

本项目所涉及的 WPS 演示工具已经成为一项普适性的操作软件，任务拓展环节中的"红船精神"演示文稿制作等 4 个练习将项目切换到不同的主题应用场景，甄选的案例既可有效巩固读者的演示文稿设计与制作能力及不同场景的适应能力，亦可潜移默化地涵养其人生观、世界观和价值观，进而转化为正确的情感认同和行为习惯。

项目 4　信息检索

项目概述 ▶▶▶

- -

　　小王是一名大学生，平时的学习和生活中经常需要与信息打交道。在学习了一些计算机的相关知识后，小王觉得信息技术功能很强大，恰好可以利用信息检索技术快速查找自己需要的资料。下面大家来一起学习这方面的知识吧！

项目目标 ▶▶▶

- -

　　本项目主要围绕不同平台信息检索的方法和应用案例展开，完成本项目的内容学习后，需要达到以下目标。

　　1. 知识目标

　　① 理解信息检索的基本概念，了解信息检索的基本流程。

　　② 掌握常用搜索引擎的自定义搜索方法，掌握布尔逻辑检索、截词检索、位置检索、限制检索等检索方法。

　　③ 掌握通过网页、社交媒体等不同信息平台进行信息检索的方法。

　　④ 掌握通过期刊、论文、专利、商标、数字信息资源平台等专用平台进行信息检索的方法。

　　2. 能力目标

　　① 具备在专业学习过程中，能够有效利用多种信息平台搜索图书馆信息资源和网络资源的能力。

　　② 具备在不同职业场景中，能够通过信息收集和信息利用来解决自身问题的能力。

　　3. 素质目标

　　① 具有科学、严谨、求真、务实的职业精神，可快速地利用各种数据库进行信息检索。

　　② 具有信息加工和甄别的信息素养，能在进行检索过程中获取有价值的信息。

课件：
搜索引擎
的应用

任务 4.1　搜索引擎的应用

　　建议学时：1～2 学时

•任务描述

　　最近学校要开展一个关于"环境保护"的演讲比赛，小王报名并积极准备。为了解我国以及国外当前的环境情况，知道保护环境的方法，小王需要先了解信息检索和搜索引擎的知识，然后通过互联网搜索收集更多的信息，最后整理形成演讲稿。

166

•任务目的

- 了解信息检索的分类方法及其类型；掌握信息检索的基本流程；掌握常用的信息检索技术；了解搜索引擎的基本概念、分类；探究、掌握利用网络搜索引擎获取信息的方法；掌握信息的存储方法。
- 能够主动利用网络平台进行信息资源检索以解决日常工作学习中遇到的问题。

•任务要求

采用知识讲解、小组讨论等形式，将任务进行分析拆解，选择合适的搜索引擎，对环境保护、环境有关的图片或者视频、近年来中国环境情况、国外环境情况等信息进行检索。

•基础知识

1. 信息检索的含义

微课 4–1
信息
检索的
基础知识

"信息检索"这个概念的理解通常有广义和狭义之分。从广义层面上，信息检索被理解为"信息的存储与检索"，它是指将信息按照一定的方式组织和存储起来，并能根据用户的需要找出其中相关信息的过程，包括"存"和"取"两个基本环节。"存储"主要指在信息选择的基础上对信息的内外部特征进行描述、加工并使其有序化，形成信息集合；"检索"是借助一定的设备与工具，采用一系列方法与策略从信息集合中查询所需的信息。而狭义层面上的信息检索仅指该过程的后一个环节，即人们根据特定的需要将相关信息准确地查找出来。

2. 信息检索的基本流程

信息检索流程是指从确立检索需求到用户最终找到所需信息的全过程。信息检索工作是一项实践性和经验性很强的工作。在实际的工作中，可以根据信息索引的基本原理，归纳出信息检索的基本流程，包括分析检索课题、明确提问要求、选择检索工具、确定索引途径和检索方法、实施信息检索、获取原始文件或者输出检索结果几个步骤。

3. 信息检索技术

常用信息检索技术有以下几种。

（1）布尔逻辑检索

常用的布尔逻辑检索包括逻辑与、逻辑或、逻辑非，运算符分别为：AND、OR、NOT，如图 4.1.1 所示。

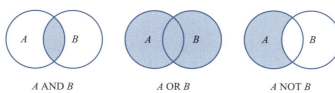

A AND B A OR B A NOT B

图 4.1.1 常用的布尔逻辑检索

① 逻辑与（AND）。逻辑与（AND 或 "*"）是反映概念之间交叉和限定关系的一种组配方式，用于缩小检索范围，减少输出结果，提高查准率。

A AND B 表示同时含有 A、B 两检索项的才为检索结果。如"时间 AND 名言"，表示查找既含有"时间"又含有"名言"的文献信息。

② 逻辑或（OR）。逻辑或（OR 或 "＋"）是反映概念之间并列关系的一种组配方式，使用它相当于增加检索词主题的同义词与近义词，可扩大检索范围，增加输出结果，提高查全率。

A OR B 表示文献信息中凡含有检索词 A 或者检索词 B 或者同时含有检索词 A 和 B 的即为命中结果。如"时间 OR 名言"，表示查找含有"时间"或"名言"或者两词都包含的文献信息。

③ 逻辑非（NOT）。逻辑非（NOT 或 "－"）可以用来排除不希望出现的检索词，它与逻辑与

"AND"的作用类似，能够缩小命中信息的范围，提高检索的查准率。

几乎所有的搜索引擎都支持布尔逻辑检索。

（2）截词检索

截词检索是在计算机检索系统中应用非常普遍的一种技术。由于西文的构词特性，在检索中经常会遇到名词的单复数形式不一致；同一个意思的词，英美拼法不一致；词干加上不同性质的前缀和后缀就可以派生出许多意义相近的词等。这时就要用到截词检索，如检索式"comput*"可以检索出 computer、computing、computerized 等。

（3）位置检索

位置检索也叫全文检索、邻近检索。所谓全文检索，就是利用记录中的自然语言进行检索，词与词之间的逻辑关系用位置算符组配，对检索词之间的相对位置进行限制。这是一种可以不依赖主题词表而直接使用自由词进行检索的技术方法。

（4）字段限定检索

字段限定检索是指限定检索词在数据库记录中的一个或几个字段范围内查找的一种检索方法。在检索系统中，数据库设置的可供检索的字段通常有两种：表达文献主题内容特征的基本字段和表达文献外部特征的辅助字段。

4. 搜索引擎的基本概念

搜索引擎指自动从互联网收集信息，经过整理后，提供给用户进行查询的系统。互联网上的信息丰富多样，没有秩序，所有的信息既可以是独立的，又可以相互关联。而搜索引擎可以从互联网提取各个网站的信息（以网页文字为主），建立起数据库，并能检索与用户查询条件相匹配的记录，按一定的排列顺序返回结果。

搜索引擎并不真正搜索互联网，它搜索的实际上是预先整理好的网页索引数据库。真正意义上的搜索引擎，通常指的是收集了 Internet 上几千万到几十亿个网页并对网页中的每一个词（即关键词）进行索引，建立索引数据库的全文搜索引擎。当用户查找某个关键词的时候，所有在页面内容中包含了该关键词的网页都将作为搜索结果被搜出来。在经过复杂的算法进行排序后，这些结果将按照与搜索关键词的相关度高低依次排列。搜索引擎的原理可以分为 4 步：从 Internet 上抓取网页、建立索引数据库、在索引数据库中搜索排序、对搜索结果进行处理和排序。

5. 搜索引擎的分类

搜索引擎一般可分为 4 种：全文搜索引擎、元搜索引擎、垂直搜索引擎和目录搜索引擎。其各自的特点如下。

① 全文搜索引擎。这种搜索方式方便、简捷，并容易获得所有相关信息；利用爬虫程序抓取互联网上所有相关文章予以索引；但搜索到的信息过于庞杂，因此用户需要逐一浏览挑选出所需信息。

② 元搜索引擎。是基于多个搜索引擎结果并对之整合处理的二次搜索方式；元搜索引擎适用于广泛、准确地收集信息；有利于各基本搜索引擎间的优势互补；有利于对基本搜索方式进行全局控制，引导全文搜索引擎的持续改善。

③ 垂直搜索引擎。对某一特定行业内数据进行快速检索的一种专业搜索方式；适用于在有明确搜索意图情况下进行检索，可以准确、迅速获得相关信息。

④ 目录搜索引擎。是依赖人工收集处理数据并置于分类目录超链接下的搜索方式；对网站内信息整合处理并分目录呈现给用户；目录搜索方式的适应范围非常有限，且需要较高的人工成本来支持维护。

•任务实施

在实际工作中，对于不同的检索内容应采用不同的检索程序，即信息检索的方法和具体步骤应因题而异、因人而异。本任务推荐一组信息检索步骤，在检索信息的过程中也可以结合前面的基础知识来更好地完成任务。

Step1：分析问题

小王根据演讲的思路，将准备搜索的信息进行了整理，主要包括以下 4 个方面。

① 环境保护的各类资料。

② 环境有关的图片或者视频。

③ 近年来中国环境情况。

④ 国外环境情况。

Step2：选择搜索引擎

常用的搜索引擎有百度搜索引擎、360 搜索引擎、搜狗搜索引擎等，考虑百度搜索引擎是中文搜索引擎，且在中国各地有分布式的服务器，能直接从最近的服务器上把搜索到的信息快速地返回给用户，小王选择了百度搜索引擎。

打开百度网站，如图 4.1.2 所示。

图 4.1.2　百度主界面

Step3：搜索环境保护的各类资料

① 在搜索框中输入"环境保护"，这时候会看到与"环境保护"相关联的一些关键词，选择所需要的关键词，如图 4.1.3 所示。单击"百度一下"按钮，资料就会显示在网页中。

图 4.1.3　搜索环境保护

② 选择搜索的信息类型，比如"视频"，就可以看到标题关键词中含有"环境保护"的视频信息。单击视频文件即可进行观看，如图 4.1.4 所示。

图 4.1.4　选择"视频"搜索类型

③ 将需要的信息保存到"保护环境资料 .docx"文件中。如果是网页，可以将网页内容复制到文档中；如果是视频可以将视频地址复制到文档中；如果是图片可以将图片另存到资料文件夹中。

Step4：搜索环境有关的图片或者视频

小王搜索与环境有关的图片或者视频，应该在搜索框中输入的信息关键词包括"环境""图片""视频"，可以使用布尔运算的逻辑或，在搜索栏中输入"环境图片 OR 环境视频"。

Step5：搜索近年来中国环境情况

小王搜索近年来中国环境情况，可以分具体年份搜索，比如 2021 年的中国环境情况。这时可以使用布尔运算的逻辑与，在搜索栏中输入"2021 AND 中国 AND 环境"，这样就可以过滤掉不是 2021 年的关于中国环境的资料。

Step6：搜索国外环境情况

因为前面已经搜索过中国的环境情况，小王想了解国外的环境情况，在搜索栏中输入"环境 NOT 中国"，这样就只显示国外的环境情况。

•**任务评价**

1. 自我评价

任务	级别		
	掌握的操作	仍须加强的	完全不理解的
分析问题			
选择搜索引擎			
搜索环境保护的各类资料			
搜索环境有关的图片或者视频			
搜索近年来中国环境情况			
搜索国外环境情况			
在本次任务实施过程中的自评结果	A. 优秀　　B. 良好　　C. 仍须努力		D. 不清楚

2. 标准评价

请完成下列题目，共两大题，10 小题（每题 10 分，共 100 分）。

一、选择题

① 下列属于布尔逻辑运算符的是（　　　）。

　　A. 与　　　　　　　　B. 或　　　　　　　　C. 非　　　　　　　　D. 以上都是

② 用于交叉概念或限定关系组配的布尔逻辑运算符是（　　　）。

　　A. 逻辑与　　　　　　B. 逻辑或　　　　　　C. 逻辑非　　　　　　D. 逻辑与和逻辑非

③ 以下检索出文献最少的检索式是（　　　）。

　　A. A AND B　　　　　　　　　　　　B. A AND B OR C

　　C. A AND B AND C　　　　　　　　 D. (A OR B) AND C

④ 下列检索式中，属于逻辑与的是（　　　）。

　　A. 室内装饰 + 室外装饰　　　　　　B. 音乐 * 教学

　　C. 神雕侠侣 – 电视剧　　　　　　　D. 火星｜金星

⑤ 如果检索结果过少，查全率很低，需要调整检索范围，此时调整检索策略的方法有（　　　）等。

　　A. 用逻辑与或者逻辑非增加限制概念　　　B. 用逻辑或或截词增加同族概念

　　C. 用字段算符或年份增加辅助限制　　　　D. 用"在结果中检索"增加限制条件

⑥ 张三用同一个搜索引擎搜索关键字为"信息技术考试"的网页，结果与 3 天前用相同关键字搜索到的网页（　　　）。

　　A. 完全不同　　　　　B. 完全相同　　　　　C. 部分相同

二、判断题

① 在布尔逻辑检索技术中，" A NOT B"或" A–B"表示查找出含有检索词 A 而不含检索词 B 的文献。　　　　　　　　　　　　　　　　　　　　　　　　　　　　　　　　　（　　　）

② 数据库检索时，采用截词检索可以扩大检索范围。　　　　　　　　　　　（　　　）

③ 搜狗是全球最大的中文搜索网站。　　　　　　　　　　　　　　　　　　（　　　）

④ 考虑到搜索引擎的商业模式，对于搜索引擎用户来讲，检索相关度并不是检索结果排序的唯一指标。　　　　　　　　　　　　　　　　　　　　　　　　　　　　　　　　（　　　）

• 任务拓展

　　小黄是一位歌唱爱好者，有一天她在公园听到有人唱了一首歌，小黄觉得那首歌非常好听。第二天小黄想上网找一下歌曲，但不知道是何歌名，只记得其中有一句歌词叫"我分担着海的忧愁"，请帮小黄查询这是什么歌？

文本：
任务拓展
完成效果
示例

任务 4.2　知网平台搜索

建议学时：1 ～ 2 学时

课件：
知网平台
搜索

• 任务描述

　　临近期末，小王需要完成一份"大学生第二课堂"的小论文，他决定用信息检索技术在专用平台进行相关文献资料的查找。

• 任务目的

　　● 了解常用中文数据库的种类，掌握利用中文数据库搜索期刊、论文的方法；了解专利的概念和国内专利文献检索工具；了解标准文献的概念和国内标准文献检索工具；了解电子图书的概念和数字图书馆。

● 能够主动利用专业平台进行信息资源检索以解决日常工作、学习中遇到的问题。

任务要求

① 通过理论知识的学习，了解中文数据库的种类、专利的概念和国内专利文献检索工具、标准文献的概念和国内标准文献检索工具、电子图书的概念和数字图书馆。

② 选择合适的专用信息搜索平台对论文进行初级搜索、高级搜索，并对搜索结果根据被引用次数、发表时间进行排序。

③ 用网页或手机浏览搜索出来的文献，并进行下载查看。

基础知识

微课 4-2
专用平台
信息检索

1. 常用中文数据库

常用中文数据库有中国知网、维普中文期刊服务平台、万方数据等，各自特点如下。

中国知网。中国知网指中国国家知识基础设施资源系统（China National Knowledge Infrastructure，CKNI），是采用现代信息技术，以建设社会化的知识基础设施为目标的国家级大规模信息化工程，是由《中国学术期刊》（光盘版）电子杂志社和清华同方知网技术有限公司共同创办的网络知识平台，包括学术期刊、学位论文、工具书、会议论文、报纸、标准、专利等内容。

维普中文期刊服务平台。维普中文期刊服务平台是指《中文科技期刊数据库》，由重庆维普资讯有限公司出版，拥有自然科学、工程技术、农业、医药卫生、经济、教育和图书情报等学科的期刊数据。

万方数据资源系统。万方数据资源系统是指北京万方数据股份有限公司网上数据库联机检索系统，该系统以科技信息为主，同时涵盖经济、文化、教育等相关信息，包括期刊论文、专业文献、学位论文、会议论文、科技成果、专利数据、公司与企业信息、产品信息、标准、法律法规、科技名录、高等院校信息、公共信息等各类数据资源。

2. 专利和国内专利文献检索工具

专利是一项发明创造，即发明、实用新型或外观设计，是指专利申请人向国家知识产权局提出专利申请，经依法审查合格后，被授予的在规定时间内对该项发明创造享有的专有权。

目前，互联网上关于中国专利文献检索的网站有很多，但并不是所有的数据库都能够获得免费的专利文献。国家知识产权局的网站提供免费中国专利全文，是目前较为常用的获取专利全文的数据库之一。

3. 标准文献和国内标准文献检索工具

标准文献又称标准化文献，是指记录标准的一切物质载体。具体地说，标准文献是指按照规定程序制定并经权威机构批准的，在特定范围内执行的规格、规程、规则、要求等技术性文件。

我国的标准文献检索工具主要有印刷型、光盘型和网络型 3 种形式。

印刷型的标准文献检索工具主要有：《中华人民共和国国家标准目录及信息总汇》《中国标准化年鉴》《中国标准导报》《中国国家标准汇编》《机械标准汇编》。

光盘型的标准文献检索工具主要有：《中国国家标准文本数据库》系列光盘、《中华人民共和国机械行业标准（JB）》全文光盘、《中国国家标准题录总览》光盘、《中华人民共和国国家军用标准》等光盘数据库。

我国著名的网络标准数据库主要有：国家标准全文数据库、中国行业标准全文数据库、中国标准全文数据库、中外标准数据库、中国标准服务网、中国标准咨询网、中国国家标准咨询服务网等。

172

4. 电子图书与数字图书馆

电子图书又称数字图书，是随着电子出版、互联网及现代通信电子技术的发展而产生的一种新的图书形式，是以数字化电子文件形式存储在各种磁性或电子介质中的图书，需使用联网计算机或便携式阅读终端进行下载或在线阅读。

数字图书馆，是用数字技术处理和存储各种图文文献的图书馆，实质上是一种多媒体制作的分布式信息系统。它把各种不同载体、不同地理位置的信息资源用数字技术存储，以便于跨越区域、面向对象的网络查询和传播。它涉及信息资源加工、存储、检索、传输和利用的全过程。

● 任务实施

经分析，"大学生第二课堂"为主题小论文相关资料通过中文数据库查找便可获得。常用中文数据库有中国知网、维普中文期刊服务平台、万方数据等，本任务采用中国知网作为主要信息搜索平台。

Step1：进入知网

在浏览器地址栏中输入知网网址，进入知网的主页，如图 4.2.1 所示。

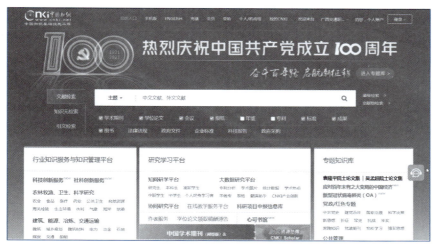

图 4.2.1　知网主页

Step2：检索"大学生第二课堂"

中国知网的检索方式分为初级检索、高级检索和专业检索，检索模式有单库检索和跨库检索两种。在同一种检索方式下，使用不同的检索模式检索出来的结果有所差异。从检索方式来看，一般遵循专业检索包括高级检索的全部功能，高级检索包括初级检索的全部功能。

① 初级检索。打开搜索框中的下拉列表，选取"主题""关键字""作者"等检索字段，并在输入框内输入查找的内容，也可根据需要在搜索框内选择单个数据库搜索，或者选择多个数据库进行搜索。根据查找内容，在默认的"主题"检索字段下输入"大学生第二课堂"，如图 4.2.2 所示。

图 4.2.2　初级检索

② 高级检索。高级检索包括内容检索条件和检索控制条件。检索控制条件主要包括发表时间、文献来源和支持基金。另外，高级检索可对检索词的中英文扩展、匹配方式等进行限定。模糊匹配指检索结果包含检索词，精确匹配指检索结果完全等同或包含检索词。如图 4.2.3 所示，进入高

级搜索页面后，在主题检索字段输入"大学生第二课堂"，在 AND 栏目中选择作者单位"清华大学"，单击"搜索"按钮即可以查看清华大学发表关于大学生第二课堂的论文。

图 4.2.3　高级检索

微课 4–3
检索结果
的排序

Step3：处理检索结果

① 显示处理结果。初级检索实施后，系统将给出检索结果列表，如图 4.2.4 所示。

图 4.2.4　检索结果列表

② 检索结果排序。检索结果可按照与主题的相关度、发表时间、被引用次数、下载次数进行排序，被引用次数排序可帮助用户快速发现学术价值较高的文献，如图 4.2.5 所示。

图 4.2.5　被引用次数排序的页面

③ 下载。知网的注册用户可下载和浏览文献，下载格式有 CAJ 和 PDF 两种，浏览方式分为

手机阅读和 HTML 阅读两种方式。单击"基于第二课堂建设的大学生素质教育探索与实践"标题，进入文献介绍页面，如图 4.2.6 所示。

图 4.2.6　文献介绍页面

可通过手机"全球学术快报"App 扫描二维码后点击"阅读"按钮进行阅读，也可在计算机网页上单击"HTML 阅读"按钮阅读。另外，还可以通过单击"CAJ 下载""PDF 下载"按钮进行下载。需要注意的是，在阅读全文前，必须确保已经安装了 CAJ 阅读器或 PDF 阅读器。

•任务评价

1. 自我评价

任务	级别		
	掌握的操作	仍须加强的	完全不理解的
进入知网			
检索"大学生第二课堂"			
处理检索结果			
在本次任务实施过程中的自评结果	A. 优秀　　B. 良好　　C. 仍须努力　　D. 不清楚		

2. 标准评价

请完成下列题目，共两大题，5 小题（每题 20 分，共 100 分）。

一、选择题

① 检索维普数据库标题中含有"动物营养"的文章，需要用（　　）检索字段。

　　A. 作者　　　　　　B. 机构　　　　　　C. 文摘　　　　　　D. 标题

② 期刊论文记录中的"文献出处"字段是指（　　）。

　　A. 论文的作者　　　　　　　　　　B. 论文作者的工作单位

　　C. 刊载论文的期刊名称及年卷期、起止页码　　D. 收录论文的数据库

③ 在 CNKI 的作者单位等检索点支持匹配方式的限制，除了"精确"这种匹配方式外还有（　　）匹配方式。

　　A. 模糊　　　　　　B. 后方一致　　　　　　C. 完全一致　　　　　　D. 前方一致

二、判断题

① 中国知网是包含了多种类型文献的综合平台，如果选择文献，结果会有期刊论文、学位论文、会议论文、报纸等。　　　　　　　　　　　　　　　　　　　　　　　　（　　）

② 专利权的法律保护具有时效性，技术专利权期限为 10 年，均自申请日计算。　（　　）

文本
任务拓展
完成效果
示例

•任务拓展

利用知网学位论文数据库查找 2015 年至今东南大学的省级优秀学位论文 3 篇，在下表中记录论文篇名、作者姓名、学位授予单位和导师姓名。

论文篇名	作者姓名	学位授予单位	导师姓名

项目总结 ▶▶▶

本项目以日常学习生活中对信息检索的要求作为项目背景，设置了"搜索引擎的应用""知网平台搜索"两个任务。这两个任务均以"目标—认知—实践—评价—反思"任务驱动方式展开，通过场景设计，逐步引入，层层递进，提高读者的分析与信息检索能力。

本项目所涉及的信息检索技术已经成为当代大学生的一项必备技能，因此在任务拓展环节中"根据歌词搜索歌曲"到"通过知网搜索优秀论文"的练习将项目分别切换到生活和学习的两个不同应用场景，旨在抓住读者的兴趣点，提高读者对信息检索的认知，通过实践操作强化读者在不同场景下灵活应用信息检索的能力。也希望案例中所涉及内容可以帮助读者合理运用数字化资源工具，了解更多的检索平台，提升信息素养和社会责任意识。

项目 5　新一代信息技术概述

项目概述 >>>

随着信息通信技术产业的快速发展，学科交叉融合加速，新兴学科技术不断涌现，前沿领域不断延伸。以人工智能、量子信息、移动通信、物联网、区块链等为代表的新一代信息技术已成为全球的关注热点。新兴技术的融合步伐不断加快，产生出一系列新产品、新应用和新模式，推动了新兴产业的发展壮大，加快了产业结构调整，促进了产业向环保化、效能化、微小化及应用更多样化的方向转型升级。

项目目标 >>>

本项目主要以新一代信息技术产业和我国当前重点发展的战略性新兴产业中涉及的核心技术展开，完成本项目的内容学习后，需要达到以下目标。

1. 知识目标
① 理解新一代信息技术及其主要代表技术的基本概念。
② 了解新一代信息技术各主要代表的技术特点。
③ 了解新一代信息技术各主要代表技术的典型应用。
④ 了解新一代信息技术与制造业等产业的融合发展方式。

2. 能力目标
① 形成新一代信息技术概念，具备宏观视野。
② 在不同职业场景中，能够知晓信息技术发展趋势，具备科学发展观。

3. 素质目标
① 具有良好的信息技术意识，能够在各种应用场景中理解信息技术的应用价值。
② 培养科学发展观，在各行各业中能够主动适应信息技术带来的变革。

任务 5.1　新一代信息技术基本概况

课件：
新一代信息技术基本概况

建议学时：1 学时

任务描述

通过本任务的学习，可以初步了解新一代信息技术基本概念及国家政策，了解新一代信息技术中的主要代表技术，了解新一代信息技术的主要代表技术的发展历程及产生原因。

177

• **任务目的**

- 了解新一代信息技术基本概念及国家政策；熟悉新一代信息技术的主要代表技术、分类及领域特点；了解新一代信息技术的主要代表技术的发展历程及产生原因；了解各主要代表技术的核心技术特点。
- 能够了解新一代信息技术发展现状。
- 能够在所从事专业中挖掘与新一代信息技术相关联的领域，通过思维迁移的方式提高解决所学专业或职业岗位相关问题的能力。

• **任务要求**

① 以小组形式进行团队合作完成任务。
② 调研、收集并完成了解新一代信息技术的主要代表技术的发展历程及产生原因，形成小组报告。
③ 分享主要代表技术案例（选择其中 1 项），以小组形式汇报。

• **基础知识**

1. 新一代信息技术

微课 5-1
什么是
新一代
信息技术

新一代信息技术，不仅是指信息领域分支技术的纵向升级，更是指信息技术的整体平台和产业的代际变迁。《国务院关于加快培育和发展战略性新兴产业的决定》中将"新一代信息技术产业"列为国家战略性新兴产业体系之一。

近年来，以人工智能、量子信息、移动通信、物联网、区块链为代表的新一代信息技术正在酝酿着新一轮的信息技术革命，如图 5.1.1 所示。新一代信息技术产业在重视信息技术本身的发展同时，强调将信息技术渗透、融合到社会和经济发展的各个领域，推动其他行业的技术进步和产业发展。

图 5.1.1 新一代信息技术的主要代表

2. 主要代表技术

微课 5-2
新一代
信息技术
发展

（1）人工智能（Artificial Intelligence，AI）

人工智能是机器模拟人类智能和行为做出决策、执行和延伸任务的理论、方法和技术应用，是综合了计算机技术、生物学、哲学等多学科的一门新技术科学。人工智能在关键设备或区域，嵌入计算机视听觉、神经网络、深度学习等技术，对数据进行分析和挖掘，实现设备或区域的自感知、自学习、自适应、自控制。

（2）量子信息

量子信息是关于量子系统"状态"所带有的物理信息。通过量子系统的各种相干特性（如量子并行、量子纠缠和量子不可克隆等），进行计算、编码和信息传输的全新信息方式，是量子力学与信息科学的一个交互融合的学科。

（3）移动通信

移动通信是移动体之间的通信，或移动体与固定体之间的通信，是进行无线通信的现代化技术，也是电子计算机与移动互联网发展的重要成果之一。移动通信技术经过第一代（1G）、第二代（2G）、第三代（3G）、第四代（4G）技术的发展，目前，已经迈入了第五代（5G）发展的时代。

（4）物联网（Internet of Things，IoT）

物联网是将各种信息传感设备（比如红外感应器、全球定位系统等）与互联网结合起来而形成的一个巨大网络，用以实现在任何时间、任何地点，人、机、物的互联互通。

（5）区块链

区块链是分布式数据存储、点对点传输、共识机制、加密算法等计算机技术的新型应用模式。

任务实施

Step1：了解新一代信息技术的发展及国家政策

目前，我国在全球新一代信息技术领域已经占据一席之地，产业规模体量全球领先，利用信息技术改造传统经济、培育壮大数字经济新动能的空间仍然很大。

① 继续突出新技术供给和新产业发展，做强集成电路等信息技术领域的核心产业，强化人工智能、区块链、量子通信、5G 移动通信等技术攻关，促进新兴产业培育。

② 要强化新技术新业态新模式对生产、流通、分配等经济活动的改造，支持建设若干数字化转型促进中心，推动新一代信息技术与实体经济深度融合，使数字化的研发、生产、交换、消费成为主流，形成数字经济发展新动能。

在我国关于深化新一代信息技术与制造业融合发展的决策部署中强调加快推进新一代信息技术和制造业融合发展，要顺应新一轮科技革命和产业变革趋势，以供给侧结构性改革为主线，以智能制造为主攻方向，加快工业互联网创新发展，加快制造业生产方式和企业形态根本性变革，夯实融合发展的基础支撑，健全法律法规，提升制造业数字化、网络化、智能化发展水平。

Step2：认知新一代信息技术的主要代表技术及领域特点

（1）人工智能

经过多年的发展，人工智能已经形成了一个由基础层、技术层与应用层构成的、蓬勃发展的产业生态链，并应用于人类生产与生活的各个领域，深刻而广泛地改变着人类的生产与生活方式，"AI+ 制造""AI+ 控制""AI+ 教育""AI+ 媒体""AI+ 医疗""AI+ 物流""AI+ 农业"等应用层出不穷。人工智能机器人完胜人类顶尖围棋选手，生产线上大批量的机器人正在取代人工，自动驾驶汽车技术日趋成熟，城市装上了"智慧大脑"等。

拓展阅读
人工智能
三大学派

（2）量子信息

量子信息最常见的单位是量子比特（quantum bit，qubit），也就是一个只有两个状态的量子系统，常用于量子通信和量子计算。我国的量子信息技术正处于飞速发展的阶段。从 1993 年学术界给出了一种利用量子技术传输信息的实际方案以来，量子通信的战略意义吸引了全世界各国科研机构的关注。量子科技发展具有重大科学意义和战略价值，是一项对传统技术体系产生冲击、进行重构的重大颠覆性技术创新，将引领新一轮科技革命和产业变革方向。

我国在量子科技领域上取得了一批具有国际影响力的重大创新成果。2016 年 8 月，我国自主研发的世界上首颗空间量子科学实验卫星——"墨子号"发射升空，为太空"量子传密"的发展提供了可能。2021 年 6 月，我国科学家实现多模式量子中继，这项技术又被比拟为"量子鹊桥"技术，它将量子世界里天各一方的"牛郎""织女"间的通信速率提升 4 倍。

（3）移动通信

5G 移动通信是 4G 通信技术的升级和延伸。从传输速率上来看，5G 通信技术要更快一些，更稳定一些，在资源利用方面也会将 4G 通信技术的约束全面的打破。同时，5G 通信技术会将更多的高科技技术纳入进来，使人们的工作、生活更加的便利。

拓展阅读
物联网
5 项
关键技术

（4）物联网

物联网是指通过信息传感设备，按约定的协议，将任何物体与网络相连接，物体通过信息传播媒介进行信息交换和通信，以实现智能化识别、定位、跟踪、监管等功能。

（5）区块链

从科技层面来看，区块链涉及数学、密码学、互联网和计算机编程等多种学科。从本质上来

拓展阅读
区块链
5 个特征

讲，区块链是一个共享数据库。从应用视角来看，区块链是一个分布式的共享账本，具有去中心化、不可篡改、全程留痕、可以追溯、集体维护、公开透明等特点。主要的类型包含：公有区块链、行业区块链和私有区块链。

Step3：认知新一代信息技术未来发展的方向

（1）立足中国国情，加快重点产业发展

现阶段选择节能环保、新一代信息技术、生物、高端装备制造、新能源、新材料和新能源汽车7个产业，在重点领域集中力量，加快推进。

（2）强化科技创新，提升产业核心竞争力

加强产业关键核心技术和前沿技术研究，强化企业技术创新能力建设，加强高技能人才队伍建设和知识产权的创造、运用、保护、管理，建设产业创新支撑体系，推进重大科技成果产业化和产业集聚发展。

（3）积极培育市场，营造良好市场环境

组织实施重大应用示范工程，支持市场拓展和商业模式创新，建立行业标准和重要产品技术标准体系，完善市场准入制度。

（4）深化国际合作，积极开拓国际市场

多层次、多渠道、多方式推进国际科技合作与交流。引导外资投向战略性新兴产业，支持有条件的企业开展境外投资，提高国际投融资合作的质量和水平。积极支持战略性新兴产业领域的重点产品、技术和服务开拓国际市场。

•任务评价

1. 自我评价

任务	级别		
	掌握知识或技能	仍须加强的	完全不理解的
了解新一代信息技术的发展及国家政策			
认知新一代信息技术的主要代表技术及领域特点			
认知新一代信息技术未来发展的方向			
在本次任务实施过程中的自评结果	A. 优秀　　B. 良好　　C. 仍须努力　　D. 不清楚		

2. 标准评价

请完成下列题目，共三大题，10 小题（共 100 分）。

一、选择题（每题 6 分，共 30 分）

① 在物联网的关键技术中，射频识别（RFID）是一种（　　　）。

　　A. 信息采集技术　　　　B. 无线传输技术　　　　C. 自组织组网技术　　　　D. 中间件技术

② 人工智能的主要研究方向不包含（　　　）。

　　A. 人机对弈　　　　B. 人脸识别　　　　C. 自动驾驶　　　　D. 3D 打印

③ 人工智能的主要三大学派不包含（　　　）。

　　A. 符号主义　　　　B. 连接主义　　　　C. 行为主义　　　　D. 形式主义

④ 区块链最突出、最本质的特征是（　　　）。

　　A. 去中心化　　　　B. 开放性　　　　C. 安全性　　　　D. 独立性

⑤ 物联网技术作为智慧城市建设的重要技术，其架构一般可分为（　　　）。

　　A. 感知层、网络层和应用层　　　　　　　　B. 平台层、传输层和应用层

C. 平台层、汇聚层和应用层　　　　D. 汇聚层、平台层和应用层

二、判断题（每题 10 分，共 30 分）

① 智慧城市的基础是通过传感器或信息采集设备全方位地获取城市系统数据。　　（　　）

② 人工智能可以实现设备或区域的自感知、自学习、自适应、自控制。　　（　　）

③ 区块链具有不可篡改、全程留痕、可以追溯、集体维护、公开透明等特点。　　（　　）

三、简单题（每题 20 分，共 40 分）

① 列举区块链的主要特征。

② 列举 5G 移动通信网络的 5 个优点。

•任务拓展

以小组为单位，各小组根据新一代信息技术的各主要代表技术特点，通过调研、收集、分析等完成 1 份技术研究报告，要求汇报时长为 5 ～ 6 分钟。

任务 5.2　新一代信息技术典型应用案例

课件：新一代信息技术典型应用案例

建议学时：1 学时

•任务描述

通过本任务的学习，可以清晰地了解新一代信息技术与制造业、服务业等产业相互融合的实际应用，了解核心技术的主要特点；相较以往的信息技术，新一代信息技术的主要优势，带来了何种改变；了解科学技术创新对国家经济实力发展、民族自强的积极推动；理解新一代信息技术在国家科技发展战略中的重要地位；端正学习态度，激发学习热情、爱国热情。

•任务目的

● 了解新一代信息技术主要代表技术的典型应用；了解新一代信息技术与其他产业的融合、创新发展变化。

● 能够帮助学生打开一定的眼界，理解国家科技发展战略的重要意义，激发学习热情，爱国热情，启发思维创新能力。

•任务要求

① 以小组形式进行团队合作完成任务。

② 结合线上线下学习，能够独立完成新一代信息技术某个技术领域的一项现实案例的挖掘及描述，以小组形式进行汇报。

•基础知识

1. 北斗卫星导航系统

北斗卫星导航系统（BeiDou Navigation Satellite System，BDS）是中国自行研制的全球卫星导航系统，是中国着眼于国家安全和经济社会发展需要，自主建设、独立运行的卫星导航系统，是为全球用户提供全天候、全天时、高精度的定位、导航和授时服务的国家重要空间基础设施。

2. 数字中国

数字中国旨在以新时代中国现代化建设为对象，以新一代信息化技术为主要的技术分析手段，在可持续发展、经济建设、文化建设、社会公共资源、政务信息化等方面管理中国。数字中国建设

的要点在于基于多种信息技术和信息资源支撑，推动数据赋能全产业链协同转型，深化研发设计、生产制造、经营管理、社会公共服务等，实现数字产业化和产业数字化融合发展，实现数字化与公共服务的深度融合。

3. "上云用数赋智"行动

"上云用数赋智"行动是指通过构建"政府引导—平台赋能—龙头引领—协会服务—机构支撑"的联合推进机制，带动中小微企业数字化转型，"上云"重点是推行普惠性云服务支持政策，"用数"重点是更深层次推进大数据融合应用，"赋智"重点是加大企业智能化改造的支持力度，特别是要推进人工智能与实体经济的深度融合，促进产业链的层级跃升。

•任务实施

微课 5-3
新一代
信息技术
发展——
中国成就

Step1：认知新一代信息技术典型应用

（1）智慧交通

智慧交通是在交通领域中充分运用物联网、云计算、互联网、人工智能、移动通信技术、大数据等技术，以全面感知、深度融合、主动服务、科学决策为目标，通过建设实时的动态信息服务体系，深度挖掘交通运输相关数据，形成问题分析模型，实现行业资源配置优化能力、公共决策能力、行业管理能力、公众服务能力的提升，推动交通运输更安全、更高效、更便捷、更经济、更环保、更舒适地运行和发展，带动交通运输相关产业转型、升级，如图 5.2.1 所示。

图 5.2.1　智慧交通

① 延崇高速。延崇高速作为支持 2022 年北京冬奥会建成通车的奥运五环公路，是连通北京市延庆区到河北省张家口崇礼赛区的主要通道。它是我国通车运营的首条车路协同、隧道智能综合诱导、北斗卫星和 5G 信号全覆盖的智慧山区高速公路。该道路的气象感知系统可实时采集沿线气象数据，在极端异常天气条件下为公路运行管理和出行者提供气象信息保障。另外，隧道灯光采用变温控制技术，实现光线随隧道外色温柔性和谐调整变化。

② 沙吴高速。沙吴高速是广西南宁市区通往吴圩国际机场与空港区的第 3 条高速大通道，是广西首个智慧交通一体化示范项目。道路两侧装有北斗基站、5G 通信基站、路测感知设备、气象系统等，可为车辆提供智能辅助驾驶及为未来高级自动驾驶安全性提供保障。

（2）智慧物流

① 天津港无人驾驶电动集装箱卡车。天津港 25 台无人驾驶的电动集装箱卡车实现全球首次整船作业。由于应用了北斗系统，它们的导航定位精度能达到 3cm 内。在北斗的高精度定位和 5G 网络的支持下，无人集装箱卡车准确地行驶、停靠，可以自动完成全部工作。

②"小黄人"。"小黄人"的全称是"分拣机器人"（AGV），主要应用于中小件物流包裹分拣，以及商品订单拣选。这些"小黄人"可以根据地上的二维码标志自动运行，且通过防碰撞标志避免相互碰撞。分拣是快递企业分拣中心最烦琐、工作量最大的操作环节，与传统的半自动化皮带机（流水线）和交叉带自动分拣系统相比，"小黄人"成本相对较低，且能实现各自分工、各行其道，采用了并联而非串联方式，并能在数百台密集的交通网络中井然有序、高度灵活穿行。

Step2：了解数字中国建设，擘画国家创新发展蓝图

数字中国是国家信息化的升级，具有数字化、网络化、智能化的基本特征。

数字中国需要加快新一代移动通信技术的研发，集中力量突破通信网络、集成电路、核心电子元器件、人工智能、基础软件等领域前沿技术和关键核心技术。统筹推进数据中心、工业互联网、智慧城市等新型基础设施建设将为数字中国提供重要的信息网络基础体系支撑。

同时，要加快制造业、服务业、农业等产业数字化转型。加强人工智能、移动通信技术的应用场景，加快推动物联网、车联网、工业互联网的应用，推进传统基础设施和产业的数字化升级改造，提升金融、交通、能源、电力等行业基础设施智能化水平。

再者，要推动数字经济与实体经济进行全方位、全链条的深度融合，充分发挥数字技术对经济发展的放大、叠加、倍增作用。推动数字经济发展与区域协调发展相结合，发挥中心城市和城市群的示范、辐射和带动作用，支持东中西部探索各具特色的数字经济发展路径。主动参与数字经济国际治理，积极推动数字经济国际合作，共同培育全球发展新动能，打造网络空间命运共同体。

最后，培育壮大数字产业生态，聚焦集成电路、新型显示、通信设备、智能硬件和基础软件产业，打造具有国际竞争力的产业集群。加快自主创新技术应用，大力发展信创产业，打造自主创新、安全可靠的数字产业链、价值链和生态系统。

Step3：了解"上云用数赋智"行动

从中国数字经济发展来看，通过普惠性"上云用数赋智"服务，构建数字化产业链，并将数字化工具以公共产品方式向企业提供服务，特别是扶持中小微企业开展数字化升级，构建实现全产品过程管理，使生产资源高效、稳定、精准地组合，最终实现低成本与高质量控制的智能手段。在数字化、网络化、智能化发展的过程中，以"互联网＋"数字化生态为特征的跨界融合将有力助推产业结构升级优化，助推产业价值链向数字经济价值链的嬗变，赋能经济增长新引擎。

•任务评价

1. 自我评价

任务	级别		
	掌握知识或技能	仍须加强的	完全不理解的
认知新一代信息技术典型应用			
了解数字中国建设，擘画国家创新发展蓝图			
了解"上云用数赋智"行动，赋能经济增长新引擎			
在本次任务实施过程中的自评结果	A. 优秀　　B. 良好　　C. 仍须努力　　D. 不清楚		

2. 标准评价

论述题（每题 50 分，共 100 分）

①列举你所在的专业正面临的技术革新有什么？涉及哪些新一代信息技术？（文字表述不少于300 字）

② 在前述展示"智慧物流"应用场景案例中，请你谈一谈，新技术带来了什么改变？解决了原有实际工作生活过程中的什么困难？带来什么创新？给您带来了什么启发？（文字表述不少于300字）

•任务拓展

结合近三年时事热点，播放相关视频节选内容，如《辉煌中国——创新活力》《人工智能与物流》等纪录片视频。结合"创新""改变""梦想"3个主题关键词，对案例技术展示、知识点进行拓展解读，组织小组进行主题关键词学习分享汇报，强化学习效果。鼓励同学们开展信息采集、材料整理汇编、总结汇报的过程性参与，最终以视频资源或其他电子文档形式提交作业。

项目总结 ▶▶▶

近年来，新一代信息技术不止是让人们处在"有手机就能生活"的信息化社会中，还应瞄准世界科技前沿，能运用信息化手段改变人们的生活，提升工作效率，甚至是推动制造业产业模式的转变，促进我国产业迈向全球价值链中高端。本项目以新一代信息技术的主要技术认知作为项目背景，设置了包括"新一代信息技术基本概况"和"新一代信息技术典型应用案例"两个任务。这两个任务均以任务驱动方法进行教学推进，选取的主要案例也充分参考了"十四五"规划中关于新兴产业发展的规划目标，旨在拓展读者的宏观视野，并引导不同专业领域的读者可以更好地了解信息技术对于创新性解决问题和可持续性发展的重要意义。

项目 6　信息素养与社会责任

项目概述 >>>

　　信息素养与社会责任是指在信息技术领域，基于对信息行业相关知识的了解，内化形成的职业素养和行为自律能力。一个具有信息素养的人不仅要掌握常用的信息技术工具，具有基本的信息技术应用能力，还要具备信息社会发展的责任感。信息素养与社会责任对个人在各自行业内的发展起着重要作用。可以说，培养信息素养和社会责任是数字化生存的必修课，也是终身学习的新引擎。

项目目标 >>>

　　本项目主要围绕信息素养的概念、信息安全的要求及提升方法展开，完成本项目的内容学习后，需要达到以下目标。

1. 知识目标
① 了解信息素养的基本概念及主要要素。
② 了解信息技术发展史及知名企业的兴衰变化过程，树立正确的职业理念。
③ 了解信息安全及自主可控的要求。
④ 掌握信息伦理知识并能有效辨别虚假信息，了解相关法律法规与职业行为自律的要求。
⑤ 了解个人在不同行业内发展的共性途径和工作方法。

2. 能力目标
① 具备在信息化环境下信息获取、识别及甄别的能力。
② 具备在信息时代浪潮中，从信息技术发展和企业兴衰变化的启示中获得经验的能力。
③ 具备在不同职业场景中，将信息伦理内化形成职业自律行为的能力。

3. 素质目标
① 具有信息获取、识别及甄别的信息素养，可以以有效的方法和手段判断信息的可靠性、真实性、准确性和目的性。
② 具有良好的社会责任感和社会公德意识，可以理解道德伦理和法律法规的调节、约束意义。

任务 6.1　认知信息素养

建议学时：1 学时

• 任务描述

　　随着计算机和互联网技术的普及，人们面临一个巨大的信息空间，信息资源的可共享性极大

课件：
认知信息
素养

地丰富和拓展了人们获取信息的渠道。面对汹涌而来的海量信息资源，学会如何"有效地"获取信息、"客观地"利用信息、"高效地"解决问题，成为每个人所必须具备的一项基本技能。

任务目的

- 了解并能说出信息素养的基本概念及要素。
- 能够树立信息意识，提升信息获取、甄别和运用信息解决实际问题的能力。

任务要求

采用知识学习、小组讨论等形式，配合案例图片、视频等教学资源，了解信息素养的基本概念及要素，并通过汲取有效的、客观的信息价值培养提升信息素养。

基本知识

1. 信息素养（Information Literacy）

最初专家将其定义为"通过对大量信息工具和主要信息源的使用，得到解答问题的技能"。我国教育部 2021 年 3 月发布的《高等学校数字校园建设规范（试行）》对信息素养做出如下定义："信息素养是个体恰当利用信息技术来获取、整合、管理和评价信息，理解、建构和创造新知识，发现、分析和解决问题的意识、能力、思维及修养。信息素养培育是高等学校培养高素质、创新型人才的重要内容。"

2. 信息素养的要素

信息素养主要由信息意识、信息知识、信息应用能力、信息伦理与安全等要素组成。四个要素共同构成一个不可分割的统一整体，其中信息意识是先导，信息知识是基础，信息应用能力是核心，信息伦理与安全是保证。通俗地讲，一个信息素养较高的人能够知道在哪里查找信息，用什么方式和途径来查找信息，能够用查到的信息去处理和解决问题，而且在使用信息的时候符合互联网行为规范。

任务实施

信息素养的培养有利于提高自主学习、协作学习和研究性学习的能力，锻炼自主学习的策略，激发自由探索的积极性，从而极大地促进批判性、创造性思维的养成和终身学习能力的发展。

Step1：了解信息素养

微课 6-1
认知信息
素养

有一项专业调查结果显示，信息素养是当今最受重视的公民七大素养之一，因此也成为全球各国所关注的焦点。2018 年，我国教育部印发的《教育信息化 2.0 行动计划》明确提出了"信息素养全面提升行动计划"。文件指出，应充分认识提升信息素养对于落实立德树人目标、培养创新人才的重要作用，制定学生信息素养评价指标体系，开展规模化测评，实施有针对性的培养和培训。这不仅是培养高素质、创新型人才的一项重要举措，也是适应世界教育改革发展趋势、提升我国教育国际竞争力的迫切需要。

Step2：提升信息获取能力

（1）增加阅读量和知识储备

阅读是个体获取所需信息最有效的途径，各类图书、互联网资源、音视频资源等都是可以进行阅读的有效资源。阅读的作用是什么呢？请看下面的例子。

5417623	这是一组没有规律的数字
1234567	这组数字是基础知识储备，可以迅速记住
541-7623	分隔号和前期知识储备使这组数字变得容易辨识

阅读可以增加知识储备，当接触新的信息时，个体基于易于理解的基础知识储备对新信息进行理解、建构和创新，从而更快、更好地掌握新信息。就如同一个爱好运动的人，因为知识和情感的认同，在阅读运动相关的文章时变得相对容易了。理解信息需要建立在原有知识框架基础上，由此才能更好地驾驭掌握信息。

（2）加强人际交流与团队协作

"三人行，必有我师焉"是记载于《论语》的孔子名言。这句耳熟能详的名言意思是多个人一起走路，其中必定有值得我学习的人。由此可见，人与人的沟通是信息获取最直接的途径之一。

（3）增强主观能动性和感知观察能力

个体的主观能动性在信息获取能力中的作用是无可取代的。在实践过程中，多感知、多观察、多发现问题，才可能利用各种信息平台获取更多的知识。

Step3：识别个体信息需求

信息需求（Information Demand）是个体为了获取问题解决方案而产生的对于完整可靠信息的需求。识别个体信息需求首先要分析个体所面临的问题，下面介绍 5W1H 模型来帮助理解，如图 6.1.1 所示。

5W1H 模型是一个简单、方便、易操作的问题思考经典模型，该模型从 Why（为何）、What（何事）、Who（何人）、When（何时）、Where（何地）、How（何法）6 个常见的维度分析问题。利用 5W1H 模型进行提问，可以有效获取个体面临问题的关键信息，针对每个问题提出解决方法，从而可以识别个体的信息需求。

图 6.1.1　5W1H 模型

Step4：掌握信息甄别方法

互联网上的信息资源可以说是浩如烟海，同时又纷繁芜杂，掌握信息真伪的甄别方法至关重要。可以通过以下 4 种简单方法讨论和甄别信息。

（1）个人偏好

个人偏好是将有效性前提和主张与个人的信念特征联系起来的论证。要根据个人偏好形成对信息的正确甄别，要求个体形成正确的人生观、价值观。

命题 1：弘扬工匠精神，在各行各业培养更多敢于担当、无私奉献、顽强拼搏的大国工匠。

命题 2：我要成为"干一行、爱一行，钻一行、精一行"的新时代高素质技术技能人才。

请结合自身实际谈谈自己对以上两个命题的看法。

（2）推论演绎法

推论演绎法是根据预判模型给出的逻辑论证，这种方法推理出来结论的正确性与命题本身的正确性有关。如果在信息甄别过程中使用这种方法，要优先参考权威信息平台公布的信息，并要确保命题的正确性。如果命题本身不正确，那相关的推论与演绎也是不合理的。

命题 1：网络上所有的信息都是正确的。

命题 2：某人在网络上发布他人个人信息。

结论：某人在网络上发布他人个人信息是正确的。

请讨论上面的命题和结论，给出个人的看法。

（3）归纳总结法

归纳总结法是将公共认可的信息应用到个体信息的论证方法。

命题：绿水青山就是金山银山。

结论：我每天要节约用电，低碳出行。

根据上面的命题和结论，请谈谈自己的观点，并尝试列举更多的例子。

（4）推翻法

推翻法是当新的命题信息可以证明一个已认同的命题不再合理时，原认同的命题是可推翻的。

命题 1： 学生都要去学校的教室上课。

命题 2： "空中课堂"帮助更多同学在疫情期间"停课不停学"。

除了学生们的课业移至"空中课堂"外，在大多数人因疫情不能出门的情况下，互联网作用凸显。科技逐渐消解实体距离，通过互联网人们能够以一种新的"团结"方式对抗危机。

Step5：提高信息应用能力

互联网飞速发展，信息在人们身边似乎唾手可得。这在为人们获取信息带来便捷的同时，也造成了信息繁杂，进而使很多人出现"信息疲劳""信息焦虑"等一系列问题。为适应信息化社会带来的挑战，必须提高信息素养尤其是信息应用能力。

请对照以下 9 点测试自己具备哪些信息应用能力，并谈谈可以如何提高。

● 能够选择合适的查询工具和检索策略获取所需信息，并甄别检索结果的全面性、准确性和学术价值。

- 能够结合自身需求，有效组织、加工和整合信息，解决学习、工作和生活中的问题。
- 能够使用信息工具将获取的信息和数据进行分类、组织和保存，建立个人资源库。
- 能够评价、筛选信息，并将选择的信息进行分析归纳、抽象概括，融入自身的知识体系中。
- 能够根据学习需求，合理选择并灵活调整教学和学习策略。
- 具备创新创造能力，能够发现和提炼新的学习模式。
- 能够基于现实条件，积极创造、改进、发布和完善信息。
- 能够合理选择在不同场合或环境中交流与分享信息的方式。
- 具备良好的表达能力，能够准确表达和交流信息。

• 任务评价

1. 自我评价

任务	级别		
	掌握的操作	仍须加强的	完全不理解的
了解信息素养			
提升信息获取能力			
识别个体信息需求			
增强信息甄别能力			
提高信息应用能力			
在本次任务实施过程中的自评结果	A. 优秀　　B. 良好	C. 仍须努力	D. 不清楚

2. 标准评价

请完成下列题目，共两大题，10 小题（每题 10 分，共 100 分）。

一、选择题

① 信息素养指在信息社会中个体成员所具有的（　　）等多个方面的总和。

　　A. 信息意识、信息知识、信息应用能力、信息爆炸

　　B. 信息意识、信息知识、信息应用能力、信息伦理与安全

　　C. 信息焦虑、信息知识、信息应用能力、信息伦理与安全

　　D. 信息意识、信息饥渴、信息应用能力、信息伦理与安全

② 信息应用能力不包括（　　）。

　　A. 能够结合自身需求，有效组织、加工和整合信息，解决学习和工作中的问题

　　B. 具备创新创造能力，能够发现和提炼新的学习模式

C. 尊重知识，崇尚创新，认同信息劳动的价值

D. 能够合理选择在不同场合或环境中交流与分享信息的方式

③ 以下命题和结论采用了（　　　）推演得出。

命题 1：金属可以导电。

命题 2：金银铜铁可以导电。

结论：金银铜铁是金属。

A. 个人偏好　　　　　B. 推论演绎法　　　　　C. 归纳总结法　　　　　D. 推翻法

④ 5W1H 模型不包括（　　　）。

A. Who 何人　　　　　B. Where 何地　　　　　C. Hour 何时　　　　　D. Why 为何

⑤ 以下（　　　）选项不属于信息素养全面提升行动内容。

A. 制定学生信息素养评价指标　　　　　B. 促进数字校园建设全面普及

C. 实施有针对性的培养培训　　　　　D. 加强学生信息素养培训

二、判断题

① 知识是信息素养的核心。　　　　　　　　　　　　　　　　　　　　　　（　　　）

② 信息素养是个体恰当利用信息技术来获取、整合、管理和评价信息，理解、建构和创造新知识，发现、分析和解决问题的意识。　　　　　　　　　　　　　　　　　　　（　　　）

③ 归纳总结法是将公共认可的信息应用到个体信息的论证方法。　　　　　　（　　　）

④ 能够根据学习需求合理选择并灵活调整学习策略是信息应用能力的表现之一。（　　　）

⑤ "所有人都会死，苏格拉底是人，所以苏格拉底也会死"。以上命题和结论的得出运用了推论演绎法。　　　　　　　　　　　　　　　　　　　　　　　　　　　　　　　（　　　）

•任务拓展

有人认为，17 世纪德国的数学家莱布尼茨提交的一篇关于"0 与 1 二进制思考"的论文来源于中国哲学的启发。《易经》相传由周文王姬昌所作，其中提及的阴阳论与"0，1"刚好相对。这两者，一个是科学，一个是哲学，请你搜集相关资料对比两者的联系，并想想日常生活中是否有使用到除"十进制""二进制"外的其他进制？

任务 6.2　认识信息技术发展史

课件：
认识信息
技术发展
史

建议学时：1 学时

•任务描述

人类社会从远古时代的结绳记事、烽火告急、驿道递信，到活字印刷，再到近代的电报、电话、留声机，以及现代的卫星、计算机、智能手机等信息设备，信息载体的变化一直伴随着人类文明的脚步。今天，信息技术已经深入社会生活的各个方面，对人们的生产、生活、学习都产生了深刻的影响，信息技术的社会价值得到了整个社会的普遍认同。可以说，现代社会离不开信息技术，现代人更需要信息技术。

•任务目的

● 了解知名创新型信息技术企业的初创和成功发展历程，以及后期衰退原因；了解信息技术的发展。

● 了解信息安全及自主可控的要求。

● 能够关注信息技术给社会发展带来的新观念和新事物。

•任务要求

通过认知信息、信息技术的发展介绍知名创新型信息技术企业的初创和成功发展历程，以及后期衰退原因，展示信息技术的发展，使学生树立正确的职业理念。

•基础知识

1. 信息（Information）

20 世纪 40 年代，信息论的奠基人香农（C.E.Shannon）给出了信息的明确定义，认为"信息是用来消除随机不确定性的东西"，这一定义被人们视为是经典性定义并加以引用。1980 年，国外社会学家首次提出"信息社会"概念，将人类社会划分为 3 个阶段：即农业社会、工业社会、信息社会。

信息无处不在，日常生活层面所理解的信息是指通过语言、文字、图形、图像、声音等信号所传送的音信和消息，具有依附性、可传递性、可加工性、可存储性、可共享性、时效性、价值相对性、可证伪性等特点。

2. 信息技术（Information Technology，IT）

有关信息技术的定义，由于使用的目的、范围和层次不同，其表述也不同，可以从广义和狭义两个层面来理解。

广义的信息技术，是指能充分利用与扩展人类信息器官功能的各种工具、方法和技能的总和。该定义强调的是从哲学上阐述信息技术与人的本质关系。通俗地讲，凡是能扩展人的信息功能的技术都可以称为信息技术，比如广播扩展了人的耳朵，电视扩展了人的眼睛，计算机扩展了人的大脑等。

狭义而言，信息技术是指利用计算机和现代通信手段对信息进行获取、加工、存储、运输与利用的技术，是用于管理和利用信息所采用的各种技术的总称。日常理解的信息技术是狭义的信息技术，利用技术手段和工具可以实现对信息的各种操作，比如说对信息进行传播和存储等。

3. 信息安全（Information Security）

所谓信息安全，指的是在信息系统的传输、交往和存储信息的过程中，保证信息的保密性、完整性、可用性、可控性和不可否认性。从信息论角度来看，系统是载体，信息是内涵，哪里有信息哪里就可能存在信息安全问题。网络的存在更加凸显了信息安全问题，网络安全的核心仍然是信息安全。

4. 自主可控技术

自主可控技术就是依靠自身研发设计，全面掌握产品核心技术，实现信息系统从硬件到软件的自主研发、生产、升级、维护的全程可控。从国家层面来说就是核心技术、关键零部件、各类软件全都国产化，自己开发、自己制造，不受制于人。

•任务实施

人类文明发展历史实际上是一部科学和技术发展史，技术发展到一个新阶段，人类文明就会上升到一个新的台阶。从农耕时代到工业时代再到信息时代，技术力量不断推动着人类创造新的世界。

Step1：了解信息技术发展历史

从古至今，人类共经历了 5 次信息技术的重大发展历程。每一次信息技术的变革都伴随着信息的载体和传播方式的变化，如图 6.2.1 所示。

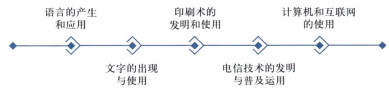

图 6.2.1　信息技术的重大发展历程

（1）第 1 次信息技术革命

第 1 次信息技术革命是以语言的产生和使用为特征。人类最初通过表情、手势等肢体动作来传递信息，语言是一种比表情、手势更加便捷的信息载体，它使人们之间的交流变得更加直接明了，能交流的内容更加丰富，逐渐成为人类进行思想交流和信息传播不可缺少的工具。可以说，语言的产生揭开了人类文明的序幕。

（2）第 2 次信息技术革命

第 2 次信息技术革命是以文字的出现和使用为特征。语言具有局限性，转瞬即逝，难以保存，而文字的出现让信息交流突破了口口相传的模式，信息的保存和传播超越了时间和地域的局限，扩大了信息在时空中传播的范围，从而促进了信息的积累和人类社会的发展。

（3）第 3 次信息技术革命

第 3 次信息技术革命是以印刷术的发明和使用为特征。北宋时期的毕昇发明了活字印刷术，提高了图书的印刷效率。图书的易携性使得信息的存储和交流变得更为方便，信息的传播范围因此也变得更加广泛，知识的积累和传承也变得更加可靠。

（4）第 4 次信息技术革命

第 4 次信息技术革命是以电报、电话、电视等电信技术的发明与普及应用为特征。电磁波和无线电技术开启了人类用新载体来传递信息的时代，从电报、电话、无线广播到电视、电影等，信息传递的新载体不断出现，信息的传输效率和范围极大地提高，进一步突破了时间与空间的限制。

（5）第 5 次信息技术革命

第 5 次信息技术革命是以计算机和互联网的使用为特征。计算机精度高、通用性强，处理速度快，存储容量也大，这些特点都大大扩展和延伸了人类的信息处理能力；互联网使信息的交流与传播在时间上大大缩短，拉近了人与人的距离，使世界成为一个真正的地球村。自此，人类也进入了信息时代。可以说，互联网是人类二十世纪最伟大的发明之一，正推动着人类文明迈向一个新的高度。

Step2：感悟信息技术企业的兴衰

1984 年，在美国得克萨斯大学的迈克尔·戴尔创立了戴尔（Dell）公司。公司成立之初就取得了很大的成功。从 2001 年到 2005 年，Dell 连续 5 年成为全球最大的个人计算机公司。

2005 年，一向以质量良好著称的 Dell 笔记本电脑却出现了"笔记本电脑爆炸"事件，品牌形象受到严重影响，销售额呈现悬崖式下跌。虽然企业尝试很多办法努力走出困境，但根据相关数据显示，在 2020 年全球个人电脑市场上，Dell 只取得了第 3 名的位置，联想以雄起之势远远超过 Dell 并夺得了计算机销量第一的宝座。

面对接二连三的困境，Dell 积极应对并希望重回巅峰。根据戴尔 2020 年财报数据，其总净营收达到了 921.54 亿美元，而净利润则达到了 55.29 亿美元。从盈利数据来看，Dell 已经渐渐走上正轨，但未来的 Dell 能否成功保持这样的步伐仍然是未知数。

Step3：了解信息安全及自主可控的现实意义

（1）案例 1：2016 年 8 月，山东省一位准大学生徐某某因遭遇电话诈骗损失近万元学费后自杀身亡。这是一起因个人信息的泄露而致受害人被诈骗的案例，也因此推动了我国在相关领域的立法，保护个人信息安全。

拓展阅读
曾经的互联网巨头走向溃败

微课 6–2
信息技术发展与安全问题

（2）案例 2：2020 年 9 月 15 日，美国对华为全面"断供"政策生效，为华为代工麒麟系列高端 5G 芯片的台积电、SK 海力士及三星等厂商停止为华为供货。国内众多厂商加入自研自产芯片的行列中，国产芯片进入了高速发展阶段。

随着信息技术的快速发展和互联网应用的普及，个人信息安全问题层出不穷。如果将信息安全问题从个人层面上升到企业层面，甚至是国家层面，就是近些年来的自主可控热点话题。信息安全构成国家网络安全的重要支撑，自主可控直接引导了一个国家的发展战略和规划。新闻媒体上曝光的各种窃取他国信息事件掀起了各国搭建自主可控信息安全体系的浪潮，自主可控成为国家在信息化进程中的首要考量，网络信息安全、自主可控将成为国家安全的两大主旋律。

信息安全核心软硬件自主化程度低、"舶来品"对核心组件的垄断都会对信息安全构成严重威胁，迫使很多国内公司调整发展布局，建立自主的生态圈。不仅如此，我国的科技企业纷纷出手攻克"卡脖子"技术难题，在很多领域取得了突破性的进展。因此，要实现信息安全自主可控，最关键、最核心的技术必须要立足自主创新、自立自强。

• 任务评价

1. 自我评价

任务	级别		
	掌握的操作	仍须加强的	完全不理解的
了解信息技术发展历史			
感悟信息技术企业的兴衰			
了解信息安全及自主可控的现实意义			
在本次任务实施过程中的自评结果	A. 优秀　　B. 良好　　C. 仍须努力　　D. 不清楚		

2. 标准评价

请完成下列题目，共两大题，10 小题（每题 10 分，共 100 分）。

一、选择题

① 信息技术的 5 次革命不包括（　　　）。
　　A. 语言的产生和使用　　　　　　　　B. 计算机和互联网的使用
　　C. 指南针的产生和使用　　　　　　　D. 文字的出现与使用

② 信息的特点不包括（　　　）。
　　A. 不可依附性　　　B. 可传递性　　　C. 时效性　　　D. 可证伪性

③ 第 4 次技术革命以（　　　）等电信技术的发明与普及应用为特征。
　　A. 电报、电话、计算机　　　　　　　B. 电报、电话、电视
　　C. 电报、电影、电视　　　　　　　　D. 电磁波、电话、电视

④ 信息安全要保证信息的（　　　）。
　　A. 保密性、完整性、否认性、可控性
　　B. 机密性、可用性、完整性、抗否认性
　　C. 保密性、完整性、抗否认性、不可控性
　　D. 完整性、可用性、抗否认性、可控性

⑤ 下列不属于信息技术的是（　　　）。
　　A. 计算机技术　　　B. 微电子技术　　　C. 液压技术　　　D. 现代通信技术

二、判断题

① 信息技术是用来代替人类信息器官功能的一类技术。　　　　　　　　　　　（　　　）

②"信息是用来消除随机不确定性的东西"，信息奠基人香农所定义的信息就是日常生活层面所理解的信息。　　　　　　　　　　　　　　　　　　　　　　　　　（　　）

③ 文字的产生揭开了人类文明的序幕。　　　　　　　　　　　　　　　（　　）

④ 互联网发展日新月异，IT 企业要紧跟时代发展的步伐，及时把握最新技术和市场潮流。

（　　）

⑤ 在当前国际形势下，迫使自主可控成为我国在信息化进程中的首要考量。（　　）

•任务拓展

谈谈常用的互联网平台和软件工具，并讨论一下自己对网络的依赖程度以及如何适应信息化社会。

任务 6.3　信息伦理与职业行为自律

建议学时：1 学时

课件：
信息伦理
与职业行
为自律

•任务描述

当前，以互联网、大数据、人工智能为代表的新一代信息技术蓬勃发展，深刻改变着人类的生存方式和社会交往方式，也深刻影响着人们的思维方式、价值观念和道德行为，并有可能带来伦理风险。要有效应对信息技术带来的伦理挑战，需要深入研究思考并树立正确的道德观、价值观和法治观，形成职业行为自律。

•任务目的

- 了解信息伦理，掌握信息伦理知识并能有效辨别虚假信息。
- 了解相关法律法规与职业行为自律的要求。
- 能够具备较强的信息安全意识与防护能力，信守信息社会的道德与伦理准则。
- 能够了解个人在不同行业内发展的共性途径和工作方法。
- 能够树立正确的信息使用准则。

•任务要求

通过案例介绍，了解相关法律法规、信息伦理与职业行为自律的要求，从而明晰不同行业内职业发展的共性策略、途径和方法。

•基础知识

1. 信息伦理

信息伦理始于计算机伦理，而后演变为互联网时代的网络伦理，最终成为广义上的信息伦理。信息伦理又称信息道德，是指人们从事信息开发、信息加工、信息利用、信息传播等信息活动时所展现的伦理道德，是调整人与人之间以及个人与社会之间信息关系的行为规范的总和。

有专家将信息时代的伦理议题划分为信息隐私权、信息准确性、信息产权和信息存取权。20世纪 90 年代，"信息伦理学"这一概念首次出现，使信息社会下特别是网络环境下的信息伦理问题受到全球的关注。

2. 职业行为自律

职业行为自律是基于职业道德层面的一种自律行为。《周礼·地官司徒》中讲"三德"之教：

"一曰至德，以为道本；二曰敏德，以为行本；三曰孝德，以知逆恶"。"周礼三德"中的所谓"敏德"就是职业道德，它是个体养成和施展才能的场所，并体现为自律和他律的统一。

职业道德他律就是通过规范体现的"应当如何"的要求，由外而内地培养和促进个体道德的自觉性与自主性；职业道德的自律在于培养从业人员的职业感和责任心。道德的自律不只是主体克制和约束自身的意思，更根本的一层意义是：主体借以律己的准则，是自然、社会客观的合理的要求，道德价值的根据不在人自身，而在人之外，在于人所实践于其中的社会和历史。

• 任务实施

微课 6-3
信息伦理
与职业
行为自律

Step1：了解常见的信息伦理问题

信息技术的发展将人类文明带入了信息时代，但也带来了一系列新的伦理问题，如信息隐私权、虚假信息、知识产权及信息传播等问题，无论信息产品的开发、生产、交易或使用，决策者都可能因为信息行为不当而引起伦理问题。日常生活中常见的信息伦理问题如下。

① 侵犯个人隐私权。一些推销电话、广告短信、垃圾邮件等，侵扰着人们的私人空间，这背后是个人信息的泄露以及对隐私权的侵害问题。

② 捏造传播虚假信息。诸如"纸箱馅包子"等虚假信息的传播，扰乱了正常的社会秩序。

③ 侵犯知识产权。我国的知识产权包括了著作权、商标、发明专利等，虽然我国不断加大对侵犯知识产权行为的打击力度，但侵犯了他人知识产权的行为仍时有发生。

④ 非法存取信息。例如近年来比较猖狂的电信诈骗案，就是不法分子通过网络窃取个人信息实施犯罪的，不法分子无须获取用户的身份证以及银行卡等实物，通过网络漏洞就可以掌握公民信息，进而发生银行卡盗刷等侵财事件。

Step2：掌握识别虚假信息技巧

信息爆炸时代，面对多渠道来源的海量信息，人们往往会显得无所适从。该如何辨别哪些信息是可靠的，哪些信息是错误的并阻止它传播呢？可以从以下 7 个步骤进行识别。

① 评估信息来源→② 拒绝标题党→③ 甄别作者→④ 避免旧闻炒作→⑤ 查实证据→⑥ 具有质疑精神→⑦ 向权威机构求证

Step3：了解相关法律法规要求

针对信息社会的一系列问题，我国不断加强立法，现已形成很多法律法规。2021 年 1 月 1 日起施行的《中华人民共和国民法典》第一千零三十八条中，规定"信息处理者应当采取技术措施和其他必要措施，确保其收集、存储的个人信息安全，防止信息泄露、篡改、丢失；发生或者可能发生个人信息泄露、篡改、丢失的，应当及时采取补救措施，按照规定告知自然人并向有关主管部门报告。"2021 年 11 月 1 日，《中华人民共和国个人信息保护法》正式施行，这是一部保护个人信息的法律条款，建立起个人信息保护领域的基本制度体系。

除了立法，解决信息安全问题还要依赖于社会个体的自律。2019 年 10 月印发实施《新时代公民道德建设实施纲要》，要求"全面推进社会公德、职业道德、家庭美德、个人品德建设"。各行各业也形成了一系列有利于加强职业行为自律的规范和准则。例如，互联网行业有《互联网行业从业人员职业道德准则》，传媒行业有《广播电视从业人员职业道德准则》等。

Step4：加强职业行为自律

其实，不管从事什么职业，加强职业行为自律，有利于人们的终身职业发展，从普适的角度可以从下几个方面入手。

① 坚守健康的生活情趣。现实生活中喜爱甚至沉迷网络游戏的群体往往容易陷入网络游戏虚假交易诈骗案，尤其是青少年要遵守网络文明公约，使用绿色网络、绿色使用网络。

②培养良好的职业态度。让"安全"成为一种工作态度，如不随意讨论公司机密，不通过移动应用发布、传输、处理涉密文件材料，存有重要数据的移动存储设备不随意插入未知计算机甚至借予他人等。

③秉承端正的职业操守。任何时候都应该遵守职业操守，秉持守法诚信的价值观，遵守公司法规，不借职务之便，获取不义之财。

④维护核心的商业利益。商业秘密作为企业的核心竞争力，凝聚了企业在社会经济活动中创造的劳动成果。对商业秘密的保护不仅牵涉私权，更关系到对市场经济秩序、社会公共利益的维护。

⑤避免产生个人不良记录。如信息时代手机号等发生改变，未及时与银行联系进行变更，可能会导致信息接收不及时，从而容易产生逾期记录。

Step5：提高信息伦理和安全素养

信息安全离不开信息伦理与安全素养的培养，请对照以下 6 点检查自己具备哪些信息伦理与安全素养，并谈谈可以如何提高。

- 尊重知识，崇尚创新，认同信息劳动的价值。
- 不浏览和传播虚假消息和有害信息。
- 信息利用及生产过程中，尊重和保护知识产权，遵守学术规范，杜绝学术不端。
- 信息利用及生产过程中，注意保护个人和他人隐私信息。
- 掌握信息安全技能，防范计算机病毒和黑客等攻击。
- 对重要信息数据进行定期备份。

•任务评价

1. 自我评价

任务	级别		
	掌握的操作	仍须加强的	完全不理解的
了解常见的信息伦理问题			
掌握识别虚假信息技巧			
了解相关法律法规要求			
加强职业行为自律			
提高信息伦理和安全素养			
在本次任务实施过程中的自评结果	A. 优秀　　B. 良好　　C. 仍须努力　　D. 不清楚		

2. 标准评价

请完成下列题目，共两大题，10 小题（每题 10 分，共 100 分）。

一、选择题

①以下（　　）不属于信息时代的伦理议题。

　　A. 信息准确性　　　　B. 信息隐私权　　　　C. 信息存取权　　　　D. 知识产权

②有效辨别虚假信息的技巧不包括（　　）。

　　A. 评估信息来源　　　B. 向权威机构求证　　C. 凭借个人信念　　　D. 拒绝标题党

③以下（　　）不属于加强职业行为自律的规范和准则。

　　A.《新闻出版广播影视从业人员职业道德自律公约》

　　B.《新时代公民道德建设实施纲要》

　　C.《注册建筑师职业道德与行为准则》

　　D.《基金从业人员职业行为自律准则》

④ 以电话、短信、电子邮件等方式侵扰他人的私人生活安宁行为属于（　　　　）。

    A. 侵犯个人隐私权　　　　　　　　　B. 非法存取信息

    C. 捏造传播信息虚假　　　　　　　　D. 侵犯知识产权

⑤ 信息伦理指人们从事信息开发、信息加工、信息利用、信息传播等信息活动时所展现的（　　　）。

    A. 伦理要求　　　　B. 伦理道德　　　　C. 伦理准则　　　　D. 伦理规约

二、判断题

① 信息伦理又称信息道德，它是调整人与人之间以及个人与社会之间信息关系的行为规范的总和。（　　　）

② 信息伦理最主要还是要依赖于社会个体的自律。（　　　）

③《中华人民共和国个人信息保护法》是一部保护个人信息的法律条款。（　　　）

④ 尊重知识，崇尚创新，认同信息劳动的价值是有信息伦理与安全素养的表现之一。（　　　）

⑤ 加强个体职业行为自律就能避免信息伦理失范现象。（　　　）

•任务拓展

请查阅我国关于互联网实施犯罪构成侵犯著作权罪的相关法律规定，并谈谈自己的想法。

项目总结 >>>

本项目以信息素养与社会责任为项目背景，通过任务驱动的方式设置了包括"认知信息素养""认识信息技术发展史"和"信息伦理与职业行为自律"3个任务及任务拓展环节的"0与1二进制思考"等3个开放性讨论，均需要读者将理论知识与实践方法相结合，从而掌握有效准确的信息获取手段，并逐步内化为职业素养及行为自律能力。

第二篇

拓 展 模 块

项目 7　信息安全

　　信息安全是一个关系国家安全和主权、社会稳定、民族文化继承和发扬的重要问题。信息安全的重要性，正随着全球信息化步伐的加快而变得越来越显著。建立信息安全意识，了解信息安全相关技术，掌握常用的信息安全应用，是现代信息社会对高素质技术技能人才的基本要求。

项目目标 ▶▶▶

　　本项目主要围绕信息安全的知识与应用案例展开，完成本项目的内容学习后，需要达到以下目标。

1. 知识目标

① 建立信息安全意识，能识别常见的网络欺诈行为。

② 了解信息安全的基本概念，包括信息安全基本要素、网络安全等级保护等内容。

③ 了解信息安全相关技术，了解信息安全面临的常见威胁和常用的安全防御技术。

④ 了解常用网络安全设备的功能和部署方式。

⑤ 了解网络信息安全保障的一般思路。

⑥ 掌握利用系统安全中心配置防火墙的方法。

⑦ 掌握利用系统安全中心配置病毒防护的方法。

⑧ 掌握常用的第三方信息安全工具的使用方法，并能解决常见的安全问题。

2. 能力目标

① 具备在信息化环境下，理解信息安全意识、信息安全技术等基本概念和要素的能力。

② 具备在生活、学习与工作中，利用常见的信息安全工具解决常见信息安全问题的能力。

3. 素质目标

① 具有良好的信息安全防范意识，善于运用所学知识提升个人防护能力。

② 具有良好的社会责任感和法治意识，自觉维护网络信息安全。

课件：
信息安全
意识

任务 7.1　信息安全意识

建议学时：2 ～ 3 学时

微课 7-1
信息安全
意识

•任务描述

面临来自网络的各种威胁，通过对信息安全基础知识的学习，建立信息安全意识，能有效维护个人与他人的信息合法权益和公共信息安全。

•任务目的

通过学习本任务，了解信息安全意识的概念、特点，了解常见的网络欺诈行为，培养识别常见网络欺诈行为的能力，提升信息安全意识。

•任务要求

采用知识讲解、案例教学、小组讨论等形式，学习信息安全意识的概念和了解常见的网络欺诈行为。

•基础知识

1. 信息安全意识的概念

信息安全意识是指人们在从事信息化工作中，在头脑中建立起来的安全观念，也就是对各种各样有可能对信息本身或信息所处的介质造成损害的一种戒备和警觉心理状态。

2. 常见的网络欺诈行为

（1）网络交易类欺诈行为

① 网络病毒欺诈行为。网络病毒是通过网络传播，同时破坏某些网络组件（如服务器、客户端、数字通信设备等）的病毒，常见的有木马病毒、蠕虫病毒等。不法分子通过病毒程序窃取被害人计算机的重要信息，甚至可以远程窥探正在实施的网络行为，盗取他人网上银行、电子游戏等账号及密码，瞬间转走账户里的资金，使被害人遭受重大的经济损失。

② 电子商务欺诈行为。电子商务欺诈形式多种多样，下面列举几种常见的类型：一是冒充电商或物流商、冒充政府机关、网恋对象，获取被害人信任实施欺诈；二是通过告知被害人买到假货，帮办理免息 / 低息高额的贷款等方式制造恐慌 / 兴奋情绪实施欺诈；三是以安全检查、远程帮助为由要求安装远程控制软件，操纵被害人获取资金。

③ 电信网络欺诈行为。电信网络欺诈是指犯罪分子通过电话、网络或短信方式，编造虚假信息，设置骗局，对受害人实施远程、非接触式诈骗，诱使受害人给犯罪分子打款或转账的犯罪行为。

防范措施：注意提高安全防范意识。网络交易都是在电子信息交换的基础上完成的，没有传统媒介真实的纸质证据，电子商务的一些潜在风险使网络交易呈现出了取证难、鉴定难的情况。因此，为了自身的网络交易安全，维护自身合法权益，在完成交易后，应当保存相关电子交易的记录信息，一旦发生纠纷，可以向有关单位和部门提出维权申请，有效保护自己的切身利益。

（2）网络社交类欺诈行为

① 动机不良，博取信任。网络交友中，动机不良的陌生人往往会将个人信息描述得十分光鲜，应谨慎选择交往对象，沟通之前首先查看对方资料，并想办法进行验证，可先在各大搜索网站进行相关查询，不要急着与之见面。

② 假借名义，骗取钱财。犯罪分子在一些交友网站或 QQ、微信等社交软件上瞄准一些经济条件较好的人或个性签名有明显的交友、失恋等词语的人作为目标，进行跟帖或聊天，并投其所好，瓦解受害人的戒心。犯罪分子会为自己编造一些如生意遇到困难、投资股票被套牢、买房需要交首

付等借口，骗取被害人的财物。

防范措施：为了自身的安全，请不要把自己的真实姓名、家庭住址、联系方式、银行卡号等能够让别人直接找到你的信息放到网络上。对陌生人的网上交友请求，不论对方是同性或异性、出于何种理由，都要时刻保持一颗戒备之心。不论涉及金钱数额的大小，都不要与网友发生经济上的借贷关系，避免不必要的麻烦。

•任务实施

Step1：了解电信诈骗概念

电信诈骗（又称非接触性诈骗或远程诈骗）是指不法分子以非法占有为目的，利用手机短信、电话、网络电话、互联网等方式，以虚构事实或隐瞒事实真相的方法，骗取受害者财物的行为。

Step2：电信诈骗典型案例分析

（1）欢乐购诈骗

小李手机收到短信，称其获得 1 000 元抢购苹果手机的机会。小李购买后发现新购手机非常不好用，明显是山寨机。

（2）贫困助学诈骗

某大学新生小徐，先接到自称是教育部门的电话，让她办理助学金的相关手续。随后又接到另一个电话，称有一笔 5 000 元的助学金需尽快领取，并要求她将 7 000 元学费汇入一个指定账号，半小时后会返还学费并发放助学金。小徐完成操作后发现对方电话关机，才明白上当受骗了。如图 7.1.1 所示。

图 7.1.1　贫困助学诈骗

•任务评价

1. 自我评价

任务	级别		
	掌握的知识或技能	仍须加强的	完全不理解的
信息安全意识			
常见网络欺诈行为			
在本次任务实施过程中的自评结果	A. 优秀　　B. 良好　　C. 仍须努力　　D. 不清楚		

2. 标准评价

一、选择题（每题 5 分，共 15 分）

① 以下哪一项不是信息安全问题（　　）。

　　A. 支付宝账号被盗　　　　　　　　　　B. QQ 账号及密码被盗

　　C. Windows 系统软件更新　　　　　　　D. 个人邮箱收到大量垃圾邮件

② 移动互联网的恶意程序按行为属性分类，占比最多的是（　　）。

　　A. 流氓行为类　　　B. 恶意扣费类　　　C. 资源消耗类　　　D. 窃取信息类

③ 个人安全使用移动终端的方法不包括（　　）。

　　A. 谨慎下载 App，谨慎访问网站　　　　B. 资金操作移动终端一机多用

　　C. 注册手机号和资金操作移动终端分开　D. 资金限额

二、判断题（每题 5 分，共 25 分）

① 小陈一年多未联系的好友通过 QQ 向其借钱，并称自己银行卡已挂失，让其将钱打到一个陌生人的账户上，小陈便将钱汇向对方提供的账户里。　　　　　　　　　　（　　）

② 程先生在网上订购了机票，这天他突然收到"航空公司客服"发来短信，称他预定的航班已取消，如需退票或改签要和短信中所留客服电话联系。程先生立马拨打该电话联系改签机票。
　　　　　　　　　　　　　　　　　　　　　　　　　　　　　　　　　　　　　　（　　）

③ 吴先生接到电话，对方说他的电话已经欠费，如果不立即联系客服进行缴费就会停机，最终吴先生选择了挂断电话，并拨打通信运营商客服电话进行查询。　　　　　　（　　）

④ 周老板经常需要大额资金进行周转，为此他想办理一张大额信用卡。他在网上看到有人可以代办，便和对方联系，不仅交了一笔手续费，还按照对方要求将自己的身份信息发给了对方。（　　）

⑤ 李奶奶正要去接孙子放学，突然接到电话，对方恶狠狠地表示小孙子在他们手上，如果不想其受伤害，立即将 5 万元汇到指定账户上。电话中，李奶奶还听到了"孙子"的哭喊声，心急如焚的李奶奶立即到银行汇款。　　　　　　　　　　　　　　　　　　　　　　　　　（　　）

三、简答题（每题 20 分，共 60 分）

① 简述什么是信息安全意识。

② 简述信息安全的特点。

③ 简述网络欺诈行为有哪些。

•任务拓展

开展学习讨论活动，分为两个小组，分别列举网络有哪些正向特点和负向特点。讨论如何防范网络欺诈。

课件：
信息安全
技术

任务 7.2　信息安全技术

建议学时：2 ～ 3 学时

•任务描述

在互联网＋时代，面临着各种类型的信息安全威胁，通过学习信息安全技术知识，掌握基本的网络安全防护方法，以达到提升个人信息安全意识，增强信息安全防护能力的目的。

•任务目的

通过本任务学习，了解信息安全的概念、信息安全基本要素、网络安全等级保护等内容；了解常见的信息安全威胁和常用的安全防御技术。

微课 7–2
信息安全
技术及
应用

•任务要求

采用知识讲解、案例教学等形式，通过学习对信息安全基本要素、网络安全等级保护等内容有准确的认识；了解计算机病毒、木马、拒绝服务攻击、网络非法入侵等信息安全常见威胁以及对应的安全防御措施。

•基础知识

1. 信息安全概念

信息安全是指信息产生、制作、传播、收集、处理、选取等过程中的信息资源安全。为数据处理系统建立和采用的技术、管理上的安全保护，为的是保护计算机硬件、软件、数据不因偶然或恶意的原因而遭到破坏、更改和泄露。

2. 信息安全基本要素

信息安全有 5 个基本要素，即须保证信息的保密性、完整性、可用性、可控性、不可否认性。

（1）保密性

确保信息在存储、使用过程中不会泄露给非授权用户或实体。它是信息安全一诞生就具有的特性，也是信息安全主要的研究内容之一。更通俗地讲，就是指未授权的用户不能够获取敏感信息。

（2）完整性

确保信息在存储、使用过程中不会被非授权用户篡改，同时还要防止非授权用户对系统进行篡改，保持信息内、外部表示的一致性。

（3）可用性

确保授权用户或实体对信息及资源的正常使用不会被异常拒绝，允许其可靠及时地访问信息及资源。可用性是在信息安全保护阶段对信息安全提出的新要求，也是在网络化空间中必须满足的一项信息安全要求。

（4）可控性

指网络系统和信息在传输范围和存放空间内的可控程度，是对网络系统和信息传输的控制能力特性。使用授权机制，控制信息传播范围、内容，必要时能恢复密钥，实现对网络资源及信息的可控性。

（5）不可否认性

在网络环境中，信息交换的双方不能否认其在交换过程中发送信息或接收信息的行为。

3. 网络安全等级保护

网络安全等级保护是国家信息安全保障的基本制度、基本策略、基本方法，是对信息和信息载体按照重要性等级分级别进行保护的一项工作。开展网络安全等级保护工作是保护信息化发展、维护网络安全的根本保障，是网络安全保障工作中国家意志的体现。

网络安全等级保护标准 2.0 于 2019 年 12 月 1 日正式开始实施，除进行标准 1.0 时代网络定级及备案审核、等级测评、安全建设整改、自查等规定动作外，还增加了测评活动安全管理、网络服务管理、产品服务采购使用管理、技术维护管理、监测预警和信息通报管理、数据和信息安全保护要求、应急处置要求等内容。

•任务实施

Step1：了解常见的信息安全威胁

常见的信息安全威胁类型包括网络安全威胁、应用安全威胁、数据传输与终端安全威胁，如图 7.2.1 所示。

① 网络安全威胁：网络系统所面临的，由已经发生的或潜在的安全事件对某一资源的保密性、完整性、可用性或合法使用所造成的威胁。常见的网络安全威胁主要有：信息泄露、完整性破坏、拒绝服务、网络滥用。

② 应用安全威胁：应用安全威胁是指攻击者通过正常的应用层信息访问通道，通过操作系统漏洞、恶意代码、钓鱼网站等方式，直接攻击应用系统并进而攻击系统后台服务器资源。

③ 数据传输与终端安全威胁：数据在通信过程中被截获并窃取，造成终端用户数据的损失。包括：通信流量挟持、中间人攻击、未授权登录、无线网络安全问题等。

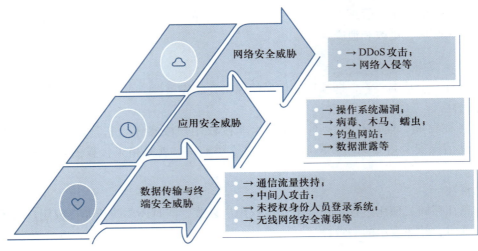

图 7.2.1 常见信息安全威胁

Step2：了解常用的信息安全防御技术

信息安全防御的主要技术有物理安全措施、数据传输安全技术、内外网隔离技术、入侵检测技术、访问控制技术、审计技术、安全性检测技术、防病毒技术、备份技术、终端安全技术等。

• 任务评价

1. 自我评价

任务	级别		
	掌握的知识或技能	仍须加强的	完全不理解的
信息安全概念			
网络等级保护			
信息安全威胁			
信息安全防御			
在本次任务实施过程中的自评结果	A. 优秀　　B. 良好　　C. 仍须努力　　D. 不清楚		

2. 标准评价

一、选择题（每题 5 分，共 15 分）

① 信息安全事件产生的原因有（　　　）。

　　A. 漏洞　　　　　　　　B. 病毒　　　　　　　C. 木马　　　　　　　　D. 恶意程序

② 信息安全的基本属性是（　　　）。

　　A. 保密性　　　　　　　　　　　　　　　　B. 完整性

　　C. 可用性、可控性、不可否认性　　　　　　D. 以上都是

③ 以下哪些属于终端安全隐患？（　　　）

　　A. 服务器存在漏洞　　　　　　　　　　　　B. 用户使用弱密码

　　C. 数据传输加密程度不够　　　　　　　　　D. 用户身份未经验证

二、判断题（每题 5 分，共 25 分）

① 互联网是由各种不同类型和规模，且独立运行与管理的计算机组成的全球信息网络。（　　　）

② 不轻信网上类似的"特大优惠"欺骗链接，拒绝透露自己的银行卡号、密码等私密信息。

　　　　　　　　　　　　　　　　　　　　　　　　　　　　　　　　　　　　　（　　　）

③ 我国信息系统安全等级保护共分为五级。　　　　　　　　　　　　　　　　　　（　　　）

④ 办公的内网进行物理隔离之后，他人就无法窃取到计算机中的信息。　　　　　　（　　　）

⑤ 网络安全事关国家安全，是事关广大人民群众工作生活的重大战略问题。　　　（　　）

三、简答题（每题 20 分，共 60 分）

① 简述信息安全基本要素。

② 信息安全存在的风险有哪些？

③ 信息安全等级保护关键技术是什么？

•任务拓展

学习网络安全法，分析讨论网络安全法有哪些重要内容？

任务 7.3　信息安全应用

建议学时：2 ～ 3 学时

•任务描述

小明在使用计算机过程中，总是受到来自网络的病毒攻击，操作系统很容易受到破坏，经过一段时间的信息安全技术学习，小明学会通过防火墙管理和病毒防护来保护自己的计算机，抵御网络安全威胁，有效地保护个人信息。

•任务目的

通过本任务的学习，了解常见的网络安全设备及功能；掌握 Windows 10 操作系统防火墙开启的方法以及病毒和威胁防护基本配置的方法。

•任务要求

采用知识讲解、案例教学、项目实践等形式，通过引入网络安全案例和操作系统安全案例，掌握 Windows 10 操作系统防火墙开启的方法、病毒和威胁防护基本配置的方法和常用的第三方信息安全工具的使用方法，拓展信息安全技能。

•基础知识

1. 常见的网络安全设备及功能

① 防火墙：作为边界设备，可对用户的上网行为、网页及邮件病毒、非法应用程序等进行阻断，从而达到保护内网的作用。

② 防毒墙：位于网络入口处（网关），是用于对网络传输中的病毒进行过滤的网络安全设备。通俗地说，防毒墙可以部署在企业局域网和互联网交界的地方，阻止病毒从互联网侵入内网。

③ 漏洞扫描器：是一类自动检测本地或远程主机安全弱点的程序，它能够快速准确地发现扫描目标存在的漏洞并提供给使用者。

④ 虚拟专用网络（VPN）：指在公用网络上建立专用网络，进行加密通信。VPN 网关通过对数据包的加密和数据包目标地址的转换实现远程访问。

2. Windows 10 操作系统开启防火墙

① 点击左下角■图标，选择"设置"选项，打开"Windows 设置"窗口。

② 选择"更新和安全"选项，打开"Windows 更新"窗口。

③ 选择"Windows 安全中心"选项，打开"Windows 安全中心"窗口。

④ 选择"防火墙和网络保护"选项，打开"防火墙和网络保护"窗口，如图 7.3.1 所示。

图 7.3.1　防火墙和网络保护

3. Windows 10 操作系统病毒和威胁防护基本配置

① 单击左下角 ⊞ 图标，选择"设置"选项，打开"Windows 设置"窗口。

② 选择"更新和安全"选项，打开"Windows 更新"窗口。

③ 选择"Windows 安全中心"选项，打开"Windows 安全中心"窗口。

④ 选择"病毒和威胁防护"选项，打开"病毒和威胁防护"窗口。

⑤ 单击"管理设置"按钮，打开"病毒和威胁防护设置"窗口，如图 7.3.2 所示。

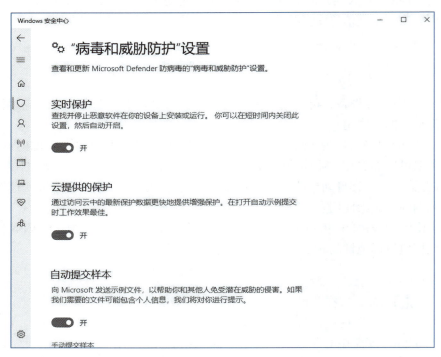

图 7.3.2　"病毒和威胁防护"设置

⑥ 依次打开所有选项：实时保护、云提供的保护、自动提交样本、篡改防护等，还可以根据需要设置文件夹限制访问和排除项。

•任务实施

微课 7-3 Windows 10 操作系统开启防火墙

Step1：Windows 10 操作系统的防火墙设置操作练习

内容要求	① 开启防火墙； ② 在防火墙中添加禁止 445 号端口的规则
操作方法	参考知识导航的操作方法完成操作
检查结果	① 防火墙是否开启； ② 防火墙规则是否创建正确

微课 7-4 在防火墙中添加禁止 445 端口的规则

Step2：Windows 10 操作系统的病毒和威胁防护设置操作练习

内容要求	① 开启病毒和威胁防护； ② 将病毒库更新到最新版本，然后进行"完全扫描"
操作方法	参考知识导航的操作方法完成操作
检查结果	① 病毒和威胁防护是否开启； ② 病毒和威胁防护是否更新到最新并完成系统扫描

•任务评价

微课 7-5 Windows 10 操作系统病毒和威胁防护基本配置

1. 自我评价

任务	级别		
	掌握的知识或技能	仍须加强的	完全不理解的
开启防火墙			
防火墙规则			
开启病毒和威胁防护			
病毒和威胁防护更新和扫描			
在本次任务实施过程中的自评结果	A. 优秀　　B. 良好　　C. 仍须努力　　D. 不清楚		

微课 7-6 Windows 10 操作系统病毒和威胁防护扫描设置

2. 标准评价

一、选择题（每题 5 分，共 25 分）

① 下列关于操作系统的叙述中不正确的是（　　　）。

    A. 管理资源的程序　　　　　　　　B. 管理用户程序执行的程序

    C. 能使系统资源提高效率的程序　　D. 能方便用户编程的程序

② 以下关于漏洞的说法，错误的是（　　　）。

    A. 从操作系统软件编写完成开始运行那刻起，系统漏洞就随之产生了

    B. 一切可能导致系统安全问题的因素都可以称之为系统安全漏洞

    C. 通过 RDP 漏洞，黑客可以取得 PC 的完全控制权，或者发动 DDoS 攻击

    D. 通过"帮助和支持中心"漏洞，黑客可以删除用户系统的文件

③ 为了保证系统安全，下面做法不恰当的是（　　　）。

    A. 安装杀毒软件、开启防火墙　　　B. 及时安装系统更新

　　C. 使用破解版软件，获取更多功能　　　　D. 不轻易打开陌生链接

二、判断题（每题 5 分，共 25 分）

① 网络安全和信息化是事关国家安全和国家发展、事关广大人民群众工作生活的重大战略问题。
　　　　　　　　　　　　　　　　　　　　　　　　　　　　　　　　　（　　）

② 任何个人和组织不得窃取个人信息，不得非法出售或者非法向他人提供个人信息，但是可以以其他方式获得。
　　　　　　　　　　　　　　　　　　　　　　　　　　　　　　　　　（　　）

③ 密码设置要注意保证强度。按一定的标准或模式分级分类设置密码并保证重要账户的独立性。
　　　　　　　　　　　　　　　　　　　　　　　　　　　　　　　　　（　　）

④ 使用身份证复印件等证明材料时，在身份证复印件上写明用途、重复复印无效等。（　　）

⑤ 在不需要文件和打印共享时，关闭文件共享功能，避免给黑客寻找安全漏洞的机会。（　　）

三、简答题（每题 20 分，共 60 分）

① 简述如何通过系统安全中心开启防火墙。

② 简述如何通过系统安全中心开启病毒和威胁防护。

③ 简述如何通过系统安全中心添加防火墙规则。

•任务拓展

学习安装 360 安全卫士软件，学会 360 安全卫士常用功能的使用。

360 安全卫士软件的介绍：

360 安全卫士是一款受到广大用户欢迎的计算机安全防护软件，操作简单、使用便捷，用户只需要安装后就可以对计算机进行体检、清理、加速、防护等操作。不仅如此，360 安全卫士还有着很多独特的功能，如木马查杀、软件卸载、软件管家等。

项目总结 >>>

　　本项目是以典型案例为基本教学手段，让学生参与到学习场景中，提高学生的学习兴趣，以培养信息安全意识为目标。本项目共分为 3 个任务，主要采用任务驱动及案例教学法，以安全事件发生的全过程为背景，较完整地反映了网络安全的主流知识和技能。学生通过学习可以了解信息安全的重要性，掌握常用的信息安全常识和技能。在教学过程中还要注意培养学生的思维和操作能力，并保持良好的道德素质。

项目8 项目管理

微课 8-1
项目任务
概述

本项目以"企业人事管理信息系统开发项目"的管理为背景,通过甲、乙方(需求方、承接方)两个不同的角色扮演,以不同的视角围绕项目管理中的"启动、规划、执行、监控、收尾"5个工作环节认知项目管理的概念、工作流程、工作内容、专业术语等,并以常见的专业项目管理工具软件应用对项目管理进行工作分解、制定进度计划、过程性管控等,提升掌握项目管理的实践操作能力,深入理解项目管理在未来工作中的实际应用价值。

项目目标 ▶▶▶

本项目主要围绕项目管理的知识及应用案例展开,完成本项目的内容学习后,需要达到以下目标。

1.知识目标

① 理解项目管理的基本概念,了解项目范围管理,了解项目管理的4个阶段和5个过程。

② 理解信息技术及项目管理工具在现代项目管理中的重要作用。

③ 熟悉常见的项目管理工具软件类型、功能、操作界面。

④ 理解项目范围管理、项目管理流程、项目资源约束条件等。

⑤ 了解项目管理相关工具的功能及使用流程,能通过项目管理工具创建和管理项目及任务。

2.能力目标

① 具备在不同职业场景中,独立开展项目管理工作结构的分解及编制能力。

② 具备在现代项目管理中,利用常见项目管理工具软件的基本应用能力。

③ 具备在现代项目管理中,独立完成项目管理工具软件的创建项目、工作分解、任务建立、进度编制、资源平衡、质量监控、风险控制等项目管理的可视化、标准化管理的能力。

3.素质目标

① 具有刻苦钻研的专业精神和职业精神,善于将项目管理知识与相关工具应用在学习、工作等不同场景中。

② 具有良好的社会责任感和社会公德意识,在进行项目管理训练过程中,了解更多的社会工作知识。

课件：
项目管理
认知

任务 8.1　项目管理认知

建议学时：2 学时

•任务描述

　　A 科技有限公司自从健全完善了公司内部的人事管理体制机制后，有效的人事管理极大地提升了运营效率，年度营收较上一年增长了 10 个百分点。公司根据市场调研结果反馈的良好信息决定拓宽业务范围，并拟扩大公司人员规模以适应业务扩张的需要，并提出了开发一套人事管理信息系统以提高人事管理效率的动议。周小伍作为公司的行政助理，需要在广泛调研的基础上起草项目章程，并提交给上级分管领导进行研判，请代他完成这项任务吧。

•任务目的

　　通过项目章程的编写任务初步了解项目与项目管理的基本概念，同时了解项目管理的 4 个阶段、5 个过程和 10 个主题之间的联系以及各个阶段的工作内容，并认知信息技术在现代项目管理中的重要作用。

•任务要求

　　以小组为单位代入 A 科技有限公司行政助理周小伍的角色后开展学习探究，并按照任务实施步骤完成项目章程各项内容的编写，进行演示汇报。

•基础知识

1. 项目定义

　　项目管理（Project Management，PM），狭义的理解就是"对项目（Project）进行管理"，但也反映项目管理的两个内涵，一是项目管理属于管理的范畴，二是项目管理的对象是项目。而要理解项目管理首先得要明确哪些类型的工作属于项目，见表 8.1.1。项目不同于常规工作，项目包括一组独特的过程，其组成包括带有开始日期和结束日期，受协调和控制的活动，这些活动的实施用于实现项目目标，具体可以是一项工程、服务、研究课题及活动等。

表 8.1.1　项目与常规工作的区别

	项目	常规工作
特性	特殊性、独特性	常规性、普遍性
组织结构	项目组织	职能部门
时间周期	一次性、有限的	重复性、相对无限的
管理形式	风险型	确定型
评价指标	以目标为导向	效率和质量
资源投入	多变性	稳定性

　　结合上表内容，该任务描述的关于 A 科技有限公司开发一套人事管理信息系统这项工作内容就属于项目的范畴，因其是一组以目标为导向的、特殊的、一次性的、多变性与风险型的工作过程。

2. 项目管理概念

　　项目管理是管理学的一个分支学科，是指在项目活动中运用专门的知识、技能、工具和方法，使项目能够在有限资源限定条件下，实现或超过设定的需求和期望的过程。项目的相关概念在不同的环境下有所不同，如图 8.1.1 所示。以任务背景为例，A 科技有限公司在运营过程中因内部组织加强了人事管理，而取得了收益的增长，且通过对内、外部环境的调研分析后发掘了公司发展机遇，并在组织战略上做出了开发人事管理信息系统，以信息技术手段提升管理效率以适应公司业务范围扩大与人员规模增长需要的决定，最终预期能够在项目成果交付使用后，能够促推公司在新一轮的运营中获得收益的较大提升。

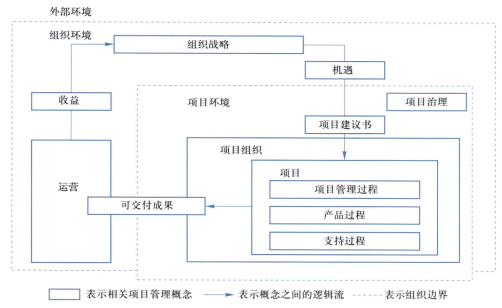

图 8.1.1 项目管理概念关联示意图

3. 项目管理主题与过程

（1）项目寿命周期

项目寿命周期（Project Life Cycle，PLC）是指任何一个项目按照自身的运行规律从立项实施到完成预期目标的一个完整循环过程，按照国际上的划分方法通常分为"提出""规划""实施""结束"4 个阶段。

（2）项目管理主题

早期的项目管理主要关注的是成本、进度（时间），后来又扩展到质量，后又逐渐发展成为 10个管理主题，每个主题对应着项目寿命周期的各个细分层面，见表 8.1.2。该 10 大主题组具体分为综合管理、利益相关方管理、范围管理、资源管理、时间管理、费用管理、风险管理、质量管理、采购管理、沟通管理。

表 8.1.2 项目管理主题组与过程组的关联

主题组	过程组				
	启动	规划	执行	监控	收尾
综合	制订项目章程	制订项目计划	指导项目工作	控制项目工作 控制更改	关闭项目阶段或项目 收集经验教训
利益相关方	确定利益相关方		管理利益相关方		
范围		定义范围 创建工作 分解结构 定义活动		控制范围	
资源	建立项目团队	估算资源 定义项目 组织	提升项目团队	控制资源 管理项目团队	

211

续表

主题组	过程组				
	启动	规划	执行	监控	收尾
时间		排序活动 估算活动 持续时间 制定进度		控制进度	
费用		估算费用 制定预算		控制费用	
风险		识别风险 评估风险	处理风险	控制风险	
质量		质量策划	执行质量保证	执行质量控制	
采购		采购策划	选择供应商	管理采购	
沟通		沟通策划	发布信息	管理沟通	

（3）项目管理过程

如图 8.1.2 所示，项目管理是由一系列子过程构成的，而每个项目管理子过程又是由一系列项目管理的具体活动构成的。一般来说，项目管理包含 5 个过程，分别为启动、规划、执行、监控、收尾，项目管理的主题在不同的阶段均定义了不同的工作内容。

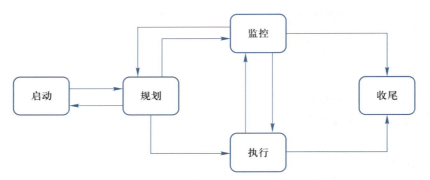

图 8.1.2 项目管理过程组关联作用

任务实施

项目章程将项目与组织的战略目标联系在一起，是项目管理中非常重要的一环。制定项目章程的目的一是为了正式授权一个项目或一个新的项目阶段，并确定项目负责人、项目经理（Project Manager，PM）及其相关的责权利；二是为了记录业务需求、项目目标、关键可交付成果和项目成本等关键信息，见表 8.1.3。在工作实际中编写项目章程的体例和具体内容因项目特征而多变，本任务推荐一个典型项目章程编写样例，见表 8.1.4，供大家学习参考。

表 8.1.3 任务实施步骤及相关基础知识

实施步骤	须掌握基础知识
Step1：填写项目基本信息	项目名称、发起人、负责人、团队组建
Step2：填写项目目的与高层级描述信息	项目的内、外部环境与组织策略以及项目的整体内容
Step3：填写项目边界与可交付成果信息	项目范围的界定、项目最终的具体交付成果内容
Step4：填写项目高层级需求信息	系统开发所需达到的性能、功能需求
Step5：填写项目总体风险	风险识别与风险评估
Step6：填写项目目标与成功标准	项目范围、具体目标与衡量标准
Step7：填写项目总体里程碑	关键项目节点与时间进度安排

表 8.1.4　项 目 章 程

项目名称：　人事管理信息系统		
项目发起人：　张三	准备日期：　2021 年 6 月 1 日	
项目分管领导：　李四	项目经理：　王五	

项目目的

在时间、成本可控的前提下，通过信息化手段实现学校人事管理的精细化管理。

高层级项目描述

为学校设计一套能够节省人力、财力、物力，能够提高人事管理人员的工作效率，能够实现无纸化快速查询、调阅、分类汇总的人事管理信息系统，提升企业信息化水平。

项目边界

根据人事管理业务范围设计软件系统，不涉及硬件系统及其他内容。

关键可交付成果

档案管理软件系统、系统开发文档、用户手册。

高层级需求

软件系统必须达到二级信息安全等级保护标准，系统能够并行处理 3 万条以上数据。

项目总体风险

项目成本超预算、项目交付延期、所交付软件系统与需求不符。

项目目标	成功标准

范围

项目范围：管理信息系统	在预算内如期交付符合需求、安全可靠的软件系统。

时间

项目开发周期：5 个月	截至 2021 年 12 月 20 日成功完成软件系统的测试与试运行。

成本

项目总体预算：45 万元	项目经费支出不超出总体预算，甚至有所结余。

其他

总体里程碑	到期日
用户需求调研分析与总体方案设计	2021.07.01
UI 界面设计与软件开发	2021.10.10
软件系统测试与试运行	2021.12.15

审批：
项目分管领导签字：　　　　　　　　　　　项目经理签字：
日期　　　　　　　　　　　　　　　　　　日期

表格填写关键要素说明如下：

① 项目目的：实施项目的原因，可以是商业论证、组织的战略规划、外部因素、合同规定，或者其他任何启动项目的原因。

② 高层级项目描述：项目的总体描述。

③ 项目边界：对项目范围的限制，可以包括范围内责任或其他相关限制。

④ 关键可交付成果：高层级项目和产品可交付成果，这些将在项目范围说明书中渐进明细。

⑤ 高层级需求：为了实现项目目标，必须满足的高层级条件或能力。描述产品必须达到的性能或功能以满足相关方的需求和期望，这些将在需求文件中渐进明细。

⑥ 项目总体风险：对项目总体风险的估计。总体风险可以包括因政策、社会、经济和技术的不确定性、复杂性和模糊性而导致的风险。它适用于向相关方公开陈述项目成果可能发生的变化。

⑦ 项目目标和相关的成功标准：通常至少为范围、时间和成本设立项目目标。成功的标准是指识别出的用于测量成功的指标和数值，也可能会有一些其他目标，如有些组织会设立质量、安全性、相关方满意度等目标。

⑧ 总体里程碑：项目中的重大事件，如项目主要可交付成果的完成、项目阶段的开始或结束，或者产品得到验收。

• 任务评价

1. 自我评价

任务	级别		
	掌握的知识或技能	仍须加强的	完全不理解的
项目的特征			
项目管理的概念			
项目管理的 3 个环境			
项目管理的 5 个过程			
在本次任务实施过程中的自评结果	A. 优秀 B. 良好 C. 仍须努力 D. 不清楚		

2. 标准评价

一、选择题（每题 5 分，共 25 分）

① 下列（   ）选项不属于项目的基本特征。

    A. 一次性　　　　　B. 独特性　　　　　C. 明确性　　　　　D. 普遍性

② 下列（   ）选项不属于项目管理的 5 个过程。

    A. 启动　　　　　　B. 计划　　　　　　C. 实施　　　　　　D. 调节

③ 下列活动中属于项目的是（   ）。

    A. 上课学习　　　　B. 春游活动　　　　C. 提交作业　　　　宿舍保洁

④ 项目管理划分为 5 个过程的依据是（   ）。

    A. 相对性　　　　　B. 绝对性　　　　　C. 相关性　　　　　D. 重要性

⑤ 项目管理包含以下（   ）阶段。

    A. 概念阶段　　　　B. 开发阶段　　　　C. 实施阶段　　　　D. 收尾阶段

二、判断题（每题 3 分，共 15 分）

① 项目管理的目的是为了控制项目成本。　　　　　　　　　　　　　　　　（　　）

② 搬家属于项目，因为它具有一次性、独特性的特点。　　　　　　　　　　（　　）

③ 项目一旦立项开展实施后就不能变更。　　　　　　　　　　　　　　　　（　　）

④ 项目在开发实施过程中可以无限制地使用资源。　　　　　　　　　　　　（　　）

⑤ 项目划分阶段时一般将相同的工作划分为一个阶段。　　　　　　　　　　（　　）

三、简答题（每题 20 分，共 60 分）

① 简述什么是项目，它具有哪些特征？

② 简述什么是项目管理。

③ 简述项目管理的 4 个阶段与 5 个过程。

• 任务拓展

为了丰富班级的课外活动，班级集体讨论后决定于下月到红色革命基地开展参观学习活动，作为班级的一员请积极献言献策，帮助辅导员策划组织好本次班级活动。要求以 3 人为小组单位开展活动策划，策划内容应包含活动目的、活动内容及行程安排、突发情况处理预案、经费预算、人员分工等内容，并编写形成活动策划方案书作为作业提交。

任务 8.2　项目管理实践

建议学时：2 学时

•任务描述

B 软件公司中标了 A 科技有限公司的人事管理信息系统开发项目，B 软件公司领导指定李亮为该项目的项目经理，李亮需要借助项目管理工具对该项目进行梳理，对项目进行工作分解和计划后召开项目启动会，给项目成员分配任务，请代他完成这项任务吧。

•任务目的

通过任务初步了解常见的项目管理工具及其功能与使用流程，同时能利用项目管理工具软件开展项目的工作分解、进度计划编制、费用管理等各项工作内容，并编制出相应的项目管理图表。

•任务要求

以小组为单位开展学习探究，并要求使用 Excel 软件制作 OPPM 一页纸项目管理，要求图表美观大方、内容填写周详准确，最终以小组为单位进行演示汇报。

•基础知识

1. 创建工作分解结构

工作分解结构（Work Breakdown Structure，WBS）是面向可交付物的项目元素的层次分解，它组织并定义了整个项目范围。简单来说，WBS 就是把一个项目按一定的原则分解成若干个工作任务，任务再分解成一项项工作活动内容，再把每项工作分配到每个人的日常活动中，直到分解不下去为止。WBS 的组成元素有助于项目干系人检查项目的最终产品，WBS 的最底层元素是能够被评估的、安排进度的和被跟踪的。

WBS 是组织管理工作的主要依据，是项目管理工作的基础。工作结构分解的过程就是为项目搭建管理骨架的过程，这些管理工作主要包括定义工作范围、定义项目组织、设定项目产品的质量和规格、估算和控制费用、估算时间周期和安排进度。WBS 一般用图表的形式进行表示，较为常用的工作分解结构表示形式主要有分级的树型结构图和表格形式的分级目录。WBS 的分解可以采用多种方式进行，一般包括以下几种：

① 按产品的物理结构分解；

② 按产品或项目的功能分解；

③ 按照实施过程分解；

④ 按照项目的地域分布分解；

⑤ 按照项目的各个目标分解；

⑥ 按部门分解；

⑦ 按职能分解。

2. 制订进度计划

制订进度计划的目的是计算项目活动的开始和结束时间，建立整体的项目进度基线。每一项项目工作活动都是按照一个逻辑顺序进行安排的，该顺序确定了持续时间、里程碑，提供了一个网络的相互依存关系，而进度是建立在活动级别上的，它为分配资源和制定基于时间的预算提供了依据。

随着工作的推进或项目计划的改变，随着预期风险的出现、消失或新风险的确定，应立即审查并修订工作持续时间和资源估算，从而制定一份经批准后能作为基线的计划，据此可跟踪计划的进展。

项目进度计划（Project Schedule）亦称"进度计划"，包括每一具体活动的计划开始日期和期望完成日期，可用表格形式或图示法表现。在实际工作中，项目进度更多使用图示法来表现，常见的有项目网络图、条形图（甘特图）、重大事件图等，这些图能显示出项目间前后次序的逻辑关系，同时也显示了项目关键路径（Critical Path）与相应的活动。如图 8.2.1 所示，制定进度计划有以下 4 个环节：

① 定义活动：定义活动过程始于工作分解结构的最低级别，它使用被称为活动的更小组件来识别、定义并记录工作，从而为项目的规划、执行、监控和收尾提供一个基础。本过程的主要作用是将工作包分解为活动，作为对项目工作进行估算、进度规划、执行、监督和控制的基础。其目的是识别、定义和记录为实现项目目标而宜被列入进度并执行的所有活动。

② 排序活动：排序活动的目的是确定并记录项目活动之间的逻辑关系，从而建立网络图，并由此确定关键路径。活动应按照逻辑顺序与优先级进行排序，同时兼顾提前、滞后、制约因素，并考量活动间的相互依存关系和外部依赖关系，以助于制定一份现实且可实现的项目进度。

图 8.2.1　定义活动的数据流向图

③ 估算活动持续时间：估算活动持续时间的目的是估算完成项目中每项活动所需的时间。活动持续时间是可用资源数量和类型、活动之间关系、能力、规划日程表、学习曲线以及管理处理等主题的一个功能。持续时间最常表示时间制约因素与资源可用性之间的权衡。

④ 估算活动资源：估算活动资源的目的是确定活动列表中每个活动所需的资源。资源可包括人、设施、设备、材料和工具。

3. 项目成本管理

项目成本管理（Project Cost Management，PCM）是为使项目成本控制在计划目标之内所做的预测、计划、控制、调整、核算、分析和考核等管理工作。其目的就是要确保在批准的预算内完成项目，具体项目要依靠制定成本管理计划、估算费用、制定预算、控制费用 4 个过程来完成，其中的每一个环节都相互重叠和影响。估算费用是制定预算的前提，制定预算是控制费用的基础，控制费用则是对制定预算的实施进行监督，以保证实现预算的成本目标。

① 估算费用：目的是获得完成每一个项目活动以及整体项目所需的费用近似值，估算费用通常使用人工时间、设备时间数或按货币估值等度量单位进行表达。如果用货币估值表达且绩效跨越一段较长的时间，则一般使用考虑货币时间价值的方法。如果项目包括大量的重复和有序的活动，则可使用学习曲线，而涉及多种货币的项目则需要计算项目计划中所使用的汇率。

② 制定预算：目的是将项目预算发布到工作分解结构中的适当等级，并对计划部分工作的预算分配提供一个基于时间的预算，能对照它进行实际绩效的比较。项目费用估算与预算编制紧密相关，费用估算确定了项目的总费用，而预算编制则确定花费费用的场合和时间，并建立一种能借以管理绩效的手段。在预算编制过程中应建立客观的费用绩效措施，在费用绩效评估之前设置客观措施将增强责任并避免偏见，而未分配给活动或其他工作范围的储备项或应急项可被创建并用于管理控制目的，或用于控制已识别的风险。

③ 控制费用：控制费用的目的是监控费用偏离并采取适当的行动，该过程要着重确定当前项

216

目费用状态，将之与基线费用进行比较时可以明晰任何偏离状况，当发现预计费用偏离时马上执行适当的预防或纠偏措施，以避免不良的费用影响。一旦项目开始实施，绩效数据就随之开始进行积累，包括预算的费用、实际费用和完成时的估算费用。为了评价费用绩效，需要积累计划安排数据，如预定活动的进展情况和当前及未来活动的预计完成日期，而费用使用偏离可能源于规划不善、不可预见的范围变化、技术问题、设备故障或其他外部因素，如供应商方面的困难等。

4. 项目质量监控与风险控制

① 质量监控：其目的是确保项目的可交付成果满足项目目标的各项要求，且达到项目的相关标准。执行质量监制一般通过使用既定的工具、程序和技术检测手段，对阶段或总结性的产品进行监控，针对出现的问题或缺陷及时进行纠偏，消除质量环上所有阶段引起不合格或不满意效果的因素。

② 风险控制：是指项目管理者采取风险回避、损失控制、风险转移和风险保留等各种措施和方法，消灭或减少风险事件发生的各种可能性，或减少风险事件发生时造成的损失。

5. 项目管理工具

如何通过详细地策划、实施与管控，让各项工作有条不紊地朝着预期目标顺利开展，利用何种工具高效地实现工作项目的调控是读者需要去了解和学习的。目前有很多图形工具可以使项目管理更有效、更高效，通用的有甘特图、PERT 图、思维导图、时间线、WBS 图、状态表、鱼骨图、日历、HOQ 和 OPPM。

WBS 图：即工作分解结构，是一种树形结构，总任务在上方，往下分解为分项目，然后进一步分解为独立的任务，如图 8.2.2 所示。

WBS表														
一、项目基本情况														
项目名称						项目编号								
制作人						审核人								
项目经理						制作日期								
二、工作分解结构 (R-负责 responsible; AS-辅助 assist; I-通知 informed; AP-审批 to approve)														
分解代码	任务名称	包含活动	工时估算	人力资源	其他资源	费用估算	工期	张三	李四	王五	赵六	吴丹	刘峰	张芳
1.1	邀请客户	提交邀请函给客户	0.5	2			1	I	AP	R	I	I	I	I
1.2		安排行程	2	3			2	R	AP	AS	I	I	I	AS
1.3		与客户确认行程安排	0.5	1			1	I	AP	R	I	I	I	I
2.1	落实资源	安排我司高层接待资源	1	2			1	R	AP	AS	I	I	I	I
2.2		安排各部门座谈人员	2	6			2	AP	I	I	AS	AS	R	I
2.3		确定总部可参观场所	0.5	4			1	AP	I	I	AS	AS	R	I
3.1	预定后勤资源	预定国际机票	0.5	1			1	AP	I	AS	I	I	I	AS
3.2		预定酒店	0.25	1			1	AP	I	AS	I	I	I	R
3.3		预定陆上交通车	0.25	1			1	AP	I	AS	I	I	I	R
3.4		预定用餐	0.5	1			1	AP	I	AS	I	I	I	R
3.5		预定观光门票	0.5	1			1	AP	I	AS	I	I	I	R
4.1		启程	1	3			1	I	AS	R	I	I	I	AS
4.2		展厅、生产线、物流参观	0.5	6			1	AS	AS	AS	I	R	AS	AS

图 8.2.2　WBS 工作分解结构图

甘特图（Gantt Chart）：又称为横道图、条状图（Bar Chart）。通过条状图形来显示项目、进度和其他时间相关的系统进展的内在关系随着时间进展的情况，如图 8.2.3 所示。

OPPM：即一页纸项目管理，它将目标所指、时间安排、职责所在、资源分配、授权情况、成本花费，还有附属情况等都逐一以表格形式直观地展示出来，详见"任务实施"。

思维导图：又称脑图，它是用一个中央关键词或想法以辐射线形连接所有的代表字词、想法、任务或其他关联项目的图解方式，如图 8.2.4 所示。

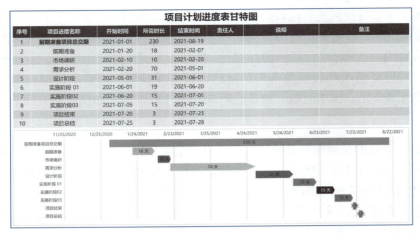

图 8.2.3　甘特图

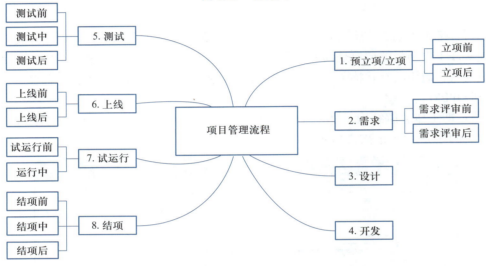

图 8.2.4　思维导图

任务实施

在实际工作中，可选择的项目管理工具软件是非常多的，例如 Edraw Project、MS Project、Visio、Excel 等，可以用来帮助创建项目管理的各类图表，本任务以 Excel 软件制作 OPPM 为例，供读者学习参考，步骤见表 8.2.1，效果如图 8.2.5 所示。

表 8.2.1　任务实施步骤及相关基础知识

实施步骤	须掌握基础知识
Step1：填写标题	项目的基本信息与总体目标
Step2：填写负责人	项目成员的职责与任务划分
Step3：项目子目标	项目具体目标
Step4：主要项目任务	任务的拆分与任务进展安排
Step5：使任务和目标一致	任务和目标的匹配性
Step6：目标日期	时间进度安排与时间线表达
Step7：使任务与时间线一致	任务与时间线的关联
Step8：将任务分配给负责人	各项任务的主要、次要负责人安排
Step9：主观任务	无法量化分析的其他任务
Step10：成本	人工、材料、系统等成本预算
Step11：概述和预测	描述可能存在的问题、困难和解决办法

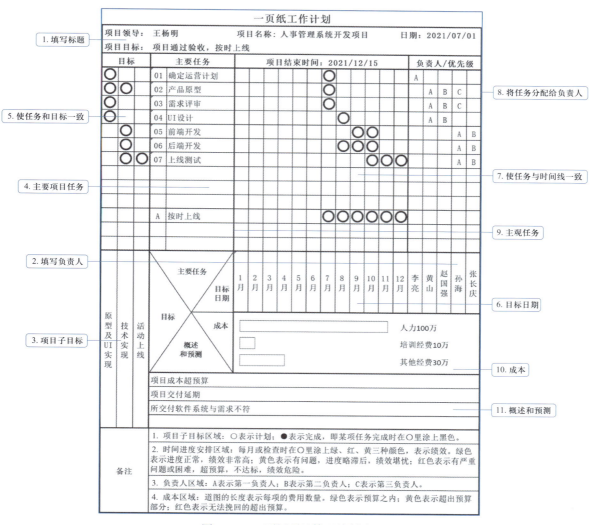

图 8.2.5 一页纸项目管理编制流程

•任务评价

1. 自我评价

任务	级别		
	掌握的知识或技能	仍须加强的	完全不理解的
项目管理的范围			
项目管理的执行阶段			
项目管理的监控阶段			
项目管理的收尾阶段			
在本次任务实施过程中的自评结果	A. 优秀 B. 良好 C. 仍须努力 D. 不清楚		

2. 标准评价

一、选择题（每题 5 分，共 25 分）

① 在 OPPM 中，当一项工作任务完成时用（　　　）符号来标记。

　　A. 黑色实心圆圈　　　B. 黑色空心圆圈　　　C. 绿色实心圆圈　　　D. 黄色空心圆圈

② 风险分析不包括的项是（　　　　）。

    A. 风险描述　　　　　B. 风险起因　　　　　C. 应对策略　　　　　D. 资源需求

③ WBS 不可以从以下（　　　　）获得信息。

    A. 范围管理计划　　　B. 项目范围说明书　　C. 需求文件　　　　　D. 项目进度

④（多选题）项目制约因素包括（　　　　）几项。

    A. 范围　　　　　　　B. 质量　　　　　　　C. 进度

    D. 资源　　　　　　　E. 费用

⑤（多选题）OPPM 矩阵包括（　　　　）几项。

    A. 主要任务　　　　　B. 目标　　　　　　　C. 目标日期

    D. 成本　　　　　　　E. 概述和预测

二、判断题（每题 3 分，共 15 分）

① 创建工作分解结构的目的是为所需完成工作的提出提供一个分层的分解框架，以实现项目目标。（　　　　）

② 制定进度的目的是计算项目活动的开始和结束时间，建立整体的项目进度基线。（　　　　）

③ 绘制一个思维导图是从分支上填入关于这个想法的细节开始的。（　　　　）

④ OPPM 可以用于风险控制。（　　　　）

⑤ 项目活动在排序过程中不存在时间上的重叠。（　　　　）

三、简答题（每题 20 分，共 60 分）

① 请简述常见的项目管理工具有哪些。

② 请简述 WBS 图的概念和作用。

③ 请简述 OPPM 的概念和作用。

•任务拓展

为了丰富班级的课外拓展活动，班级集体讨论后决定于下月到红色革命基地开展参观学习活动，作为班级的一员请积极献言献策，帮助辅导员策划组织好本次班级活动。要求以 3 人为小组开展活动策划，并使用 OPPM 对活动的目标、工作内容、分工安排以及时间安排、资金预算、风险预测等做出详尽的计划。

项目总结 ▶▶▶

本项目以企业"人事管理信息系统开发项目"管理为项目背景，通过甲、乙方（需求方、承接方）两个不同的角色扮演，从不同视角中的"启动、规划、执行、监控、收尾"5 个工作环节认知项目管理的概念、工作流程、工作内容、专业术语等，并以常见的专业项目管理工具软件应用对项目管理进行工作分解、制定进度计划、过程性管控等掌握项目管理的实践操作能力，帮助读者深入理解项目管理在未来工作中的实际应用价值。本项目所涉及的项目管理对学生在学习、生活、工作中开展自我管理、工作管理都有极大的帮助，通过参与角色的扮演切换到不同的视角，旨在帮助读者代入角色与融入场景，方便快速理解项目管理的方法和手段。

项目 9 机器人流程自动化

 **项目概述** ▶▶▶

　　随着业务扩展、管理向精细化方向的发展，以及企业越来越多的管控需求，人力资源需求越来越紧张；另一方面，由于传统的烟囱式系统建设方法造成目前内部办公、业务运营等领域存在大量的跨系统对接难、人工操作烦琐等痛点，使得员工不得不进行大量重复、低价值跨系统复制、对比、按步骤操作等机械事务工作，不仅耗费了大量的工作时间，还存在显著的人为因素风险。随着数字经济的发展，越来越多的企业愈加注重自动化、智能化创新技术的应用，纷纷迈向更高效能的科技转型之路。机器人流程自动化（Robotic Process Automation，RPA）作为一种应用广泛且容易落地的自动化技术，在助力企业实现科技对业务的赋能上，发挥着极为重要的作用。

项目目标 ▶▶▶

　　本项目主要围绕机器人流程自动化的使用方法及应用案例展开，完成本项目的内容学习后，需要达到以下目标。

　　1. 知识目标

　　① 了解 RPA 及其工具：了解国产机器人流程自动化软件 UiBot 和 RPA 应用领域。

　　② 掌握 UiBot 脚本语言基础知识，包括语法特点、变量、数据类型、输入输出。

　　③ 掌握 UiBot 脚本设计语言的异常处理及程序调试方法。

　　④ 能在 Windows 系统中搭建 RPA 实施环境。

　　2. 能力目标

　　① 具备在信息化环境下选择不同的 RPA 工具完成任务的能力。

　　② 具备在不同职业场景中将简单的业务逻辑转化成 RPA 的设计思维和动手实施的能力。

　　3. 素质目标

　　① 具有良好的科学精神，善于依托信息化手段解决日常生活和工作中的实际问题。

　　② 具有科技报国的家国情怀和使命担当，融合更多自主可控技术解决所学专业问题。

任务 9.1　了解 RPA 的概念和开发环境安装

建议学时：2 ～ 3 学时

● 任务描述

机器人流程自动化（Robotic Process Automation，RPA）是一种创新的流程优化、数字化技术，通过计算机编程或辅助软件模拟人类的操作，按照人类设计的规则自动执行流程任务。目前，RPA 技术主要用于信息检索、信息读取、信息录入、信息核对等规则明确、重复性强、流程固定、耗时和准确性要求高的工作。市面上有很多 PRA 工具，如 UiPath、Automation Anywhere、UiBot 等。本任务将以国产软件 UiBot 为例，通过搭建实施环境，完成 UiBot 软件的安装。

● 任务目的

通过下载、安装并配置 UiBot 开发环境，学会使用 UiBot 开发工具"创造者"模块运行 RPA 流程，明确 UiBot 模块成员的各自能力以及 RPA 可能的应用场景。

● 任务要求

以小组为单位开展团队协作，安装并配置 UiBot 开发环境，并使用流程设计器运行 RPA 流程，一起探讨 RPA 的应用场景。

● 基础知识

机器人流程自动化平台 UiBot 由流程设计器（Creator）、流程执行端（Worker）、管理控制端（Commander）和 AI 能力（Mage）4 个模块组成，技术架构如图 9.1.1 所示。

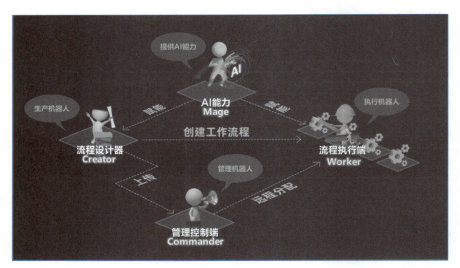

图 9.1.1　技术架构图

① 流程设计器是机器人的开发工具，用于搭建和开发 RPA 流程自动化机器人，支持可视化与源代码两种开发模式。UiBot 官方提供了丰富的命令和经典案例。

② 流程执行端是机器人的运行工具，供用户运行现有流程，对现有流程进行编排和配置，查看运行记录等。

③ 管理控制端是机器人的流程管理平台，用于管控组织机构及流程设计器和流程执行端信息，支持对流程与任务的统一分配和部署管理，支持日志追踪、实时监控和分析报表等。

④ AI 能力指机器人的 AI 能力平台，内置光学字符识别（Optical Character Recognition，OCR）等多种适合 RPA 机器人的 AI 能力，提供预训练模型，无须 AI 经验，开箱即用。

个人用户可以免费使用 Creator 社区版进行 RPA 流程的设计和实施。

• 任务实施

Step1：UiBot 开发环境的搭建，运行环境建议见表 9.1.1

表 9.1.1　运行环境建议

产品	软件要求	硬件要求
流程设计器（Creator）	Windows 7 SP1（家庭版、专业版） Windows 10（家庭版、专业版各版本号） Windows Server 2008（标准版、企业版） Windows Server 2012（标准版、企业版） Windows Server 2016（标准版、企业版） Windows Server 2019（标准版、企业版） （以上 32 位或 64 位系统都可以） NET Framework 4.5 以上版本	CPU：4 核及以上 内存：4 GB 及以上（建议 8 GB） 硬盘：128 GB 及以上 显示设备：1920×1080 最佳

微课 9-1 RPA 的概念及 UiBot 产品

Step2：Creator 下载

进入 UiBot 官网，打开下载页面，单击"立即下载"按钮，网页跳转到账号注册页面，根据页面提示完成相关注册后，根据不同操作系统，选择对应版本，下载 Creator 的安装文件。

Step3：Creator 安装

双击打开安装文件，阅读用户协议并单击"同意"，进入安装引导页面，再单击"开始安装"按钮。

程序进入安装状态，页面会显示"正在安装……"的进度条，几分钟即可安装完毕。单击"立即体验"按钮，进入 Creator 登录界面，通过登录已注册好的账号，即可进入 UiBot Creator 初始主界面，可以新建流程、打开流程，同时可以进入 UiBot 学院、交流社区、经典范例等栏目进行学习交流。

UiBot Creator 提供了 4 个开箱即用的演示案例，例如单击"UiBot 自我介绍"案例，进入流程设计视图界面，流程从开始节点根据箭头指向顺序依次执行相应模块。顶部是流程导航，左侧是流程图控件，中间是流程图编辑区，右侧则是属性和变量配置区。每一个模块均可以独立运行和独立编辑。单击顶部流程导航的"运行"按钮，可运行整体流程。

• 任务评价

1. 自我评价

任务	级别		
	掌握的知识或技能	仍须加强的	完全不理解的
了解 RPA 的基本概念及应用场景			
了解 RPA 的常用软件			
学会安装 UiBot			
了解 UiBot 的流程设计视图的使用			
在本次任务实施过程中的自评结果	A. 优秀　　B. 良好　　C. 仍须努力　　D. 不清楚		

2. 标准评价

一、选择题（每题 10 分，共 50 分）

① 以下（　　　）RPA 软件是国产软件。

    A. UiPath　　　　　　　　　　　　　　B. Automation Anywhere

    C. UiBot　　　　　　　　　　　　　　　D. 按键精灵

② 下列是 UiBot 中的开发模块的是（　　　）。

    A. Creator　　　　　B. Worker　　　　　C. Mage　　　　D. Commander

③ 下列关于 RPA 主要用途说法错误的是（　　　）。

    A. 信息检索　　　　　B. 信息核对　　　　　C. 信息录入　　　　D. 信息篡改

④ UiBot 中可以个人免费使用的模块是（　　　）。

    A. Creator　　　　　B. Worker　　　　　C. Mage　　　　D. Commander

⑤ UiBot Mage 提供的能力是（　　　）。

    A. 设计开发　　　　　B. 流程执行　　　　　C. AI　　　　D. 流程管理

二、判断题（每题 25 分，共 50 分）

① UiBot 可以在 Linux 中运行。　　　　　　　　　　　　　　　　　　　（　　　）

② UiBot 全部模块都是免费的。　　　　　　　　　　　　　　　　　　　（　　　）

•任务拓展

完成本任务后，尝试运行 UiBot 本身提供的 4 个场景样例，并进入各个模块查看流程的步骤和组成，切换可视化视图和源代码视图了解机器人流程的组成。

课件：
UiBot 开
发者指南

任务 9.2　开发者指南

建议学时：1～2 学时

•任务描述

在 UiBot 的流程设计器安装完成之后，可以针对流程需求，进行流程设计和模块化实施。在实施过程中，将会使用到一些编程基础知识。UiBot 本身已经提供了近 400 个封装好的预制件命令，即使不写代码，也可以通过拖曳命令的方式完成机器人脚本的创建。

•任务目的

通过阅读 UiBot 官网的开发者指南和观看教学视频，掌握 UiBot 使用过程中的基本概念，通过招标信息收集机器人的流程设计与制作来锻炼实践能力，掌握在 UiBot 中流程、流程块、命令、属性的使用与配置。

•任务要求

以小组为单位阅读 UiBot 官网的《初级开发者指南》《中级开发者指南》《编程基础知识》《命令手册》，观看 UiBot 官网的教学视频，一起动手实践完成机器人自动化流程的设计。

•基础知识

1. 流程

所谓流程，是指要用 UiBot 来完成的一项任务，一项任务对应一个流程。虽然可以用 UiBot 陆续建立多个流程，但同一时刻，只能编写和运行一个流程。

2. 流程块

把一项任务分为多个步骤来完成，其中的每个步骤，在 UiBot 用一个"流程块"来描述。

3. RPA 流程实施

RPA 流程实施由 5 个阶段组成，包括需求分析、机器人设计、机器人构建、测试、上线。

•任务实施

招标信息收集机器人预计要实施的场景为：让机器人自动通过浏览器访问广西政府采购网，进入"公开招标公告"，并通过查询条件筛选属于南宁市的工程类招标数据，记录到 Excel 文档中，最后通过邮件发送给指定人员。

机器人流程的设计遵循人操作流程的顺序，要实现一个机器人流程，可以先人工操作一遍，记录下人工操作的步骤和顺序，比如本场景案例中人工操作的步骤如下：

打开浏览器→输入广西政府采购网网址→单击"信息公告"菜单→单击"公开招标公告"菜单→输入查询条件"工程"/"南宁市"→单击"搜索"→抓取页面显示的公告信息→创建 Excel 文档→抄录到 Excel →登录邮箱→写邮件添加 Excel 到附件→发送邮件。

基于人工操作的流程，机器人的流程步骤也将遵循这个步骤来设计。在模块设计上，考虑到抓取数据和发送邮件是两个相对独立的行为，可以把流程图设计如图 9.2.1 所示。

图 9.2.1　流程图设计

在下一任务中，将按照人工操作步骤分别具体实施以上两个模块的机器人自动化流程。

•任务评价

1. 自我评价

任务	级别		
	掌握的知识或技能	仍须加强的	完全不理解的
了解流程的概念			
了解流程块的概念			
了解 RPA 流程实施			
掌握 UiBot 设计机器人流程的方法			
在本次任务实施过程中的自评结果	A. 优秀　　B. 良好　　C. 仍须努力　　D. 不清楚		

2. 标准评价

一、选择题（每题 20 分，共 60 分）

① 以下（　　）不是 RPA 流程实施中的阶段。

　A. 需求分析　　　　　B. 机器人构建　　　　C. 机器人设计　　　　D. 收费

② 以下（　　）是 RPA 流程实施中的第一阶段。

　A. 需求分析　　　　　B. 机器人构建　　　　C. 机器人设计　　　　D. 上线

③ 在 RPA 流程实施中确保实施质量的阶段是（　　）。

A. 需求分析　　　　B. 机器人构建　　　　C. 测试　　　　D. 机器人设计

二、判断题（每题 20 分，共 40 分）

① 测试在 PRA 实施中不是必需的。　　　　　　　　　　　　　　　　　　（　　）

② 在机器人设计过程中，一般把相对独立的任务分配给不同的流程块。　　（　　）

• 任务拓展

　　阅读完开发者指南和教学视频，即可尝试通过官网的"RPA 考试认证"参加 RPA 实施工程师初级认证，考试通过可获得 UiBot 官方提供的 RPA 实施工程师初级证书。

课件：
UiBot 场
景实施

任务 9.3　场景实施

建议学时：4 ～ 6 学时

• 任务描述

微课 9-2
场景实施

　　使用 UiBot Creator 让机器人自动通过浏览器访问广西政府采购网，进入"公开招标公告"栏目，通过查询条件筛选南宁市的工程类招标数据，记录到 Excel 文档中，最后通过邮件把 Excel 文档发送给指定人员。通过这一流程，达到无人工干预，机器人自动完成全流程的目的，进而了解 RPA 的原理和实施方法。

• 任务目的

　　通过动手实施招标信息收集机器人流程，学会使用 UiBot Creator 里的预制件命令实施流程，并掌握机器人自动化流程的实施方法。

• 任务要求

　　阅读 UiBot 官网的《初级开发者指南》《中级开发者指南》《编程基础知识》《命令手册》，观看 UiBot 官网的教学视频，以小组为单位一起动手实施机器人自动化流程的设计。

• 基础知识

1. 命令

　　命令是指在一个流程块当中，告知 UiBot 具体每一步该做什么动作、如何去做的指示。UiBot 会按照要求执行每一条命令。

　　基于上一任务中分析的人工操作流程，机器人流程实施将涉及浏览器操作、鼠标操作、键盘操作、数据抓取、Excel 操作、邮件操作等预制件命令。

2. 属性

　　如果说命令是一个动词的话，那么属性就是和这个动词相关的名词、副词等，并把它们组合在一起，让 UiBot 知道具体如何做这个动作，比如使用浏览器打开一个链接，这个链接就是一个属性。

• 任务实施

　　根据已设计完成的任务：流程模块"招标信息抓取"，执行以下步骤。

Step1：编辑"招标信息抓取"模块

　　单击"招标信息抓取"模块右上角的编辑按钮，进入该模块的可视化视图界面。

Step2：在模块可视化界面中配置命令与属性

在搜索命令框输入"浏览器"。命令栏显示与浏览器有关的所有命令，使用鼠标拖曳的方式，把"启动新的浏览器"命令拖曳到命令编辑区，并且配置右侧的属性，将要访问的网址输入到打开链接属性里。浏览器可以视本机有什么浏览器而定。可以单击这一命令行后面的三角形"单步运行"命令，检查机器人是否已经打开浏览器，并且进入广西政府采购网。

使用同样方法，拖曳"鼠标—单击目标"命令，单击"查找目标"，将单击对象选择为上一步打开的浏览器中广西政府采购网页面菜单栏的"信息公告"。

同样单步运行调试，可以看到光标自动移动到"信息公告"处，并完成单击操作。如果浏览器已经关闭，可以单击顶部工具栏的"运行"按钮，机器人则会从本模块第一行命令开始，从上至下执行所有命令。

Step3：设置搜索内容

微课 9–3
数据查询
和抓取

进入信息公告页面后，默认进入公开招标公告菜单页面，也就是目标操作页面。接下来输入查询条件：关键词"工程"，地区"南宁市"，并单击"搜索"按钮，使用到"键盘—在目标中输入""界面元素—设置元素文本"和"鼠标—单击目标"，拖出"在目标中输入"命令，目标对象选择网页上的"关键词"控件，在右侧的"属性—写入文本"中，录入希望机器人输入的内容："工程"（注意双引号）。拖出"设置元素文本"命令，为目标对象选择网页上的"地区"控件，在右侧的"属性—写入文本"中，录入："450100"（注意双引号）。

下拉控件录入的值为什么是"450100"呢？这与该网页前端 HTML 的写法有关。可以通过在网页上按 F12 键调出前端源码，查看到该地区下拉控件的值，南宁市的 value 被定义为"450100"，该网页的地区下拉控件里，"450100"代表南宁市。

接下来就是单击"搜索"按钮，通常是用到"鼠标单击目标"来选中搜索按钮，如图 9.3.1 所示。

再次运行已完成的流程步骤，可以看到机器人已经完成了搜索目标数据的一系列操作。

图 9.3.1 定位按钮

Step4：使用"数据抓取"命令

单击工具栏的"数据抓取"，机器人会提示，数据抓取支持桌面程序表格、Java 表格、SAP 表格、网页的数据抓取，单击"选择目标"按钮，如图 9.3.2 所示。

图 9.3.2 数据抓取目标选择

选择任意一行公告的标题，此时，机器人会提示，须再抓取一次同一层级的其他元素，意味着需要再次选中另一个公告的标题，以便机器人获取一个表格中同一层级的多行数据，如图 9.3.3 所示。

图 9.3.3　数据抓取提示

换一个公告的标题再次选择，根据提示，将文字和链接两个信息都抓取出来，单击"确定"按钮，可以看到，机器人把网页上第一页所有公告文章的标题和链接都抓取出来了。如果还想抓取网页表格中更多数据，就单击"抓取更多数据"按钮，用同样的方法把其他数据也抓取出来。如果不需要更多数据，则单击"下一步"按钮。

此时机器人提示，该表格有多页信息，是否要抓取翻页按钮获取更多数据，单击"抓取翻页"按钮，选择翻页控件，抓取命令操作完成，设置右侧属性，将抓取页数改为 2。

Step5：保存数据到电子表格

接下来将机器人抓取到的数据填入 Excel 文档中保存起来，使用" Excel- 打开 Excel 工作簿""Excel- 写入区域""关闭 Excel"等命令。

拖出"打开 Excel 工作簿"命令，在右侧文件路径输入" D:\\ 工程类招标信息 .xlsx"，使用双引号括起来。注意，路径类变量值的" \ "要用斜线" \\ "代替，如果 D 盘下无此文件，机器人会自动创建一个，须保证本机环境里预先安装了 Office 的 Excel 软件或 WPS，可以通过修改属性里的打开方式来切换。

在打开 Excel 之前，机器人抓取数据的输出默认赋值给一个变量名叫 arrayData 的数组。从抓取数据显示界面中可以看出，抓取结果是一个"标题，链接"的多行数组结构，那么写入到 Excel 中时，就需要用到"写入区域"来将多行数组的值填入其中，可以通过配置工作表名称，开始单元格写入的数据来配置这一命令。注意，由于 arrayData 是个变量，这里无须用双引号括起来。只有常量才需要双引号。

最后，拖出"关闭 Excel 工作簿"命令。

通过以上步骤，便完成了让机器人代替人工操作，打开浏览器、进入指定页面和菜单、输入查询条件、抓取数据、保存到 Excel 中的全部步骤流程。

可以通过单步执行（命令行尾部的运行键）、多部执行（Shift 键 + 要执行的命令行，单击命令行尾部的运行键）、全部执行（工具栏的运行键）来调试和测试流程步骤。

Step6：完成"发送邮件"模块

微课 9-4
邮件发送

切换到"发送邮件"模块，在发送邮件时，需要使用 POP（Post Office Protocol，邮局协议）和 SMTP（Simple Mail Transfer Protocol，简单邮件传输协议）。拖出" SMTP/POP- 发送邮件"命令，这里用 SMTP 协议来发送邮件，也可以通过单击键盘录入的操作方式登录邮箱门户网站，模拟人工操作步骤来完成邮件发送流程。

使用" SMTP/POP- 发送邮件"命令，需要提前到发邮件的邮箱门户网站或邮箱服务器配置开通 SMTP/POP 协议，以此获得协议访问的授权码，须注意不能使用登录邮箱的用户密码，而是通过开通 SMTP/POP 协议后获得的授权码作为密码来访问。

以腾讯 QQ 邮箱为例，登录邮箱后，在"邮箱设置 – 账户"里，开启 SMTP/POP 服务，根据引导完成开启操作后，将会获得一个授权码。

"发送邮件"命令属性内容参考如下：

SMTP："smtp.qq.com"

邮箱账号："13xxxx57@qq.com" ——发送邮件的邮箱

登录密码："qvodtxxxxxlibiah" ——开通 SMTP/POP 协议获得的授权码

收信邮箱："13xxxx57@qq.com" ——接收邮件的邮箱

邮件标题："招标信息报告" ——邮件标题

邮件正文："附件是工程类招标信息，请查收。" ——邮件正文

邮件附件："D:\\ 工程类招标信息 .xlsx" ——邮件附件

服务器端口：25

SSL 加密：否

然后单击"运行"按钮，检查收信邮箱是否收到了一封邮件。

Step7：输出调试和日志

在机器人运行过程中，可能存在运行出错或者结果不正确的情况，可以通过使用"输出调试信息"和"写入日志"的方式，将中间过程和步骤输出，以便跟踪调试和排查问题所在。

例如，上一步的邮件发送命令的结果默认输出到变量 bRet 里，那么使用"输出调试信息"把 bRet 打印出来，使用"写入一般日志信息"把 bRet 记录到日志里。

Step8：运行结果

分模块和分命令都调试完成后，可以退回到流程图视图，单击"运行"按钮，完成两个模块的串联运行。RPA 机器人在短短的 20 秒左右就代替人工完成了网页数据收集和汇报工作。这不仅提升了工作效率、减少了人工操作可能出现的错误，还把人员从简单烦琐的工作中解脱出来，投入到更多有创造性的工作中去。

•任务评价

1. 自我评价

任务	级别		
	掌握的知识或技能	仍须加强的	完全不理解的
了解命令的概念和使用			
了解属性的概念和使用			
实现了招标信息抓取模块			
实现了发送邮件模块			
在本次任务实施过程中的自评结果	A. 优秀　　B. 良好　　C. 仍须努力　　D. 不清楚		

2. 标准评价

一、选择题（每题 20 分，共 60 分）

① 以下（　　）不是 UiBot 中的预制基本命令。

　　A. 延时　　　　　　B. 复制数据　　　　　C. 单击目标　　　　D. 取随机数

②以下（　　　）不是 UiBot 中的预制鼠标键盘命令。

　　A. 单击目标　　　　　　B. 设置日志级别　　　　C. 移动到目标上　　　　D. 模拟点击

③以下（　　　）不是 UiBot 中的预制界面操作命令。

　　A. 单击目标　　　　　　B. 关闭窗口　　　　　　C. 获取进程 PID　　　　D. 窗口置顶

二、判断题（每题 20 分，共 40 分）

①在 UiBot 中可以使用"启动新的浏览器"命令打开一个新的浏览器。　　　　　　（　　　）

②"启动新的浏览器"命令只能打开 IE 浏览器。　　　　　　　　　　　　　　　（　　　）

•任务拓展

　　切换到源代码模式，可以看到在可视化视图里拖出的每一条命令，都自动生成了 UB 脚本代码，甚至连变量都自动定义好了。同样，在源代码模式中编写 UB 脚本，切换到可视化视图也会出现相应的可视化命令，可以尝试在源代码模式中编写一些语句。

项目总结 ▶▶▶

　　本项目以招标信息收集机器人流程场景中对招标信息处理的要求作为项目背景，设置了"了解 RPA 的概念和开发环境安装""开发者指南""场景实施"3 个任务。这 3 个任务均以"目标—认知—实践—评价—反思"的任务驱动方法进行推进，在知识结构上从易到难，在应用层面上将计算思维训练对接智能化工具，做到思维训练与应用情境有效地迁移。

项目 10　程序设计基础

 项目概述 ▶▶▶

　　社会的进步、科技的发展都离不开计算机，计算机包括硬件和软件两部分，而软件的核心是程序，对程序的设计是软件构造活动中的重要组成部分，是给出解决特定问题程序的过程。因此，了解程序设计知识、掌握程序设计方法才能更好地操控计算机，使其成为学习和工作中的利器。本项目以学生的奖学金评定为具体任务，通过项目分析、设计、编码、调试、测试等不同阶段的训练，让读者学会运用程序设计思维来解决问题。

📍 项目目标 ▶▶▶

　　本项目主要围绕 Python 编程语言的使用方法及应用案例展开，完成本项目的内容学习后，需要达到以下目标。

1. 知识目标

① 了解 Python 的版本及应用领域。

② 掌握程序设计语言基础知识，包括语法特点、变量、数据类型、输入输出。

③ 掌握程序设计语言的流程控制语句及常用函数。

④ 掌握程序设计语言的异常处理及程序调试语句。

⑤ 能在 Windows 系统中搭建 Python 编程环境。

2. 能力目标

① 具备在信息化环境下搭建 Python 编程环境并进行调试、测试程序的能力。

② 具备在不同职业场景中将简单的业务逻辑转化成程序语言代码的能力。

3. 素质目标

① 具有良好的科学思维方式和创新精神，可使用程序设计思想解决实践问题。

② 具有良好的团队精神，善于与团队成员进行沟通交流。

任务 10.1　安装 Python 开发环境

建议学时：2 ～ 3 学时

• 任务描述

Python 作为一种跨平台语言，可以运行在 Windows、Linux 和 macOS 等操作系统，本任务将以 Windows 10 为平台演示 Python 开发环境的搭建过程。

• 任务目的

- 了解 Python 的版本及应用领域。
- 能在 Windows 系统中搭建 Python 编程环境。

• 任务要求

了解如何下载、安装并配置 Python 开发环境，掌握使用 Python 开发工具编写 Python 程序的基本步骤，明确程序的设计流程。

• 基础知识

1. Python 语言特点

Python 语言功能强大，具有易于学习、开源等特点，在网络和互联网开发、数据库访问、桌面图形用户界面开发、科学与数学、教育、网络编程、软件和游戏开发等领域有丰富的第三方库支持。

2. Python 常用开发工具

Python 语言属于高级语言，需要有解释器或编译器将 Python 程序编译或解释为可执行的机器代码，目前 Python 版本主要有 2.X 和 3.X 两大系列，本书以版本 3.9.5 为例进行讲解。

Python 常用的开发工具有：Micro Python、PyCharm、Eclipse、Spyder、Codimension、PyPy 等，本任务重点介绍 PyCharm 开发工具的下载、安装和使用方法。

3. Python 程序设计基本流程

Python 程序设计遵循软件设计的流程：招投标→项目立项→需求分析→概要设计→详细设计→编码→单元测试→集成测试→系统测试→项目验收→试运行→正式运行→系统维护→新旧系统切换。

• 任务实施

以 Windows 10 为平台演示 Python 开发环境的搭建。

Step1：Python 下载

打开 Python 的官网，进入下载页面，单击 Download 按钮，根据不同的操作系统，选择对应的版本，此处选择 Windows。

Step2：Python 安装

下载成功后，右击下载后的文件，在弹出的快捷菜单中，选择"以管理员身份运行"选项，打开安装界面，如图 10.1.1 所示。

先选中"Add Python 3.9 to PATH"复选框，然后单击"Install Now"进行安装。保持默认选

择，接下来都选择"Next"，执行安装，直到出现"Setup was successful"的成功安装界面。

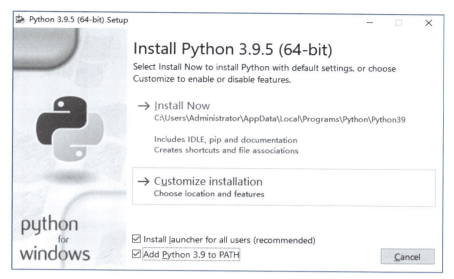

图 10.1.1 安装界面

Step3：Python 验证

安装完成后，可以在命令行窗口中，输入 python 验证 Python 环境是否安装成功，如图 10.1.2 所示。

图 10.1.2 安装验证

使用 quit、exit 命令，或按组合键 Ctrl+Z，或直接关闭窗口，均可退出 Python 环境。

Step4：PyCharm 的下载

可以使用 Python 自带的 IDLE 进行项目开发，但对于初学者来说，使用 PyCharm 更加方便。下面介绍如何下载、安装和使用 PyCharm。

在浏览器中搜索 PyCharm，进入 PyCharm 官网，根据不同的操作系统，选择不同的文件。PyCharm 官网针对不同系统平台，均提供 Professional 专业版和 Community 社区版，本书选择使用 Community 社区版。

Step5：PyCharm 的安装

右击下载后的文件"pycharm-community-2021.1.2"，选择"以管理员身份运行"选项，打开安装窗口。

单击"Next"按钮，打开"Choose Install Location"的窗口，此处使用默认目录，单击"Next"按钮，打开"Install Options"窗口，在这个窗口中可以配置 PyCharm 的各个安装选项，全部选中。

继续单击"Next"按钮，单击"Install"按钮安装 PyCharm，稍等片刻后 PyCharm 安装完成，提示是否重启计算机，根据需要进行选择，此处选择"I want to manually reboot later"。

Step6：使用 PyCharm 开发第一个 Python 程序

第一次打开 PyCharm 时，需要同意用户协议，选中"同意"复选框之后，单击"Continue"按钮，即可进入欢迎窗口。在该窗口中，有 3 个选项，"New Project"：创建全新的项目；"Open"：打开已有项目；"Get from VCS"：从版本控制系统中导入项目（如 Git、Subversion 等）。

以创建一个新项目为例进行演示。单击"New Project"选项打开"New Project"窗口，如图 10.1.3 所示。

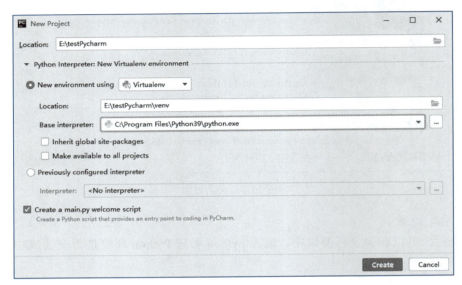

图 10.1.3　创建新项目

其中，Location 为项目的保存位置；New environment using 为给项目创建新的虚拟环境。单击 Create 按钮，新建 main.py 文件，写入代码：

```
print（"我的一个 python 程序"）
```

单击 Run 菜单下的 Run main 选项或者直接单击绿色的运行按钮，观察 Python 程序的输出结果。

•任务评价

1. 自我评价

任务	级别		
	掌握的知识或技能	仍须加强的	完全不理解的
了解 Python 语言特点			
Python 的下载、安装和使用			
了解 Python 常用开发工具			
PyCharm 的下载、安装和使用			
在本次任务实施过程中的自评结果	A. 优秀　　B. 良好　　C. 仍须努力　　D. 不清楚		

2. 标准评价

一、选择题（每题 10 分，共 50 分）

① 以下（　　）不是 Python 的特点。

　　A. 面向对象　　　　B. 面向过程　　　　C. 易于学习　　　　D. 免费

② 下列不属于 Python 的开发工具的是（　　　）。

    A. PyCharm   B. Eclipse   C. Spyder   D. MyEclipse

③ 下列关于 Python 主要用途说法错误的是（　　　）。

    A. 网络编程   B. 科学与数学   C. 图像处理   D. 信息篡改

④ PyCharm 的免费版本是（　　　）。

    A. Professional   B. Community   C. Free   D. Education

⑤ Python 的最新的常用版本是（　　　）。

    A. 2.7   B. 3.6   C. 3.8   D. 3.9

二、判断题（每题 25 分，共 50 分）

① Python 能在 Linux 中运行。   （　　　）

② PyCharm 全部版本都是免费的。   （　　　）

•任务拓展

    学完本任务后，可以尝试在其他系统平台，如在 Linux 或者 macOS 中进行 Python 开发环境的搭建。

任务 10.2　编码实现

课件：
编码实现

建议学时：2 ～ 3 学时

•任务描述

    在 Python 环境和开发工具安装完成之后，可以针对项目需求，对功能模块进行编码实现。在编码过程中，会使用到输入输出、条件判断、循环、列表、排序、文件写入等 Python 中常用的函数以及定义函数的语法。

微课 10–1
编码实现

•任务目的

- 掌握基本语法，实现主界面的开发。
- 掌握输入函数，实现录入成绩功能。
- 掌握排序函数，实现排名功能。
- 掌握写入函数，实现写入文件功能。

•任务要求

    通过了解和学习 Python 的基本语法、程序结构、输入函数、排序函数、写入函数的使用，完成程序主界面、录入成绩功能、排名功能、写入文件的开发。

•基础知识

1. Python 基本语法与程序的结构

    Python 与其他语言最大的区别就是，Python 的代码块不使用大括号 {} 来控制类、函数以及其他逻辑判断。Python 最具特色的一点就是用缩进来写模块。缩进的空格数量是可变的，但是所有代码块语句必须包含相同的缩进空格数量，必须严格执行。以下的代码采用缩进为 4 个空格。

    程序的结构分为顺序、循环、选择结构。

    顺序结构是最简单的一种，代码是从上往下一行一行解析的，代码的默认结构就是顺序结构。

    循环结构包含 for、while 两种，这里以 while 循环的语法为例：

```
while 判断条件（条件）:
执行语句......
```

选择结构包含单分支 if，多分支结构 if...elif... else... 与 if...else...，这里以多分支的语法为例：

```
if 条件表达式 1:
     语句 1/ 语句块 1
elif 条件表达式 2:
     语句 2/ 语句块 2
else:
     语句 n+1/ 语句块 n+1
```

2. 列表与排序

列表是最常用的 Python 数据类型，它可以作为一个方括号内的逗号分隔值出现，代码如下：

```
list = [1, 2, 3, 4, 5]
```

可以使用下标索引来访问列表中的值，如 list[0] 的值是 1。Python 中的常用排序函数有 sort( )、sorted( )，这里介绍代码中使用的 sorted( ) 函数的基本语法。

```
sorted(iterable, cmp=None, key=None, reverse=False)
```

① iterable：可迭代对象。

② cmp：比较的函数，具有两个参数，参数的值都是从可迭代对象中取出，此函数必须遵守的规则为：大于则返回 1，小于则返回 –1，等于则返回 0。

③ key：主要是用来进行比较的元素，只有一个参数，具体的函数的参数就是取自于可迭代对象中，指定可迭代对象中的一个元素来进行排序。

④ reverse：排序规则，"reverse=True" 表示降序，"reverse=False" 表示升序（默认）。

3. csv 文件写入

在写入文件之前，需要先使用 open( ) 函数打开或创建文件，在 Python 中有专门处理 csv 文件读取写入的内置 csv 模块，导入 csv 模块的语法为：

```
import csv
```

使用 open( ) 函数与 csv 模块的写入功能示例代码为：

```
with open(文件路径, 'w', encoding='ANSI', newline='') as f:
        f_csv = csv.writer(f)
        f_csv.writerows(list)
```

•任务实施

Step1：实现主页面功能

接下来学习使用 Python 语言开发一个简易学生管理系统。根据函数式编程的思想，将主界面编写在 main( ) 函数中。同时界面设计可以通过格式化输出的方式实现，代码如下：

```
def main():
while True:
menu_interface = "1. 录入成绩 2. 排名 3. 写入文件，输入 0 退出。请输入指令 "
menu = input(menu_interface)
```

```
if menu == "1":
inputAchievements()# 成绩录入函数
elif menu == "2":
orderAchievements()# 成绩排序函数
elif menu == "3":
outputCVS()# 写入文件函数
elif menu == "0":
break
else:
print(" 请输入正确的功能菜单 ")
```

输入指令"1"，进入录入成绩功能，在学生管理系统中，输入不同的指令进入到不同的功能，这样的设计可以通过 if…elif…else 流程控制函数实现。代码中的 inputAchievements( )、orderAchievements( )、outputCVS( )3 个函数是自定义的函数。

Step2：实现录入成绩功能

使用字典（Dictionary）把学生的学号、姓名、班级、Java 成绩、英语成绩进行封装。然后使用列表（list）存储封装好的学生信息，代码如下：

```
def inputAchievements():
temp = {" 学号 ":None, " 姓名 ":None, " 班级 ":None, "Java":None, " 英语 ":None}
in= input(" 请输入  学号  姓名  班级  Java 成绩  英语成绩，用空格作为分割 \n").split()
temp[" 学号 "],temp[" 姓名 "], temp[" 班级 "], temp["Java"], temp[" 英语 "] = map(str, in)
list.append(temp)
print(" 录入成功 ")
```

Step3：实现排名功能函数

在对列表内记录排序之前，首先要计算学生的总成绩，目前系统中有包含 Java 成绩以及英语成绩，那么首先构造一个自定义的求和函数 cmp( )，代码如下。

```
def cmp(list):
sum = float(list["java"])+float(list[" 英语 "])
return sum
```

计算好学生的总成绩后，在列表中有内置的排序函数 sorted( )，通过计算好的总成绩以及 sorted( ) 函数，完成排名功能的编写。在代码中构造一个自定义函数 orderAchievements( )，代码如下。

```
def orderAchievements():
global list
list = sorted(list, key=cmp, reverse=True)
for item in list:
print(item)
```

Step4：实现文件写入功能函数

录入成绩功能虽然能完成学生成绩的录入和存储，但是它是存储在内存中的，一旦程序关闭，内存中的记录就被删除了，因此还要编写一个持久化存储的功能。

持久化存储的方式有很多，本次主要采用办公中使用频率最高的表格（.csv）方式进行持久化存储。

① 首先导入 Python 内置的表格读写标准库——csv 库。

```
import csv
```

导入 csv 库的代码，只要写在调用 csv 库中的函数之前就可以，但是在程序编写中是存在一定规范的，须严格按照标准规范把导入库的代码放置到代码的第一行。在写入功能中需要调用 csv 库中的函数有：

- csv.DictWriter（f，headers）：创建一个像常规编写器一样操作的对象，将字典映射到输出行。
- csv.writeheader（）：写入表头。
- csv.writerows(list)：将一个二维列表中的每一个列表写为一行。

② 在导入 csv 库后，就可以通 csv 库的函数将程序中的学生成绩信息保存到表格文件中。在代码中构造一个自定义函数 outputCVS（），代码如下。

```
def outputCVS( ):
filePath = input("请输入文件保存路径 (csv 后缀 ):\n")
header = ['学号', '姓名', '班级', 'Java', '英语']  # 标签
with open(filePath, 'w', encoding='ANSI', newline='')as f:
f_csv = csv.DictWriter(f, header)
f_csv.writeheader()
f_csv.writerows(list)
print("文件写入成功!")
```

③ 最终，将录入的学生数据保存在本地文件中。

•任务评价

1. 自我评价

任务	级别		
	掌握的知识或技能	仍须加强的	完全不理解的
掌握 Python 基本语法			
掌握输入函数			
掌握排序函数			
掌握写入函数			
在本次任务实施过程中的自评结果	A. 优秀 B. 良好 C. 仍须努力 D. 不清楚		

2. 标准评价

一、选择题（每题 10 分，共 50 分）

① 以下（   ）不是选择结构的代码。

    A. if...else...   B. for   C. if...elif...else...   D. if...

② 以下（   ）是循环结构的代码。

    A. if...else...   B. for   C. if...elif...else...   D. if...

③ 以下（   ）是输入函数的代码。

    A. input( )   B. print( )   C. out( )   D. exit( )

④ 以下（   ）是列表的排序函数的代码。

    A. sorted( )   B. order( )   C. sort( )   D. append( )

⑤ Python 的读取写入 csv 文件的模块是（   ）。

A. file   B. csv   C. read   D. write

二、判断题（每题 25 分，共 50 分）

① sort( ) 函数只能由大到小排序。   （ ）

② csv 模块可以读取写入 xls 文件。   （ ）

• 任务拓展

学完本任务后，可以尝试将文件保存为其他格式，如 txt，并在程序运行之初，加载文件中的数据。

任务 10.3 异常处理与调试

课件：
异常处理
与调试

建议学时：2～3 学时

• 任务描述

在任务 10.1 与任务 10.2 中，安装了 Python 的开发环境和开发工具并完成了程序的编码，但是程序中可能还存在一些问题，需要进行调试和测试。

• 任务目的

- 了解软件测试的常用方法。
- 学会如何设置断点来调试程序。
- 学会使用异常处理语句。

• 任务要求

在任务 10.1 与任务 10.2 的基础上，通过测试用例的设计、断点调试，测试软件的鲁棒性，找出程序的异常，最后通过异常处理语句处理在程序运行过程中发生的异常情况，掌握程序的异常处理与调试方法。

• 基础知识

1. 软件测试的概念及常用方法

软件测试是指使用人工或自动的手段来运行或测定某个软件系统的过程，是保证软件质量的重要手段，其目的在于检验其是否满足规定的需求，以及弄清预期结果与实际结果之间的差别。常用的测试方法主要有白盒测试（清楚软件内部结构和逻辑）和黑盒测试（完全不考虑程序内部结构）两种。其中白盒测试主要是通过阅读源代码来判断是否符合功能需求，黑盒测试只关心功能是否正确，并通过设计一些测试用例来检验结果。

2. 断点调试

断点是一个信号，它通知调试器在某个特定点上暂时将程序执行挂起。当执行在某个断点处挂起时，称程序处于中断模式。进入中断模式并不会终止或结束程序的执行，执行可以在任何时候继续。Python 中可以使用 pdb 模块进行断点调试，也可以使用开发工具进行断点调试，后者是开发人员常用的方式。

3. 异常处理

异常即是一个事件，该事件会在程序执行过程中发生，影响程序的正常执行。一般情况下，在

Python 无法正常处理程序时就会发生一个异常。在 Python 中可以使用 try/except 语句来捕捉异常，语法如下：

```
try:
<语句>              # 运行别的代码
except <名字>:
<语句>              # 如果在 try 部分引发了异常
```

•任务实施

Step1：了解断点的使用方式

运行任务 10.2 中完成的程序，输入操作指令"1"进行成绩的录入，可以通过开发工具的代码编辑器，在代码前面，行号的后面，单击出现红色圆点，就可以设置断点，如图 10.3.1 所示。

选择 Run 菜单中的 Debug 命令就可以进入调试模式，这时输入操作指令，可以看到程序在运行到 if 判断的时候进入了中断状态。在开发工具中，可以查看 menu 变量的具体值，单击"停止"按钮即可退出调试状态，这就是断点的基本使用步骤。

图 10.3.1　设置断点

Step2：了解程序的测试

现在设计一个引发异常的测试用例，数据见表 10.3.1。

表 10.3.1　测试用例设计表

测试用例编号	测试项目	测试内容	预置条件	输入	执行步骤	预期输出
Test-001	成绩录入功能测试	输入数据与预期不符时程序鲁棒性验证	菜单功能选择正常	1 大数据班 张三 9080	运行程序，输入菜单 1，输入测试数据	在输入数据与程序处理逻辑矛盾时，程序应提示

Step3：了解程序的异常处理

注意，Step2 中测试用例的输入列值"9080"成绩之间没有使用空格隔开，导致程序运行异常。原因在于设计的字典中有 5 个键，而切割的输入内容在解包之后只能产生 4 个值，无法做到一一对应。因此编译器（解释器）会抛出一个值错误的异常，提示没有足够的值进行解包，出现异常错误提示信息为"ValueError: not enough values to uppack(expected 5，got 4)"。

使用 try/except 语句来实现异常捕捉并处理，在录入数据格式不正确时提示录入失败，即可解决问题，代码如下：

```
    def inputAchievements():
try:
    temp = {"学号":None, "姓名":None, "班级":None, "Java":None, "英语":None}
    in= input("请输入 学号 姓名 班级 java成绩 英语成绩，用空格作为分割 \n").split()
    temp["学号"],temp["姓名"], temp["班级"], temp["Java"], temp["英语"] = map(str, in)
    list.append(temp)
except Exception as e:
    print('录入失败')
else:
    print("录入成功")
```

•任务评价

1. 自我评价

任务	级别		
	掌握的知识或技能	仍须加强的	完全不理解的
了解软件测试的基本概念			
掌握断点调试的方法			
了解异常处理的概念			
掌握异常处理语句			
在本次任务实施过程中的自评结果	A. 优秀　　B. 良好　　C. 仍须努力　　D. 不清楚		

2. 标准评价

一、选择题（每题 20 分，共 60 分）

① 当清楚软件内部结构和逻辑时，可以采用（　　　）的软件测试方法。

    A. 白盒测试　　　　　　B. 黑盒测试　　　　　C. 灰盒测试　　　　　　D. 单元测试

② Python 的异常处理语句是（　　　）。

    A. try/except　　　　　B. for　　　　　　　　C. if...elif...else...　　D. if...

③ 在 Python 中，通常可以采用（　　　）来调试程序。

    A. print( ) 函数打印变量内容　　　　　　B. 断点调试

    C. 使用 pdb 模块，编写调试代码　　　　D. 通过阅读代码的方式来预判问题代码

二、判断题（每题 20 分，共 40 分）

① try/except 可以处理代码的语法错误。　　　　　　　　　　　　　　　　（　　　）

② 断点调试可以让我们看到变量的值的变化。　　　　　　　　　　　　　　（　　　）

•任务拓展

学完本任务后，可以多尝试断点的使用，如下一步、跳过等操作，并针对程序多设计一些测试用例，测试并修复程序的异常。

项目总结 ▶▶▶

本项目以奖学金评定场景中对成绩处理的要求作为项目背景，设置了包括"安装 Python 开发环境""编码实现""异常处理与调试"3 个任务。这 3 个任务均以"目标—认知—实践—评价—反思"的任务驱动方法进行推进，在知识结构上从易到难，在应用能力上从基础到精通，做到循序渐进、环环相扣。

项目 11　大数据

随着移动互联网的快速普及、物联网技术的快速发展，人类采集、存储和处理数据的能力大幅提升，人类产生创造的数据种类不断增多，数据总量也以惊人的速度增长。数据智慧开启，改变了人类的生产方式、生活方式乃至与世界沟通的方式，人类迈入了崭新的大数据时代。大数据不再是社会生产的"副产物"，而是可被二次乃至多次加工的原料，从中可以发掘更大价值，它变成了生产资料和资产，在各行各业广泛应用。因此，有必要理解大数据，并灵活合理运用大数据。

项目目标 ▶▶▶

本项目主要围绕大数据世界展开认知、探索和守卫，通过实际案例进行描述，完成本项目的内容学习后，需要达到以下目标。

1. 知识目标

① 理解大数据的基本概念、结构类型和核心特征。

② 了解大数据的时代背景、应用场景和发展趋势。

③ 掌握大数据在获取、存储和管理方面的技术架构及系统架构基础知识。

④ 掌握大数据工具与传统数据库工具在应用场景上的区别。

⑤ 掌握典型的大数据可视化工具及其基本使用方法。

⑥ 了解大数据应用中面临的常见安全问题和风险以及大数据安全防护的基本方法，自觉遵守和维护相关法律法规。

2. 能力目标

① 具备在信息化环境下初步搭建简单大数据环境的能力。

② 具备在不同职业场景中利用典型的大数据可视化工具进行数据展示的能力。

3. 素质目标

① 具有良好的数据分析思维，了解大数据规模、内容和实现其价值的技术手段。

② 具有良好的主动适应信息技术带来变革的意识，了解大数据的获取、存储、分析和安全应用。

任务 11.1　初识大数据世界

建议学时：2 ～ 3 学时

• 任务描述

作为铁路的"数据仓库"，12306 拥有中国自 2000 年以来历年的旅客铁路出行数据，每天处理的业务数据量高达数百 TB，高峰期一天点击量高达千亿次。2020 年新冠疫情发生后，12306 快速启动应急机制，利用实名制售票大数据优势，及时配合地方政府及各级防控机构提供确诊病人车上密切接触者信息。请分析 12306 大数据的特点，并完成大数据在实际生活中的应用案例分析报告。

• 任务目的

理解大数据的基本概念、结构类型和核心特征；了解大数据的时代背景、应用场景和发展趋势。

• 任务要求

以小组为单位开展学习探究，完成一份大数据在实际生活中的应用调研报告，分享大数据应用案例，以小组为单位汇报。

• 基础知识

1. 大数据定义

"数据"是对客观事物记录下来的、可以鉴别的符号，是客观实体属性的值，形式可以多样，包括数字、文字、声音、图形图像（静态和动态）等。"大数据"是指无法在一定时间范围内用常规软件工具进行捕捉、管理和处理的数据集合，是需要新处理模式才能具有更强的决策力、洞察发现力和流程优化能力的海量、高增长率和多样化的信息资产。

2. 大数据特点

大数据是数据分析的前沿技术。从各种类型的数据中，快速高效获得有价值信息的能力，就是大数据技术。业界通常用"5V+1C"，即数据量大（Volume）、数据类型多（Variety）、数据时效性强（Velocity）、价值密度低（Value）、准确性高（Veracity）、复杂性高（Complexity），来概括大数据的特征。

3. 大数据应用

随着大数据技术飞速发展，大数据应用已经融入各行各业。大数据产业正快速发展成为新一代信息技术和服务业态，即对数量巨大、来源分散、格式多样的数据进行采集、存储和关联分析，并从中发现新知识、创造新价值、提升新能力。我国大数据技术的应用将涉及机器学习、多学科融合、大规模应用开源技术等领域。

• 任务实施

Step1：认知大数据

人类是数据的创造者和使用者，自结绳记事、甲骨卜辞起，就已慢慢产生数据。现代社会，当人们打开手机的那一刻起，数据已经产生。文字、图片、声音媒体等都是以数据的形式保存和处理的，人们可以在网上阅读和观看，机器可以读懂并用于分析。通过数据分析，了解用户的喜好，让用户更快地找到自己喜欢的商品。通过数据可以洞察一个城市的运转规律，破解一座城市管理的难题，还可以掌握自然运行的规律，提前预防灾害的发生。

2015 年，在我国政策中提出，拓展网络经济空间，推进数据资源开放共享，实施国家大数据战略，超前布局下一代互联网。我国高度重视大数据发展，目前围绕建设网络强国、数字中国、智慧社会，全面实施国家大数据战略，助力中国经济从高速增长转向高质量发展。同年，我国首个国家级数据中心（贵州大数据中心）——灾备中心落户贵州，该大数据库灾备中心的揭牌标志着大数据专项行动第一阶段任务顺利落地。2022 年，我国正式全面启动"东数西算"工程。该工程将在京津冀、长三角、粤港澳大湾区、成渝、内蒙古、贵州、甘肃、宁夏等 8 地启动建设国家算力枢纽节点，并规划建设 10 个国家数据中心集群。

Step2：认知大数据的基本特征

（1）数据量大（Volume）

数据规模庞大，包括采集、存储和计算的量都非常大。有专家提出"新摩尔定律"，即人类有史以来的数据总量，每过 18 个月就会翻一番。

（2）数据类型多（Variety）

数据类型多样。大数据的多样性可划分为两层含义。一是数据来源多样化，包括系统数据、设备日志、文件系统等；二是数据结构多样化，既有结构化数据，又有非结构化数据。

（3）数据时效性强（Velocity）

数据的产生和响应快。数据增长速度快，而且越新的数据价值越大，这就要求对数据的处理速度也要快。比如实时路况信息和实时股票信息如果不及时处理，将会影响各类决策。

（4）价值密度低（Value）

价值总量高、价值密度低。大数据有巨大的潜在价值，但同其呈几何指数爆发式增长相比，某一模块数据的价值密度较低，挖掘大数据的价值类似沙里淘金。

（5）准确性高（Veracity）

数据的准确性与可信赖度高。大数据中的内容与真实世界中发生的事件息息相关，研究大数据就是从庞大的网络数据中提取出能够解释和预测现实事件的过程，通过大数据的分析处理，最后能够解释结果和预测未来。

（6）复杂性高（Complexity）

数据处理复杂。面对海量、异构、动态变化的数据，传统的数据处理和分析技术难以应对，现有的数据处理系统实现大数据应用的效率较低，成本和能耗较大，而且难以扩展。这些挑战大多来自数据本身的复杂性、计算的复杂性和信息系统的复杂性。

Step3：认知大数据的应用

（1）大数据在零售行业的应用

零售行业大数据应用有两个层面，一个层面是零售行业可以了解客户的消费喜好和趋势，进行商品的精准营销，降低营销成本；另一个层面是依据客户购买的产品，为客户提供可能购买的其他产品，扩大销售额，也属于精准营销范畴。例如，客户在一家线上店铺买了一根鱼竿，电商平台就会给该客户推送相关的鱼钩、渔夫帽、遮阳伞等商品。

（2）大数据在金融行业的应用

比较典型的金融大数据应用场景集中在数据库营销、用户经营、数据风控、产品设计和决策支持等。目前来讲，大数据在金融行业的商业应用还是以其自身的交易数据和客户数据为主，外部数据为辅；以描述性数据分析为主，预测性数据建模为辅；以经营客户为主，经营产品为辅。例如，银行信用卡中心使用大数据技术可以实现实时营销，某银行建立了社交网络信息数据库，某银行则利用大数据发展小微贷款。

（3）大数据在制造领域的应用

利用工业大数据提升制造业水平，用于产品故障诊断与预测、分析工艺流程、改进生产工艺、优化生产过程能耗、工业供应链分析与优化、生产计划与排产等。例如，我国某钢铁集团在高炉外部的不同位置，安装几千个传感器，这些传感器每天收集大量的数据并实时传输到云端，通过高炉配料计算及渣铁成分预测、安全预警、生产管理等 12 个大数据计算模型，炉内温度、燃料用量这些原本依靠经验判断的工序都在大数据的全面掌控中实时自动精确生成，实现低成本、高效率生产。

（4）大数据在交通领域的应用

大数据技术可以用于构建城市智慧交通。车辆、行人、道路基础设施、公共服务场所都被整合在智慧交通网络中。例如，利用磁性道路传感器和交通摄像头的数据来控制交通灯信号，从而优化城市的交通流量。

• 任务评价

1. 自我评价

任务	级别		
	掌握的知识或技能	仍须加强的	完全不理解的
认知大数据			
认知大数据的基本特征			
认知大数据的应用			
在本次任务实施过程中的自评结果	A. 优秀　　B. 良好　　C. 仍须努力　　D. 不清楚		

2. 标准评价

一、选择题（每题 5 分，共 25 分）

① 大数据的起源是（　　　）。

　A. 金融　　　　　　B. 电信　　　　　　C. 互联网　　　　　　D. 公共管理

② 所谓大数据，狭义上可以定义为（　　　）。

　A. 用现有的一般技术难以管理的大量数据集合

　B. 随着互联网的发展，在人们身边产生的大量数据

　C. 随着硬件和软件技术的发展，数据的存储、处理成本大幅下降，从而促进数据大量产生

　D. 随着云计算的兴起而产生的大量数据

③ 大数据的最显著特征是（　　　）。

　A. 数据规模大　　　B. 数据类型多样　　　C. 数据处理速度快　　　D. 数据价值密度低

④ 下列论据中，能够支撑"大数据无所不能"的观点的是（　　　）。

　A. 互联网金融打破了传统的观念和行为　　　B. 大数据存在泡沫

　C. 大数据具有非常高的成本　　　D. 个人隐私泄露与信息安全担忧

⑤（多选题）大数据的结构类型包括（　　　）。

　A. 结构化　　　　　B. 半结构化　　　　　C. 准结构化　　　　　D. 非结构化

二、判断题（每题 3 分，共 15 分）

① 数据就是简单的数字。　　　　　　　　　　　　　　　　　　　　　　　　（　　　）

② 大数据仅仅是指数据的体量大。　　　　　　　　　　　　　　　　　　　　（　　　）

③ 大数据预测能够分析和挖掘人们不知道或没有注意到的信息，从而判断事件必然会发生。　　　　　　　　　　　　　　　　　　　　　　　　　　　　　　　　　　　　（　　　）

④ 人们关心大数据，最终是关心大数据的应用，关心如何从业务和应用出发让大数据真正实现其所蕴含的价值，从而为人们生产生活带来有益的改变。　　　　　　　　　　　（　　　）

⑤ 1 PB＝1 000 TB。　　　　　　　　　　　　　　　　　　　　　　　　　　（　　　）

三、简答题（每题 20 分，共 60 分）

① 请简述什么是大数据，它有哪些来源。

② 请简述大数据的主要特点。

③ 请简述大数据有哪些应用。

•任务拓展

2020 年 11 月 1 日零时第七次全国人口普查开始。请大家观看第七次全国人口普查宣传片"大国点名、没你不行",在观看时思考以下几个问题:人口普查数据是否是大数据?人口普查数据的采集方式是什么?人口普查数据如何传输?人口普查数据的存储方式是什么?人口普查数据的意义是什么?以 2 人为小组对上述问题进行总结归纳,以报告形式提交。

课件:
探索大数据世界

任务 11.2　探索大数据世界

建议学时:2 ～ 3 学时

•任务描述

通过本任务的学习,能够熟悉大数据分布式存储等组件,掌握大数据工具与传统数据库工具在应用场景上的区别,初步具备搭建简单大数据环境的能力,了解大数据分布式处理技术,熟悉大数据处理的基本流程,了解大数据分析技术,初步建立数据分析的概念,熟悉典型的大数据可视化工具及基本使用方法。

•任务目的

了解大数据分布式存储组件原理以及与传统数据库区别;了解大数据分布式技术原理与架构;能够简单搭建大数据环境;熟悉大数据基本处理流程以及可视化工具的基本使用方法。

•任务要求

以小组为单位开展学习探究,并完成相关任务;能够说明大数据存储、分析、处理的基本原理和常用大数据可视化工具的基本使用方法;能够搭建简单的大数据平台。

•基础知识

1. 大数据存储技术

"大数据"通常指的是那些数量巨大和难以收集、处理、分析的数据集,亦指那些在传统基础设施中长期保存的数据。大数据存储是将这些数据集持久化存储到计算机中,大数据存储架构包括MPP 架构、Hadoop 分布式架构等。

2. 大数据处理技术

大数据处理技术核心的框架包括 MapReduce 和 Spark。

① MapReduce 是一个并行计算与运行软件框架(Software Framework)。它提供了一个庞大但设计精良的并行计算软件框架,能自动完成计算任务的并行化处理,自动划分计算数据和计算任务。

② Spark 是开源的类 Hadoop MapReduce 的通用并行框架,是专为大规模数据处理而设计的快速通用的计算引擎。

3. 大数据分析技术

Hive 是基于 Hadoop 构建的一套数据仓库分析系统,它提供了丰富的 SQL 查询方式来分析存储在 Hadoop 分布式文件系统中的数据。

4. 大数据可视化技术

可视化工具 ECharts，是一个使用 JavaScript 实现的开源可视化库，可以流畅地运行在个人计算机和移动设备上，兼容当前绝大部分浏览器，底层依赖矢量图形库 ZRender，提供直观、交互丰富、可高度个性化定制的数据可视化图表。

任务实施

Step1： 认知大数据存储和处理技术

（1）大数据存储架构

采用 MPP（Massive Parallel Processing）架构的新型数据库集群，重点面向行业大数据，采用 Shared Nothing 架构，通过列存储、粗粒度索引等多项大数据处理技术，再结合 MPP 架构高效的分布式计算模式，完成对分析类应用的支撑，运行环境多为低成本应用服务器，如图 11.2.1 所示。其具有高性能和高扩展性的特点，在企业分析类应用领域获得极其广泛的应用。

基于 Hadoop 的技术扩展和封装，围绕 Hadoop 衍生出相关的大数据技术，应对传统关系数据库较难处理的数据和场景，如针对非结构化数据的存储和计算等。充分利用 Hadoop 开源的优势，伴随相关技术的不断进步，其应用场景也将逐步扩大，目前最为典型的应用场景就是通过扩展和封装 Hadoop 来

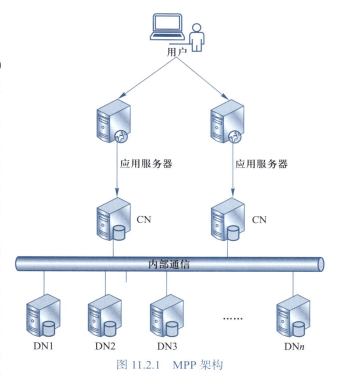

图 11.2.1　MPP 架构

实现对互联网大数据存储、分析的支撑。对于非结构、半结构化数据处理、复杂的 ETL（Extract-Transform-Load，抽取 – 转换 – 加载）流程、复杂的数据挖掘和计算模型，Hadoop 平台更擅长，如图 11.2.2 所示。

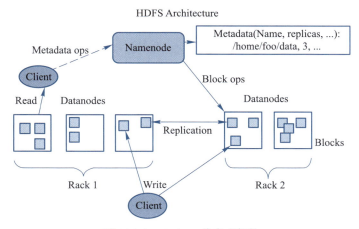

图 11.2.2　Hadoop 分布式架构

（2）大数据处理框架

MapReduce 是一种编程模型，用于大规模数据集（大于 1TB）的并行运算。概念"Map（映射）"和"Reduce（归约）"，是它们的主要思想，都是从函数式编程语言里借用的，还有从矢量编

程语言里借用的特性。它极大地方便了编程人员在不会分布式并行编程的情况下，将自己的程序运行在分布式系统上。

　　MapReduce 框架在集群节点上自动分配和执行任务以及收集计算结果，将数据分布存储、数据通信、容错处理等并行计算涉及的很多系统底层的复杂细节交由系统负责处理，大大减少了软件开发人员的负担，如图 11.2.3 所示。

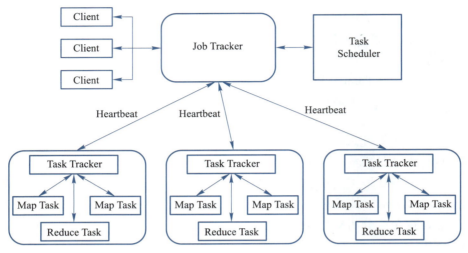

图 11.2.3　MapReduce 框架

　　Spark 是一种与 Hadoop 相似的开源集群计算环境，是在 Scala 语言中实现的，它将 Scala 用作其应用程序框架，可以轻松操作分布式数据集。Spark 启用了内存分布数据集，除了能够提供交互式查询外，它还可以优化迭代工作负载。工作任务中间输出结果可以保存在内存中，从而不再需要读写 HDFS，因此 Spark 能更好地适用于数据挖掘与机器学习等需要迭代的 MapReduce 的算法，如图 11.2.4 所示。

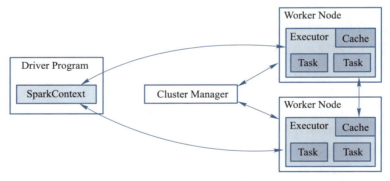

图 11.2.4　Spark 框架

Step2：认知大数据分析和可视化技术

　　① Hive 架构可以将结构化的数据文件映射为一张数据库表，并提供完整的 SQL 查询功能，如图 11.2.5 所示。可以将 SQL 语句转换为 MapReduce 任务运行，MapReduce 开发人员可以把自己写的 Mapper 和 Reducer 作为插件来支持 Hive 做更复杂的数据分析。Hive 架构还提供了一系列的工具进行数据提取转化加载，用来存储、查询和分析存储在 Hadoop 中的大规模数据集，并支持 UDF、UDAF 和 UDTF。

　　Hive 不适合用于联机（Online）事务处理，也不提供实时查询功能。它最适合应用于基于大量不可变数据的批处理作业。Hive 的特点包括：可伸缩（在 Hadoop 的集群上动态添加设备）、可扩展、容错、输入格式的松散耦合。

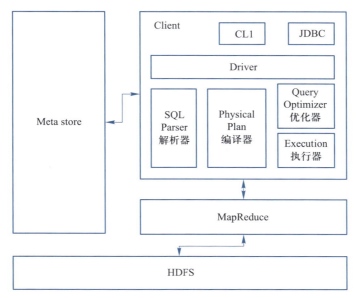

图 11.2.5　Hive 架构

② 在计算机科学的分类中，利用人眼的感知能力对数据进行交互的可视表达以增强认知的技术，称为可视化。它将不可见或难以直接显示的数据转化为可感知的图形、符号、颜色、纹理等，增强数据识别效率，传递有效信息。

ECharts 提供了常规的折线图、柱状图、散点图、饼图、K 线图等，还提供了用于统计的盒形图，用于地理数据可视化的地图、热力图、线图，用于关系数据可视化的关系图、treemap、旭日图，多维数据可视化的平行坐标，还有用于 BI 的漏斗图、仪表盘，并且支持图与图之间的混搭。

Step3：实践大数据环境部署

在实际工作中，根据不同的应用场景，可选择的大数据解决方案非常多，本任务通过对大数据相关组件进行安装部署，从中了解体会并深入学习大数据技术。

（1）安装部署 Hadoop 组件

通过安装部署 Hadoop 组件，了解分布式文件系统存储的基本原理与架构，熟练使用相关指令进行目录创建、文件上传、下载以及删除等操作。了解分布式处理框架与原理。

（2）安装部署 HBase 组件

通过安装部署 HBase 组件，了解大数据数据存储的基本原理与架构，熟练使用 hbaseshell 指令进行表的创建以及实现数据的增、删、查、改等功能。

（3）安装 ECharts 可视化工具

通过安装可视化工具，从中了解大数据可视化工具的基本使用。

• 任务评价

1. 自我评价

任务	级别		
	掌握的知识或技能	仍须加强的	完全不理解的
认知大数据存储和处理技术			
认知大数据分析和可视化技术			
实践大数据环境部署			
在本次任务实施过程中的自评结果	A. 优秀　　B. 良好　　C. 仍须努力　　D. 不清楚		

2. 标准评价

一、选择题（每题 5 分，共 25 分）

① 数据存储单位从小到大排列顺序是（　　　）。

　　A. EB、PB、YB、ZB　　　　　　　　　　B. PB、EB、YB、ZB

　　C. PB、EB、ZB、YB　　　　　　　　　　D. YB、ZB、PB、EB

② 下列（　　　）模式是 Hadoop 安装时的默认模式，不对配置文件进行修改。

　　A. 联机　　　　　　B. 单机　　　　　　C. 虚拟分布　　　　　　D. 完全分布

③ Hadoop 在（　　　）中将海量数据分割为多个节点，由每个节点并行计算，将得到的结果归并到输出。

　　A. 应用场景　　　　B. 分布式计算　　　　C. 分阶段计算　　　　D. 高效处理

④ 下列关于大数据的分析理念的说法中，错误的是（　　　）。

　　A. 在数据基础上倾向于全体数据而不是抽样数据

　　B. 在分析方法上更注重相关分析而不是因果分析

　　C. 在分析效果上更追求效率而不是绝对精确

　　D. 在数据规模上强调相对数据而不是绝对数据

⑤（多选题）从方法论的角度，数据可视化可以分为 3 个层次，分别是（　　　）。

　　A. 视觉编码层　　　B. 基本方法层　　　C. 方法应用层　　　D. 界面展示层

二、判断题（每题 3 分，共 15 分）

① 对于大数据而言，最基本最重要的要求就是减少错误，保证质量。因此，大数据收集的信息要尽量精确。　　　　　　　　　　　　　　　　　　　　　　　　　　　　　　　（　　　）

② 具备很强的报告撰写能力，可以把分析结果通过文字、图表、可视化等多种方式清晰地展现出来，能够清楚地论述分析结果及可能产生的影响，从而说服决策者信服并采纳其建议，是对大数据人才数据分析能力的基本要求。　　　　　　　　　　　　　　　　　　　　　（　　　）

③ 数据挖掘的目标不在于数据采集策略，而在于对已经存在的数据进行模式的发掘。（　　　）

④ 大数据技术和云计算技术是两门完全不相关的技术。　　　　　　　　　　　　（　　　）

⑤ 数据可视化是指将大型数据集中的数据通过图形图像方式表示，并利用数据分析和开发工具发现其中未知信息。　　　　　　　　　　　　　　　　　　　　　　　　　　　　（　　　）

三、简答题（每题 20 分，共 60 分）

① 简述数据清理的基本内容。

② 什么是数据分析？

③ 总结数据可视化的意义。

•任务拓展

以小组为单位开展学习探究，主要完成内容包括分布式文件系统的文件上传，执行分布式处理框架相关指令，完成最终词频统计结果的存储下载。

任务 11.3　守卫大数据世界

课件：
守卫大数
据世界

•任务描述

企业未来的市场竞争将很大程度上依赖于企业积累的商业机密、无形资产和知识产权等，一旦这些机密信息泄露将会使得企业面临着巨大的风险。为确保公司数据的安全，公司拟于下周二

10:00 召开数据安全保护实施方案制定研讨会，要求所有网络管理人员和业务部门领导参加。你是公司网络管理主要负责人，在会前需要列举出公司需要保护的数据内容清单及数据保护的基本思路。

任务目的

通过项目的实施，了解数据隐私、数据安全、数据治理的基本概念，掌握常见隐私数据有哪些，了解数据保护的重要性，了解如何进行数据治理，培养在大数据世界中的数据安全意识及数据保护意识。

任务要求

项目组通过研讨形成公司需要保护的数据内容清单及数据保护的基本思路，并制作 PPT 进行演示汇报。

建议学时：2 ～ 3 学时

基础知识

1. 数据隐私

大数据信息系统中数据隐私即秘密数据，是不想被他人获知的信息。从隐私所有者的角度，可将隐私数据分为个人隐私数据和共同隐私数据。

2. 数据安全

数据安全是一种主动的保障措施，数据本身的安全必须基于可靠的加密算法与安全体系，主要有对称算法与公开密钥密码体系两种。

3. 数据治理

数据治理（Data Governance）是组织中涉及数据使用的一整套管理行为。由企业数据治理部门发起并推行，是关于如何制定和实施针对整个企业内部数据的商业应用和技术管理的一系列政策和流程。

任务实施

Step1：认知大数据环境下的数据隐私

数据隐私分为个人隐私数据和共同隐私数据，个人隐私数据包括可用来识别或定位个人的信息（如电话号码、地址、信用卡号、认证信息等）和敏感的信息（如个人的健康状况、财务信息、历史访问记录、公司的重要文件等）。任何收集、使用和存储敏感信息的企业均应制定信息分类政策和标准。

大数据背景下由于各种挖掘和整合技术的使用，导致个人的兴趣爱好、行为模式、社会习惯等隐私信息暴露。多项实际案例说明，即使无害的数据被大量收集后，也会暴露个人隐私。大数据如同一把双刃剑，在带来便利的同时隐藏着风险。

Step2：认知大数据环境下的数据安全

信息安全或数据安全有两方面的含义：一是数据本身的安全，主要是指采用现代密码算法对数据进行主动保护，如数据保密、数据完整性、双向强身份认证等；二是数据防护的安全，主要是采用现代信息存储手段对数据进行主动防护，如通过磁盘阵列、数据备份、异地容灾等手段保障数据的安全。

　　数据处理的安全是指如何有效地防止数据在录入、处理、统计或打印中由于硬件故障、断电、死机、人为的误操作、程序缺陷、病毒或黑客等造成的数据库损坏或数据丢失现象，避免某些敏感或保密的数据被可能不具备资格的人员或操作员阅读，而造成数据泄密等后果。

　　而数据存储的安全是指数据库在系统运行之外的可读性。一旦数据库被盗，即使没有原来的系统程序，照样可以另外编写程序对盗取的数据库进行查看或修改。从这个角度说，不加密的数据库是不安全的，容易造成商业泄密，所以便衍生出数据防泄密这一概念，这就涉及计算机网络通信的保密、安全及软件保护等问题。

Step3：认知大数据环境下的数据治理

　　国际数据管理协会（DAMA）给出定义：数据治理是对数据资产管理行使权力和控制的活动集合。

　　国际数据治理研究所（DGI）给出的定义：数据治理是一个通过一系列信息相关的过程来实现决策权和职责分工的系统，这些过程按照达成共识的模型来执行，该模型描述了谁（Who）能根据什么信息，在什么时间（When）和情况（Where）下，用什么方法（How），采取什么行动（What）。

　　数据治理的最终目标是提升数据的价值。数据治理非常必要，是企业实现数字战略的基础，它是一个管理体系，包括组织、制度、流程、工具。

• 任务评价

1. 自我评价

任务	级别		
	掌握的知识或技能	仍须加强的	完全不理解的
认知大数据环境下的数据隐私			
认知大数据环境下的数据安全			
认知大数据环境下的数据治理			
在本次任务实施过程中的自评结果	A. 优秀　　B. 良好　　C. 仍须努力　　D. 不清楚		

2. 标准评价

　　一、选择题（每题 5 分，共 25 分）

　　① 下列（　　）选项不属于公民隐私信息。

　　　　A. 个人收入　　　　　　　　　　　　B. 银行密码

　　　　C. 身体缺失　　　　　　　　　　　　D. 某官员接受贿赂的清单

　　② 在移动互联网、云计算和大数据迅速崛起的今天，网络信息安全再次成了众人关注的热点。据近些年有关调查报告显示，仅 11% 的企业完全没有遭遇过数据泄露等安全事件，高达 80% 的计算机应用单位未设立完善的信息安全管理系统、制度，缺乏有效的安全防护机制，员工普遍缺乏保密意识，企业与国家的机密时有泄露。这主要启示人们（　　　　）。

　　　　A. 要增强保密意识，自觉维护国家的安全和利益

　　　　B. 每个人要维护好自己隐私

　　　　C. 要尊重他人的隐私，维护他人利益

　　　　D. 发现他人侵犯自身隐私，必须及时举报

　　③《青少年网络安全与新媒介素养》调查数据显示：57.8% 的青少年选择微信交友，41% 的青少年会把网上没见过面的人加入朋友圈，59.4% 的青少年会在朋友圈晒自己、家人、朋友的照片等信息。这些数据体现（　　　　）。

A. 网络是个是非之地，青少年不要上网　　　B. 选择意味着放弃

C. 要明辨善恶，谨慎选择　　　　　　　　　D. 在生活中，不要与陌生人说话

④ 没有网络安全就没有国家安全，维护国家网络安全，青少年应（　　）。

　　a. 增强网络安全风险意识，树立正确的网络安全观

　　b. 不随意发表不实言论，以免产生恶意舆论危害国家政治安全

　　c. 保护好个人敏感信息、数据，避免信息泄露

　　d. 不要轻信虚假中奖等诈骗信息，避免网络陷阱和圈套

A. ab　　　　　　　　B. cd　　　　　　　　C. ac　　　　　　　　D. abcd

⑤（多选题）下列（　　）是保护个人信息安全的方法。

A. 不拍摄不保存不雅内容　　　　　　　　　B. 尽量不使用公共场所的 Wi-Fi

C. 安装个人防火墙和及时升级安全补丁　　　D. 不要将涉及安全的内容存储在网上

二、判断题（每题 3 分，共 15 分）

① 维护国家安全，人人可为。　　　　　　　　　　　　　　　　　　　　　（　　）

② 为了保证学校的安全，可以在学生和老师宿舍内安装监视器。　　　　　　（　　）

③《网络安全法》在保护个人信息、治理网络诈骗等方面做出了明确的规定，体现了依法治国的基本方略中的有法可依。　　　　　　　　　　　　　　　　　　　　　　　　　　（　　）

④ 诚实与隐私不能共存，讲诚实就没有隐私，保护隐私就做不到诚实。　　　（　　）

⑤ 凡是揭露他人私事的行为，都是侵犯他人隐私权的行为。　　　　　　　　（　　）

三、简答题（每题 20 分，共 60 分）

① 个人隐私数据包括哪些？请简要列出。

② 请简述什么是数据治理。

③ 请简述什么是数据处理的安全。

•任务拓展

以 3 人为小组编写公示材料，公示材料包含公示正文、公示附件（附件包括公示信息必要字段，同时要确保信息的完整性）等内容，并将公示材料及选取公示信息字段的原因，作为作业提交。

项目总结 ▶▶▶

本项目以挖掘和探索大数据世界的价值作为项目背景，设置了"初识大数据世界""探索大数据世界""守卫大数据世界"3 个任务。这 3 个任务均以"目标—认知—实践—评价—反思"的任务驱动方式进行推进，在知识结构上从易到难，在应用能力上从基础到精通，做到循序渐进、环环相扣。

本项目涉及大数据分布式存储原理、大数据处理技术、大数据运营环境及大数据世界中的数据安全意识及数据保护意识，因此通过任务拓展环节中"人口普查数据采集"等 3 个练习将项目切换到不同的应用场景，旨在提高读者的自学能力及不同场景的适应能力。

项目 12　人工智能

 项目概述 ▶▶▶

——

　　如今，人工智能已经融入了人们的生活，比如：人手一部的智能手机，AI 音箱，智慧出行，智慧管家，自动驾驶汽车等。方便了人们的生活，提高了社会的生产力。基本上在人们生活中能接触到的领域，都有人工智能的身影。这些智能化、自动化是如何工作，如何应用的呢？有什么核心技术？本项目将带领大家一起探索 AI 人工智能世界。

　项目目标 ▶▶▶

——

　　本项目主要围绕人工智能工具的使用方法及应用案例展开，完成本项目的内容学习后，需要达到以下目标。

　　1. 知识目标

　　① 了解人工智能的定义、基本特征和社会价值。

　　② 了解人工智能的发展历程，及其在互联网及各传统行业中的典型应用和发展趋势。

　　③ 熟悉人工智能技术应用的常用开发平台、框架和工具，了解其特点和适用范围。

　　④ 熟悉人工智能技术应用的基本流程和步骤。

　　⑤ 能辨析人工智能在社会应用中面临的伦理、道德和法律问题。

　　2. 能力目标

　　① 具备在信息技术背景下了解人工智能技术的特点和核心技术的能力。

　　② 具备在不同职业场景中利用人工智能解决问题的能力。

　　3. 素质目标

　　① 具有良好的计算思维，在各种应用场景能用人工智能技术解决实际问题。

　　② 具有探索未知、追求真理、勇攀科学高峰的责任感和使命感，善于合理地将所学知识运用到各种职业和生活场景中。

课件：认识人工智能

微课 12-1 认识人工智能

任务 12.1 认识人工智能

建议学时：4～6学时

任务描述

通过本任务的学习，理解人工智能的基本概念、基本特征；了解人工智能的发展历程，及其在互联网及各传统行业中的典型应用和发展趋势；熟悉人工智能技术应用的常用开发平台、框架和工具，了解其特点和适用范围。

任务目的

- 初步认知人工智能的基本概念及价值。
- 了解人工智能的背景、应用及发展。
- 熟悉人工智能的常用技术。

任务要求

以小组形式进行团队合作，完成人工智能在行业中的应用调研报告，分享人工智能应用案例，以小组形式汇报。

基础知识

1. 人工智能定义

人工智能（Artificial Intelligence，AI）是机器模拟人类智能和行为做出决策、执行和延伸任务的理论、方法和技术应用，研究目的是促使智能机器会听（语音识别、机器翻译等）、会看（图像识别、文字识别等）、会说（语音合成、人机对话等）、会思考（人机对弈、定理证明等）、会学习（机器学习、知识表示等）、会行动（机器人、自动驾驶汽车等）。

人工智能是计算机学科的一个分支，20世纪70年代以来被称为世界三大尖端技术之一（空间技术、能源技术、人工智能）。也被认为是21世纪三大尖端技术（基因工程、纳米科学、人工智能）之一。近几十年来它发展迅速，在很多学科领域都获得了广泛应用，并取得了丰硕的成果。

2. 人工智能发展历史

人工智能的发展历程可以划分为以下6个阶段。

①起步发展期：1956年—20世纪60年代初。人工智能概念提出后，相继取得了一批令人瞩目的研究成果，如机器定理证明、跳棋程序等，掀起人工智能发展的第一个高潮。

②反思发展期：20世纪60年代—70年代初。人工智能发展初期的突破性进展大大提升了人们对人工智能的期望，人们开始尝试更具挑战性的任务，并提出了一些不切实际的研发目标。然而，接二连三的失败和预期目标的落空，使人工智能的发展走入低谷。

③应用发展期：20世纪70年代初—80年代中。20世纪70年代出现的专家系统模拟人类专家的知识和经验解决特定领域的问题，实现了人工智能从理论研究走向实际应用、从一般推理策略探讨转向运用专门知识的重大突破。专家系统在医疗、化学、地质等领域取得成功，推动人工智能走入应用发展的新高潮。

④低迷发展期：20世纪80年代中—90年代中。随着人工智能的应用规模不断扩大，专家系统存在的应用领域狭窄、缺乏常识性知识、知识获取困难、推理方法单一、缺乏分布式功能、难以与现有数据库兼容等问题逐渐暴露出来。

⑤稳步发展期：20世纪90年代中—2010年。由于网络技术特别是互联网技术的发展，加速了人工智能的创新研究，促使人工智能技术进一步走向实用化。例如，1997年国际商业机器公司

（IBM）深蓝超级计算机战胜了国际象棋世界冠军卡斯帕罗夫。

⑥ 蓬勃发展期：2011 年至今。随着大数据、云计算、互联网、物联网等信息技术的发展，泛在感知数据和图形处理器等计算平台推动以深度神经网络为代表的人工智能技术飞速发展，大幅跨越了科学与应用之间的"技术鸿沟"，诸如图像分类、语音识别、知识问答、人机对弈、自动驾驶等人工智能技术实现了从"不能用、不好用"到"可以用"的技术突破，迎来爆发式增长的新高潮。

3. 人工智能行业应用

智能制造，是在基于互联网的物联网意义上实现的包括企业与社会在内的全过程的制造，把工业 4.0 的"智能工厂""智能生产""智能物流"进一步扩展到"智能消费""智能服务"等全过程的智能化中去。虽然目前人工智能的解决方案尚不能完全满足制造业的要求，但人工智能与制造业融合是大势所趋。

智能家居主要是基于物联网技术，通过智能硬件、软件系统、云计算平台构成一套完整的家居生态圈。用户可以远程控制设备，设备间可以互联互通，并进行自我学习等，以此来整体优化家居环境的安全性、节能性、便捷性等。

人工智能在零售领域的应用已十分广泛，正在改变人们购物的方式。无人便利店、智慧供应链、客流统计、无人仓/无人车等都是热门应用方向。通过大数据与业务流程的密切配合，人工智能可以优化整个零售产业链的资源配置，为企业创造更多效益，让消费者体验更好。

人工智能可以让交通更智慧，智能交通系统是通信、信息和控制技术在交通系统中集成应用的产物。通过对交通中的车辆流量、行车速度进行采集和分析，可以对交通进行实时监控和调度，有效提高通行能力、简化交通管理等。自动驾驶系统能对交通信号灯、汽车导航地图和道路汽车数量进行整合分析，规划出最优交通线路，提高道路利用率，减少堵车情况，节约交通出行时间。

人工智能在医疗领域应用广泛，从最开始的药物研发到操刀做手术，人工智能都可以做到。医疗领域人工智能初创公司按领域可划分为 8 个主要方向，包括医学影像与诊断、医学研究、医疗风险分析、药物挖掘、虚拟护士助理、健康管理监控、精神健康以及营养学。其中，医学影像与诊断及健康管理监控已经逐渐成为人工智能技术在医疗领域的主流应用方向。

智慧教育通过图像识别，可以进行机器批改试卷、识题答题等；通过语音识别可以纠正、改进发音；而用人机交互可以进行在线答疑解惑等。AI 和教育的结合在一定程度上可以改善教育行业师资分布不均衡、费用高昂等问题，从工具层面支持师生采取更有效率的学习方式，但目前还不能对教育内容产生较多实质性的影响。

• 任务实施

Step1：体验视觉技术

（1）使用浏览器打开百度 AI 开放平台"通用物体和场景识别"页面，如图 12.1.1 所示。

图 12.1.1　视觉技术主页

（2）单击"功能演示"超链接，打开功能演示页面，如图 12.1.2 所示。

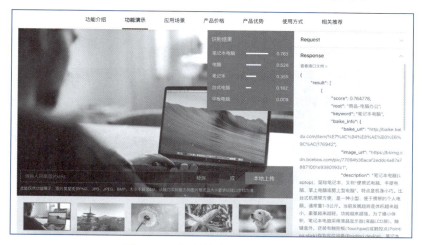

图 12.1.2　视觉技术功能演示页面

（3）选择上图下方的小图片，查看物品识别效果。通过单击"本地上传"按钮，上传本地一张图片进行物品识别。

Step2：体验语音技术

（1）使用浏览器打开百度 AI 开放平台"在线语音合成"页面，如图 12.1.3 所示。

图 12.1.3　语音技术主页

（2）单击"功能演示"超链接，打开功能演示页面，如图 12.1.4 所示。

图 12.1.4　语音技术功能演示页面

（3）在上图中输入需要合成的语音文字，单击"播放"按钮查看合成结果。

Step3：体验文本识别

（1）使用浏览器打开百度 AI 开放平台"通用文字识别"页面，如图 12.1.5 所示。

图 12.1.5　文本识别主页

（2）单击"功能演示"超链接，打开功能演示页面，如图 12.1.6 所示。

图 12.1.6　文本识别功能演示页面

（3）单击页面下方的图片，查看文本识别效果。通过单击"本地上传"按钮，上传本地一张图片进行文本识别。

Step4：体验语言处理

（1）使用浏览器打开百度 AI 开放平台"情感倾向分析"页面，如图 12.1.7 所示。
（2）单击"功能演示"超链接，打开功能演示页面，如图 12.1.8 所示。
（3）在上图空格中输入需要分析的文字，查看合成结果。

Step5：开展人工智能行业应用调研，撰写应用报告

　　以 3 人结为小组的方式开展案例调研，撰写报告。报告应该包含案例的背景、采用的人工智能技术、实现的方法等内容。

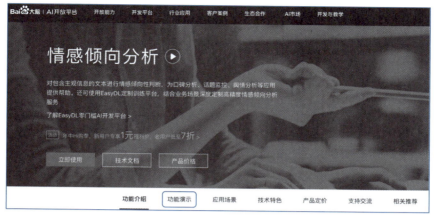

图 12.1.7 语言处理主页

图 12.1.8 语言处理功能演示界面

城市经济发展越迅速，人们生活水平越高，城市的车辆保有数量也越来越多，从前"买车难"，如今"停车难"。琳琅满目的商场、应有尽有的超市、人满为患的医院、熙熙攘攘的街区，几乎人们生活的每一个地方都被车辆包围着。汽车自动泊车系统可以通过车辆周身搭载的传感器测量车身与周围环境之间的距离和角度，收集传感器数据计算出操作流程，同时调整方向盘的转动实现停车入位。自动泊车系统已被视为汽车行业的一个热门技术，其带来的便利性受到消费者的广泛关注。

Step6：分享人工智能应用案例

在完成应用报告后，小组合作完成演讲 PPT，以小组汇报的形式讲解本小组的解决方案。

•任务评价

1. 自我评价

任务	级别		
	掌握的知识或技能	仍须加强的	完全不理解的
人工智能技术体验			
开展人工智能行业应用调研，撰写应用报告			
分享人工智能应用案例			
在本次任务实施过程中的自评结果	A. 优秀　　B. 良好　　C. 仍须努力　　D. 不清楚		

2. 标准评价

一、选择题（每题 5 分，共 25 分）

① 以下（　　　）标志着人工智能学科的诞生。

A. 图灵测试　　　　　　　　　　　　B. 达特茅斯会议

C. 国际象棋程序的诞生　　　　　　　D. 第一台神经网络机的诞生

② 以下不是人工智能在低迷发展期时专家系统遇到的问题是（　　　）。

A. 应用领域狭窄

B. 知识获取困难

C. 无法用机器证明两个连续函数之和还是连续函数

D. 推理方法单一

③ 计算机视觉是指使用计算机来模仿人类（　　　）系统的科学。

A. 视觉　　　　　　　B. 听觉　　　　　　　C. 嗅觉　　　　　　　D. 味觉

④ 以下（　　　）不是新一代人工智能的主要驱动因素。

A. 数据量呈现爆炸性增长　　　　　　B. 数据处理技术加速，运算能力大幅提升

C. 传统机器学习算法模型持续优化　　D. 资本与技术深度耦合

⑤ ML 是以下（　　　）的简写。

A. 人机交互　　　　B. 计算机视觉　　　　C. 机器学习　　　　D. 虚拟现实

二、填空题（每空 5 分，共 20 分）

① 根据学习方法，可以将机器学习分为_____学习和_____学习。

② 自然语言处理机制涉及两个流程，包括_____和_____。

三、简答题（每题 55 分，共 55 分）

简述什么是人工智能，其主要应用在哪些行业。

•任务拓展

在工业场景下，零件分拣、计数是在工业生产过程中的一个常见业务需求，由于零件样式多，市面上没有现成的零件识别服务可以直接使用，往往需要定制企业零件专用的图像识别功能。某企业希望能在工厂中实现检测螺丝和螺母，并借助机械臂等装置协助人工完成自动分拣。技术服务商经过详细了解需求，发现螺丝与螺母由于排列密集且没有规律，如果要配合机械臂完成就需要精准定位出图片中每个零件的名称及位置。

请以 3 人结为小组的方式开展任务的调研，撰写报告。报告应该包含案例的背景、采用的人工智能技术、实现的方法等内容，报告作为作业提交。

课件：探索人工智能的眼睛——计算机视觉技术

任务 12.2　探索人工智能的眼睛——计算机视觉技术

建议学时：3 ~ 4 学时

•任务描述

通过本任务的学习，理解计算机视觉技术的基本概念、发展历程和工作原理，了解计算机视觉技术的时代背景、应用场景和发展趋势，熟悉计算机视觉技术在对目标进行分割、分类、识别、跟踪、判别决策方面的技术架构。

•任务目的

● 初步认识计算机视觉技术的基本概念及价值。

- 了解计算机视觉技术的背景、应用及发展。
- 熟悉计算机视觉技术架构的基础知识。

·任务要求

以小组形式进行团队合作，完成计算机视觉技术在实际生活中的应用调研报告，分享计算机视觉技术的 AI 应用案例，以小组形式汇报。

·基础知识

计算机视觉是一门研究如何使机器"看"的科学，更进一步地说，就是指用摄影机和计算机代替人眼对目标进行识别、跟踪和测量等，并进一步做图形处理，使用计算机处理出更适合人眼观察或传送给仪器检测的图像。作为一门科学学科，计算机视觉研究相关的理论和技术，试图建立能够从图像或者多维数据中获取"信息"的人工智能系统。因为感知可以看作是从感官信号中提取信息，所以计算机视觉也可以看作是研究如何使人工智能系统从图像或多维数据中进行"感知"的科学。

拓展阅读
计算机
视觉发展
历程

1. 计算机视觉的定义

计算机视觉（Computer Vision，CV）是利用摄像机和计算机代替人眼，使得计算机拥有类似于人类对目标进行分割、分类、识别、跟踪、判别决策的功能。形象地说，就是给计算机安装上眼睛（摄像机）和大脑（算法），让计算机能够感知环境。

计算机视觉是使用计算机及相关设备对生物视觉的一种模拟，是人工智能领域的一个重要部分，它的研究目标是使计算机具有通过二维图像认知三维环境信息的能力。计算机视觉以图像处理技术、信号处理技术、概率统计分析、计算几何、神经网络、机器学习理论和计算机信息处理技术等为基础，通过计算机分析与处理视觉信息。

2. 计算机视觉与人工智能的关系

计算机视觉与人工智能有密切联系，但也有本质的不同。人工智能的目的是让计算机去看、去听和去读。图像、语音和文字的理解，这三大部分基本构成了现在的人工智能。而在人工智能领域中，视觉又是核心。视觉占人类所有感官输入的 80%，也是最困难的一部分感知。如果说人工智能是一场革命，那么它始于计算机视觉。

3. 计算机视觉原理

计算机视觉的最终研究目标就是使计算机能像人那样通过视觉观察和理解世界，具有自主适应环境的能力。在实现最终目标以前，人们努力的中期目标是建立一种视觉系统，这个系统能依据视觉敏感和反馈某种程度上智能地完成一定的任务。例如，计算机视觉的一个重要应用领域就是车辆的自主视觉导航。目前，人们的研究目标是实现在高速公路上具有道路跟踪能力，开发可避免与前方车辆碰撞的视觉辅助驾驶系统。

这一领域的深入研究有 3 个方向，即复制人眼、复制视觉皮层和复制大脑剩余部分。

（1）复制人眼——让计算机"去看"

目前做出最多成绩的就是在"复制人眼"这一领域。在过去的几十年，科学家已经打造了与人类的眼睛相匹配的传感器和图像处理器，甚至某种程度上已经超越人眼。通过强大的、光学上更加完善的镜头，以及纳米级别制程的半导体器件，现代摄像机的精确性和敏锐度达到了一个惊人的地步。它们可以拍下每秒数千张的图像，并十分精准地测量距离。

但是问题在于，虽然已经能够实现极高的输出端保真度，但是在很多方面来说，这些设备并不比 19 世纪的针孔摄像机更为出色。它们充其量记录的只是相应方向上光子的分布，而即便是最优秀的摄像头传感器也无法去"识别"一个球，并将它描述出来。在没有软件的基础上，硬件是相当受限制的，因此这一领域的软件才是更加棘手的问题。不过现在摄像头的先进技术的确为软件提供了丰富、灵活的平台。

（2）复制视觉皮层——让计算机"去描述"

人的大脑从根本上就是通过意识来进行"看"的动作的。比起其他的任务，在大脑中相当的部分都是专门用来"看"的，而这一专长是由细胞本身来完成的——数十亿的细胞通力合作，从嘈杂、不规则的视网膜信号中提取模式。使用与人脑视觉区域相似的技术，定位物体的边缘和其他特色，从而形成的"方向梯度直方图"，如图 12.2.1 所示。

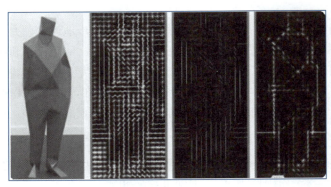

图 12.2.1　方向梯度直方图

计算机可以在多张图中，对一张图片进行一系列的转换，从而找到物体的边缘，发现图片上的物体、角度和运动。就像人类的大脑一样，通过给计算机观看各种图形，计算机会使用大量的计算和统计，试着把"看到的"形状与之前训练中识别的相匹配。

科学家正在研究的是让智能手机和其他的设备能够理解并迅速识别出处在摄像头视场里的物体。如上图，街景中的物体都被打上了用于描述物体的文本标签，而完成这一过程的处理器要比传统手机处理器快上很多倍。

（3）复制大脑剩余部分——让计算机"去理解"

当然，仅是"识别""描述"是不够的。一个系统能够识别苹果，包括在任何情况、任何角度、任何运动状态下，甚至是否被咬等，但它仍然无法识别一个橘子。并且它甚至都不能告诉人们：什么是苹果？是否可以吃？尺寸如何？或者具体有什么用途。没有软件，硬件的发挥非常受限。即便是有了优秀的软硬件，没有出色的操作系统，也达不到预期的目的和效果。

4. 计算机视觉技术的图像处理方法

在计算机视觉系统中，视觉信息的处理技术主要依赖于图像处理方法，它包括图像增强、数据编码和传输、平滑、边缘锐化、分割、特征抽取、图像识别与理解等内容。经过这些处理后，输出图像的质量得到相当程度的改善，既改善了图像的视觉效果，又便于计算机对图像进行分析、处理和识别。

●任务实施

在工作实际中计算机视觉技术已经和人工智能、物联网、大数据等新一代信息技术相结合，并广泛应用。

Step1：交通监控

通常在马路上，尤其是在十字路口，会有一排摄像头。计算机实时地从监控视频中检测出人和车辆，用来判断行人和车辆是否违反交通规则。同时，也可以统计某一区域人流量和车流量，如图 12.2.2 所示。

图 12.2.2　交通监控界面

Step2：美颜相机

很多相机 App 都具有美颜效果。它们可以自动检测出画面中的人脸，并对人脸轮廓、皮肤颜色进行调整，使人脸变得更漂亮。同时，很多相机 App 都包含了贴纸特效，能根据人脸五官位置，增加动态贴纸，使照片更有趣。

Step3：邮件包裹分拣机

随着电子商务的蓬勃发展，快递行业的业务量呈爆发式增长。为了适应快递行业高速准确的自动分拣需求，在国家政策的支持下，国内涌现了一批具备代表性的自动分拣系统企业，打破了我国一直依赖国外进口分拣机的局面。2014 年，由我国自主研发的 MPF 混合型分拣机成功实现了包裹分拣和扁平件分拣的功能。MPF 混合型分拣机采用了扁平件高速供件技术、快速图像采集识别技术、高速红外通信技术等新技术，最高分拣效率达到 1.71 万件 / 小时，分拣差错率 0.01%。虽然我国自动化物流行业起步较晚，目前尚未形成巨头，但相信在坚持自主研发创新的背景下，行业中将出现一批的优秀物流系统集成商，实现我国在智能制造领域的进一步布局发展。

•任务评价

1. 自我评价

任务	级别		
	掌握的知识或技能	仍须加强的	完全不理解的
计算机视觉的定义			
计算机视觉原理			
计算机视觉的图像处理技术			
计算机视觉的应用场景			
在本次任务实施过程中的自评结果	A. 优秀　　B. 良好　　C. 仍须努力　　D. 不清楚		

2. 标准评价

一、选择题（每题 5 分，共 25 分）

① 图像的平滑处理技术主要是（　　）。

　　A. 图像的去噪声处理　　　　　　　　B. 加强图像中的轮廓边缘和细节

　　C. 对图像进行分割　　　　　　　　　D. 调整图像对比度

②（多选题）计算机视觉是利用摄像机和计算机代替人眼使得计算机拥有类似于人类的那种对目标进行（　　　）的功能。

  A. 分割　　　　　　　B. 识别　　　　　　　C. 分类

  D. 判别决策　　　　　E. 跟踪

③（多选题）计算机视觉的图像处理包括哪些内容？（　　　）

  A. 图像识别　　　　B. 图像的平滑　　　　C. 边缘锐化　　　　D. 模型驱动的分割

④（多选题）当前的计算机视觉技术可以应用在（　　　）等领域。

  A. 人脸识别　　　　　　　　　　　　B. 三维全息影像

  C. 医学的胃肠镜手术　　　　　　　　D. 自动驾驶

⑤计算机视觉始于（　　　）年。

  A. 1986　　　　　　B. 1973　　　　　　C. 1966　　　　　　D. 1957

二、判断题（每题 3 分，共 15 分）

① 没有人工智能就没有计算机视觉。　　　　　　　　　　　　　　　　　　（　　　）

② 计算机视觉就是让计算机做人们的"眼睛"。　　　　　　　　　　　　　（　　　）

③ 计算机视觉就是要让计算机像人一样对图像进行处理。　　　　　　　　（　　　）

④ 计算机视觉对物体的识别分类准确率已经超过人眼。　　　　　　　　　（　　　）

⑤ 智能安防系统可以降低工作难度，提高工作效率。　　　　　　　　　　（　　　）

三、简答题（每题 20 分，共 60 分）

① 计算机视觉研究的目的是什么？它和图像处理及计算机图形学的区别和联系是什么？

② 简要说明计算机视觉经历了哪些阶段。

③ 简述计算机视觉技术和深度学习之间的关系。

•任务拓展

  为了提高同学们的创新创业能力，发扬创新精神，同时也为了更好地理解计算机视觉技术，请利用计算机视觉技术做一项创新发明的设计方案。

  以 3 人结为小组开展创新设计，汇报内容应包含创新发明的项目名称、设计方案及创新点、成员分工、预期效果等内容，并编写形成项目汇报 PPT 作为作业提交。

课件：
人工智能
应用

任务 12.3　人工智能应用

建议学时：4 ～ 6 学时

•任务描述

  随着信息时代的快速发展，日常生活中的人工智能产品随处可见，例如智能手机、语音识别、图相识别、自动驾驶等。本任务将学习人工智能中的人工神经网络、深度学习技术以及深度学习的应用。

•任务目的

- 初步认知人工神经网络的基本概念。
- 了解深度学习相关技术。
- 了解深度学习应用场景及产品。

•任务要求

以小组形式进行团队合作，完成人工智能在实际生活中的应用调研报告，分享人工智能应用案例，以小组形式汇报。

•基础知识

1. 人工神经网络

人工神经网络（Artificial Neural Network，ANN）是一门崭新的边沿交叉学科，虽然它的理论研究可以追溯到 20 世纪 40 年代，与计算机研究几乎同时开始，但是人工神经网络的研究却经历了一条曲折的道路。这种曲折的经历，一方面是由于 ANN 以人脑的功能为基础，而人脑十分复杂，难以模拟；另一方面是由于 ANN 所采用的方法与人们已经熟悉的模拟方法大致相同，因此在对人工神经网络进行研究同时需要特别注意在研究方法上的特殊性。有神经网络研究专家给人工神经网络下的定义就是：人工神经网络是由人工建立的以有向图为拓扑结构的动态系统，它通过对连续或断续的输入作状态相应而进行信息处理。

ANN 具有自学习功能，例如实现图像识别，只需要事先将大量不同的图像样板以及对应标签输入人工神经网络，网络就会通过自学习功能，慢慢学会识别类似的图像。自学习功能对于预测有特别重要的意义，而且能自己学习到非线性的复杂规律。预期未来的人工神经网络计算机将为人类提供经济预测、市场预测、效益预测，其应用前景是很远大的。ANN 具有联想存储功能，用人工神经网络的反馈网络就可以实现这种联想。ANN 还具有高速寻找优化解的能力。寻找一个复杂问题的优化解，往往需要很大的计算量，利用一个针对某问题而设计的反馈型人工神经网络，发挥计算机的高速运算能力，可能很快找到优化解。

2. 深度学习的技术

在深度学习中，比较有代表性的技术有图像识别技术、语音识别技术和自然语言处理。

（1）图像识别技术

深度学习技术最开始就被应用于图像领域。在 1989 年，纽约大学教授 Le Cun 等人就开始了关于卷积神经网络的相关研究工作。图像识别也不仅仅是识别图像，随着研究的不断深入，还可以进行人脸识别、视频分析以及图像分类。其中人脸识别技术更加受到人们的追捧，因为人脸识别除了能够确认人脸之外，还能辨识不同身份的人脸。

（2）语音识别技术

在人们使用语音识别系统的历史中，比较容易被人们接受的就是混合高斯模型（GMM），这种模型一直在该领域起着非常重要的作用，主要原因就是它有比较容易获得的区分度训练技术。有了这一技术的加持，再加上在进行大数据训练时较简单，所以更容易被人们接受。但同时这种模型也存在着许多弊端，比如，它从根本上来说就是一种网络层比较浅的建模，而网络层较浅就说明没有足够的深度来记录它的空间分布，虽然这一缺点可以通过区分度训练来解决一部分，但能起作用的空间还只是很小的一部分。

（3）自然语言处理（Natural Language Processing，NLP）

自然语言处理，顾名思义，它主要的研发方向就是通过自然语言使得人类和计算机之间能实现沟通，而自然语言的范畴也比较广泛，既包括人类语言也包括计算机语言，同时还注重这两者与数学之间的联系，因此涉及范围较广。

3. 深度学习的应用

深度学习首先在语音识别领域取得了成功，国内也研发了基于深度学习的语音识别系统，比较有代表性的如科大讯飞、百度等。还有安卓手机上的语音输入助手，背后的技术也是深度学习。

特别是 2012 年后，基于深度学习的图像处理应用迅速覆盖了生活方方面面。当走在街上看到一件好看的衣服，立即可以拿出手机用某些 App 的拍照购物功能找到相类似的衣服；当拿起手机或者是打开计算机，只需要对镜头注视就可以解锁进入系统，既方便又安全；当去银行办理业务时，银行工作人员带着 iPad 和便携设备，客户只需要按照系统的提示对着摄像头就可以办理业务。现在各大科技公司和汽车企业都在大力发展自动驾驶，背后的技术都少不了基于深度学习的计算机视觉。

●任务实施

众所周知，最开始只能在小范围图像数据领域应用深度学习技术，但随着研究的不断深入，在更多的领域也可以应用这一技术，这要归功于现代硬件设施比如 GPU、内存等质量的提高，以及在平时训练中采取的其他线性或非线性的函数方法等。

2022 年 10 月 10 日，工业和信息化部科技司公示《国家人工智能创新应用先导区"智赋百景"》，其中包含自动驾驶场景。作为国内顶尖的自动驾驶研发公司之一的仓擎智能，公司全自主研发的底层操作系统 AutoKernel，具有自主可控、安全可靠的特点，能够支持大规模量产自动驾驶车的底层操作系统，直接能够对标美国开源 ROS（机器人操作系统），可为港口、机场、厂区、园区等限定场景，提供"自动驾驶车辆 + 调度"平台的全栈式 L4 级自动驾驶解决方案，该场景已应用于安徽合肥港码头建设。

自动驾驶涉及的技术非常多，包括感知、决策、控制等多个系统，其发展是人工智能、5G 通信、激光雷达、高精地图等多项技术协同发展的结果，任何一个环节"瘸腿"都跑不好。但是自动驾驶加速推进，以深度学习为代表的人工智能是主要驱动力。近年来，智能算法模型不断完善，特别是知识增强大模型的出现，让自动驾驶的判断力和理解力更强。科技创新离不开制度创新。我国自动驾驶技术和应用已处于世界前列，要保持领先态势，还需持续的政策创新护航。

深度学习技术为人工智能的研究开启了新的篇章，不仅受到了学术界的关注，也引起了商业等社会各界的重视，大大改变了人们的生活方式，为人们的生活提供了便利。

●任务评价

1. 自我评价

任务	级别		
	掌握的知识或技能	仍须加强的	完全不理解的
人工神经网络			
深度学习的技术			
深度学习的应用			
在本次任务实施过程中的自评结果	A. 优秀　　B. 良好　　C. 仍须努力　　D. 不清楚		

2. 标准评价

一、选择题（每题 5 分，共 25 分）

① 下列（　　）不属于人工神经网络特点。

　　A. 非线性　　　　　　B. 非局限性　　　　　C. 非常定性　　　　　D. 线性

② 下列（　　）不属于人工神经网络模型。

　　A. 反传网络　　　　　B. VGG　　　　　　　C. 感知器　　　　　　D. 波耳兹曼机

③（多选题）下列（　　）属于神经网络学习类型。

　　A. 监督学习　　　　　B. 非监督学习　　　　C. 半监督　　　　　　D. 机器学习

④ 下列（　　）不属于深度学习应用。

  A. 图像识别　　　　　　B. 语音识别　　　　　C. 自然语言处理　　　D. 汽车控制

⑤ 下列（　　）属于计算机视觉应用。

  A. 图像识别　　　　　　B. 语音识别　　　　　C. 自然语言处理　　　D. 汽车控制

二、判断题（每题 3 分，共 15 分）

① 根据学习环境不同，神经网络的学习方式可分为监督学习和非监督学习。　　　（　　　）

② 最常用的人工神经网络模型有前向学习和反馈学习。　　　　　　　　　　　（　　　）

③ 深度学习是需要训练 CPG 的而非 GPU。　　　　　　　　　　　　　　　　（　　　）

④ 人脸识别和语音识别是深度学习的应用。　　　　　　　　　　　　　　　　（　　　）

⑤ 深度学习给人类生活带来了便利。　　　　　　　　　　　　　　　　　　　（　　　）

三、简答题（每题 20 分，共 60 分）

① 什么是人类智能？它有哪些特征或特点？

② 什么是人工智能？它的研究目标是什么？

③ 人工智能有哪些主要研究领域？

• 任务拓展

请以 3 人结为小组开展活动，对日常生活中人工智能的应用技术进行归纳、分析，并编写形成汇报 PPT 作为作业提交。

项目总结 ▶▶▶

本项目以公司日常办公场景中对文档处理的要求作为项目背景，设置了"认识人工智能""探索人工智能的眼睛——计算机视觉技术"和"人工智能应用"3 个任务。这 3 个任务均以任务驱动方法进行教学推进，所涉及的内容主要以认知为主，并辅以线上实践，项目主旨在于提高读者对于人工智能的理解能力。

项目 13 云计算

 项目概述 ▶▶▶

- -

云计算是一种新型的基于 Internet 的计算技术，它能够按需部署计算资源，而用户只需要为所使用的资源付费，就像使用水电一样方便。从本质上讲，云计算是指用户终端通过远程连接，获取存储、计算、数据库等计算资源的一种技术。

伴随着全球信息化不断发展，云计算将是整个 IT 产业发展的方向，有着广阔的市场和应用前景。云计算提供了一种灵活高效、成本低廉、绿色节能的全新信息运作方式，在教育、通信、医疗、交通等领域有着广泛的应用，对社会经济建设、城市规划以及信息化管理等，起到重要推进作用。

📍 项目目标 ▶▶▶

- -

本项目主要围绕云计算给人类生活和工作带来的便利展开云计算认知及模式、核心技术与思想、部署与应用介绍，通过实际案例进行描述，完成本项目的内容学习后，需要达到以下目标。

1. 知识目标
① 理解云计算的基本概念，了解云计算的主要应用行业和典型场景。
② 熟悉云计算的服务交付模式，包括基础设施即服务、平台即服务和软件即服务等。
③ 熟悉云计算的部署模式，包括公有云、私有云、混合云等。
④ 了解分布式计算的原理，熟悉云计算的技术架构。
⑤ 了解云计算的关键技术，包括网络技术、数据中心技术、虚拟化技术、分布式存储技术、安全技术等。
⑥ 了解主流云服务商的业务情况，熟悉主流云产品及解决方案，包括云主机、云网络、云存储、云数据库、云安全、云开发等。
⑦ 能合理选择云服务，熟悉典型云服务的配置、操作和运维。

2. 能力目标
① 具备在信息化环境下进行云部署的能力。
② 具备在不同职业场景中了解云服务商的业务情况并合理选用云服务的能力。

3. 素质目标
① 具有认真负责、严谨细致的工作态度和职业精神，了解云计算助力数字社会的作用。
② 具有良好的实践能力和创新精神，善于综合利用信息资源和信息工具解决实际问题。

任务 13.1　云计算认知及模式

课件：
云计算认
知及模式

建议学时：2 ～ 3 学时

•任务描述

通过本任务的学习，可以初步了解云计算基础知识和模式；了解云计算的发展历程、行业应用场景，初步了解新一代信息技术发展为我国科技创新、民族自强带来的重要意义；熟悉云计算的服务交付模式和部署模式。

微课 13-1
云计算
认知

•任务目的

- 初步认知云计算的基本知识及模式。
- 了解云计算的发展及应用。
- 熟悉云计算的服务交付模式和部署模式。

•任务要求

① 以小组形式进行团队合作完成任务。
② 完成云计算助力新基建、构建现代数字社会的调研应用案例。
③ 分享云计算应用案例，以小组形式汇报。

•基础知识

1. 云计算

云计算（Cloud Computing）是一种通过互联网，以服务的方式提供动态可伸缩的虚拟化资源的计算模式。云计算是基于互联网的相关服务的使用和交付模式，通过互联网来提供动态伸缩的虚拟化资源共享。

2. 云计算概念形成的发展历程

云计算概念的形成经历了互联网、万维网和云计算 3 个阶段，如图 13.1.1 所示。

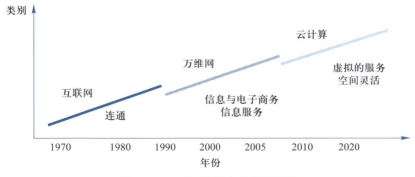

图 13.1.1　云计算概念的发展历程

拓展阅读
云计算的
发展历程

3. 云计算主要应用行业和典型场景

从行业应用来看，云计算的分布式存储特点与目前的很多行业应用非常契合，比如连锁销售、金融、医疗、交通等。

从技术角度来看，云计算的应用领域不仅涉及传统的 Web 领域，在物联网、大数据和人工智能等新兴领域也应用广泛，特别在 5G 通信时代，云计算的服务边界还会得到进一步拓展。

4. 云计算的服务交付模式

从用户体验的角度可将云计算分为基础设施即服务（Infrastructure as a Service，IaaS）、平台即服务（Platform as a Service，PaaS）和软件即服务（Software as a Service，SaaS）。

5. 云计算的部署模式

云计算按部署模式可分为：私有云、公有云和混合云。

• 任务实施

Step1：认知云计算基本概念

云计算（Cloud Computing）是一个新名词，但不是一个新概念。什么是云计算，通俗地讲，云计算要改进信息资源（包括计算、存储、网络通信、数据处理、软件服务等）的提供和使用模式，即由用户投资购买设备和管理促进业务增长的"自给自足"模式向用户只需付少量租金就能更好地服务于自身建设的以"租用"为主的模式。

云是一种比喻，云计算分狭义云计算和广义云计算：狭义云计算指 IT 基础设施的交付和使用模式，指通过网络以按需、易扩展的方式获得所需资源；广义云计算指服务的交付和使用模式，指通过网络以按需、易扩展的方式获得所需服务，这种服务包括大数据服务、云计算安全服务、弹性计算服务、应用开发的接口服务、互联网应用服务、数据存储备份服务等。广义云计算意味着计算能力也可作为一种商品通过互联网进行流通。

Step2：认知云计算的服务交付模式

基础设施即服务（IaaS）：主要用户是系统管理员，他们具有专业知识能力，直接利用云提供的资源进行业务的部署或简单的开发。服务提供商提供给用户的服务是计算和存储基础设施，用户能够部署和运行任意软件，包括操作系统和应用程序，用户不管理或控制任何云计算基础设施。

平台即服务（PaaS）：主要用户是开发人员，是把二次开发的平台以服务形式提供给开发软件的用户使用，开发人员不需要管理或控制底层的云计算基础设施，但可以方便地使用很多在构建应用时的必要服务，能控制部署的应用程序开发平台。

软件即服务（SaaS）：客户群体是普通用户。服务提供商提供给用户的服务是运行在云计算基础设施上的应用程序，用户只需要通过终端设备接入使用即可，简单方便，不需要用户进行软件开发，也无须管理底层资源。

Step3：认知云计算的部署模式

公有云用户以付费的方式，根据业务需要弹性使用 IT 分配的资源，用户不需要自己构建硬件、软件等基础设施和后期维护，即可以互联网的形式访问获取资源。

私有云一般由一个组织来使用及运营。自己组建数据中心为组织内部使用，自己是运营者，同时也是使用者。

混合云是把公有云和私有云进行整合，吸纳二者的优点，给企业带来真正意义上的云服务，混合云是未来云发展的方向。

Step4：认知云计算的应用行业和典型场景

从产业结构升级的大背景来看，云计算将全面深入到传统产业领域，进一步促进互联网脱虚向实，为传统产业的发展赋能。当前对于云计算依赖程度比较高的细分行业领域涉及装备制造、医疗、教育、交通、金融等，未来在 5G 时代，农业领域对于云计算的依赖程度也会不断提升。这些行业应用具备物理分散、逻辑集中的分布式特点，通过云计算平台能完成独立运行、安全运行和整合运行的灵活应用。

• 任务评价

1. 自我评价

任务	级别		
	掌握的知识或技能	仍须加强的	完全不理解的
认知云计算基本概念			
认知云计算的发展历程			
认知云计算的应用行业和典型场景			
认知云计算的服务交付模式			
认知云计算的部署模式			
在本次任务实施过程中的自评结果	A. 优秀　　B. 良好　　C. 仍须努力　　D. 不清楚		

拓展阅读
雄安新区
"城市大脑"

2. 标准评价

一、选择题（每题 6 分，共 30 分）

① 下列（　　　）不属于大数据的基本特征。

　A. 一次性　　　　　　B. 独特性　　　　　　C. 明确性　　　　　　D. 普遍性

② 判定下面（　　　）不属于云计算范畴。

　A. 本地安装的游戏　　　　　　　　　　B. 在线使用 WPS

　C. 安装在本地的财务软件应用　　　　　D. 在线看电影（听音乐）

③ 云计算正在为整个 IT 行业构建起一种全新的（　　　）服务方式。

　A. 互联　　　　　　B. 计算、存储　　　　　　C. 安全　　　　　　D. 开发

④（多选题）云计算概念的形成经历了（　　　）阶段。

　A. 互联网　　　　　　B. 物联网　　　　　　C. 万维网　　　　　　D. 云计算

⑤（多选题）云计算的部署模式分为（　　　）。

　A. 公有云　　　　　　B. 私有云　　　　　　C. 混合云　　　　　　D. 行业云

二、判断题（每题 10 分，共 30 分）

① 基础设施即服务（IaaS）主要用户是系统管理员。　　　　　　　　　　　　　（　　　）

② PaaS 主要用户是开发人员，开发人员需要管理或控制底层的云计算基础设施，能控制部署的应用程序开发平台。　　　　　　　　　　　　　　　　　　　　　　　　　　（　　　）

③ SaaS 的客户群体是服务提供商，服务提供商可提供运行在云计算基础设施上的应用程序。

　　　　　　　　　　　　　　　　　　　　　　　　　　　　　　　　　　　　（　　　）

三、简答题（每题 20 分，共 40 分）

① 云计算概念形成有哪几个阶段？各有何特点？

② 按服务类型，云计算可以分为哪几类？

• 任务拓展

　　以 3 人为小组开展调查问卷撰写工作，调研内容应包含调研主题、调研对象、答卷人职业、云计算了解情况、云计算的运用、云计算未来发展等内容，并编写最终调查问卷作为作业提交。

任务 13.2　云计算核心技术与思想

课件：
云计算核
心技术与
思想

建议学时：2 ～ 3 学时

•任务描述

通过本任务的学习，了解分布式计算的原理，熟悉云计算的技术架构；了解云计算的关键技术，包括虚拟化技术、分布式存储技术、安全技术等。

•任务目的

- 了解分布式计算，熟悉云计算的技术架构。
- 了解云计算的关键技术，包括虚拟化技术、分布式存储技术、安全技术等。

•任务要求

以小组形式讨论云计算的关键技术，形成统一认识，然后小组选派 1 名组员，以"对云计算关键技术的认识"为题做汇报。

•基础知识

1. 分布式计算

分布式计算是一门计算机科学，是把一个大计算任务拆分成多个小任务，然后把这些小任务分配给若干台计算机进行计算，最后把结果统一合并得出最终的答案。

2. 云计算的技术架构

云计算的技术架构分为逻辑架构和物理架构。

逻辑架构是以云计算逻辑架构而发展起来的。云计算基础设施包括 4 个相互独立又紧密结合在一起的系统：GFS 分布式文件系统、Chubby 分布式服务、MapReduce 编程模式和 BigTable 大规模分布式数据库。

云计算的物理架构多采用集群与数据拆分架构、SOA（Service Oriented Architecture，面向服务架构）、消息中间件架构 3 种方式混合。

3. 云计算的关键技术

（1）虚拟化技术

虚拟化（Virtualization）是一种资源管理技术，是将计算机的各种实体资源，如服务器、网络、内存及存储等，予以抽象、转换后呈现出来，打破实体结构间的不可切割的障碍，使用户可以比原本的配置更好的方式来应用这些资源。

（2）分布式存储技术

分布式数据存储简单来说，就是将数据分散存储到多个数据存储服务器上。分布式存储目前多是在众多的服务器中搭建一个分布式文件系统，再在这个分布式文件系统上实现相关的数据存储业务，甚至是再实现二级存储业务。

（3）安全技术

云计算的安全与传统的计算机网络安全没有太大的差异，也是为了保证云服务的正常运行和用户数据的安全。

•任务实施

Step1：认知云计算的技术架构

（1）云计算的逻辑框架

随着云计算技术的不断发展，云计算的架构逐渐得到充实，提供的应用服务更加广泛和丰富。逻辑框架提供的服务可以分为 3 层：

① 第一层是基础设施（Infrastructure），基础设施即服务层包括虚拟或实体计算机、存储、网络、负载均衡等硬件设施。

② 第二层是平台（Platform），平台即服务层包括弹性计算服务、存储服务、认证服务和访问服务、各种程序的运行服务、队列服务、数据处理等服务。

③ 第三层是应用服务（Application），应用服务层则包括邮件服务、代码托管服务、ERP、CRM、电子商务网站等。

（2）云计算的物理架构分为 4 层

最外层由智能 DNS（Domain Name System，域名系统）和 CDN（Content Delivery Network，内容分发网络）对访问内容进行加速。

应用层采用以 SOA 面向服务架构，通过消息队列支持各个模块进行通信。

数据层以分库、分表、缓存、索引等技术提高增、删、改、查的响应速度，通过数据库的镜像和日志传送提供容灾备份功能。

底层采用分布式架构，硬件资源进行统一的抽象和池化后提供给应用层使用。

Step2：认知云计算的关键技术

（1）虚拟化技术

虚拟化技术的本质是将原来运行在真实环境上的计算系统或组件运行在虚拟出来的环境中。虚拟化的主要目的是对 IT 基础设施进行简化，也可以简化对资源以及对资源管理的访问。传统解决方案同虚拟化解决方案比较见表 13.2.1。

表 13.2.1　传统解决方案同虚拟化解决方案比较一览表

方案 对比项目	传统解决方案： 100 台某品牌服务器	虚拟化解决方案：25 台某品牌服务器 + 虚拟化技术 (暂定整合比 10∶1，相当于至少 250 台物理服务器)
1. 机房电力成本、制冷成本及承重压力	极高	前者的 1/4
2. 每个应用的硬件成本	10 万元	4 万元
3. 统一管理	额外购买、安装代理、多 OS 支持	统一管理平台，对虚拟机实现统一管理
4. 业务连续性保障	无	计划内停机 计划外停机
5. 平均资源利用率	10%	80%
6. 资源动态调整	无法实现	逻辑资源池
7. 灾备方案的复杂度及可靠性	异常复杂且成功率难以保障	可靠、简单、经济的灾备解决方案
8. 数据中心地理位置变量	异常复杂	存储在线迁移
9. 部署时间	周期较长	前者的 1/10

（2）分布式存储技术

分布式数据存储技术包含非结构化数据存储和结构化数据存储。其中，非结构化数据存储主要采用分布式文件存储技术和分布式对象存储技术，而结构化数据存储主要采用分布式数据库技术。下面分别阐述这三方面的技术。

分布式文件存储技术：为了存储和管理云计算中的海量数据，出现了分布式文件系统 GFS。GFS 是一个大规模分布式文件存储系统，但是和传统分布式文件存储系统不同的是，GFS 在设计之初就考虑到云计算环境的典型特点：节点由廉价不可靠的 PC 构建，因而硬件失败是一种常态而非特例；数据规模很大，因而相应的文件 I/O 单位要重新设计；大部分数据更新操作为数据追加，如何提高数据追加的性能成为性能优化的关键。

分布式对象存储技术：与分布式文件系统不同，分布式对象存储系统不包含树状命名空间（Namespace），因此在数量增长时可以更有效地将元数据平衡地分布到多个节点上，提供理论上无限的可扩展性。对象存储系统是传统的块设备的延伸，具有更高的"智能"，上层通过对象 ID 来访问对象，而不需要了解对象的具体空间分布情况。

分布式数据库技术：传统的单机数据库采用"向上扩展"的思路，即增加 CPU 处理能力、内存和磁盘数量，来解决计算能力和存储能力的问题。这种系统目前最大能够支持几个 TB 数据的存储和处理，远不能满足实际需求。采用集群设计的分布式数据库逐步成为主流。

（3）安全技术

目前，学术界和企业界对云计算的安全都很重视，但是总体来说研究还不成体系。云计算安全划分为基础设施安全、数据安全和应用安全 3 个层面，如图 13.2.1 所示。

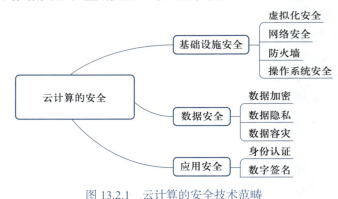

图 13.2.1　云计算的安全技术范畴

•任务评价

1. 自我评价

任务	级别		
	掌握的知识或技能	仍须加强的	完全不理解的
认知云计算的技术架构			
认知云计算的关键技术			
在本次任务实施过程中的自评结果	A. 优秀　　B. 良好　　C. 仍须努力　　D. 不清楚		

2. 标准评价

简答题（每题 20 分，共 100 分）

① 云计算的虚拟化技术的优势有哪些？

② 云计算的安全技术包括哪几个层面，每个层面一般包含哪些内容？

③ 云计算基础设施包含哪几个系统？

④ 请简述云计算提供的三层服务。

⑤ 请简述分布式存储技术的三个系统。

•任务拓展

随着科技的发展，云计算相关技术的成熟，现在的用户完全无须再购置昂贵的硬件和安装烦琐的软件就可以便捷地开展在线视频会议。以小组为单位，各小组学习使用两种在线会议软件进行在线视频会议，再结合两种会议软件撰写一份调研报告。

课件：
云计算部署与应用

任务 13.3　云计算部署与应用

建议学时：2 ～ 3 学时

•任务描述

通过本任务的学习，掌握云计算部署的基础知识，了解公有云、私有云、混合云的概念及部署架构；根据云计算平台的应用场景，能合理选择云服务；熟悉典型的云服务配置、操作和运维。

•任务目的

- 能合理选择云服务。
- 熟悉云服务配置。
- 了解云服务操作和运维。

•任务要求

①以小组形式进行团队合作完成任务。

②完成云计算平台在实际生活中的应用调研报告。

③以小组为单位，分享云计算平台应用案例。

•基础知识

1. 云服务

近年来随着互联网的发展，云计算的使用开始盛行起来。云服务器是云计算服务的重要组成部分，是面向各类互联网用户提供综合业务能力的服务平台。比传统服务器更加方便、高效、快捷，因此在中小型企业中使用得很广泛。我国云服务器有很大的市场前景，很多服务器商瞄准商机，纷纷投资云服务器，比如阿里云、腾讯云、百度云、华为云等。

2. 云服务配置

云服务器设备选定后，如何选择适合自己的云服务配置呢？主要从 CPU、内存、硬盘、带宽、操作系统、线路等方面入手。

①CPU。CPU 代表了云服务器的运算能力，如果网站访问流量较大，动态页面比较多，建议选择 4 核及以上的 CPU。一般网站建议选择 2 核及以上的 CPU。

②内存。内存是数据的传送站，内存越大，则可用缓存越大，网站打开速度也就越快，一般的个人博客，或者企业展示类的网站，可选择 2 GB 及以上的内存。如果是商城类、门户网站等，建议选择 4 GB 及以上的内存。

③硬盘。硬盘是数据存储的地方，硬盘的大小要根据网站的大小来决定，在选择时应该考虑留一部分的剩余空间。硬盘的 I/O 读取速度直接决定文件读取的快慢，希望速度更快也可以选择 SSD 固态硬盘。

④带宽。带宽越大，访问速度就越快，支持的访问人数也就越多，网站应用这类型的网站，至少要 2 Mbit/s 以上的带宽。如果是视频、下载等为主的网站，几百人同时在线就需要占用 10 Mbit/s 以上的带宽。

⑤操作系统。操作系统可以根据对哪种操作系统比较了解来选择，Windows 系统对 ASP 程序支持较好，但是占用内存较多；而 Linux 系统对 PHP 程序支持较好，更省内存。

⑥线路。针对本地用户，可以选择单线路的云主机，但多线路服务器的优势比较明显。对于一个城市来说，宽带有电信、移动等不同的服务商。根据云服务器所在的地区，做好选择，这样速度更快。

•任务实施

Step1：认知云服务器选择

如何选择一款合适自己的云服务器呢？

①定义云服务器需求，如各种基于软件的云解决方案，包括用于照片、视频和文档存储，提供 CRM 服务等。如果需要的不仅仅是基本的数据存储，还有些云供应商会提供系列云计算解决方案，例如 IT 网络的基础架构以及按需访问软件、应用程序和虚拟服务器等。

②数据中心的安全性及其所在位置。应该了解数据将保存在哪个数据中心，并向云服务供应商咨询其是如何保护服务器免受自然灾害，如风暴、洪水和地震等。

③云服务器的安全度。在将企业基础数据存储在云中时，在线安全性至关重要，云计算解决方案至少应该提供符合标准的安全措施，并且需要不断更新，以防止黑客入侵等攻击。安全措施包括防病毒检测、防火墙、日常安全审计以及数据加密和多重用户验证等。

④宕机历史。首先要如道，即便是规模再大，再受信任的云供应商也会不时遭遇宕机。由于云服务器服务中断对于企业来说可能是代价高昂且相当具有破坏性的，因此最好选择宕机次数少的供应商，并了解清楚该云服务器供应商为确保在线率已采取的措施有哪些。

⑤是否支持弹性伸缩。云服务器支持弹性资源伸缩是必需的。此外还需要了解额外扩展资源的最大容量花费。正常情况下，在原有基础上扩展资源，应该更加便宜。

⑥如何管理云服务器。云服务器通常都提供基于 Web 的管理平台，只要使用账号登录即可随时随地访问和管理云服务器，并且支持 PC 端和多样化的移动端使用。

⑦计费方式和定价标准。很多云服务器供应商支持包年包月和按量计费等方式，可以按需选择。应该了解的不只是云服务器的基础租用费用，还要包括额外的技术支持服务费用等。不同的云服务器供应商价格可能相差较大，如何选择取决于个人需求。

⑧是否支持数据的导入和导出。很多云服务器缺乏数据可移植性，这意味着不能将数据从一个云供应商移动到另一个云供应商。选择这样的云服务器供应商，可能后期要花费较高的费用才能完成转移，所以应尽量选择随时可用、随时可转移数据的云服务器供应商。

⑨客户支持服务。可靠的云服务器供应商应当提供 7×24 小时技术服务。供应商应免费提供这样的服务，但某些供应商会收取费用，用户还需了解其服务响应时间以及问题处理效率。

Step2：认知云服务操作和运维

以华为云为例：简单介绍华为云的操作及运维。

登录华为云，选择 ECS 服务器，可以选择所在地区等信息，如图 13.3.1 所示。

图 13.3.1　华为云服务资源

单击"应用管理"模块，可以看到二级菜单"运维管理"，在该模块中可以对相关的云服务器上运行的应用进行运维管理，比如备份、容灾等，如图 13.3.2 所示。

图 13.3.2 华为云服务"备份""容灾"等管理

• 任务评价

1. 自我评价

任务	级别		
	掌握的知识或技能	仍须加强的	完全不理解的
认知云服务器选择			
认知云服务操作和运维			
在本次任务实施过程中的自评结果	A. 优秀　　B. 良好　　C. 仍须努力　　D. 不清楚		

2. 标准评价

一、选择题（每题 6 分，共 30 分）

① CPU 相当于人的（　　）部位。

　A. 手　　　　　　　　B. 肚子　　　　　　　　C. 大脑　　　　　　　　D. 心脏

② 云计算的一大特征是（　　），没有高效的网络云计算就什么都不是。

　A. 按需自助服务　　　　　　　　　　B. 无处不在的网络接入

　C. 资源池化　　　　　　　　　　　　D. 快速弹性伸缩

③ Linux 查看网络链接、路由表，接口统计使用的命令是（　　）。

　A. top　　　　　　　B. ps　　　　　　　C. iostat　　　　　　　D. netstat

④ Linux 列出当前进程快照使用的命令是（　　）。

　A. top　　　　　　　B. ps　　　　　　　C. ifconfig　　　　　　D. netstat

⑤（多选题）云计算的部署模式分为（　　）。

　A. 公有云　　　　　　B. 私有云　　　　　　C. 混合云　　　　　　D. 社区云

二、判断题（每题 10 分，共 30 分）

① 固态硬盘没有机械硬盘 I/O 速度快。　　　　　　　　　　　　　　　（　　　）

② 带宽越大，访问速度就越快。　　　　　　　　　　　　　　　　　　（　　　）

③ Windows 系统不支持 ASP。　　　　　　　　　　　　　　　　　　　（　　　）

三、简答题（每题 20 分，共 40 分）

① 选择云服务设备需要考虑哪些方面？

② 云服务器的配置参数重点考虑哪些方面？

•任务拓展

为了更加直观地了解云计算服务器的使用，开展一次云服务使用调研活动，以小组为单位，对目前比较流行的云服务商所提供的云服务进行实践操作，感受它们之间的使用差异性及共性。

项目总结 >>>

本项目以云计算提供的灵活高效、成本低廉、绿色节能的全新信息运作方式为基础，将其在教育、通信、医疗、交通等领域的广泛应用作为项目背景，设置了"云计算认知及模式""云计算核心技术与思想""云计算部署与应用"3 个任务。本项目涉及网络技术、数据中心技术、虚拟化技术、分布式存储技术、安全技术等云计算的关键技术，因此在任务拓展环节中通过"云人才需求和培养""云服务在各类领域中的应用"等练习将项目切换到不同的应用场景，从而提高读者信息技术的应用能力。

项目 14 现代通信技术

项目概述 >>>

通信，顾名思义，是指传递信息、交换信息。通信的目的是发送信息和获取信息。远古时代，人们利用表情或手势进行信息交流，后来人类发明了语言，可以用来表达更丰富的思想和信息，但语言的交流只能面对面地进行。随着时代发展，文字的创造、印刷术的发明，使信息能够超越时间和空间的限制进行传递。再后来人类为了打破信息的等待时间，发明了电信号、光信号等现代通信的技术手段。未来通信技术正在向着数字化、智能化、综合化、宽带化、个人化方向迅速发展。

项目目标 >>>

本项目主要围绕现代通信技术的发展及应用展开，完成本项目的内容学习后，需要达到以下目标。

1. 知识目标

① 理解通信技术、现代通信技术、移动通信技术、5G 技术等概念，掌握相关的基础知识。

② 了解现代通信技术的发展历程及未来趋势。

③ 熟悉移动通信技术中的传输技术、组网技术。

④ 了解 5G 的应用场景、基本特点和关键技术。

⑤ 掌握 5G 网络架构和部署特点，掌握 5G 网络建设流程。

⑥ 了解蓝牙、WiFi、ZigBee、射频识别、卫星通信、光纤通信等现代通信技术的特点和应用场景。

2. 能力目标

① 能够识别和分析生活中应用的现代通信技术。

② 具备在日常生活、工作和学习中根据不同现代通信技术特点解决问题的能力。

3. 素质目标

① 具有创新的科学思维，善于思考如何通过商业模式的创新有效应用 5G 技术。

② 具有脚踏实地、勤勤恳恳的务实精神，践行"劳动精神"，助力建设科技中国。

任务 14.1　通信技术发展及应用

建议学时：2 ～ 3 学时

•任务描述

2021 年的全国两会上，5G 备受关注。2021 年政府工作报告明确提出，要加大 5G 网络和千兆光网络建设力度，丰富应用场景。那么，到底什么是 5G？ 5G 和 4G 最大的不同在哪里？ 1G 到 5G 的网络又是如何发展的呢？

•任务目的

通过学习本任务通信技术知识，了解现代通信技术的发展历程和移动通信技术应用场景，了解 5G 应用场景和网络架构，并能使用简单的手机 App 对 5G 信号强度和数据传输速率进行测试。

•任务要求

以小组为单位对现代通信技术和移动通信技术的发展进行讨论，并查找搜集相关资料辅助学习，小组协作讨论完成 5G 网络架构图和 5G 信号测试任务。

•基础知识

1. 通信技术

通信就是信息通过传媒介质进行传递的过程，实现信息传递所需要的一切设备构成通信系统。

2. 现代通信技术

现代通信的特征是通信与计算机技术相结合。在信息交换方面，使用计算机来实现数字信号频繁的交换和处理；在信息传递方面，移动通信、卫星通信、光纤通信已成为当今传递信息的三大新兴通信手段；在网络发展方面，通信网络可向用户提供更多样化、更现代化的电信新业务，形成综合业务数字网（Integrated Services Digital Network，ISDN）。

3. 移动通信技术

移动通信（Mobile Communication）是移动体之间的通信，或移动体与固定体之间的通信。移动体可以是人，也可以是汽车、火车、轮船、收音机等在移动状态中的物体。

4. 5G 技术

第五代移动通信技术（5th Generation Mobile Communication Technology，5G）是具有高速率、低时延和大连接特点的新一代宽带移动通信技术，是实现人、机、物互联的网络基础设施。

•任务实施

Step1：认知现代通信技术的发展

通信技术和通信产业是 20 世纪 80 年代以来发展最快的领域之一，不论是在国际还是在国内都是如此。现代通信一般是指电信，国际上称为远程通信。

纵观通信的发展分为以下三个阶段：

第一阶段是语言和文字通信阶段。在这一阶段，通信方式简单，内容单一。

第二阶段是电通信阶段。1837 年，莫尔斯发明电报机，并设计莫尔斯电报码。1876 年，贝尔发明电话机。这样，利用电磁波不仅可以传输文字，还可以传输语音，由此大大加快了通信的发展进程。1895 年，马可尼发明无线电设备，从而开创了无线电通信发展的道路。

第三阶段是电子信息通信阶段。从总体上看，通信技术实际上就是通信系统和通信网的技术。通信系统是指点对点通信所需的全部设施，而通信网是由许多通信系统组成的多点之间能相互通信的全部设施。

Step2：认知移动通信技术的发展

1973 年，出现了第一台便携式蜂窝移动电话，也就是人们所说的"大哥大"，一直到 1985 年，第一台现代意义上的移动电话诞生。开始了移动通信技术从 1G（第一代移动通信技术）到目前 5G（第五代移动通信技术）通信的发展，发展历程及关键技术见表 14.1.1。

表 14.1.1　第一代移动通信至第五代移动通信发展历程和技术特点

通信技术	典型频段	传输速率	关键技术	技术标准	提供服务
1G	800/900MHz	约 2.4 kbit/s	FDMA、模拟语音调制、蜂窝结构组网	NMT、AMPS 等	模拟语音业务
2G	900MHz 与 1800MHz GSM900 890～900MHz	约 64 kbit/s GSM900：上行：2.7 kbit/s 下行：9.6 kbit/s	CDMA、TDMA	GSM（移动、联通）CDMA（电信）	数字语音传输
2.5G		115 kbit/s（GPRS）384 kbit/s（EDGE）		GPRS、HSCSD、EDGE	中高速数据业务
3G	WCDMA 上行：1940～1955MHz 下行：2130～2145MHz	125 kbit/s～2 Mbit/s	多址技术、Rake 接收技术、Turbo 编码及 RS 卷积联码等	CDMA2000（电信）、TD-SCDMA（移动，中国自主知识产权）、WCDMA（联通）	同时传送声音及数据信息
4G	TD-LTE：上行：555～2575MHz 下行：2300～2320MHz FDD-LTE 上行：1755～1765MHz 下行：1850～1860MHz	2 Mbit/s～1 Gbit/s	OFDM、SC-FDMA、MIMO	LTE、LTE-A、WiMax 等	快速传输数据、音频、视频、图像
5G	3300～3600MHz 4800～5000MHz	0.1～10 Gbit/s	毫米波、大规模 MIMO、NOMA、OFDMA、SC-FDMA、FBMC、全双工技术等	5G	快速传输高清视频、智能家居、自动驾驶等

移动网络从 2G 到 5G 历经近 30 年时间，移动通信技术飞速演进，网络的逻辑架构一直都是从主叫手机到附近的基站，通过承载网到达电信机房的核心网络进行信息交换，再通过承载网到达被叫手机附近的基站，最后通过电磁波将信号发送给被叫手机，完成一次信息传递，如图 14.1.1 所示。

1996 年，专家们提出了全球信息基础设施总体构思方法，电信网络发展进入了网络融合发展的进程，随后，设备制造商推出了"统一通信"的理念，未来的通信可能沿着融合 2G、3G、4G、5G、WLAN、宽带网络的方向发展。

随着 5G 到来，网络连接将成为无处不在的自然存在，中国华为技术有限公司提出要把数字世界带入每个人、每个家庭、每个组织，构建万物互联的智能世界，新的连接版图正在打开。

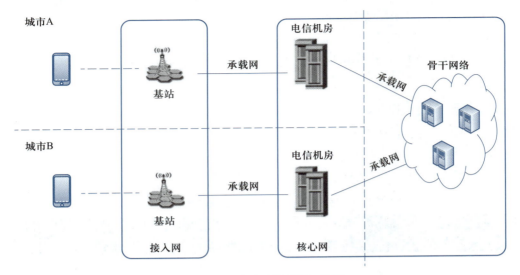

图 14.1.1　移动通信网络架构图

Step3：认知 5G 技术发展与应用

　　人们的日常生活对网络的依赖正在不断加深，有三个应用场景非常典型，即连续广域覆盖场景（用户置身于连续的无线信号覆盖中）、热点高容量场景（局部区域无线通信用户密度较大或用户信号流量巨大）、高速移动场景（例如高铁上的数据应用）等，在 3G 的 CDMA2000、4G 的 LTE 系统设计时，都有针对这三个场景的描述，而 5G 系统与 3G、4G 系统的区别在于对这三个场景的指标要求要远远高于 3G、4G 系统。

　　国际电信联盟（International Telecommunication Union，ITU）在 ITU-R M.2083-0 文件中给出 5G（IMT-2020）与 4G（IMT-advanced）系统的关键指标对比，如图 14.1.2 所示。

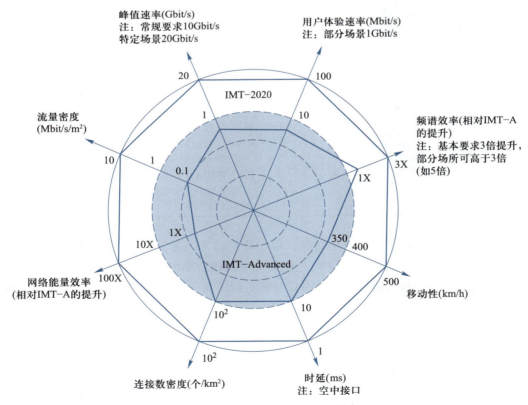

图 14.1.2　ITU 的 5G 关键指标需求

目前 5G 的三大应用场景：增强移动宽带（eMBB）、海量机器类通信（mMTC）和低时延高可靠连接（uRLLC）。同时也规定了 5G 网络峰值速率达到 20 Gbit/s、连接密度达到每平方米 100 万个终端、支持移动速率达到每小时 500 km、空口时延达到 1 ms 的要求。

eMBB 主要用于 3D 和超高清视频等大流量移动宽带业务，mMTC 主要用于大规模物联网业务，uRLLC 主要用于无人驾驶、工业自动化等要求低时延、高可靠连接的业务，典型应用如图 14.1.3 所示。

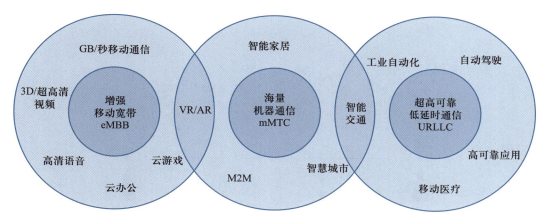

图 14.1.3　ITU 定义的 5G 三大应用场景

Step4：理解 5G 网络部署模式与建设流程

5G 网络部署模式分为非独立组网（Non-Standalone，NSA）和独立组网（Standalone，SA）两大模式，其区别主要在于是否需要其他网络（如 LTE 网络）的参与。

在 NSA 组网部署中，使用 4G 核心网，移动终端会使用双连接同时与 4G 基站和 5G 基站同时保持连接，这种部署方式建设周期短，可以在 5G 网络覆盖不足的情况下先行提供 5G 业务，适合在局部热点区域部署，以便循序渐进地开展 5G 商用服务。如图 14.1.4（a）所示。

在 SA 组网部署中，5G 终端直接与 5G 基站建立无线连接，并通过 5G 核心网来建立服务。5G 独立部署并不需要一个相关联的 LTE 网络参与，这是最简单的部署架构，对现有的 2G/3G/4G 网络无影响，因而不需要对现网进行升级改造。但这种部署方式在网络建设初期需要较大的投资，且需要较长的一段时间才能保证良好的 5G 网络覆盖。如图 14.1.4（b）所示。

5G 网络规模估算，仿真→5G 基站选址、勘察→5G 基站设备安装、调测→5G 基站开通。

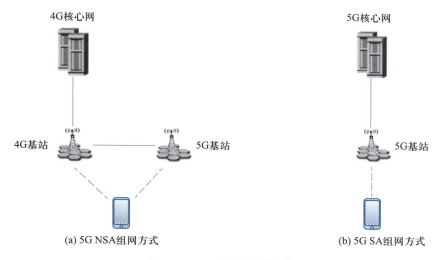

(a) 5G NSA组网方式　　　　　　(b) 5G SA组网方式

图 14.1.4　5G 网络部署模式

Step5：理解 5G 网络架构

5G 网络架构主要由无线接入网和核心网组成。在 5G 网络架构图中，AMF/UPF 代表 5G 核心网，ng-eNB 代表 5G 接入网，如图 14.1.5 所示。

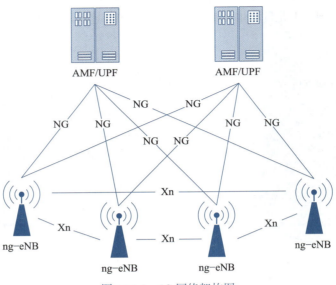

图 14.1.5　5G 网络架构图

微课 14-2
实践 5G
网络测试
任务详细
解析

Step6：实践 5G 网络测试任务

在手机应用商城下载 CELLULAR-Z 软件，一起来感受 5G 信号的强度和速度吧。

可以通过软件操作界面观察到当前的移动网络信息，例如手机 SIM 卡信息、当前手机接入的网络是 LTE 网络或是 5G NR 网络、手机实时接收信号强度（RSRP）值等信息。扫描二维码查看 CELLULAR-Z 软件操作界面。

CELLULAR-Z
软件操作
界面

Step7：了解我国 5G 技术发展与应用现状

截至 2022 年 6 月，全球声明的 5G 标准必要专利共 21 万余件，涉及近 4.7 万项专利族，其中中国声明 1.8 万余项，排名世界第一，其中华为公司在全球居首。工信部发布的 2022 年通信业统计公报显示：2022 年我国新建 5G 基站 88.7 万个，5G 基站总量已达到 231.2 万个，占全球比例超过 60%。截至 2022 年年底，我国移动电话用户规模为 16.83 亿户，移动电话普及率升至每百人 119.2 部，高于全球平均的每百人 106.2 部。其中，5G 移动电话用户达 5.61 亿户，占移动电话用户的比例比 2021 年末提高 11.7 个百分点，达到 33.3%，是全球平均水平（12.1%）的 2.75 倍。

根据中国信息通信研究院数据，5G 应用已覆盖国民经济 97 个大类中的 40 个，应用案例累计超过 5 万个。面向电力、医疗、工业、车联网等行业已开展标准研究及立项工作，据统计立项标准达 62 项。

•任务评价

1. 自我评价

任务	级别		
	掌握的知识或技能	仍须加强的	完全不理解的
通信技术发展的阶段			
移动通信技术的发展历程			

续表

任务	级别		
	掌握的知识或技能	仍须加强的	完全不理解的
5G 通信技术的技术特点			
5G 通信技术的应用场景			
在本次任务实施过程中的自评结果	A. 优秀　　　B. 良好　　　C. 仍须努力　　　D. 不清楚		

2. 标准评价

一、选择题（每题 5 分，共 25 分）

① 最新技术标准下 5G 网络峰值速率将达到（　　　）。

　　A. 10 Gbit/s　　　　　B. 20 Gbit/s　　　　　C. 10 Mbit/s　　　　　D. 20 Mbit/s

② 最新技术标准下 5G 网络延时将达到（　　　）。

　　A. 4 ms　　　　　B. 3 ms　　　　　C. 2 ms　　　　　D. 1 ms

③ 5G 网络每平方千米支持终端数量达到（　　　）。

　　A. 10 万　　　　　B. 100 万　　　　　C. 50 万　　　　　D. 200 万

④ 自动工厂属于对 5G 三大类应用场景网络需求是（　　　）。

　　A. 增强移动宽带　　　B. 万物互联　　　C. 低时延高可靠　　　D. 保密性好

⑤ 以下（　　　）特性不是 5G 的特点。

　　A. 低时延　　　　　B. 高速率　　　　　C. 大连接　　　　　D. 灵活性

二、判断题（每题 3 分，共 15 分）

① 1G 时代——第一代移动通信系统的主要特点是采用时分复用。　　　　　　　　　（　　　）

② 4G 的网络制式包括 TD-SCDMA、FDD-LTE、TDD-LTE。　　　　　　　　　（　　　）

③ 5G 网络部署模式：独立组网（SA）与非独立组网（NSA）两种。　　　　　　　（　　　）

④ 5G 的三大应用场景：增强移动宽带（eMBB）、海量机器类通信（mMTC）和低时延高可靠连接（uRLLC）。　　　　　　　　　　　　　　　　　　　　　　　　　　　（　　　）

⑤ 有效性和可靠性是信道传输性能的两个主要指标。　　　　　　　　　　　　　（　　　）

三、简答题（每题 20 分，共 60 分）

① 回顾一下你是从第几代移动通信开始使用手机的？当时主要使用了什么通信业务？

② 简述通信系统的构成。

③ 5G 移动通信具有哪些关键技术？

•任务拓展

运用 5G 网络查找 5G 通信技术在交通、农业、林业、电力等领域的应用。

任务 14.2　其他通信技术

建议学时：2 ～ 3 学时

•任务描述

小明和家人开车到商场购物，在偌大的停车场迅速完成了入场、找车位、智能寻车、停车缴费、离场等流程。智慧停车场将蓝牙、无线通信、RFID 识别、GPS 定位、光纤通信等技术综合应用于停车场出入道闸车辆、驾驶员身份识别、停车位信息采集、管理、查询、监控、导航服务，实

课件：
其他通信
技术

微课 14-3
其他通信
技术

现停车位资源的实时更新、查询、预订与导航服务一体化，实现停车位资源利用率的最大化、停车场利润的最大化和车主停车服务的最优化。那么，其各部分功能分别是应用哪些通信技术来实现的呢？请把它们——对应找出来。

• 任务目的

- 了解蓝牙技术的特点和应用场景。
- 了解 Wi-Fi 技术的特点和应用场景。
- 了解 ZigBee 技术的特点和应用场景。
- 了解射频识别技术的特点和应用场景。
- 了解卫星通信技术的特点和应用场景。
- 了解光纤通信技术的特点和应用场景。

• 任务要求

以小组为单位开展学习探究，列举出生活中所认识的蓝牙、Wi-Fi、ZigBee、射频识别、卫星通信、光纤通信等技术的应用场景。实现小组成员间通过手机蓝牙连接互传文件、无线终端与附近 Wi-Fi 的连接。

• 基础知识

通信技术除了生活中常用的 4G、5G 等移动通信技术，还包括蓝牙、Wi-Fi、ZigBee、射频识别、卫星通信、光纤通信等现代通信技术。

1. 蓝牙技术

蓝牙是一种短距的无线通信技术，电子终端彼此可以通过蓝牙进行连接，省去了传统的通信电缆。利用芯片上的无线接收器，配有蓝牙技术的电子产品能够在 10 m 左右的距离内实现通信。

2. Wi-Fi 技术

Wi-Fi 全称 Wireless Fidelity，它是一种短程无线传输技术，能够在百米范围内支持互联网接入的无线电信号。可以将个人电脑、手持设备（如掌上电脑、手机）等终端以无线方式互相连接。

3. ZigBee 技术

ZigBee 一词源自蜜蜂群在发现花粉位置时，通过跳 ZigZag 形舞蹈来告知同伴，达到交换信息的目的。所以 ZigBee 也称紫蜂，它与蓝牙相类似，是一种新兴的短距离无线通信技术。

4. 射频识别（RFID）技术

RFID（Radio Frequency Identification）射频识别技术，又称"电子标签"，是 20 世纪 90 年代开始兴起的一种非接触式自动识别技术，在无人进行干预的情况下，它可以通过射频信号自动识别目标对象并获取相关的数据。

5. 卫星通信技术

卫星通信主要是利用人造地球卫星作为中继站来转发无线电波的一种通信方式。卫星通信在国际通信、国内通信、国防通信、移动通信、广播电视等领域迅速发展，已经成为世界电信网络结构中的重要组成部分。

6. 光纤通信技术

光纤通信是光导纤维通信的简称，原理是利用光导纤维传输信号，以实现信息传递的一种通信方式。

7. 三网融合技术

三网融合是实现有线电视、电信以及计算机通信三者之间的融合，目的是构建一个健全、高效的通信网络，从而满足社会发展的需求。

•任务实施

Step1：了解蓝牙技术特点及其应用

蓝牙技术的发展越来越快，在各领域应用也越来越广泛，尤其是在电脑和手机上的应用的发展尤为迅速。可以通过蓝牙传输图片、音频、视频文件，操作步骤如下：主端设备发起呼叫→查找周围蓝牙设备→找到从端蓝牙设备→进行配对→输入从端设备的 PIN 码→配对完成。蓝牙手机也可变身为无线 U 盘。除了图片、铃声和 Java 小游戏外，一般的文档也能传到蓝牙手机中。但它受到手机的存储器容量、手机支持的文档特定格式制约。蓝牙技术应用如图 14.2.1 所示。

图 14.2.1　蓝牙应用场景

Step2：掌握 Wi-Fi 技术特点及其应用

由于 Wi-Fi 的频段在世界范围内是无须任何电信运营执照的免费频段，因此 WLAN 无线设备提供了一个世界范围内可以使用的，费用极其低廉且数据带宽极高的无线空中接口。用户可以在 Wi-Fi 覆盖区域内快速浏览网页，随时随地接听拨打电话。有了 Wi-Fi 功能打长途电话（包括国际长途）、浏览网页、收发电子邮件、音乐下载、数码照片传递等，无须担心速度慢和花费高的问题。

图 14.2.2　Wi-Fi 应用场景

Wi-Fi 在掌上设备上应用越来越广泛，而智能手机就是其中一分子。与早前应用于手机上的蓝牙技术不同，Wi-Fi 具有更大的覆盖范围和更高的传输速率，因此 Wi-Fi 手机成了目前移动通信业界的时尚潮流。Wi-Fi 技术应用如图 14.2.2 所示。

Step3：了解 ZigBee 技术特点及其应用

其特点是近距离、低复杂度、自组织、低功耗、低数据速率、低成本。什么情况下的短距离通信就可以考虑采用 ZigBee 技术？需要数据采集或监控的网点多；要求传输的数据量不大，而要求设备成本低；要求数据传输可靠性高，安全性高；要求设备体积很小，不便放置较大的充电电池或者电源模块。

ZigBee 应用范围非常广泛，可应用于工业自动化、家庭自动化、遥测遥控、汽车自动化、农业自动化和医疗护理、油田、电力、矿山和物流管理等领域。实际应用举例如下：照明控制、环境控制、自动读表系统、各类窗帘控制、烟雾传感器、医疗监控系统、大型空调系统、内置家居控制的机顶盒及万能遥控器、暖气控制、家庭安防、工业和楼宇自动化。另外它还可以对局部区域内的移动目标（如城市中的车辆）进行定位。ZigBee 技术应用如图 14.2.3 所示。

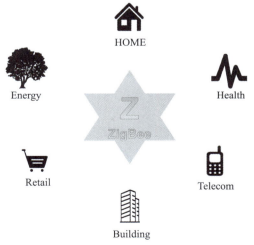

图 14.2.3　ZigBee 应用场景

Step4：了解射频识别（RFID）技术特点及其应用

RFID 技术工作环境弹性较大，除可在极端环境下进行工作外，亦可识别高速运动物体和同一时间识别多个标签。射频识别技术是一项利用射频信号通过空间耦合（交变磁场或电磁场）实现无接触信息传递并通过所传递的信息识别目标的技术。

RFID 技术已经广泛应用在资产管理、零售、物流、服装、交通、医疗、身份识别、金融支付等领域，在国计民生中发挥着重要的作用，并且随着物联网技术的发展与推广，RFID 作为感知层的关键技术之一，迎来更大的机遇期。

Step5：认知卫星通信技术特点及其应用场景

其主要特点是：通信距离远，且投资费用和通信距离无关；工作频带宽，通信容量大，适用于多种业务的传输；通信线路稳定可靠；通信质量高等。

卫星通信的应用领域不断扩大，除金融、证券、邮电、气象、地震等部门外，在远程教育、远程医疗、应急救灾、应急通信、应急电视广播、海陆空导航等领域也得到了广泛应用。比如在汶川地震中，国家抽调信息中心的卫星通信车到灾区，参与了地震灾后救援，为相关部门的人员和资源的调配、整体的组织、协调和指挥，以及掌握第一现场信息和应对事件起到了很重要的作用。

Step6：认知光纤通信技术特点及其应用

光纤通信是利用光波作为载波，以光纤作为传输媒质将信息从一处传至另一处的通信方式。其主要特点是：比常用微波频率高 $10^4 \sim 10^5$ 倍；损耗低、中继距离长；具有抗电磁干扰能力；线径细、重量轻；耐腐蚀、不怕高温等。光纤传输具有独特的优越性和巨大的传输带宽。光纤通信的应用如图 14.2.4 所示。

公用网：市话局间中继、长途干线系统（国际、一级、二级）、移动网

专用网：铁道、电力、军事、石油、高速、金融、公安等

广电网：HFC 图像传输（CATV）

计算机网：WAN、MAN、FRN、DDN

用户接入网：FTTC、FTTB、FTTH、FTTO

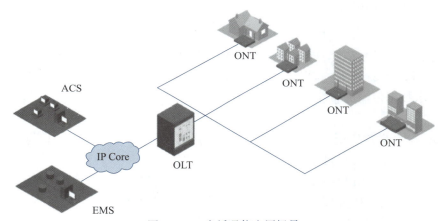

图 14.2.4　光纤通信应用场景

Step7：认知现代通信技术与其他信息技术的融合发展

三网融合主要是指高层业务应用的融合，其表现为技术上趋向一致，网络层上可以实现互联互通，形成无缝覆盖，业务层上互相渗透和交叉，应用层上趋向使用统一的 IP 协议，为提供多样化、多媒体化、个性化服务的同一目标逐渐交汇在一起，通过不同的安全协议，最终形成一套网络中兼容多种业务的运维模式。目的是构建一个健全、高效的通信网络，从而满足社会发展的需求。三网融合应用广泛，遍及智能交通、环境保护、政府工作、公共安全、平安家居等多个领域。譬如手机可以看电视、上网，电视可以打电话、上网，电脑也可以打电话、看电视。三者之间相互交叉，形

成你中有我、我中有你的格局。

Step8：拓展了解中国北斗导航系统的发展及应用场景

卫星导航
与位置
服务产业
总体产值

2020 年 7 月 31 日，北斗卫星导航系统向全球提供服务，当天 10 时 48 分，中国的北斗卫星导航系统向全世界宣告："北斗三号全球卫星导航系统正式开通！"从这一刻起，中国星座开始在浩瀚星空中闪耀。自 1983 年"双星定位"理论的提出，到北斗三号的全面开通已经历时近 40 年，这标志着中国正式成为世界上第 3 个独立拥有全球卫星导航系统的国家。在此基础上，2021 年，北斗融入自然资源、通信、交通、电力、水利等行业的基础设施建设的步伐进一步加速。

在农业领域，全国已有将北斗终端作为标准配置的农机企业 45 家，已安装农机自动驾驶系统超过 10 万台，安装农机定位、作业监测等远程运维终端超过 45 万台 / 套，全国接入国家精准农业综合数据服务平台的农机装备达到 25.8 万台，实现了跨企业农机作业数据整合，水稻、小麦、玉米等主粮作物收获和拖拉机作业的 24 小时动态监测。

中国卫星导航定位协会发布的《2022 中国卫星导航与位置服务产业发展白皮书》显示，2021年我国卫星导航与位置服务产业总体产值达到 4690 亿元，保持较快增长态势。

•任务评价

1. 自我评价

任务	级别		
	掌握的知识或技能	仍须加强的	完全不理解的
蓝牙技术特点和应用场景			
Wi-Fi 技术特点和应用场景			
ZigBee 技术特点和应用场景			
射频识别技术特点和应用场景			
卫星通信技术特点和应用场景			
光纤通信技术特点和应用场景			
三网融合的应用场景			
在本次任务实施过程中的自评结果	A. 优秀　　B. 良好　　C. 仍须努力　　D. 不清楚		

2. 标准评价

一、选择题（每题 5 分，共 15 分）

① 卫星通信特点描述错误的是（　　）。

    A. 通信距离远，通信容量大　　　　　　B. 频带宽、覆盖广

    C. 投资费用和通信距离增加有关　　　　D. 适用于多种业务的传输

② 以下（　　）是 ZigBee 技术的优势。

    A. 成本低　　　　　B. 时延短　　　　　C. 网络容量大　　　D. 以上都是

③ 1966 年（　　）博士发表了一篇划时代性的论文，他提出利用带有包层材料的石英玻璃光学纤维，能作为通信媒质。

    A. 高锟　　　　　　B. 杨振宁　　　　　C. 邓稼先　　　　　D. 钱学森

二、判断题（每题 5 分，共 25 分）

① 蓝牙设备不可以用来传输视频文件。　　　　　　　　　　　　　　　　　　　（　　　）

② ZigBee 可以传输大容量的数据信息。　　　　　　　　　　　　　　　　　　（　　　）

③ ZigBee 一词源自蜜蜂群在发现花粉位置时，通过跳 ZigZag 形舞蹈来告知同伴，达到交换信息的目的。　　　　　　　　　　　　　　　　　　　　　　　　　　（　　）

④ 光波比常用微波频率高 4～5 倍。　　　　　　　　　　　　　　　　　　　（　　）

⑤ "三网"是指有线电视、电信以及计算机通信三者之间的融合。　　　　　　（　　）

三、简答题（每题 20 分，共 60 分）

① 射频识别（RFID）系统有什么优点？

② 简述蓝牙的呼叫过程。

③ ZigBee 技术有什么优势？

•任务拓展

打开手机的蓝牙功能，蓝牙配对成功后和自己的小伙伴动手互传喜欢的图片。方法为：进入手机相册选择好要分享的照片，点击"发送"并在发送选项中选择"蓝牙"，选定需要发送的设备即可。分享时也可以同时选择多张照片一并分享。

项目总结 ▶▶▶

本项目介绍了通信技术的发展，移动通信的发展历程和关键技术，生活中常见的通信技术。目前，我国的移动通信网络正处在 5G 系统商用建设阶段，4G、5G 技术均采用了后向兼容的技术，同时还有各种有线、无线通信技术应用在生活各方面，通过本项目的学习，读者能了解不同移动通信技术的发展特点，了解生活中常见的通信技术，能使用简单的测试 App 对网络情况进行测试和分析。

本项目的内容涵盖新技术发展和应用，在配套微课中对移动网络测试进行了较为详细的介绍，旨在拓展读者对新技术发展的学习和应用兴趣，并对国家信息技术的发展有所关注。

项目 15　物联网

项目概述 ▶▶▶

物联网（Internet of Things）是将各种信息传感设备（如红外感应器、全球定位系统等）与互联网结合起来而形成的一个巨大网络，实现在任何时间、任何地点，人、机、物的互联互通。物联网作为全新一代信息产业的代表，其发展将成为推动人类文明向智能化方向发展的关键。本项目主要以物联网基础知识、物联网体系结构和关键技术、物联网系统应用等内容为基础，使读者对物联网有一个初步的了解。

项目目标 ▶▶▶

本项目主要围绕物联网的基础知识、体系结构和关键技术、系统应用展开，完成本项目的内容学习后，需要达到以下目标。

1. 知识目标

① 了解物联网的概念、应用领域和发展趋势。

② 了解物联网和其他技术（如 5G、人工智能等）的融合。

③ 熟悉物联网感知层、网络层和应用层的三层体系结构，了解每层在物联网中的作用。

④ 熟悉物联网感知层关键技术，包括传感器、自动识别、智能设备等。

⑤ 熟悉物联网网络层关键技术，包括无线通信网络、互联网、卫星通信网等。

⑥ 熟悉物联网应用层关键技术，包括云计算、中间件、应用系统等。

⑦ 熟悉典型物联网应用系统的安装与配置。

2. 能力目标

① 具备在工作生活环境下识别不同的物联网应用场景及其关键技术应用的能力。

② 具备在实训室环境中，通过团队协作完成物联网智能家居应用场景的搭建与测试能力。

3. 素质目标

① 具备良好的科学思维，养成良好的独立思考与实践探索精神。

② 具有良好的团队合作精神，善于在沟通交流与团结协作中克服困难、解决问题。

任务 15.1　物联网基础知识

建议学时：1 ～ 2 学时

•任务描述

过去通过互联网，可以聊天、玩游戏、查阅资料等，随着技术的快速发展，如今可以通过互联网进行广告宣传、网上购物等。那么与互联网只有一字之差的物联网这个新名词，又是什么意思呢？

本任务主要介绍物联网的概念、由来、趋势以及应用背景，通过列举常见应用，认识物联网的发展。

•任务目的

- 了解物联网的概念。
- 了解物联网的应用领域和发展趋势。
- 了解物联网和其他技术的融合，如物联网与 5G 技术、物联网与人工智能技术等。
- 培养综合能力，培养创新思维，深知科技创新是发展的第一动力。

•任务要求

以小组为单位开展学习探究，并能够找到生活中常见的物联网产品。

•基础知识

1. 物联网的基本概念

物联网的概念最早被定义为把所有物品通过射频识别和条码等信息传感设备与互联网连接在一起，实现智能化识别和管理。

物联网就是物的互联网，是互联网的一部分。物联网将互联网的基础设施作为媒体传递的载体。例如使用手机 App 远程操控汽车，当用户通过手机 App 进行操作时，指令从已接入互联网的手机发送到云端平台，云端平台找到已接入互联网的汽车端计算机，然后发出指令进行操控，并将执行的结果反馈到云端平台，与此同时用户的这一操作也在云端中留下记录，用户可以随时随地从手机 App 查询历史记录。这就是一个常见的物联网场景，也是属于互联网中的一种。

物联网的主体是"物"。由前可知，现代物联网应用是一种互联网应用，但是物联网应用和传统互联网应用又有所不同，那就是传统的互联网产生和消费数据主体是人，而物联网产生和消费的数据主体是物。

2. 物联网的应用领域

随着 5G 时代的来临，物联网将会迅猛发展。同时，物联网的应用场景也会逐步扩大。

物联网所涉及的应用场景非常的广泛，其中包括医疗健康、制造业、智慧城市、车机互联、智能家居、农业和智能建筑等。但在不同的应用场景下，物联网应用的差异非常大，终端和网络架构就决定了物联网行业存在足够多的细分市场，这也就意味着很难出现一家市场份额具有统治力的公司。

3. 物联网的发展趋势

依据物联网技术稳中有序的发展，可以判断在未来几年乃至于几十年中，智慧物流的网络连接水平，可以在物联网、人工智能、云计算和大数据等信息技术的快速发展下而得到更大幅度提高，支撑保障智慧物流的发展快速进行。届时物流人员、运输设备以及物流管理系统将会形成一个统一协调的管理网络，从而实现互联网在物流行业各个运营环节的全方位覆盖，使物流信息可以实时追踪与管理，形成"万物互联"的发展局面。

•任务实施

物联网最基本的功能是将设备与一个开关连接起来，通过互联网或其他设备接通开关并进行操作。从智能手机到复杂的机器，它们都加入了物联网。未来几年，互联设备的数量将会继续激增。下面通过一些例子来认识什么是物联网。

Step1：了解智能锁

智能锁是一个非常有趣的创意，将智能手机与家庭门上的传感器连接，设置开锁权限，这样在用户到达家门口时门就会自动解锁。"钥匙"也可以被分配给客人，这样他们就可以在一定的时间内获得访问权限。在忘记拿钥匙的情况下，就可以使用智能手机解锁。

Step2：了解智能电动牙刷

有的智能电动牙刷能很好地检查使用者的刷牙习惯，使刷牙变成了健康、有趣的活动。因为牙刷中装有传感器，通过智能手机传输数据到牙科医生，可以随时掌控自己的牙齿和口腔健康状况。

Step3：了解智能家居

智能家居产品包括以网络化、无线化、自动化的手段，实现家居的安防管理、照明管理、环境管理、多媒体控制、门窗控制的许多产品。如图15.1.1 所示。

图 15.1.1　智能家居

•任务评价

1. 自我评价

任务	级别		
	掌握的知识或技能	仍须加强的	完全不理解的
物联网的概念			
物联网的应用领域			
物联网的发展趋势			
在本次任务实施过程中的自评结果	A. 优秀　B. 良好	C. 仍须努力	D. 不清楚

2. 标准评价

一、单项选择题（每题 4 分，共 20 分）

① 物联网的英文名称是（　　）。

A. Internet of Matters　　　　　B. Internet of Things

C. Internet of Theorys　　　　　D. Internet of Clouds

② 物联网分为感知、网络和（　　）三个层次。

A. 应用　　　　　　　B. 推广　　　　　　　C. 传输　　　　　　　D. 运营

③ 下列哪一项不属于物联网十大应用范畴（　　　　）。

A. 智能电网　　　　　B. 医疗健康　　　　　C. 智能通信　　　　　D. 金融与服务业

④ 目前无线传感器网络没有广泛应用领域有（　　　　）。

A. 人员定位　　　　　B. 智能交通　　　　　C. 智能家居　　　　　D. 书法绘画

⑤ 在环境监测系统中一般不常用到的传感器类型有（　　　　）。

A. 温度传感器　　　　B. 速度传感器　　　　C. 照度传感器　　　　D. 湿度传感器

二、判断题（每题 4 分，共 20 分）

① 互联网就是物联网。　　　　　　　　　　　　　　　　　　　　　　　　（　　　）

② 语音识别是物联网技术。　　　　　　　　　　　　　　　　　　　　　　（　　　）

③ 物联网技术能够实现无人驾驶。　　　　　　　　　　　　　　　　　　　（　　　）

④ 物联网能够实现"万物互联"。　　　　　　　　　　　　　　　　　　　　（　　　）

⑤ 传感器是物联网中的重要终端。　　　　　　　　　　　　　　　　　　　（　　　）

三、简答题（每题 30 分，共 60 分）

① 请简述物联网的基本概念。

② 请简述物联网传感器的概念。

• 任务拓展

除了课本列举例子之外，想一想物联网技术在现代社会中有哪些具体应用，请举例说明。

任务 15.2　物联网的体系结构及关键技术

课件：
物联网的
体系结构
及关键技
术

建议学时：2 ～ 3 学时

• 任务描述

张明正在规划新别墅的装修，计划采用智能家居的设计理念，以提升家居的安全性、便利性、舒适性、艺术性，打造环保节能的居住环境。他找到一家智能家居解决方案公司负责做具体方案的制定，同时张明希望自己能够充分理解方案从而在其中具有一定的参与权和决策权。为此，张明需要学习物联网的一些相关知识。请和张明一起来完成这项学习任务吧。

• 任务目的

- 熟悉物联网感知层、网络层和应用层的三层体系结构，了解每层在物联网中的作用。
- 熟悉物联网感知层关键技术，包括传感器、自动识别、智能设备等。
- 熟悉物联网网络层关键技术，包括无线通信网络、互联网、卫星通信网等。
- 熟悉物联网应用层关键技术，包括云计算、中间件、应用系统等。

• 任务要求

以小组为单位代入张明的角色后开展学习探究，并按照任务实施步骤完成任务清单中各项内容。

• 基础知识

1. 物联网体系结构

物联网的价值在于让物体也拥有了"智慧"，从而实现人与物、物与物之间的"沟通"。全面感知、可靠传输和智能处理是物联网的主要特征，因此，学术界在物联网的体系结构方面已基本达成共识，认为物联网主要由感知层、网络层和应用层组成，如图 15.2.1 所示。

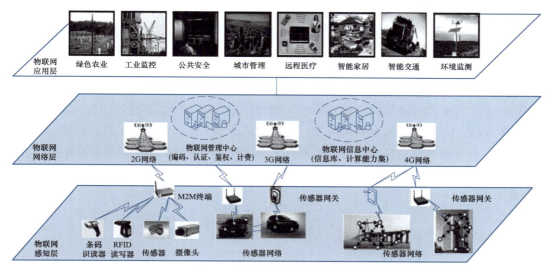

图 15.2.1　物联网三层体系结构

　　物联网的底层是感知层，它是实现物联网全面感知的核心能力，感知层好比人体的皮肤和五官，主要实现物体的信息采集、捕获和识别。

　　物联网的中间层是网络层，它主要解决对感知层所获得的信息进行远程传输的问题，网络层好比人体的神经中枢，它在物联网中负责连接感知层和应用层，高效、稳定、及时、安全地传输数据是它的主要工作。

　　物联网的顶层是应用层，它好比人体的大脑或者人类的社会分工，应用层与行业需求相结合，对感知层得到的信息进行处理，实现智能化识别、定位、跟踪、监控和管理等实际应用。

2. 物联网感知层关键技术

（1）传感器

　　传感器是能将被检测到的物理量、化学量或生物量转换为与之有对应关系的电量输出并传递给其他设备的检测装置。传感器是物联网全面感知的基石，是物联网中信号输入的第一道关口，也是整个物联网中需求量最大和最为基础的环节。传感器可以独立存在，也可以与其他设备以一体化方式呈现。

（2）自动识别

　　自动识别技术就是应用一定的识别装置，自动地获取被识别对象的相关信息，并提供给后台的计算机处理系统来完成相关后续处理的一种技术。自动识别实现了信息数据的自动识读与自动输入，是一种高度自动化的信息或者数据采集技术。自动识别技术的种类有条形码识别、射频识别、机器视觉识别、生物识别等。

（3）智能设备

　　物联网卡的出现，使得物联网智能产品层出不穷，在智慧医疗、智能穿戴、智慧物流、智慧农业、车联网、智能电网、智能家居等领域中的智能设备都具有广阔的应用前景。物联网技术在人们生活中的应用已非常广泛，目前市场上主流的智能硬件产品主要有智能家居、智能穿戴等智能设备。物联网卡在这些设备上的运用，为日常生活带来诸多便利。

3. 物联网网络层关键技术

（1）无线通信网络

　　随着通信技术与物联网技术的不断发展，在各种物联网产品应用中越来越多地出现无线通信的

微课 15-2
5G 技术
的特点及
应用

元素。通过无线通信，可以增强设备的灵活性，降低通信成本。目前，较常用的近距离无线通信技术主要有蓝牙、Wi-Fi、ZigBee、射频识别（Radio Frequency Identification，RFID）、红外线等，而远距离无线通信技术主要有通用无线分组业务（General Packet Radio Service，GPRS）、远距离无线电（Long Range Radio，LoRa）、窄带物联网（Narrow Band Internet of Things，NB-IoT）、4G、5G 等。

（2）互联网

互联网是在传输控制协议 / 网际协议（Transmission Control Protocol/Internet Protocol，TCP/IP）的基础上建立起来的网络与网络相连的庞大网络，是一个"覆盖全球的信息系统"。而物联网（Internet of Things，IoT）则是在互联网的基础上进行延伸和扩展的网络，其核心和基础仍然是互联网。将移动通信和互联网两者结合起来，便形成了移动互联网。物联网的发展与应用离不开互联网和移动互联网技术的支撑。

（3）卫星通信网

卫星通信网是以卫星通信网络系统为主体，同时也可以与地面以光纤为主的网络相结合，可以做到真正的全球覆盖，包括广阔的海域、大沙漠、大高原等。

我国 1986 年建成国内卫星通信网，从 1988 年开始使用自己制造和发射的卫星，现在我国已建成了以国产卫星为主的卫星通信网络，卫星通信已经成为物联网基础架构中的重要一环，特别是我国具有独立自主知识产权的北斗卫星导航系统，其准确的定位、导航和授时功能可以更好地促进物联网技术的发展。未来，随着 5G 甚至 6G 移动通信的普及以及物联网的不断发展壮大，卫星必将扮演更加重要的角色。

4. 物联网应用层关键技术

（1）云计算

物联网就是互联网通过传感网络向物理世界的延伸，它的最终目标就是对物理世界进行智能化管理，这一使命决定了物联网必须要由一个大规模的计算平台作为支撑，传统的硬件架构服务器已很难满足数据管理和处理要求。云计算就是这样一个能够实现对海量数据信息进行实时的动态管理和分析的计算平台，将云计算运用到物联网的传输层与应用层，将在很大程度上提高其运行效率。

（2）中间件

物联网中间件是介于操作系统（包括底层通信协议）和各种分布式应用程序之间的一个软件层，作用是使得连接的两个独立应用程序或独立系统软件，即使使用不同的接口，仍能相互交换信息。

物联网中间件为物联网的感知、互联互通、智能处理等功能提供帮助，通过中间件技术，可以解决物联网领域中复杂环境、远距离无线通信、大量数据互通、复杂事件处理等技术瓶颈问题。

（3）应用系统

物联网的应用以采集和互联作为基础，深入、广泛、自动地采集大量数据信息并互联互通，以实现更高智慧的应用和服务。物联网的应用系统就是用户直接使用的各种应用，如智能操控、智能安防、远程抄表、远程医疗等。

物联网本质上是现代信息技术发展到一定阶段后出现的一种聚合性应用与技术提升，是各种技术如感知技术、网络技术、自动化技术、人工智能等的聚合与集成应用，从而使人与物能智慧对话，创造一个智慧的世界。

•任务实施

通过以上基础知识的学习，对物联网的三层体系结构，及其每一层的关键技术有了初步的了解，下面通过编写任务清单，加深对这些知识的理解和掌握。并能根据实际需要，在制定智能家居等物联网应用解决方案时，选择合适的相应技术及设备。

Step1：编写"物联网感知层关键技术"信息表，见表 15.2.1。

表 15.2.1　物联网感知层关键技术

名称	常用技术或产品（4 个以上）
传感器	人体红外感应传感器、烟雾传感器、温湿度传感器、光照传感器、PM2.5 传感器
自动识别	条形码技术、RFID 技术、指纹识别、语音识别、人脸识别、虹膜识别
智能设备	智能眼镜、智能手表、智能腰带、智能对讲、智能音箱

Step2：编写"物联网网络层关键技术"信息表，见表 15.2.2。

表 15.2.2　物联网网络层关键技术

名称	主要技术或系统（4 个以上）
近距离无线通信	蓝牙、Wi-Fi、ZigBee、RFID、红外线
远距离无线通信	GPRS、LoRa、NB-IoT、4G、5G
卫星定位导航	北斗卫星导航系统（BDS）、全球定位系统（GPS）、"格洛纳斯"系统、"伽利略"系统

Step3：编写"物联网典型应用"信息表，见表 15.2.3。

表 15.2.3　物联网典型应用

名称	应用场景（4 个以上）
智能家居	智能影音、智能照明、智能门锁、智能安防、智能遥控
智能物流	智能仓储、智能分拣、智能货架、智能配送、智能导航
智能交通	智能红绿灯、智能停车场、智能充电桩、智能公交、车联网

• 任务评价

1. 自我评价

任务	级别		
	掌握的知识或技能	仍须加强的	完全不理解的
常用传感器			
常用自动识别技术			
常用智能设备			
无线通信技术			
北斗卫星导航系统			
物联网典型应用案例			
在本次任务实施过程中的自评结果	A. 优秀　　B. 良好　　C. 仍须努力　　D. 不清楚		

2. 标准评价

一、单项选择题（每题 8 分，共 40 分）

① 在物联网体系结构中，网络层好比人的（　　　　）。

A. 大脑　　　　　　　B. 皮肤　　　　　　C. 社会分工　　　　D. 神经中枢

② 温湿度传感器将温湿度量转换成可测量处理的（　　　　）信号。

A. 声　　　　　　　　B. 磁　　　　　　　C. 电　　　　　　　D. 光

③ RFID 的中文名称是（　　　　）。

A. 音频识别　　　　　B. 射频识别　　　　C. 光谱识别　　　　D. 图像识别

④ 下列哪一个传感器不能用于环境监控？（　　　　）

A. 温湿传感器　　　　　　　　　　　　B. 水浸传感器

C. 粉尘探测器　　　　　　　　　　　　D. PM2.5 传感器

⑤ 电子标签 RFID 的工作频率为 300 MHz ～ 3 GHz 的是（　　　　）。

A. 低频电子标签　　　　　　　　　　　B. 高频电子标签

C. 超高频电子标签　　　　　　　　　　D. 微波标签

二、判断题（每题 6 分，共 30 分）

① 相比有线传输，无线传输的可移动性较高。（　　　　）

② 语音交互方式是人类最自然的交互方式，目前已发展到高级阶段了。（　　　　）

③ Wi-Fi 是一种长距离无线传输技术。（　　　　）

④ 云计算是一种分布式计算。（　　　　）

⑤ 应用层相当于是物联网的大脑。（　　　　）

三、简答题（每题 30 分，共 30 分）

简单阐述物联网三层体系结构每一层的作用。

•任务拓展

请充分运用物联网相关知识与技术，结合自己的专业领域，制定一个物联网应用项目（如智能物流、智能交通等）的实施方案。

任务 15.3　物联网系统应用

课件：
物联网系
统应用

建议学时：2 ～ 4 学时

•任务描述

随着生活水平的提高，越来越多的人希望通过自己的手机或者其他移动电子设备通过物联网技术与家中的家电设备连接，并进行全方位的智能控制，以此开启一个便捷的智慧生活时代，因此智能家居应运而生。现要求使用物联网技术设计一个智能家居系统，实现对家电设备全方位控制。

•任务目的

- 了解智能家居的基本概况。
- 了解智能家居的产品。
- 了解智能家居的主要特征。
- 了解典型物联网应用系统的安装与配置分析（以智能家居为例）。

•任务要求

以小组为单位开展学习探究，并按照要求设计出符合要求的系统拓扑图，并掌握功能实现的方法和所采用的核心技术。

• **基础知识**

1. 项目方案的设计

　　智能家居是以住宅为平台，兼备建筑、网络通信、信息家电、设备自动化，集系统、结构、服务、管理为一体的高效、舒适、安全、便利、环保的居住环境。利用先进的计算机技术、网络通信技术、综合布线技术及现代控制技术，将与家居生活有关的各种子系统有机地结合在一起，通过统筹管理，让家居生活更加舒适、安全、有效。智能家居应该包含智能灯光、智能窗帘、智能电器、智能安防、定时管理、场景管理、视频监控、远程控制等功能模块。

2. 功能控制模块的选择

　　在传统的家居生活中，很多家电如电视、空调等都是用遥控器控制开关，一旦人离开了房间，对它们就无法进行控制了。而智能家居中的家电，是可以用每天不离身的手机控制的。即主人离开了房间，也可以通过手机控制家电。智能家居控制系统包含的主要子系统有控制管理系统、家居照明控制系统、家庭安防系统、家庭网络系统、家庭影院与多媒体系统、家庭环境控制系统，如图 15.3.1 所示。

图 15.3.1　智能家居控制系统

　　① 控制管理系统是智能家居系统中必不可少的技术，被广泛应用在智能家居控制中心、家居设备自动控制模块中，对于家庭能源的科学管理、家庭设备的日常管理都有十分重要的作用。

　　② 家居照明控制系统实现对全宅灯光的智能管理，可以用遥控等多种智能控制方式实现对全宅灯光的遥控开关、调光、全开全关、单开单关，及"会客、影院"等多种一键式灯光场景效果的应用；并可用定时控制、电话远程控制、电脑本地及互联网远程控制等多种控制方式实现功能，从而达到智能照明的节能、环保、舒适、方便的功能。

　　③ 家庭安防系统技术也是智能家居系统中必不可少的技术。家庭安防系统包括：视频监控、门禁一卡通、对讲系统、紧急求助、烟雾检测报警、燃气泄漏报警、红外双鉴探测报警等方面的内容。

　　④ 家庭网络系统是指连接家庭里的计算机、各种外设及与因特网互联的网络系统。家庭网络是在家庭范围内将计算机、家电、安全系统、照明系统和广域网相连接的一种新技术。当前在家庭网络所采用的连接技术可以分为"有线"和"无线"两大类。有线方案主要包括：双绞线或同轴电缆连接、电话线连接、电力线连接等；无线方案主要包括：Wi-Fi 连接、蓝牙连接、ZigBee 无线连接等。

　　⑤ 家庭影院与多媒体系统包括家庭影视交换中心和背景音乐系统，是家庭娱乐的多媒体平台。它运用先进的微电脑技术、无线遥控技术和红外遥控技术，在程序指令的精确控制下，把机顶盒、卫星接收机、电脑等多路信号源，根据用户的需要，发送到每一个房间的电视机、音响等终端设备上，实现多种视听设备一机共享的目的。

　　⑥ 家庭环境控制系统可以监测温度、湿度、大气污染物（PM2.5）、二氧化碳浓度等数据，实现温湿度自动控制，配合新风系统实现家居空气净化，创造更加舒适宜居的家居环境。

3. 网络通信技术

　　智能住宅需要有一个能支持语音、数据、家庭自动化、多媒体等多种应用的通信系统，因此网络通信技术是智能家居集成中最为关键的技术。由于智能家居采用的技术标准与协议不同，大多数智能家居系统都采用无线通信的方式。为了减少有线网络的布线，符合现在家庭对无线网络的需要，采用 Wi-Fi 通信方式实现传感器节点与控制主机之间的通信，网络通信方式，如图 15.3.2所示。

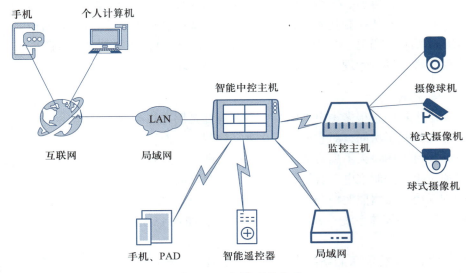

图 15.3.2　网络通信方式

●任务实施

Step1：了解硬件和软件平台

项目实施硬件平台包含 ARM6410 网关、7 英寸（1 英寸 =2.54 厘米）显示屏、COMS 摄像头、有线及无线网络接口、ZigBee 节点模块及各种传感器、照明灯、家电插座等。软件平台包含传感数据采集及外围控制软件开发环境、Linux 开发嵌入式系统、MySQL 数据库、Web 控制终端等。

Step2：设计网络拓扑图

根据硬件和软件平台及设计要求使用 Visio 软件绘制网络拓扑图。

Step3：完成环境搭建

根据实训平台完成开发环境的搭建，完成 ZigBee 节点开发环境、Qt 开发环境、Web 网页等开发环境的搭建。

Step4：实现智能家居设备安装调试以及应用配置

该步骤要求完成节点板配置，智能家居设备的安装、连线以及软件调试。

Step5：智能家居网关应用配置

该步骤要求完成智能家居网关与协调器、路由器的连接，以及网关移植，即：按要求使用智能家居虚拟软件调试并完成整个智能家居网关的应用配置。

Step6：智能家居移动终端软件应用配置

该步骤要求完成移动端通过网络控制设备、实现界面及网络应用配置，并利用智能家居虚拟软件完成软件的调试工作。

•任务评价

1. 自我评价

任务	级别		
	掌握的知识或技能	仍须加强的	完全不理解的
智能家居的概念			
智能家居的主要特征			
智能家居常用的通信方式有哪些			
在本次任务实施过程中的自评结果	A. 优秀　B. 良好　C. 仍须努力　D. 不清楚		

2. 标准评价

一、填空题（每题 5 分，共 20 分）

① 一个 ZigBee 网络只能有____个 ZigBee 协调器。

② 对人体来说安全电压最大是____伏。

③ ZigBee 规范包含了 ZigBee 协调器，ZigBee____，ZigBee 终端设备。

④ 万用表上的 DC 代表____。

二、单项选择题（每题 6 分，共 30 分）

① Smart Home 的中文是（　　）。

    A. 智慧城市　　　　　B. 智慧交通　　　　　C. 智能家居　　　　D. 智能教室

② ZigBee 协议栈是 ZigBee 联盟在（　　）规范的基础上建立的。

    A. IEEE 802.15.4　　B. IEEE 802.11　　　C. IEEE 802.2　　　D. IEEE 802.3

③ ZigBee 无线通信技术的标准传输距离一般是（　　）。

    A. 100 m ～ 1 km　　B. 10 ～ 75 m　　　C. 1 ～ 2 km　　　D. 无限远

④ 可以用来进行入侵探测的传感器是（　　）。

    A. 烟雾传感器　　　　B. 红外线传感器　　　C. 光照度传感器

⑤ 门禁卡的工作能源来自（　　）。

    A. 磁场感应电流　　　B. NFC　　　　　　C. 磁条

三、简答题（每题 25 分，共 50 分）

① 什么叫智能家居？它具有哪些特征？

② ZigBee 无线通信技术特点是什么？

•任务拓展

为响应国家战略号召，实现智慧交通强国之梦，打造出"智慧的路和聪明的车"，为智慧城市建设提供重要的基础设施。运用物联网技术设计一个智慧交通管理系统。

项目总结 >>>

本项目以物联网技术在智能家居的应用作为项目背景，分别设置了"物联网基础知识""物联网的体系结构及关键技术""物联网系统应用"3 个任务，让初学者对物联网的基本概念、应用领域、发展趋势、体系结构、关键技术及系统应用有一个初步的了解。同时，在任务拓展方面，为响应国家号召，服务传统农业转型，助推乡村振兴，引入了课程思政元素，激发读者积极服务国家的热情。

项目 16　数字媒体技术

 项目概述 ▶▶▶

- -

　　数字媒体是指以二进制数的形式记录、处理、传播、获取内容的信息载体，包括数字化的文字、图形、图像、声音、视频影像和动画等感觉媒体及其表示媒体等（统称逻辑媒体），以及存储、传输、显示逻辑媒体的实物媒体。理解数字媒体的概念、掌握数字媒体技术是现代信息传播的通用技能之一。

项目目标 ▶▶▶

- -

　　数字媒体技术是一项以技为主，以艺为辅，技术与艺术相结合，涉及多学科的新兴技术。本项目主要围绕数字媒体技术的使用及结合不同场景的应用案例展开，完成本项目的内容学习后，需要达到以下目标。

　　1. 知识目标

　　① 理解数字媒体和数字媒体技术的概念。

　　② 了解数字媒体技术的发展趋势，如虚拟现实技术、融媒体技术等。

　　③ 了解数字文本处理的技术过程，掌握文本准备、文本编辑、文本处理、文本存储和传输、文本展现等操作。

　　④ 了解数字图像处理的技术过程，掌握对数字图像进行去噪、增强、复制、分割、提取特征、压缩、存储、检索等操作。

　　⑤ 了解数字声音的特点，熟悉处理、存储和传输声音的数字化过程，掌握通过移动端应用程序进行声音录制、剪辑与发布等操作。

　　⑥ 了解数字视频的特点，熟悉数字视频处理的技术过程，掌握通过移动端应用程序进行视频制作、剪辑与发布等操作。

　　⑦ 了解 HTML5 应用的新特性，掌握 HTML5 应用的制作和发布。

　　2. 能力目标

　　① 具备在不同行业背景下了解数字媒体技术的特点和核心技术的能力。

　　② 具备在不同职业场景中利用数字媒体技术来解决实际行业需求的能力。

　　3. 素质目标

　　① 具有良好的数字媒体技术能力、道德修养和社会责任感，能够适应社会经济和科学技术发展需要。

　　② 具有良好的专业创新意识，善于合理地将所学知识运用到各种职业和生活场景中。

课件：
数字图像
处理

任务 16.1　数字图像处理

建议学时：2 学时

•任务描述

为了配合"绿水青山就是金山银山"主题团建活动，A 科技有限公司的小孙决定拍摄一张风景照片作为活动主题宣传配图，由于天气及手机设置原因，照片显得比较灰暗，需要运用软件工具进行艺术效果调节，请跟着小孙一起完成这项任务吧！

•任务目的

- 理解数字媒体和数字媒体技术的概念；了解数字媒体技术的发展趋势，如虚拟现实技术、融媒体技术等。
- 了解数字图像处理的技术过程，掌握对数字图像进行去噪、增强、复制、分割、提取特征、压缩、存储、检索等操作。
- 通过计算机或移动端进行图像的调色、抠图、合成、压缩及存储等操作。

•任务要求

任务 16.1
完成效果

① 选择一个风景优美的环境，用手机拍摄图像一张。
② 将拍摄好的图像运用计算机软件或手机 App 进行处理，解决图片颜色灰暗的问题。
③ 将调节好的图像保存。

•基础知识

1. 图像格式

目前手机拍摄及处理的图像格式主要有 JPEG、PNG、GIF 等，安卓及苹果手机一般为 JPEG 格式。不同格式的数字图像可以使用软件进行转换、合成处理等操作。

2. 增强数字图像效果

数字图像效果的增强，主要是通过调色来实现的，常用的方法是通过图像光效、色彩、细节等功能进行设置。其中光效包括：智能补光、亮度、对比度、高光、暗部等多种光效设置；色彩包括饱和度、色温、色调等多种调色方式；细节包括锐化、清晰度、颗粒等细节的调节。

3. 数字图像便捷工具

数字图像的处理还有很多智能的工具，包括：智能优化、滤镜、抠图、背景虚化等，掌握这些工具的使用方法，可以提高图像处理效率和效果。

•任务实施

文件：
任务 16.1
素材包

Step1：数字图像素材准备

使用手机的拍摄功能，设置好相应的分辨率，拍摄一张风景照片，要求构图优美、画面亮度合适、色彩真实自然，如图 16.1.1 所示。

Step2：安装图片处理工具

目前较常用的图像处理软件有美图秀秀、美易、VSCO、Union 等，这些软件的图像处理、效果增强、合成处理等功能各有特色。本书以"美图秀秀专业版"软件为例进行教学，读者可从美图官方网站或手机应用市场下载安装美图秀秀专业版。

图 16.1.1　风景图像处理原始图

Step3：打开软件添加图像

具体操作步骤：打开美图秀秀专业版，单击"图片编辑"选项，在打开的界面中单击"打开图片"按钮，操作步骤如图 16.1.2 所示，选择已经准备好的图像素材，就可以导入到专业版中对图像进行编辑了。

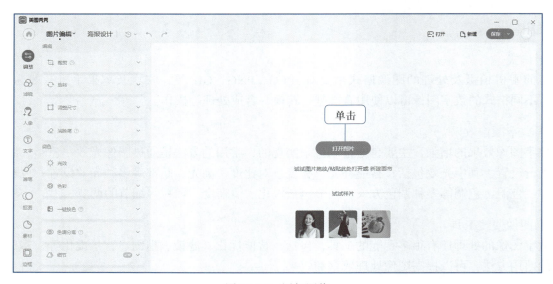

图 16.1.2　添加图像

微课 16-1
光效设置

Step4：设置光效

具体操作步骤：在左边图片编辑命令板"调色"工具栏中单击"光效"选项，对图片进行光效细节手工调节美化，操作步骤如图 16.1.3 所示。

① 调节亮度：单击"光效"下拉按钮打开下拉列表，通过拖动条形滑块调节"亮度"效果，将滑块滑动至右边将亮度值调到最大，数值为 100。

② 调节对比度：将"对比度"的滑块滑动至右边将值调到最大，数值为 100。

③ 调节高光：将暗部的滑块滑往右边调节，数值为 10。

④ 调节暗部：将滑块往左边调节，数值为 -30。

图 16.1.3　设置光效

Step5：设置色彩

具体操作步骤：在左边图片编辑命令板"调色"工具栏中单击"色彩"下拉按钮，在下拉菜单中对图片进行色彩细节手工调节美化，操作步骤如图 16.1.4 所示。

微课 16-2
色彩设置

- 调节饱和度：将"饱和度"滑块滑动至右边，饱和度值调为 +40。
- 调节色温：将滑块滑动调节左边，色温值调为 -5。

图 16.1.4　设置色彩

Step6：保存图片

　　具体操作步骤：完成图像的整体调节后，单击右上角的"保存"按钮，在打开的保存图片对话框中单击"保存"按钮，即可将图片保存。如需修改图片的保存位置，可在"保存路径"栏中单击"更改"按钮进行修改，操作步骤如图 16.1.5 所示。

图 16.1.5　保存界面

• 任务评价

1. 自我评价

任务	级别		
	掌握的知识或技能	仍须加强的	完全不理解的
数字图像素材准备			
安装图片处理工具			
打开软件添加图像			
设置光效			
设置色彩			
保存图片			
在本次任务实施过程中的自评结果	A. 优秀　　B. 良好　　C. 仍须努力　　D. 不清楚		

2. 标准评价

　　一、选择题（每题 5 分，共 20 分）

　　① 以下的文件类型中，不是图片格式的是（　　　）。

　　A. JPEG　　　　　　B. PNG　　　　　　C. MP4　　　　　　D. GIF

　　② 以下（　　　）是不属于增强图像操作模块的。

　　A. 光效　　　　　　B. 贴纸　　　　　　C. 色彩　　　　　　D. 细节

③ 数字图像的单位是（　　　）。

  A．px　　　　　　　　B．cm　　　　　　　　C．km　　　　　　　　D．fps

④ 以下（　　　）不属于图像处理。

  A．滤镜　　　　　　　B．抠图　　　　　　　C．导入视频　　　　　　D．背景虚化

二、判断题（每题 5 分，共 20 分）

① 图像的分辨率越高，存储图像文件需要的空间越大。　　　　　　　　　　　（　　　）

② 图像分辨率越高，图像清晰度越低。　　　　　　　　　　　　　　　　　　（　　　）

③ 不同格式的图片不可以互相转换。　　　　　　　　　　　　　　　　　　　（　　　）

④ 图片编辑不能导出动态格式图片。　　　　　　　　　　　　　　　　　　　（　　　）

三、简答题（每题 20 分，共 60 分）

① 数字图像处理主要通过调节什么增强效果？

② 数字图像处理的光效包含什么？

③ 数字图像处理包含哪些主要工具？

•任务拓展

    美图秀秀不仅可以支持 PC 端，也支持国内绝大部分手机，是一个功能强大的图像编辑软件，其中还有很多的"美图玩法"图像处理教程。通过手机的拍照功能，在校园中找到你认为能突出校园文化特点的景观拍摄照片一张，通过美图秀秀 App 对所拍摄照片进行处理。

任务 16.2　制作风光短视频

课件：
制作风光
短视频

建议学时：2 学时

•任务描述

    A 科技有限公司的"绿水青山就是金山银山"主题团建活动结束了，小孙将手机和无人机拍摄的几段风光视频经过剪辑制作成了一分钟左右的新农村风光短视频。请和小孙一起动手学习如何制作短视频吧！

•任务目的

    ● 了解数字声音的特点，熟悉处理、存储和传输声音文件的数字化过程，能够通过移动端应用程序进行声音录制、剪辑与发布等操作。

    ● 了解数字视频的特点，熟悉数字视频处理的技术过程，能够通过移动端应用程序进行视频制作、剪辑与发布等操作。

•任务要求

    拍摄新农村的标志性建筑物，如道路、山水湖景、新农村中建筑整体外观、新农村周边景点等，使用手机视频制作 App 进行后期剪辑，导出短视频并发布到微信朋友圈等自媒体平台。

任务 16.2
完成效果

•基础知识

1. 视频格式

    常见的视频文件格式有 AVI、WMV、MPEG、MP4、M4V、MOV、FLV、F4V、RMVB、RM等，安卓手机一般支持 MP4 格式，苹果手机一般支持 MOV 格式。使用格式转换软件可以将不同

格式的视频进行转换。

2. 视频分辨率和帧率

视频分辨率是指视频画面像素点的数量，用宽度 × 高度表示。目前常见的视频分辨率有 720P（1280×720 像素）、1080P（1920×1080 像素）、2K（2560×1440 像素）、4K（3840×2160 像素）等。分辨率越高，存储视频文件需要的空间越大。

帧率是 1 秒内位图图像连续出现在屏幕上的数量。视频是由一张张的图片形成的，人们看起来流畅是因为人眼有视觉停留的现象，图片以 25 张每秒的速度匀速播放时，这些图片看起来就是连续的，因此视频的帧率决定了视频的流畅程度。帧率单位为 f/s，即帧 / 秒，常见的有 25f/s、30f/s、60f/s 等。视频帧率越高，播放越流畅。

3. 音频格式

目前手机录制音频常见的格式有 WAV、MP3、WMA、AMR 等格式。WAV 格式容量过大，因而使用起来很不方便。因此，一般情况下人们把它压缩为 MP3 或 WMA 格式。MP3 由于是有损压缩，因此讲求采样率，一般是 44.1 kHz。另外，还有比特率，即数据流，一般为 8 ～ 320 kbps。WMA 则是微软力推的一种音频格式，相对来说要比 MP3 体积更小。不同格式的音频格式文件可以使用格式转换软件进行转换。

4. 音频采样率和比特率

音频采样率是指录音设备在单位时间内对模拟信号采样的多少，采样频率越高，声音越真实自然。采样频率一般分为 11025 Hz、22050 Hz、24000 Hz、44100 Hz、48000 Hz 5 个等级。

比特率也叫码率，是指将数字声音由模拟格式转化成数字格式的采样率，采样率越高，还原后的音质就越好。比特率表示每 1 秒内传送的比特数 bit/s（位 / 秒）的速度。通常使用 kbit/s（每秒钟 1024 比特）作为单位。一般常见的比特率有 128 kbit/s（音乐磁带机播放质量）、160 kbit/s（HIFI 高保真播放质量）、192 kbit/s（CD 播放质量）、256 kbit/s（音乐 HIFI 质量）。

文件：
任务 16.2
素材包

•任务实施

Step1：拍摄视频素材

使用手机等设备的视频拍摄功能，设置好相应的视频分辨率和帧率，拍摄几段农村风光片段。要求构图优美、画面亮度合适、色彩真实自然、固定镜头稳定、运动镜头速度均匀。

Step2：导入并剪辑视频

视频剪辑是根据创意需要对原始视频素材进行后期加工和处理的环节，本短视频案例还使用到卡点视频技巧，另外包括素材剪辑、加入音频、制作字幕、使用转场特效和滤镜等常用功能。目前较常用的视频剪辑软件有剪映、快影、必剪、爱剪辑、iMovie、PR 等，这些软件的视频编辑、视频特效、字幕制作、音频处理等功能各有不同。本任务使用剪映专业版为例进行教学，可通过官网直接下载安装。

具体操作方法：打开剪映专业版界面，单击"开始创作"按钮，再单击"导入"按钮选择案例的 6 段视频素材导入到工作区，注意按照素材序号进行选择导入，通过拖动导入的视频素材按顺序排布到工作区中时间线轨道，操作步骤如图 16.2.1 所示。

Step3：导入并剪辑音频

具体操作方法：单击界面左上角"音频"按钮，在"搜索"框中输入所需要使用的音乐素材并单击"搜索"按钮。在出现的音乐文件列表中，单击所选素材右下角音乐标签中下载图标。选择音乐轨道中的音乐，并拖动时间轴滑块向右边到 01:09s 位置，单击"分割"按钮，分割出来的两段音频文件，删除后一段音频文件，操作步骤如图 16.2.2 所示。

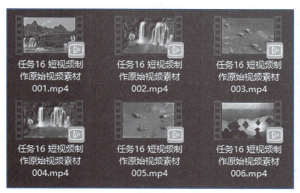

(a) 素材序列

(b) 开始创作界面

(c) 导入视频

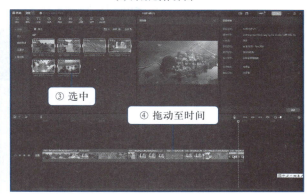

(d) 选择导入视频

图 16.2.1　导入视频添加至时间线轨道

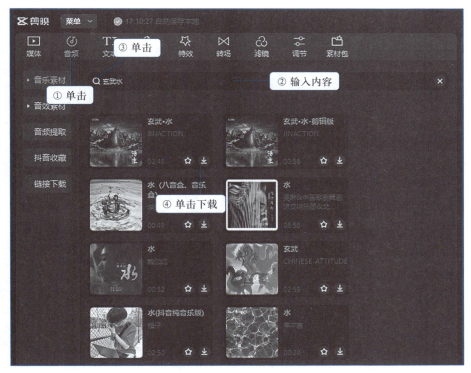

(a) 导入音频

(b) 音频分割

图 16.2.2　导入并剪辑音频

Step4：设置音乐踩点功能

音乐踩点也叫卡点，踩点本身是音乐中的一个术语，就是当人们听节奏感很强的音乐，音乐会有节奏地起伏变化并有一定的规律，这个规律就会产生一个点，这些连续的点就是踩点。

效果好的视频，就需要音乐的节奏点和视频的画面切换相对应，画面的切换可以在一段视频中出现，也可以通过在多段视频拼接处设置对应踩点位置，实现画面跟随音乐节奏相互配合的视听效果。

具体操作方法：在时间轴上选中分割好的音乐，单击"自动踩点"下拉按钮，在下拉菜单中选择"踩节拍 I"选项，完成自动踩点。回到时间轴，观察发现音乐轨道下方会出现一个个小圆点，操作步骤如图 16.2.3 所示。

图 16.2.3　自动踩点功能

Step5：调整视频素材长度

具体操作方法：在时间轴中选中第 2 段视频素材，按住鼠标左键将其拖曳至最后。

Step6：应用视频变速

具体操作方法：在时间轴中选择最后一段视频，单击右上角"变速"按钮，在任务窗格倍速栏后面输入"1.1×"，视频就将变速加快并缩短了播放时间，操作步骤如图 16.2.4 所示。

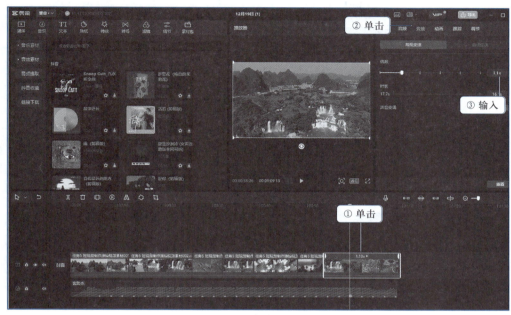

图 16.2.4　完成变速设置

Step7：应用转场运镜

具体操作方法：选中时间轴轨道上第 1 段视频素材，在左上角单击"转场"按钮，在出现的转场效果中选择"推近"转场效果；单击"推近"转场效果右下角绿色"＋"按钮即可将效果添加到视频中，操作步骤如图 16.2.5 所示。每段视频素材都可以添加不同的转场效果，读者可以根据需要进行添加。

微课 16-4
转场设置

图 16.2.5　设置转场运镜

Step8：制作字幕

具体操作方法：单击左上角"文本"按钮，新建文本；在右侧文本工具栏内选择合适的文本字体、样式、动画效果即可；在时间轴上可以看到添加了文本出现的时间和时间长度，可以通过拖动时间轴来调节文本出现的时间和显示的时间长短，操作步骤如图 16.2.6 所示。

图 16.2.6　添加文本字幕

Step9：导出视频

具体操作方法：单击右上角"导出"按钮，在打开的"导出"对话框中修改作品名称、导出保存位置，设置视频"分辨率""格式""帧率"等参数，单击"导出"按钮完成导出，在保存目录中可找到导出的视频，操作步骤如图 16.2.7 所示。

图 16.2.7　导出视频

Step10：发布视频

　　将导出在手机相册的视频发布到微信朋友圈等自媒体平台。

•任务评价

1. 自我评价

任务	级别		
	掌握的知识或技能	仍须加强的	完全不理解的
拍摄视频素材			
导入并剪辑视频（1）			
导入并剪辑音频（2）			
设置音乐踩点功能			
调整视频素材长度			
应用视频变速			
应用转场运镜			
制作字幕			
导出视频			
发布视频			
在本次任务实施过程中的自评结果	A. 优秀　　B. 良好　　C. 仍须努力　　D. 不清楚		

2. 标准评价

　　一、选择题（每题 5 分，共 25 分）

　　① 以下的文件类型中，（　　　）不是视频格式。

　　　　A. MP3　　　　　　　B. MOV　　　　　　C. MP4　　　　　　D. AVI

　　② 常用的音频格式有（　　　）。

　　　　A. WAV　　　　　　　B. MP3　　　　　　C. WMA　　　　　D. 以上全是

　　③ 帧率的单位是（　　　）。

　　　　A. ips　　　　　　　　B. cm　　　　　　　C. km　　　　　　　D. f/s

　　④ 视频分辨率是指视频画面像素点的数量，用（　　　）表示。

　　　　A. 长度　　　　　　　B. 宽度 × 高度　　　C. 宽度　　　　　　D. 高度

　　⑤ 以下（　　　）是常用的视频剪辑软件。

　　　　A. 剪映　　　　　　　B. PR　　　　　　　C. 爱剪辑　　　　　D. 以上全是

　　二、判断题（每题 3 分，共 15 分）

　　① 4K 视频的分辨率是 3840×2160 像素。　　　　　　　　　　　　　　（　　　）

　　② 视频的分辨率越高，存储视频文件需要的空间越小。　　　　　　　　（　　　）

　　③ 视频帧率越高，播放越流畅。　　　　　　　　　　　　　　　　　　（　　　）

　　④ 音频流码率也称比特率。　　　　　　　　　　　　　　　　　　　　（　　　）

　　⑤ 视频剪辑专业版不能导入音频文件。　　　　　　　　　　　　　　　（　　　）

　　三、简答题（每题 20 分，共 60 分）

　　① 数字音频的特点是什么？

　　② 拍摄视频有哪些基本要求？

　　③ 视频剪辑的基本流程是什么？

课件：
制作
HTML5
邀请函

•任务拓展

剪映专业版是一个功能强大的视频编辑软件，读者可以通过手机或者无人机拍摄多段校园文化视频，按照本任务流程，制作一段体现校园风光文化的短视频。更多的视频编辑方法请通过课后自学的方式深入学习，并应用到短视频制作中。

任务 16.3　制作 HTML5 邀请函

建议学时：2 学时

•任务描述

小孙需要为"绿水青山就是金山银山"主题团建制作一个能通过微信发布的 HTML5 邀请函，让更多的人认识到新农村建设的重要性。要求 HTML5 邀请函有合适的背景图及音乐、炫酷效果，完成后将二维码发布到客户的微信上。

•任务目的

- 了解 HTML5 应用的特性，掌握 HTML5 应用的制作和发布等操作。
- 能够使用 HTML5 在线编辑工具制作一个电子邀请函。

任务 16.3
完成效果

•任务要求

请按以下要求完成 HTML5 邀请函的动作设置，放映并导出 HTML5 邀请函。
① 创建一个 HTML5 空白文档。
② 给页面添加文案内容，并完成编辑。
③ 为页面中的元素内容添加动画效果。
④ 设置并将 HTML5 作品进行发布。

•基础知识

1. HTML5 概念

HTML5 是第 5 代超文本标记语言的英文缩写，也指用 HTML5 语言制作的一切数字产品。人们上网所看到的网页，多数都是用 HTML 编写的，扩展名一般是 .htm 和 .html。浏览器通过解码HTML，就可以把网页内容显示出来。HTML5 是包括 HTML、CSS、Java 在内的一套技术组合。其中，超文本是指页面内可以包含图片、链接，甚至音乐、程序等非文字元素；HTML5 与 HTML相比，它具备免插件的音视频、图像动画、本体存储以及更多的功能，使网页浏览显示效果更酷炫，功能更强大。

HTML5 页面最大的特点是跨平台，开发者不需做太多的适配工作，用户也不需要下载，打开一个网址就能访问。

2. HTML5 制作工具

目前的 HTML5 制作工具可以分为本地编辑制作工具和在线编辑制作工具两类。

本地编辑制作工具如 HBuilder、Notepad++、WebStorm、Sublime Text 3、Adobe Edge Animate等，能够在本地通过代码编辑 HTML5 文件并发布，优点是功能强大，可实现所有的 HTML5 功能；缺点是需要手工编写代码，需要申请网络空间等，对制作者的技术水平要求较高。

HTML5 在线编辑制作工具使 HTML5 的开发变得轻松、简单、方便、快捷，并且成本低。如易企秀、Mugeda、iH5、人人秀等，这些开发工具都有各自的特点。功能强大的 HTML5 开发工具为普通人开发精美的 HTML5 页面提供了技术基础。同 HTML5 应用需求的发展一样，未来的 HTML5 页面开发与制作会像如今人们使用 Word 文档一样普及。目前众多的 HTML5 开发工具也有一定的局限性，存在受在线编辑平台功能的限制，开放更高级的功能需要额外付费等问题。

• 任务实施

本书以初学常用的易企秀在线编辑 HTML5 工具为例进行教学，读者可根据需要访问该工具的官网，通过登录 / 注册后即可开始创作。

Step1：新建 HTML5 作品

具体操作方法：在易企秀平台界面右上角单击"工作台"按钮，在打开的新界面左侧上方单击"创建设计"按钮，单击 H5 菜单栏下方的"竖版创建"按钮，打开竖版 HTML5 的编辑器，操作步骤如图 16.3.1 所示。

Step2：导入模板

具体操作方法：在编辑器窗口右侧单击"PS"按钮，导入 PSD 文件，单击"上传原图 PSD 文件"按钮，选择"邀请函首页 01.psd"文件进行导入，

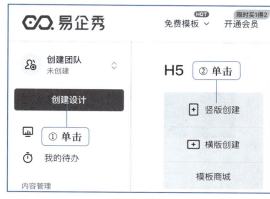

图 16.3.1 创建 HTML5 作品

等待模板文件上传完成即跳转回工作界面。如需继续添加页面，可在右侧找到蓝色 1 图标，单击页面下方"＋"按钮，即可添加第 2 个页面并重复插入 PSD 文件，完成其他模板的导入，操作步骤如图 16.3.2 所示。

Step3：添加文本内容

具体操作方法：在编辑器窗口上方单击"文本"按钮，系统自动在 HTML5 页面中插入文本框，编辑文本框内的文字，选择文本框后在右侧"组件设置"窗格中可以设置合适的字体大小、字符间距和行间距等属性，操作步骤如图 16.3.3 所示。

文件：
任务 16.3
素材包

微课 16–5
模板导入

微课 16–6
文本编辑

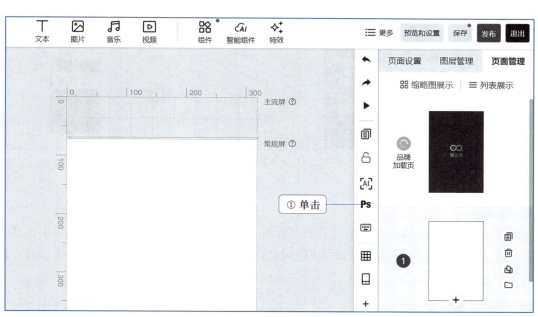

(a) 插入 PSD 文件

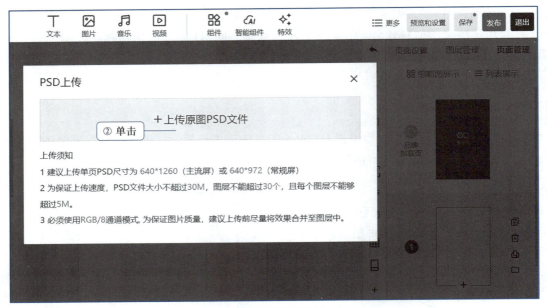

(b) 上传原图PSD文件

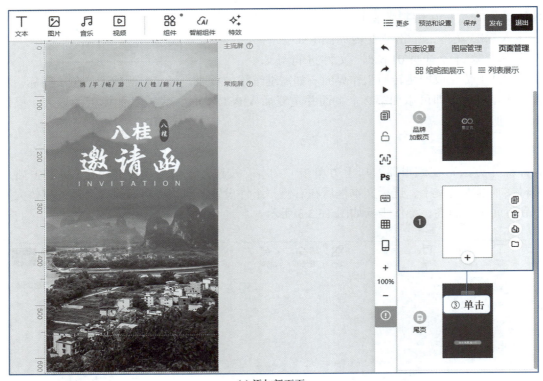

(c) 添加新页面

图 16.3.2 导入模板

Step4：设置音乐

　　具体操作方法：在编辑器窗口上方单击"音乐"按钮，在打开的"音乐库"窗口中选择"我的音乐"，单击"上传音乐"按钮可以通过 PC 端上传到邀请函，或者选择"手机上传"的方式，完成对 H5 作品音乐的添加。

Step5：设置动画

　　当页面的内容都添加完成后，可以对页面内容进行动画效果的设置。

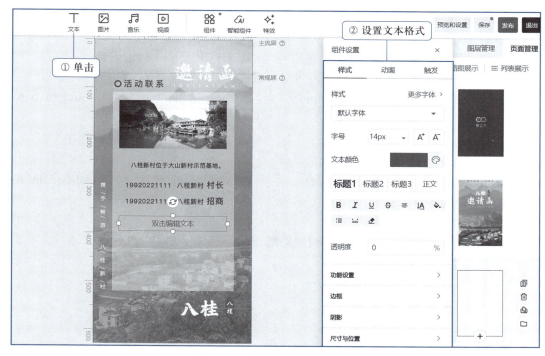

图 16.3.3 添加文本及设置格式

具体操作方法：在编辑器窗口中选择要制作动画效果的对象，在弹出的"组件设置"窗格中选择"动画"选项卡，单击"添加动画"按钮，在出现的列表中选择一个合适的动画效果即可。添加动画后可以通过设置参数调整动画的效果细节。

Step6：保存和发布作品

具体操作方法：单击右上角"保存"按钮，保存制作好的作品。完成后单击右上角的"发布"按钮，填写分享标题、分享描述，更换好合适的封面小图，然后单击"确定"按钮，即可看到发布二维码、网址，访问该网址或手机扫描二维码就可以看到所做的 HTML5 作品。

●任务评价

1. 自我评价

任务	级别		
	掌握的知识或技能	仍须加强的	完全不理解的
新建 HTML5 作品			
导入模板			
添加文本内容			
设置音乐			
设置动画			
保存和发布作品			
在本次任务实施过程中的自评结果	A. 优秀　B. 良好　C. 仍须努力　D. 不清楚		

2. 标准评价

一、选择题（每题 5 分，共 25 分）

① HTML 文档属于（　　　）类型的文件。

A. 文本　　　　　　　B. 声音　　　　　　　C. 视频　　　　　　　D. 文档

② 以下英文简写与中文全称的对应正确的是（　　　）。

　　A. HTTP 传输控制协议　　　　　　　　B. URL 统一资源定位器

　　C. HTML 超文本传输协议　　　　　　　D. HTCP 超文本标记语言

③ HTML 是通过嵌入式代码或标记来表明文本格式的，用它编写的文件扩展名是（　　　）。

　　A. .txt 和 .htm　　　B. .exe 和 .html　　　C. .htm 和 .html　　　D. .html 和 .wps

④ 超文本是指页面内可以包含（　　　）。

　　A. 图片　　　　　　B. 链接　　　　　　C. 音乐　　　　　　D. 程序

⑤ HMTL5 本地编辑工具有（　　　）。

　　A. HBuilder　　　B. Notepad++　　　C. WebStorm　　　D. Adobe Edge Animate

二、判断题（每题 5 分，共 15 分）

① 网页多数是用 HTML 来编写的。　　　　　　　　　　　　　　　（　　　）

② HTML 文档可以用任何一种文本编辑器来编写。　　　　　　　　（　　　）

③ 浏览器是最常用的客户端程序。　　　　　　　　　　　　　　　（　　　）

三、简答题（每题 20 分，共 60 分）

① HTML 与 HTML5 有什么区别？

② HTML5 包括哪些技术组合？

③ HTML5 作品在线编辑工具有哪些？

•任务拓展

　　通过用易企秀在线制作工具完成一个 HTML5 的邀请函制作，平台首页的"帮助中心"有丰富的教程，"成为设计师"可以将你所学到的技术更好地服务社会。更多的功能请通过课后自学的方式深入学习，也鼓励读者尝试更多的工具并将其应用到实际的项目制作中。

项目总结 ▶▶▶

　　本项目以在日常生活办公场景运用数字媒体为项目载体，设置了"数字图像处理""制作风光短视频"和"制作 HTML5 邀请函"3 个任务。这 3 个任务均以任务驱动方法，在知识结构上从简单案例入手，运用整体实例，做到循序渐进、由浅入深。

　　本项目所涉及的数字媒体操作技能具有普遍性特点，相应拓展练习将项目切换到不同的应用场景，多方位地提高读者的自学能力及对不同场景的适应能力。也希望案例中所涉及的内容可以帮助读者拓展对于数字媒体的了解，更好地在日常工作学习中运用数字媒体技术。

项目 17　虚拟现实

 项目概述 >>>

　　虚拟现实技术是将虚拟与现实相结合，利用计算机技术模拟环境，使用户沉浸虚拟空间的仿真系统。虚拟现实作为我国"十四五"规划纲要中确定的数字经济重点产业之一，在教育、医疗、娱乐等行业得到了广泛应用和认可。本项目将虚拟现实技术与中国共产党党史学习教育相结合，在虚拟现实技术所构建的三维空间中打破时间与空间的壁垒，对历史场景进行还原，使得受众能够更加深刻地认识红色革命精神，发扬革命传统。本项目中涵盖了虚拟现实开发所需的三维建模以及开发引擎应用等内容。

项目目标 >>>

　　本项目将虚拟现实技术与党史学习教育相结合，展开概念学习、模型制作及产品开发，通过实际案例进行描述，完成本项目的内容学习后，需要达到以下目标。

　　1. 知识目标

　　① 理解虚拟现实技术的基本概念，明白虚拟现实产品的开发要素。

　　② 了解虚拟现实技术的发展历程、应用场景和未来趋势。

　　③ 了解虚拟现实应用开发的流程和相关工作。

　　④ 了解不同虚拟现实引擎开发工作的特点和差异。

　　⑤ 熟悉一种主流虚拟现实引擎开发工具的简单使用方法。

　　⑥ 能使用虚拟现实引擎开发工具完成简单虚拟现实应用程序的开发。

　　2. 能力目标

　　① 能够了解虚拟现实产品的开发步骤。

　　② 具备在项目需求背景下，对产品进行基本优化与画面美化的能力。

　　3. 素质目标

　　① 具有良好的数字化资源创新能力，能够在虚拟现实开发场景中提出合理化意见。

　　② 具有良好的政治认同，了解党情国情民情。

课件：
虚拟现实
产品概念

微课 17–1
虚拟现实
技术

任务 17.1　虚拟现实产品概念

建议学时：2 ～ 3 学时

•任务描述

了解虚拟现实产品对教育的重要性，通过硬件设施和软件工程相结合，开发出一套具有思政教育意义的虚拟现实产品，向人们展示中国共产党百年历程中的一些艰苦奋斗的场景。

•任务目的

根据项目既定的目标，需要了解关于虚拟现实的定义，以及在制作虚拟现实产品过程中需要学习和掌握相关的软硬件的使用，掌握多个跨专业技能之间的联系。

•任务要求

本次任务需要学习 Unity 引擎界面的基本操作和页面布局；通过连接与可穿戴 HTCVIVE 虚拟现实套件，熟悉虚拟现实硬件的使用；通过匹配 3ds Max 与 Unity 的坐标系，熟悉不同软件之间的联系；在 Unity 中创建 C# 脚本。

•基础知识

1. 虚拟现实技术的概念

虚拟现实技术是一种可以通过计算机创建并体验虚拟世界的仿真系统，其通过可穿戴式设备、高性能计算机沉浸式体验模拟环境，是一种多元融合可交互的仿真系统。目前，虚拟现实技术的应用以沉浸式娱乐体验为主，在一些高风险岗位的培训中虚拟现实临境技术也起到了辅助角色的作用。

2. 虚拟现实产品的核心要素

虚拟现实的知识体系，如图 17.1.1 所示。

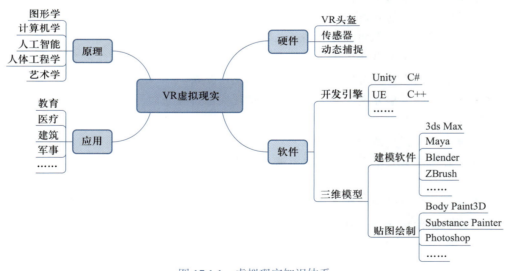

图 17.1.1　虚拟现实知识体系

•任务实施

Step1：连接 HTCVIVE 与虚拟现实工作站

在前面的学习中大致了解了虚拟现实技术的概念，明白虚拟现实系统的组成。在此首先学习如何将通往虚拟世界大门的钥匙——HTCVIVE 与虚拟现实工作站连接。

①需要准备好雷达，将其放置在无遮挡的环境下并接通电源，将其设置在不同频道。

②将 HTCVIVE 虚拟现实头盔与串流盒连接并接通电源，把串流盒的另一端与工作站相连。

③在工作站上安装 SteamVR，配对手柄并进行房间设置。至此不妨戴上虚拟现实头盔，初步体验虚拟现实世界的魅力。

Step2：分析案例

在虚拟现实产品开发过程中，离不开模型、开发引擎，可以先通过一个小的案例进行了解。

①打开 3ds Max，在创建面板中创建一个茶壶，选择坐标轴工具，将茶壶模型的轴向改为"-90，0，0"，以匹配 Unity 引擎的坐标系统，将 3ds Max 的模型标尺设置为单位"米"，并导出为 FBX 格式。

②新建 Unity 工程，将制作的茶壶模型导入并放置在合适位置，通常情况下会将其设置为世界中心坐标"0，0，0"。

③创建一个 C# 脚本并使用 VS 进行编辑，在此编写一个"Hello World"，注意文件名和类名必须一致，然后将这个脚本文件挂载到 Unity 引擎中已经处于激活状态下的任意一个对象上，就可以调试运行了。

在场景中加入 Steam-VR 摄像机，并运行测试第一个虚拟现实程序。通过上方对虚拟现实环境的搭建以及"HelloWorld"的案例，对虚拟现实产品的开发流程有了初步的认识，这将为日后的产品开发打下基础。

•任务评价

1. 自我评价

任务	级别		
	掌握的知识或技能	仍须加强的	完全不理解的
项目管理的概念			
虚拟现实三维模型制作所用到的基本软件			
虚拟现实开发所用到的两个基本引擎			
在本次任务实施过程中的自评结果	A. 优秀　　B. 良好　　C. 仍须努力　　D. 不清楚		

2. 标准评价

一、选择题（每题 5 分，共 25 分）

①下列（　　　）不属于 VR 开发所用到的软件。

　　A. Unity　　　　　　　B. UE　　　　　　　C. Word　　　　　　　D. 3ds Max

②下列（　　　）不属于 Unity 所涉及的知识范围。

　　A. 动作控制器　　　　　　　　　　　　B. 后台数据处理

　　C. 着色器　　　　　　　　　　　　　　D. 粒子系统

③下列知识点中属于 Unity 的是（　　　）。

　　A. 线渲染器　　　　　　B. IK　　　　　　　C. UV　　　　　　　D. 非线性编辑

④下列设备不属于 VR 设备的是（　　　）。

　　A. HTCVIVE　　　　　　B. Pico2　　　　　　C. Noitom　　　　　　D. Oculus

　　⑤（多选题）与 Unity 发布环节无关的是（　　　　）。

　　　　A. 添加工程摄影机　　　　　　　　　　B. 制作退出功能按钮

　　　　C. 保存工程　　　　　　　　　　　　　D. 添加声音

二、判断题（每题 3 分，共 15 分）

　　① 虚拟现实产品的目的是体验临境环境。　　　　　　　　　　　　　　　（　　　）

　　② 虚拟现实产品的开发可以脱离编程而独立存在。　　　　　　　　　　　（　　　）

　　③ 虚拟现实产品可以辅助盲人行走。　　　　　　　　　　　　　　　　　（　　　）

　　④ 虚拟现实产品现阶段的体验无法实现脱离可穿戴设备。　　　　　　　　（　　　）

　　⑤ 虚拟现实属于"十四五"规划纲要中的数字经济重点产业。　　　　　　（　　　）

三、简答题（每题 30 分，共 60 分）

　　① 简述什么是虚拟现实，它具有哪些特征。

　　② 简述虚拟现实产品开发所需要的知识。

•任务拓展

　　为了加强脚本和引擎的搭配运用的技能，现在需要制作一个具有退出程序功能的 UI 按钮，按钮需要在画面的右下角处，当按下按钮的时候，该按钮能够直接关闭当前程序。

课件：
模型制作

任务 17.2　模型制作

建议学时：2 ～ 3 学时

•任务描述

　　根据需求开发一款虚拟现实党史学习产品，在前期的策划中已经确定了所需要的三维模型资产，在此需要对红军战士的三维模型进行制作。

•任务目的

　　参考历史形象完成红军战士人物模型的制作，通过本任务，使理论与实践相结合，掌握人物建模理论知识的实际应用。

•任务要求

　　本次所要建模的角色为红军战士，战士们的服装为土黄色或者蓝灰色，根据时期不同而有差异，选择的场景为飞夺泸定桥事件和红军长征，所以选择蓝灰色的服装。红军战士的服装组成为：军帽、军衣、军裤、腰带、小腿绑带、草鞋。

•基础知识

1. 3D 角色模型制作原则

　　3D 建模的原理是通过建立由 x、y、z 3 个轴组成的三维坐标系来描述物体的空间形状、大小和位置，再通过对定量数据的处理和计算，生成物体的三维模型。

　　3D 角色模型制作通常使用 Box 基本几何图形来构建物体。基于三边面或四边面的建模原理，采用多边形建模技术，利用平移、旋转、缩放和扭曲等变换操作命令，调整模型点、线、面的位置与形态，通过平滑、挤出、切割、插入边等编辑操作命令，来细化模型轮廓，构建模型的基本造型。

2. 男性人体结构

通过参考图来进行 3D 建模是在 3D 建模的过程中常用的方式，这会使建模的过程更加快速。而要制作一个男性模型，就必须得了解男性人体的结构，通过参考图可以快速地找到男性人体的结构，通过了解男性人体的结构可以在制作男性人体模型时更加趋近于真实，也可以让建模的过程更加的快速精确。

• 任务实施

本次模型制作均为使用 3ds Max 建模软件制作，在制作中，将人物分为几部分来进行制作，合理的顺序才能使模型拥有写实效果。本案例推荐一组制作步骤，供大家学习参考，如图 17.2.1 所示。

图 17.2.1 人物模型建模步骤

Step1：人体上半身

拉一个长方体，约 3 个头的长度，转化为可编辑多边形后竖着加一圈线，将一半的面删掉，再选择镜像实例，这样只需要制作一半的身体，另一半身体就会自动复制出来。把上半身分为三等份，先做出锁骨、胸部、后脖颈、肩胛骨、腰部的大致形状，胸部、腰部向前挺，肩膀比臀部窄，耻骨线向上提，正面观看胸廓比背阔肌要窄，呈现一个倒梯形的形状。

Step2：制作头部

先创建一个正方体，转化为可编辑多边形后选择给它一个涡轮平滑，它就会变成一个近似于人类头部形状的多边形，再经过加点加线挤出眼睛鼻子嘴巴和耳朵的位置。眼睛部分要陷进去，额头稍微突出，人中的形状也需要用线卡出。

Step3：人体下半身

在前面做好的上半身基础上，在耻骨位置选择挤出，拉出大腿，再缩小面，挤出小腿，膝盖往上提。注意大腿的股外侧肌和股内侧肌和小腿的腓肠肌要做出来。之后在脚腕处加一圈线，挤出脚，做出脚踝和脚跟的形状。在大腿和耻骨相接的位置下面，调出臀部的圆润形状。再最后调整一下骨盆和肩膀的比例，一定要骨盆宽度大于肩膀。

Step4：制作手部

在肩膀处挤出手臂，手腕处要缩小，在中间添加两圈线卡出手肘的位置和大致形状。通过加点加线做出小臂的伸肌群和屈肌群，还有大臂的肱二头肌、肱三头肌与三角肌。做完手臂之后挤出手掌，挤出 5 根手指，注意中指是最长的，食指与无名指长度一样，大拇指相距四根手指最远、最粗，小拇指最细小最短。

Step5：制作衣服

衣服的制作相对是较为容易的，在原先的人体模型中分别选中上半身、下半身的面，用缩放模式，给它放大复制出一个大致的衣服裤子的大小，之后再调整一下衣服裤子的褶皱感和松弛感即可。调整好后再另外用 Box 做出口袋等衣服的配饰，用圆删去一半的面做成扣子。腰带就选择腰间一圈面，同样用缩放复制的命令复制出一圈面后，采用 3ds Max 工具栏中的"壳"工具，那一圈面会增加厚度，就有了腰带的形状，接着就只要再调整厚度和腰带大小与人体重合即可。

•任务评价

1. 自我评价

任务	级别		
	掌握的知识或技能	仍须加强的	完全不理解的
角色形体的把握			
角色头部制作			
角色肢体、衣服制作			
角色整体布线			
在本次任务实施过程中的自评结果	A. 优秀　　B. 良好　　C. 仍须努力　　D. 不清楚		

2. 标准评价

一、选择题（每题 5 分，共 25 分）

① 身高 172cm 的男性角色的身长一般比例为（　　　）。

　　A. 7～9 头身　　　　　B. 1～2 头身　　　　　C. 5～6 头身　　　　　D. 10 头身

② 使单面模型变为双面模型可以使用什么修改器?（　　　）

　　A. FFD　　　　　　　B. UVW 贴图　　　　　C. 涡轮平滑　　　　　D. 壳

③ 游戏引擎模型需要导出的格式是（　　　）。

　　A. Max　　　　　　　B. FBX　　　　　　　　C. Obj　　　　　　　　D. MA

④ Unity 模型轴向上的是（　　　）。

　　A. X　　　　　　　　B. Y　　　　　　　　　C. XY　　　　　　　　D. Z

⑤（多选题）游戏模型可以使用（　　　）制作。

　　A. 三角面　　　　　　B. 五边面　　　　　　C. 四边面　　　　　　D. 六边面

二、判断题（每题 3 分，共 15 分）

① 角色可以使用 Box 制作。　　　　　　　　　　　　　　　　　　　　　　（　　　）

② 建模先做细节，再做整体。　　　　　　　　　　　　　　　　　　　　　（　　　）

③ 模型不可以拼接。　　　　　　　　　　　　　　　　　　　　　　　　　（　　　）

④ 为了使模型圆滑，可以无限增加平滑迭代次数。　　　　　　　　　　　　（　　　）

⑤ 游戏模型不能出现三角面。　　　　　　　　　　　　　　　　　　　　　（　　　）

三、简单题（每题 30 分，共 60 分）

① 借鉴参考图后你如何开始建立模型?

② 简述男性角色与女性角色的不同。

•任务拓展

　　为了更加真实地还原红军战士的样貌，经过讨论协商决定额外增加人物模型，作为建模制作人员，再制作一个女红军医疗兵模型。

　　要求服装要与原有人物模型服装整体主题一致，做出模型女人体的结构，能够识别此模型人物为女性，身高体格小于现有男性角色模型，增加医疗兵相关的元素。

课件：
虚拟现实
产品开发

任务 17.3　虚拟现实产品开发

建议学时：2～3 学时

● 任务描述

为了加强党史教育，打破传统教育方式平面化的局限性，开发出一套党史教育虚拟现实产品。

● 任务目标

根据任务需求使用 Unity 引擎进行虚拟现实产品的开发，掌握使用 Unity 引擎、C# 语言的虚拟现实产品开发技能，并统筹各类资产将其在最终产品中进行呈现。

● 任务要求

① 了解虚拟现实产品的开发流程，掌握根据需求开发虚拟现实产品的方法。
② 使用开发工具对产品进行基本的优化与画面美化。
③ 将完成的虚拟现实产品发布成可独立应用的作品。

● 基础知识

1. 场景搭建

场景搭建，顾名思义就是在开发引擎中利用地形系统以及建立的三维模型创建出虚拟的三维世界。在编辑器中可以根据前期策划的需求创造想要的世界，建立什么样的地形，摆放什么样的模型直接决定了关卡的环境氛围，起到了塑造客观空间的作用。一个优秀的场景设计应该准确表达出关卡事件发生的时间、地点、历史文化信息等特征。

2. VR 摄像机与手柄控制

有别于传统应用程序通过鼠标键盘控制程序，在虚拟现实产品中 VR 头盔及 VR 手柄是观察虚拟世界、进行操作的必备设备。在产品的开发过程中，需要在开发引擎内对 VR 设备进行适配。

3. 功能交互与 UI

交互功能能够通过输入数据等操作与程序交谈并控制程序的运行，从而实现想要的功能。良好的交互逻辑能够有效提升产品的易用性，提高用户体验感。

4. 程序美化与粒子特效制作

虚拟现实产品是特别需要强调视觉效果的产品，在开发过程中，需要不断对产品进行美化，无论是 UI 的制作还是模型材质的处理，或者使用粒子系统制作特殊效果，都是为了最终的呈现效果。

5. 产品打包与发布

为了使发布的虚拟现实产品能够正确运行，在开发过程中对 VR 设备进行了适配，最终的发布设置里也需要对其进行相对应的设置。

● 任务实施

根据需求，对产品的开发做了前期策划筹备工作，根据策划脚本，将本次的虚拟现实产品分为"飞夺泸定桥""爬雪山""过草地"三个不同的关卡，并将其集合在以"窑洞"为主题的主场景中。首先需要新建项目工程，需要注意的是所有的工程、素材、文件夹的命名、路径均不能含有中文，以减小开发过程中出现错误的概率。工程建立后，首先导入各类资产并创建文件夹对其归类，规范化的文件整理有助于提高工作效率，可以有效防止文件散乱或找不到文件的情况发生。

Step1：了解窑洞场景

窑洞场景是整个虚拟现实产品中的主场景，是用户进入到产品中的出生位置，起到整合各个关卡展示主题的作用。因为本场景全部通过三维模型进行搭建，所以不涉及地形系统，只需要将模型导入到场景中，并为其设置碰撞体，建立 UI 使其能够通过交互切换到其他各个场景；还需要在场景中添加各类媒体素材，如音频、视频，如图 17.3.1 所示。

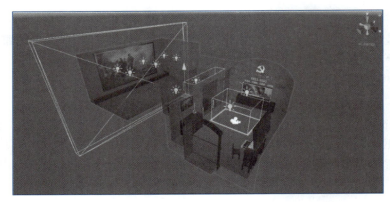

图 17.3.1　主场景

Step2：飞夺泸定桥

根据策划脚本，在本关卡中用户需要扮演一名飞夺泸定桥的红军战士，需要新建场景使用地形系统绘制出河谷的地形，并为其添加植被；再将创建的模型摆放在合适位置，使用动画控制器控制 NPC 的行为动作；将先前制作的战场环境音作为背景音乐；为场景添加 UI 并通过脚本控制出现时机。

Step3：爬雪山、过草地

在此关卡中用户将通过上帝视角观察，感受环境氛围，通过相关历史视频来进行沉浸式的学习。使用地形系统，建立地形环境；摆放模型，使用动画控制器控制 NPC 行为动作；在雪山场景中为其设置了 NPC 的起始点与消失点，通过脚本对 NPC 的生成进行控制，达到红军行军的效果；在场景中添加 UI，辅助学习。如图 17.3.2 所示。

```
@Unity 脚本|0 个引用
public class _InsPos : MonoBehaviour
{
    public GameObject ModelObj;
    public GameObject PosEnd;
    // Use this for initialization
    @Unity 消息|0 个引用
    void Start()
    {
        GameObject instance = Instantiate(ModelObj, PosEnd.transform.position, Quaternion.identity);
    }
}
```

图 17.3.2　NPC 生成代码

Step4：美化粒子特效及画面

为了增强视觉效果，需要在各个场景中使用不同的粒子特效，布置不同的灯光，调整材质细节来对呈现的画面进行美化。各种粒子特效的使用以及布光的方式并不是一成不变的，需要根据需求的实际情况进行制作。如主场景所处的环境为窑洞内，可以选择暖色的灯光，采用环境整体打亮的方式进行布光工作，使得整体的环境反差较小，保证画面效果自然，提升环境氛围。

在"飞夺泸定桥"的关卡场景中使用了多种粒子效果配合，如在摄像机上挂载了烟雾粒子，无论头部如何运动，粒子将始终跟随，保证画面的效果又不至于消耗太多的性能，这种操作方式在后续的"爬雪山，过草地"关卡也有相对应的运用；除此之外还需要添加爆炸、枪火等特效，这种特效在制作时需要与灯光配合使用才能够达到更好的效果。可以通过脚本来控制粒子系统的开关，如扣下手柄上的扳机按键，按下开关粒子系统达到手枪射击的效果。在 Unity 的渲染设置面板中可以为画面添加 fog，以增强环境的真实性。

Step5：发布虚拟现实产品

为了使发布的产品能够以 VR 的方式正确运行，需要在 BuildSettings 中为其进行设置。首先选择发布 PC 程序，在左下角选择 PlayerSettings 打开设置面板，找到 XRSettings 选中 VirtualRealitySupported 复选框（此处设置基于 Unity2018.4），只有选中此选项才能够以 VR 的方式运行程序，如图 17.3.3 所示。

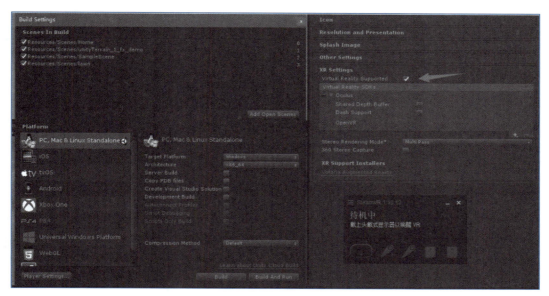

图 17.3.3　发布设置

• 任务评价

1. 自我评价

任务	级别		
	掌握的知识或技能	仍须加强的	完全不理解的
Unity 引擎的使用			
使用 C# 编写脚本			
粒子系统的使用			
产品打包发布			
在本次任务实施过程中的自评结果	A. 优秀　　B. 良好　　C. 仍须努力　　D. 不清楚		

2. 标准评价

一、选择题（每题 5 分，共 10 分）

①（多选题）C# 中的排序方式有（　　　）。

　A. 冒泡排序　　　　　　B. 选择排序　　　　　C. 归并排序　　　　　　D. 插入排序

②（多选题）物体发生碰撞的条件有（　　　）。

　A. 两个物体有 Collider　　　　　　　　B. 一个物体有 Rigidbody

　C. 一个物体有 Collider　　　　　　　　D. 两个物体有 Rigidbody

二、判断题（每题 5 分，共 30 分）

① 使用粒子系统可以控制角色动画。　　　　　　　　　　　　　　　　　　　（　　　）

② 使用 NormalMap 赋予材质颜色。　　　　　　　　　　　　（　　）
③ 使用 Plane 创建地形。　　　　　　　　　　　　　　　　（　　）
④ 为了方便资产整理可以使用中文命名。　　　　　　　　　（　　）
⑤ 虚拟现实产品可直接发布。　　　　　　　　　　　　　　（　　）
⑥ 结构体是引用类型。　　　　　　　　　　　　　　　　　（　　）

三、简单题（每题 30 分，共 60 分）

① 简述 Unity3d 中的碰撞器和触发器的区别。
② 简述 Unity 提供了几种光源，分别是什么。

·任务拓展

使用虚拟现实引擎开发工具完成红军长征途中湘江战役的虚拟现实应用程序的开发。

项目总结 ▶▶▶

本项目以弘扬红色革命精神，发扬革命传统，走好新长征路等主题为项目背景，设置了"虚拟现实产品概念""模型制作""虚拟现实产品开发" 3 个任务。这 3 个任务均以"目标—认知—实践—评价—反思"的任务驱动方式进行推进，在知识结构上从易到难，在应用能力上从基础到精通，做到循序渐进、环环相扣。

本项目涉及虚拟现实产品的开发步骤以及过程、三维模型的标准规范、交互逻辑以及开发引擎的基本使用方法，在任务拓展环节中通过从"人物模型的建立"到"虚拟现实场景构建与应用"等 3 个练习将项目切换到不同的应用场景，旨在提高读者的自学能力及对不同场景的适应能力。

项目 18　区块链

项目概述 ▶▶▶

　　区块链是分布式数据存储、点对点传输、共识机制、加密算法等计算机技术的新型应用模式。从应用视角来看，区块链是一个分布式的共享账本，具有去中心化、不可篡改、全程留痕、可以溯源、集体维护、公开透明等特点，已被逐步应用于金融、供应链、公共服务、数字版权等领域。本项目主题包含区块链基础知识、区块链应用领域、区块链核心技术等内容。

项目目标 ▶▶▶

　　本项目主要围绕区块链在实际中的应用，将金融、供应链、公共服务、数字版权等领域中开展情况通过实际案例进行描述，完成本项目的内容学习后，需要达到以下目标。

　　1. 知识目标

　　① 了解区块链的概念、发展历史、技术基础、特性。

　　② 了解区块链的分类，包括公有链、联盟链、私有链。

　　③ 了解区块链技术在金融、供应链、公共服务、数字版权等领域的应用。

　　④ 了解区块链技术的价值和未来发展趋势。

　　⑤ 了解典型区块链项目的机制和特点。

　　⑥ 了解分布式账本、非对称加密算法、智能合约、共识机制的技术原理。

　　2. 能力目标

　　① 在信息化环境和小组协作的情况下，能够对区块链在各领域的应用进行原理分析并形成调研报告。

　　② 具备在行业应用领域中，分析去中心化信任、公开透明、不可篡改、不可伪造以及跟踪溯源等安全问题的能力。

　　3. 素质目标

　　① 具有持续学习和探索的精神，可将"区块链"应用迁徙至当下或未来的学习工作中。

　　② 具有求真务实、自主学习、开拓创新以及自我完善和发展的精神。

任务 18.1　区块链的概念

建议学时：2 ～ 3 学时

•任务描述

　　区块链从一开始的极客游戏，到现在备受瞩目的技术新星，经历了长足的演变发展。区块链是什么，区块链具有哪些特性，区块链是如何产生的，区块链发展经历了哪几个阶段，这些基本问题都是认识区块链的关键。同时，随着现代科学技术的发展，区块链越来越需要与物联网、大数据、人工智能、云计算等新技术相结合，共同为人类社会创造价值。

•任务目的

- 了解区块链的基本概念。
- 了解区块链的发展历史。
- 掌握区块链的技术基础。
- 掌握区块链的特性及分类。

•任务要求

　　采用知识讲解、小组讨论等形式，配合图片、视频等教学资源，了解区块链的基本概念及主要要素。

•基础知识

1. 区块链概念

　　区块链是一种全新的融合型技术，存储上基于块链式数据结构，通信上基于点对点对等网络，架构上基于去中心化的分布式系统，交易上基于哈希算法与非对称加密，维护上基于共识机制。作为一种多方共享的数据库，融合了计算机科学、社会学、经济学、管理学等学科，实现了多个主体之间的分布式协作，构建了信任基础。

2. 区块链技术基础

　　区块链技术的原型是分散信任的网络文件系统，这个文件系统的作者之间相互信任，而不是信任系统本身。区块链凭借"不可篡改""共识机制"和"去中心化"等特性，对物联网将产生重要的影响，其影响如下。

　　① 降低成本：区块链"去中心化"的特质将降低中心化架构的高额运维成本。

　　② 隐私保护：区块链中所有传输的数据都经过加密处理，用户的数据和隐私将更加安全。

　　③ 设备安全：身份权限管理和多方共识有助于识别非法节点，及时阻止恶意节点的接入。

　　④ 追本溯源：数据只要写入区块链就难以篡改，依托链式的结构有助于构建可证可溯的电子证据存证。

　　⑤ 网间协作：区块链的分布式架构和主体对等的特点有助于打破物联网现存的多个信息孤岛桎梏，以低成本建立互信，促进信息的横向流动和网间协作。

3. 区块链特性

　　区块链具有 5 大基本特性，分别是去中心化、安全性、开放性、匿名性和自治性。

4. 区块链的分类

　　根据网络范围、开放程度的不同，可将区块链的应用模式分为公有链（Public Blockchain）、私有链（Private Blockchain）和联盟链（Consortium Blockchain），如图 18.1.1 所示。

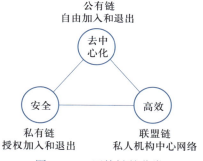

图 18.1.1　区块链的分类

• 任务实施

Step1：了解区块链的基本概念

区块链（Blockchain）本质上是一个分布式账本。传统的记账方式大多基于中心化结构，具有绝对地位的特权节点独立记账，其他节点服从于特权节点的权威从而达成集体共识，共同维护此中心化结构记账系统的稳定。区块链实质上是一种分布式记账本，它是 P2P 网络、共识机制、加密算法等多种计算机技术的集成应用技术。

从狭义来讲，区块链是一种按照时间顺序将数据区块以顺序相连的方式组合成的一种链式数据结构，并以哈希函数等密码学技术保证的不可篡改和不可伪造的分布式账本。

从广义来讲，区块链技术是利用区块的链式数据结构以存储数据、利用链式数据的前后关系验证数据、利用分布式节点生成数据、利用共识算法来更新数据、利用密码学保证数据真实性、利用智能合约保证协议的不可违约性的一种具备高拓展性、高安全性的分布式数据系统。

从本质上讲，区块链是一种基于密码学的分布式、去中心化的网络数据库系统，在这个分布式网络中发生的各类交易都由网络的全部节点参与确认和维护，通过共识机制来保证交易与信息的安全和有效性，使用链式结构与哈希（Hash）算法保证数据的不可篡改性和不可伪造，利用智能合约保证区块链应用的可拓展性，通过时间戳、经济激励等方法来保证系统在不需要中心机构的前提下可追溯和稳定运行。

Step2：了解区块链的特性

区块链具有 5 大基本特性，每个特性的定义如下。

（1）去中心化

去中心化是指众多节点均具有平等的地位，没有永久性的特权节点，只有临时主导记账的节点。无论是存储还是计算任务，都由全部节点分别独立承担，以信息冗余、处理复杂度增加等代价换取了系统的可靠性和稳定性。点对点的交易系统通过密码学等数学算法建立信任关系，不需要第三方进行信任背书，从而彻底改造了传统的中心化信任机制。

（2）安全性

信息一经打包为区块并加入区块链的最长合法链，此信息就永久地被记录在区块链上。从概率学角度分析，几乎没有可能篡改或者删除上链信息，除非恶意节点超过 51% 并集体作恶篡改数据库。通过区块链的巧妙设计，结合哈希函数、非对称加密等技术，衍生出应用潜力广泛的不可篡改特性，成了构建信任的重要基础。

（3）开放性

区块链系统是相对开放的。对于公有链，所有人都可以申请成为本区块链的一个节点。而对于联盟链和私有链，尽管需要经过一定的身份审核，但是一经成为正式节点，所有的权利和义务均与其他节点平等，共同分享数据和接口。所有数据公开透明，查询内容真实可靠，应用开发规范清晰。

（4）匿名性

尽管区块链的所有数据是公开透明的，但是用户的隐私依然能够得到保护。区块链借鉴非对称加密中公私钥对的设计，将私钥作为用户的核心隐私，对外接收、发送转账只须暴露公钥，从而让交易对手方无从获取其真实身份。另外，公私钥对可以无限次重复生成，一个用户可以拥有多个账户，这也为用户真实身份和交易信息的保护提供了保障。

（5）自治性

　　去中心化的结构导致区块链中节点的独立性很高，但是独立性不代表充分自由，不遵守区块链协议和规范的节点往往会受到惩罚。区块链通过全体节点协商一致的规则维护了区块链的安全性和稳定性，通过区块链社区的自行治理，不断完善规则帮助区块链达成既定目标。

Step3：认知区块链的分类

（1）公有链（Public Blockchain）

　　主要特点是用户不受开发者影响、所有的数据都是默认公开的，门槛低，每个人都可以参与。另外，公有链中数据的读写不被任何组织或者个人控制，所以也就能够保护用户免于受程序开发者的影响。

　　作为中心化或准中心化信任的替代品，公有链具备加密经济的保护，加密经济就是经济激励以及加密图形验证的结合体，用类似工作量证明的机制或权益证明的机制，其总原则是人们影响共识形成的程度和他们能够影响的经济资源数量成正比。这一类区块链常常被人们认为是"完全去中心化"的状态。

　　公有链基本上会通过代币机制激励参与者竞争记账，从而确保数据的安全性。

（2）联盟链（Consortium Blockchain）

　　联盟链，即区块链的联盟，是由企业或者团体联合的区块链，这需要预先设置一些节点为记账人，每一个区块的生成由所有的记账人共同决定，其他的节点虽然可以交易，但是却并没有记账权。

　　联盟链比较适合组织机构之间的交易以及结算，类似于银行间的转账、支付，全部通过联盟链的形式，能够非常好地营造出一套内部生态系统。

　　联盟链和公有链相比，可以看成是"部分去中心化"，同时，因为节点数量得到了精简，它可以有更快的交易速度，更低的成本。

（3）私有链（Private Blockchain）

　　私有链具有更强隐秘性，主要特点是隐私得到更好的保障、交易成本大幅度降低、交易速度更快，不过私有链的最大缺点是可以被操纵价格，也可以被修改代码，从这方面来说，风险又较大。

　　如果写入权限完全在一个组织手里的区块链，每一个参与到这个区块链中的节点都会被严格控制，那么就可以判定其属于私有链。

　　在部分情况下，私有链上的某些规则，允许被机构修改，如还原交易流程等。

　　因为参与的节点是有限且可控的，所以私有链一般都有非常快的交易速度、更加周密的隐私保护、更加低廉的交易成本、很难受到恶意攻击、并且能够做到身份认证等金融行业必需的要求。

（4）侧链（Side Chain）

　　侧链是主链的"左膀右臂"，其本质上是一种协议，而并不是一种全新的区块链，只要满足这个协议的区块链，都可以称之为侧链。

• 任务评价

1. 自我评价

任务	级别		
	掌握的知识或技能	仍须加强的	完全不理解的
了解区块链的基本概念			
了解区块链的特性			
认知区块链的分类			
在本次任务实施过程中的自评结果	A. 优秀　　B. 良好　　C. 仍须努力　　D. 不清楚		

2. 标准评价

一、选择题（每题 5 分，共 25 分）

① 以下（   ）不是区块链的基本特性。

    A. 去中心化   B. 安全性   C. 中心化   D. 匿名性

② 下列本质上是一种协议的是（   ）。

    A. 公有链   B. 联盟链   C. 私有链   D. 侧链

③ 下列（   ）保证了区块链的所有数据公开透明。

    A. 开放性   B. 匿名性   C. 自治性   D. 不可篡改性

④ 当需要在公链上做创新或拓展时，需要了解的相关的知识是（   ）。

    A. 公有链   B. 联盟链   C. 私有链   D. 侧链

⑤ 需要实现类似于转账、支付的区块链时，应选择区块链的类型是（   ）。

    A. 公有链   B. 联盟链   C. 私有链   D. 侧链

二、判断题（每题 3 分，共 15 分）

① 区块链就是虚拟币。   （   ）

② 虚拟币是一种真实货币。   （   ）

③ 区块链本质上是一种基于密码学的分布式、去中心化的网络数据库系统。   （   ）

④ 数据只要写入区块链就难以篡改，依托链式的结构有助于构建可证可溯的电子证据存证。

        （   ）

⑤ 公私钥对可以无限次重复生成，一个用户可以拥有多个账户。   （   ）

三、简答题（每题 20 分，共 60 分）

① 简单描述区块链的分类。

② 区块链具有哪些特性，请列举。

③ 区块链对物联网产生的影响有哪些?

•任务拓展

以小组为单位，分类找出在各种领域中的区块链应用，并对其实现的原理进行简单的分析并形成调研报告。

任务 18.2 区块链技术的原理及应用

课件：区块链技术的原理及应用

建议学时：2 ~ 3 学时

•任务描述

区块链的存储不需要靠第三方平台，省去了中间的一些程序和费用，但为了合作或交易的安全，系统会将每一个参与者的动作广播给所有参与者，保障了整个过程的安全、透明，解决了信任问题。本任务将讲解区块链技术实现的原理，并介绍其受到银行与金融业关注的原因。

•任务目的

- 了解区块链技术的原理。
- 了解区块链技术的应用。

•任务要求

关于区块链技术，可采用知识讲解、小组讨论等形式，配合图片、视频等教学资源，了解区块链技术的原理及应用。

•基础知识

区块链技术的原理

（1）分布式账本

分布式账本是一种在网络成员之间共享、复制和同步的数据库。

（2）非对称加密算法

非对称加密算法需要两个密钥即公开密钥（简称公钥）和私有密钥（简称私钥）。公钥与私钥是一对，如果用公钥对数据进行加密，只有用对应的私钥才能解密。

（3）智能合约

智能合约与现在的合约很类似，唯一的区别是智能合约是完全数字化的。

（4）共识机制

区块链技术本身是以时间顺序存储的分布式数据库结构，共识机制是区块链技术的核心部分。

•任务实施

Step1：认知区块链技术的原理

（1）分布式账本

分布式账本记录网络参与者之间的交易，这种共享的账本降低了因调解不同账本所产生的时间和信用成本。网络中的参与者根据共识原则，来制约和协商账本中的记录的更新。没有中间的第三方机构参与，分布式账本中的每条记录都有一个时间戳和唯一的密码签名，这样的账本成了网络中所有交易的可审计的历史记录。

分布式账本技术可以有效地改善当前基础设施中出现的效率极低、成本高昂的问题，而导致当前市场基础设施成本高的原因可以分为三个：交易费用，维护资本的费用和投保风险费用。在某些情况下，特别是在有高水平的监管和成熟市场基础设施的地方，分布式账本技术更有可能会形成一个新的构架，而不是完全代替当前的机构。

（2）非对称加密算法

非对称加密算法需要两个密钥：公开密钥（Public Key，简称公钥）和私有密钥（Private Key，简称私钥）。公钥与私钥是一对，如果用公钥对数据进行加密，只有用对应的私钥才能解密。因为加密和解密使用的是两个不同的密钥，所以这种算法称为非对称加密算法。

非对称加密算法实现机密信息交换的基本过程是：甲方生成一对密钥并将公钥公开，需要向甲方发送信息的其他角色（乙方）使用该密钥（甲方的公钥）对机密信息进行加密后再发送给甲方；甲方再用自己私钥对加密后的信息进行解密。甲方想要回复乙方时正好相反，使用乙方的公钥对数据进行加密，同理，乙方使用自己的私钥来进行解密。

非对称密码体制的特点：算法强度复杂、安全性依赖于算法与密钥，但是由于其算法复杂，而使得加密解密速度没有对称加密解密的速度快。对称密码体制中只有一种密钥，并且是非公开的，如果要解密就得让对方知道密钥。所以保证其安全性就是保证密钥的安全，而非对称密钥体制有两种密钥，其中一个是公开的，这样就可以不需要像对称密码那样传输对方的密钥了。

（3）智能合约

本质上，智能合约是一小段计算机程序，存储于区块链网络中，以众筹平台为例说明智能合约的运作原理：产品团队可以在上面创建自己的项目，设置一个众筹目标，并且从那些支持他们想法的人那里筹集资金，众筹平台就是介于产品团队和支持者之间的第三方平台，这意味着双方都信任这个平台会妥善地处理他们的资金，如果众筹成功，产品团队相信平台会将众筹款转账给他们；同样道理，支持者也相信平台会将他们的资金给到他们所支持的产品项目。如果众筹目标没有达成，投资者则信任平台会把钱退回来。在这个过程中，产品团队和其支持者都必须信任众筹平台，可以利用智能合约建立一个类似的体系，但却并不需要第三方平台的存在。

（4）共识机制

目前，区块链技术中主流的共识算法包括：工作量证明（POW）、权益证明（POS）、股份授权证明（DPOS）等。

工作量证明（POW）可以简单理解为一份证明，用来确认你做了一定量的工作。核心逻辑是交易数据的产生，需要付出一定的工作量和成本，不能凭空得来，这种机制赋予了数据一定的商品属性，使得交易数据无须中心化机构的干预，市场自身可以通过"价格机制"对数据的供应进行自动调节。优点是完全去中心化，安全性高，所有节点可参与，节点自由进出，每个节点是公平的，被攻击成功的可能性小。缺点是先确认后共识，需要耗费大量的算力，造成能源浪费，交易吞吐量有限，确认时间长。

权益证明（POS）是针对工作量证明机制存在的不足而设计出来的一种改进型共识机制。与工作量证明机制要求节点不断进行哈希计算来验证交易有效性的机制不同，权益证明机制的原理是：要求用户证明自己拥有一定数量的交易信息的所有权，即"权益"。优点是不需要耗费能源和硬件设备，缩短了区块的产生时间和确认时间，提高了系统效率，缺点是实现规则复杂，掺杂了很多人为因素，容易产生安全漏洞。

股份授权证明（DPOS）是一种新的保障网络安全的共识机制，DPOS 类似于民主投票机制，这样的区块链系统，需要通过各节点通过民主投票的形式选取代表，再由代表节点代表全体节点确认区块，运维系统，全体节点也可以通过投票罢免代表节点。优点是不需要耗费能源和硬件设备，缩短了区块的产生时间和确认时间，提高了系统效率。DPOS 不需要挖矿，也不需要全节点验证，而是由有限数量的见证节点进行验证，因此简单、高效。缺点是 DPOS 被普遍质疑过于中心化，代理记账节点选举过程中存在巨大的人为操作空间。

Step2：认知区块链技术的应用

（1）支付系统

传统的通过银行方式进行的交易要经过开户行、对手行、清算组织、境外银行（代理行或本行境外分支机构）等多个组织及较为烦冗的处理流程。在此过程中每一个机构都有自己的账务系统，彼此之间需要建立代理关系；每笔交易需要在本银行记录，与交易对手进行清算和对账等，导致整个过程花费时间较长、使用成本较高。与传统支付体系相比，区块链支付可以为交易双方直接进行端到端支付，不涉及中间机构，在提高速度和降低成本方面能得到大幅的改善。尤其是跨境支付方面，如果基于区块链技术构建一套通用的分布式银行间金融交易系统，可为用户提供全球范围的跨境、任意币种的实时支付清算服务，跨境支付将会变得便捷和低廉。

在跨境支付领域，Ripple 支付体系已经开始了的实验性应用，主要为加入联盟内的成员商业银行和其他金融机构提供基于区块链协议的外汇转账方案。目前，Ripple 为不同银行提供软件以接入 Ripple 网络，成员银行可以保持原有的记账方式，只要做较小的系统改动就可使用 Ripple 的"Interledger"协议。同时，银行间的支付交易信息通过加密算法进行隐藏，相互之间不会看到交易的详情，只有银行自身的记账系统可以追踪交易详情，保证了商业银行金融交易的私密性和安全性。

（2）征信系统

商业银行可以用加密的形式存储并共享客户在本机构的信用信息，客户申请贷款时，贷款机构在获得授权后可通过直接调取区块链的相应信息数据直接完成征信，而不必再到央行申请征信信息查询。

（3）银行领域

目前银行实践最多的领域为信贷领域，通过分布式存储技术对贷款企业上下游产业链追溯及交易量等进行数据处理，编写智能化合约来约束贷款机制，进而进行贷款，从而减少由于人为因素带来的操作风险。目前应用较为广泛，具体包括供应链融资。

押品管理方面，在区块链系统中，交易信息具有不可篡改性和不可抵赖性。该属性可充分应用于对权益的所有者进行确权。对于需要永久性存储的交易记录，区块链是理想的解决方案，可适用于房产所有权、车辆所有权、股权交易等场景。未来，所有权确认可以省掉第三方的确权，可以提高效率，减少成本。

风险控制领域，银行的本质即经营风险，风险来源于交易，通过区块链技术可以生成一个算法，针对银行风险点形成智能合约，链接上客户、事件甚至体系，进而形成一个链条，及时对偏离智能合约的事件进行调查及修正，达到风险控制的目的。

（4）保险行业

随着区块链技术的发展，未来关于个人的健康状况、发生事故记录等信息可能会上传至区块链中，使保险公司在客户投保时可以更加及时、准确地获得风险信息，从而降低核保成本、提升效率。区块链的共享透明特点降低了信息不对称，还可降低逆向选择风险；而其历史可追踪的特点，则有利于减少道德风险，进而降低保险的管理难度和管理成本。

（5）物联网

物联网发展自身面临很多系统性的挑战，如数据存储及传输的成本高昂、数据本地处理效率低下、整体软硬件解决方案技术复杂等。区块链与物联网在未来可能还要融合如：5G、人工智能等其他技术来完成进一步的演进。

区块链和物联网融合还存在许多基础理论及核心技术问题值得研究。如何借用区块链技术高效安全地解决物联网中数据的共享与交易、节点的互信与协作等实际问题，如何将物联网中的节点、协议、平台与区块链技术深度融合，以及如何将共识机制、智能合约等区块链技术与物联网应用有机结合，这些问题在未来将得到更深入的研究和更全面的探索。

随着区块链物联网融合的基础理论和核心技术的不断成熟，该领域的应用研究仍将成为热点，更多与实体经济紧密结合的区块链与物联网项目及其平台也将纷纷出现，对行业进步和社会发展带来巨大革新。

Step3：区块链技术的应用案例

据人民日报报道，"全国住房公积金"小程序于 2021 年 10 月上线运行，住建部通过深化区块链等新技术应用，为小程序运行构建了可信的数据环境，确保缴存人的信息和资金安全。得益于区块链技术，缴存人可通过小程序实现住房公积金账户、资金跨城市转移，不再需要前往柜台办理异地转移接续业务，大大缩短了办理时间，进一步方便了人力资源跨区域流动。

2022 年 11 月，内蒙古自治区霍林郭勒市人民法院立案庭在对当事人申请司法确认的案件进行审查时，运用"区块链证据核验"技术对已上链存证的调解协议等材料进行核验，作出确认人民调解协议效力的民事裁定书，大大提高了诉前调解案件司法确认的效率，赢得了当事人好评。

近年来，中国多地基于区块链的相关管理服务平台频频上线：在江苏，全国首笔基于区块链技术的闲置住宅使用权流转交易顺利完成，依托省信息服务平台，交易信息可以直接上"链"存证，保证房源可信、结果可溯；在浙江，首个知识产权区块链公共存证平台正式上线，为数据资产、原创设计等知识产权提供高效快捷的存证服务；在云南，该省市场监督管理局与省区块链应用技术重点实验室共同开展基于国产自主的云南省区块链底层链食品追溯工作，通过区块链技术推动实现产品源头追溯、一码到底、物流跟踪、责任认定和信用评价，让区块链技术真正为民生服务作出贡献。

●任务评价

1. 自我评价

任务	级别		
	掌握的知识或技能	仍须加强的	完全不理解的
认知区块链技术的原理			
认知区块链技术的应用			
在本次任务实施过程中的自评结果	A. 优秀　　B. 良好　　C. 仍须努力　　D. 不清楚		

2. 标准评价

简答题（每题 20 分，共 100 分）

① 简单描述一下区块链的非对称加密算法。

② 请列举区块链技术中主流的共识算法。

③ 区块链技术应用中的支付系统是如何产生，简要描述。

④ 银行领域在区块链技术的应用体现在哪几方面？

⑤ 区块链与物联网融合的未来发展如何？

●任务拓展

以小组为单位，根据区块链技术应用的场景开展需求分析，可行性分析，应用前景分析，将成果形成调研分析报告并进行 3 ～ 4 分钟汇报。

任务 18.3　区块链技术的价值和未来发展趋势

课件：
区块链技术的价值和未来发展趋势

建议学时：2 ～ 3 学时

●任务描述

随着区块链核心技术的应用和创新，区块链的人才需求紧缺，掌握区块链技术的价值如何体现出来？人工智能时代的开启，打开了区块链的另一扇门，区块链人才由量向质的需求转变，企业对区块链人才提出了更高的要求。未来趋势会是怎样呢？

●任务目的

- 了解区块链技术的价值。
- 了解区块链未来的发展趋势。

●任务要求

关于区块链技术，可采用知识讲解、小组讨论等形式，配合图片、视频等教学资源，了解区块链技术的价值及未来发展趋势。

●基础知识

1. 区块链技术的价值

区块链的发展经历了三个里程碑，分别是区块链 1.0、区块链 2.0 和区块链 3.0。区块链 1.0 是区块链技术的萌芽，区块链 2.0 是区块链在金融、智能合约方向的技术落地，而区块链 3.0 是为了解决各行各业的互信问题与数据传递安全性的技术落地与实现。

2. 区块链技术未来发展趋势

随着区块链技术在全球各行业的迅猛发展，区块链人才瓶颈逐渐凸显，对专业人才的渴求日益剧增，人才供需失衡成了行业热点关注问题。中国电子学会《区块链技术人才培养标准》推出了区块链技术人才岗位群分布整理和学科培养内容体系建议，为未来全国规模范围的区块链技术人员的人才培养和能力测试做了纲领性引导。区块链系统主要由网络服务、数据存储、权限管理等模块共同组成，而每个模块需要多种专业学科知识，数据结构成为适用性最广的专业领域。

•任务实施

Step1：认知区块链技术的价值

（1）区块链 1.0：从某些虚拟币看区块链

区块链 1.0 是以某些币为代表的虚拟货币的时代，代表了虚拟货币的应用，包括其支付、流通等虚拟货币的职能，主要具备的是去中心化的数字货币交易支付功能，目标是实现货币的去中心化与支付手段。

区块链 1.0 只满足虚拟货币的需要，虽然区块链 1.0 的蓝图很庞大，但是无法普及到其他的行业中。

（2）区块链 2.0：以太坊与通证

区块链 2.0 是指智能合约，智能合约与货币相结合，对金融领域提供了更加广泛的应用场景。一个智能合约是一套以数字形式定义的承诺，包括合约参与方可以在上面执行这些承诺的协议。

区块链在金融场景有强大的先天优势。简单来说，如果银行进行跨国的转账，可能需要打通各种环境、货币兑换、转账操作、跨行问题等。而区块链实现的点对点的操作，避免了第三方的介入，直接实现点对点的转账，提高了工作效率。

一个智能合约是一套以数字形式定义的承诺，包括合约参与方可以在上面执行这些承诺的协议。

（3）区块链 3.0：去中心化应用

区块链 3.0 是指区块链在金融行业之外的各行业的应用场景，能够满足更加复杂的商业逻辑。区块链 3.0 被称为互联网技术之后的新一代技术创新，足以推动更大的产业改革。

区块链 3.0 涉及生活的方方面面，所以区块链 3.0 将更加具有实用性，赋能各行业，不再依赖于第三方或某机构获取信任与建立信用，能够通过实现信任的方式提高整体系统的工作效率。

Step2：认知区块链技术未来发展趋势

区块链技术的各个模块需要多种专业领域的技术支持。其中，数据结构为网络服务、数据存储、权限管理、共识机制、智能合约等模块共同需要，成为适应性最广的专业领域。据了解，区块链技术近两年来呈现爆发趋势，对人才的需求度也急剧增长，从传统互联网行业流入的技术人才无法满足人才市场需求，形成人才与需求的脱节。市场上由此爆发出各类区块链技术形式多样的培训，无主体、无规范的大量培训班在市场上显现，呈现人才培养伪速成的现象，成为区块链行业虚荣性泡沫中一大问题。

由于区块链技术开发核心是将现有技术应用到新的逻辑架构中进而实现新功能，区块链人才招募难也并非技术门槛高，而是同时拥有复合型技术知识和区块链实际开发经验的人才存量有限。事实上，目前区块链人才市场已整体降温，人才供需比趋于理性，无论是薪资待遇还是岗位需求均有所下降，但是区块链人才仍然是稀缺的。主要表现为对区块链人才由量向质的需求转变，企业对区块链人才提出了更高的要求。

• 任务评价

1. 自我评价

任务	级别		
	掌握的知识或技能	仍须加强的	完全不理解的
认知区块链技术的价值			
认知区块链技术未来发展趋势			
认知比特币			
在本次任务实施过程中的自评结果	A. 优秀 　 B. 良好 　 C. 仍须努力 　 D. 不清楚		

2. 标准评价

简答题（每题 25 分，共 100 分）

① 简单描述区块链 1.0。

② 谈谈区块链未来的发展的趋势。

③ 简单介绍区块链技术发展的三个里程碑。

④ 描述区块链 3.0 是如何做到去中心化应用的。

• 任务拓展

以小组为单位，分析区块链技术的价值，结合区块链 3.0 的情况开展未来发展前景分析，将成果形成调研分析报告并进行 3 ～ 4 分钟汇报。

项目总结 >>>

本项目以区块链在金融、供应链、公共服务、数字版权等领域的应用为项目背景，设置了"区块链的概念""区块链技术的原理及应用""区块链技术的价值和未来发展趋势"3 个任务。这 3 个任务均以"目标—认知—实践—评价—反思"的任务驱动方式进行推进，在知识结构上从易到难，做到循序渐进、环环相扣。

本项目涉及区块链原理、区块链技术、区块链技术应用以及区块链技术价值及发展趋势，在任务拓展环节中通过"区块链技术应用""区块链技术安全保障"等 3 个练习将项目切换到不同的应用场景，旨在提高读者的自学能力及对不同场景的适应能力。

▌参考文献

［1］教育部考试中心．全国计算机等级一级教程：计算机基础及 MS Office 应用：2021 版［M］．北京：高等教育出版社，2021．

［2］眭碧霞．计算机应用基础任务化教程：Windows 10+Office 2016［M］．北京：高等教育出版社，2021．

［3］阮兰娟，宁武新．计算机应用基础任务式教程（Windows 7+Office 2010）［M］．北京：人民邮电出版社，2018．

［4］袁良凤，黄克立，李文韬．计算机应用基础项目化教材（Windows 10+Office 2016）［M］．桂林：广西师范大学出版社，2020．

［5］吴银芳，江霖，蒋燕翔．计算机应用基础任务式教程［M］．北京：航空工业出版社，2018．

［6］神龙工作室．Word/Excel/PPT 2019 办公应用从入门到精通［M］．北京：人民邮电出版社，2019．

［7］刘志成，刘涛．计算机应用基础（微课版）［M］．北京：人民邮电出版社，2017．

［8］刘文香．中文版 Office 2016 大全［M］．北京：清华大学出版社，2017．

［9］张震，谭冠群．Office 2013 办公软件应用立体化教程（微课版）［M］．北京：人民邮电出版社，2020．

［10］陈氢，陈梅花．信息检索与利用［M］．北京：清华大学出版社，2012．

［11］胡爱民．现代信息检索［M］．北京：光明日报出版社，2014．

［12］于樊鹏，许伟．网络基础教程［M］．北京：清华大学出版社，2009．

［13］李卫星．现代信息素养与文献检索［M］．武汉：湖北人民出版社，2010．

［14］周欣娟，陈臣．图书馆信息化建设［M］．成都：电子科技大学出版社，2008．

［15］刘于辉，罗瑜．信息素养［M］．北京：北京理工大学出版社，2020．

［16］崔向平，周庆国，张军儒．大学信息技术基础［M］．北京：人民邮电出版社，2021．

［17］赵奇，宁爱军．大学信息技术与应用［M］．北京：人民邮电出版社，2018．

［18］国家市场监督管理总局、中国国家标准化管理委员会．项目管理指南：GB/T 37507—2019/ISO21500：2012［S］．北京：中国标准出版社，2019．

［19］张爱科．云物大智基础［M］．柳州：柳州职业技术学院，2018．

［20］林子雨．大数据导论（通识课版）［M］．北京：高等教育出版社，2020．

［21］王风茂．云计算基础［M］．北京：机械工业出版社，2019．

［22］栗蔚．云计算标准化白皮（2019 年)［R］．北京：中国信息通信研究院，2019．

［23］王国胤．大数据挖掘及应用［M］．北京：清华大学出版社，2019．

［24］周芬，王文．大数据导论［M］．北京：清华大学出版社，2019．

［25］西蒙 J. D. 普林斯．计算机视觉：模型、学习和推理［M］．北京：机械工业出版社，2017．

［26］孙永林，曾德生．云计算技术与应用［M］．北京：电子工业出版社，2019．

［27］林伟伟，彭绍亮．云计算与大数据技术理论及应用［M］．北京：清华大学出版社，2019．

［28］张仰森，黄改娟．人工智能教程［M］．北京：高等教育出版社，2016．

［29］任云晖．人工智能概论［M］．北京：中国水利水电出版社，2020．

［30］袁勇，王飞跃．区块链理论与方法［M］．北京：清华大学出版社，2019．

［31］喻晓和．虚拟现实技术基础教程［M］．北京：清华大学出版社，2017．

［32］孙青华．现代通信技术及应用［M］．北京：人民邮电出版社，2014．

［33］蒋青．现代通信技术［M］．北京：高等教育出版社，2014．

［34］王萧峻，曾嵘．5G 无线网络规划与优化［M］．北京：人民邮电出版社，2020．

［35］黄建波．一本书读懂物联网［M］．2 版．北京：清华大学出版社，2017．

［36］傅培超，王其武，李鹏达．《录音录像档案管理规范》解读［J］．中国档案，2020（3）：58-59．

［37］李桂林．HTML5 在 Web 前端开发中的应用研究［J］．计算机产品与流通，2020（8）：17．

［38］温苑花．基于 HTML5 技术在移动互联网中的应用研究［J］．中国新通信，2017（23）：24．

［39］司占军，贾兆阳．数字媒体技术［M］．北京：中国轻工业出版社，2020．

［40］张娓娓，李彩红，赵金龙．大学生计算机应用基础［M］．北京：北京理工大学出版社，2020．

［41］龙飞．手机摄影真经［M］．北京：人民邮电出版社，2017．

［42］拍照自修室．给生活来点特效　手机创意摄影与短视频 Vlog 教程［M］．北京：化学工业出版社，2020．

［43］Nagel C，Evjen B，Glynn J，et al．C# 高级编程［M］．7 版．李铭，译．北京：清华大学出版社，2010．

［44］李在贤．Unity5 权威讲解［M］．北京：人民邮电出版社，2016．

［45］刘国柱．Unity3D/2D 游戏开发［M］．北京：电子工业出版社，2016．

［46］姚亮．虚拟现实引擎开发 Unity3D 技术基础［M］．北京：电子工业出版社，2019．

［47］冯乐乐．Unity Shader 入门精要［M］．北京：人民邮电出版社，2016．

郑重声明

高等教育出版社依法对本书享有专有出版权。任何未经许可的复制、销售行为均违反《中华人民共和国著作权法》，其行为人将承担相应的民事责任和行政责任；构成犯罪的，将被依法追究刑事责任。为了维护市场秩序，保护读者的合法权益，避免读者误用盗版书造成不良后果，我社将配合行政执法部门和司法机关对违法犯罪的单位和个人进行严厉打击。社会各界人士如发现上述侵权行为，希望及时举报，我社将奖励举报有功人员。

反盗版举报电话 （010）58581999 58582371

反盗版举报邮箱 dd@hep.com.cn

通信地址 北京市西城区德外大街 4 号 高等教育出版社法律事务部

邮政编码 100120

读者意见反馈

为收集对教材的意见建议，进一步完善教材编写并做好服务工作，读者可将对本教材的意见建议通过如下渠道反馈至我社。

咨询电话 400-810-0598

反馈邮箱 gjdzfwb@pub.hep.cn

通信地址 北京市朝阳区惠新东街 4 号富盛大厦 1 座
　　　　 高等教育出版社总编辑办公室

邮政编码 100029